浙江省高职院校"十四五"重点教材
职业教育畜牧兽医类专业系列教材

动物普通病

（第二版）

何海健　武彩红　谭　菊　主编

科学出版社
北　京

内 容 简 介

本书在第一版的基础上，按照新形态教材的要求进行改编。书中选择临床常见多发的动物疾病，对某些诊断和治疗方法相似的动物疾病进行合并，介绍每种动物疾病的诊断要点和治疗方法。每个项目都设有"项目简介""知识目标""技能目标""素质目标""项目导入""项目小结""复习思考题"。本书图文并茂，引入大量诊断新技术、治疗新药物。学生只要使用手机扫书中的二维码，就能清晰地观看微视频、案例分析、知识链接等内容，充分体现了职业教育的实践性特色。

本书实用性强，内容丰富，使用方便，既可作为高职高专畜牧兽医、动物医学、动物防疫与检疫专业的教材，也可作为各级兽医临床诊疗工作者、广大畜禽饲养者的参考用书。

图书在版编目（CIP）数据

动物普通病/何海健，武彩红，谭菊主编. —2 版. —北京：科学出版社，2023.9

（浙江省高职院校"十四五"重点教材·职业教育畜牧兽医类专业系列教材）

ISBN 978-7-03-074353-4

Ⅰ.①动… Ⅱ.①何… ②武… ③谭… Ⅲ.①动物疾病-诊疗-高等职业教育-教材 Ⅳ.①S85

中国版本图书馆 CIP 数据核字（2022）第 240752 号

责任编辑：辛 桐 / 责任校对：王万红
责任印制：吕春珉 / 封面设计：东方人华平面设计部

科学出版社出版
北京东黄城根北街 16 号
邮政编码：100717
http://www.sciencep.com

北京中科印刷有限公司印刷
科学出版社发行 各地新华书店经销
*
2013 年 3 月第 一 版 开本：787×1092 1/16
2023 年 9 月第 二 版 印张：28
2025 年 1 月第七次印刷 字数：666 000

定价：98.00 元
（如有印装质量问题，我社负责调换）

销售部电话 010-62136230 编辑部电话 010-62135397-2025

版权所有，侵权必究

本书编写人员

主　编　何海健　武彩红　谭　菊

副主编　赵爱华　邱世华　刘　莉

参　编　（以姓氏笔画为序）

朱道仙　江苏农牧科技职业学院

刘　莉　江苏农牧科技职业学院

刘明生　江苏农牧科技职业学院

邱世华　江苏农牧科技职业学院

何佳威　金华市康美宠物医院有限责任公司

何海健　金华职业技术学院

张　斌　江苏农牧科技职业学院

张　磊　河南牧业经济学院

陈　俊　金华伯爵宠物医院

陈　俊　金华赛那动物医院有限责任公司

陈光明　江苏农牧科技职业学院

陈海燕　河南农业职业学院

武彩红　江苏农牧科技职业学院

赵爱华　江苏农牧科技职业学院

段龙川　温州科技职业技术学院

禹海杰　嘉兴职业技术学院

徐孝宙　江苏农林职业技术学院

郭方超　江苏农牧科技职业学院

章远瞩　金华市婺城区动物防疫检疫中心

谭　菊　江苏农牧科技职业学院

主　审　刘俊栋　江苏农牧科技职业学院

石冬梅　河南牧业经济学院

第二版前言

本书在再版过程中贯彻党的二十大报告中"深入实施科教兴国战略、人才强国战略、创新驱动发展战略,开辟发展新领域新赛道,不断塑造发展新动能新优势"的理念,紧密对接国家发展重大战略需求,不断更新升级,旨在为人才培养提供重要支撑,为引领创新发展奠定重要基础,更好地服务于高水平科技自立自强、拔尖创新人才培养。

本书根据国家示范性高等职业院校课程体系建设的精神,以动物普通病防治过程为导向,以"模块—项目—任务—技能"模式为引领,结合"教、学、做"一体化课程教学的改革方向和学生的基本素质,严格按照技能标准化操作要求,编写各项技能操作项目。本书在第一版的基础上,增加大量操作性图片、诊断新技术、治疗新药物,补充了动物临床基本操作和外科手术的微视频,每个微视频时长 8~10min;增加了动物临床常见普通病的案例分析视频。本书内容简明扼要,深入浅出,易学易练,包含外科手术基本操作、常见外科手术、常见外科病诊治、常见产科病诊治、常见内科病诊治 5 个模块和附录(实训项目指导)。

本书第二版修订"外科手术基本操作"模块由刘俊栋、武彩红编写;"常见外科手术"模块由谭菊编写;"常见外科病和产科病诊治"模块由张斌编写;"常见内科病诊治"模块由张磊、石冬梅编写;"实训项目与指导"模块由徐孝宙编写;陈海燕补充了泌尿系统疾病的诊治相关内容。何海健负责全书大纲的确定和审稿,对全书文字和图片进行校对,并委托专业机构制作了 81 个微视频,3 个动画视频。朱道仙、刘莉、刘明生、邱世华、陈光明、赵爱华、郭方超 7 位主讲教师制作了 57 个动物常见普通病的案例分析视频;金华 3 家动物医院的院长陈俊、何佳威、陈俊和金华市婺城区动物防疫检疫中心的章远瞩医师提供了微视频的素材和临床病例;刘俊栋、石冬梅对教材进行审核并参与了部分章节的编写。在此,谨致以诚挚的谢意。

由于编者水平有限,书中难免有不足之处,恳请广大读者批评指正。

编　者

2022 年 8 月

第一版前言

本书是在《教育部关于全面提高高等职业教育教学质量的若干意见》《教育部、财政部关于实施国家示范性高等职业院校建设计划加快高等职业教育改革与发展的意见》《关于加强高职高专教育教材建设的若干意见》精神的指导下，在科学出版社的大力筹措下组织编写的。

在编写过程中，编者根据国家示范性高职建设院校课程体系建设精神，以动物普通病防治过程为导向，以"模块—项目—任务—技能"引领的模式，结合"教、学、做"一体化课程教学的改革方向和学生的基本素质，严格按照技能标准化操作要求，编写各项技能操作项目，同时引入大量操作性图片和新技术，突出实践性教学和职业教育特色。本书内容简明扼要，深入浅出，易学易练，包含外科手术基本操作、常见外科手术、常见外科病诊治、常见产科病诊治、常见内科病诊治、实训项目与指导等6个模块。

"外科手术基本操作"由刘俊栋、武彩红编写；"常见外科手术"由谭菊编写；"常见外科病和产科病诊治"由张斌编写；"常见内科病诊治"由张磊、石冬梅编写；"实训项目与指导"由徐孝宙编写；何海健负责全书大纲的确定和最终稿的审核，并对全书进行文字和图片的校对。在大纲的编写确定工作中，采纳了刘跃生、高永安、王朝晖等同志的诚挚建议，在此表示由衷的感谢！

本书既可作为高职高专院校畜牧兽医类、动物防疫与检疫等相关专业师生的学习教材，又可作为从事兽医临床、宠物诊所工作者、中等专业学校兽医专业师生及犬、猫饲养者的参考用书。

本书由6所高职高专院校11名教学经验和实践经验丰富的一线教师及1名校企合作单位兼职教师共同编写，本书力求结合岗位技能需求，体现"工学结合"的实践特色。本书在编写过程中，借鉴、听取了有关专家、教授和兽医界同人的宝贵意见和建议，同时参考了很多专家、教授的精华之作，借此书出版之际，谨致以诚挚的谢意。

由于编者水平和时间有限，书中难免有不足之处，恳请广大读者批评指正。

编　者
2012 年 11 月

目 录

模块一 外科手术基本操作

模块二　常见外科手术

模块三　常见外科病诊治

模块四　常见产科病诊治

模块五　常见内科病诊治

模块一

外科手术基本操作

手 术 消 毒

项目简介

　　微生物普遍存在于周围环境和动物体内，因此在施行外科手术或其他治疗操作时，为避免发生感染，必须熟练掌握消毒技术，即针对细菌及其他微生物所采取的预防措施。本项目主要介绍地面消毒、空气消毒、皮肤消毒、手及手臂消毒和手术器材消毒的方法。

无菌术

知识目标

　　了解手术消毒的意义；掌握手术室地面清洁与消毒方法；掌握手及手臂消毒方法；掌握器械清洗、包扎和消毒方法。

无菌术的临床
应用

技能目标

　　会配制常用消毒液；能清洁并消毒手术室地面；作为手术参加者，会清洗并消毒手及手臂；能按要求清洗手术器械，并会包扎和消毒。

素质目标

　　手术人员应具备的 3 个素养是无菌操作的素养、正确对待组织的素养和正确使用器械的素养。无菌操作的素养是指手术室地面、空气、手术台、器械台、人员的手臂、器械、辅料、手术部位等都要彻底消毒灭菌；正确对待组织的素养是指对不同的组织采用不同的分离方法，如钝性分离法和锐性分离法，切口的大小、方向和深度都要以手术需要和减少组织损伤为原则；正确使用器械的素养是指在手术中规范使用器械和手术后规范清洗器械、保存器械。

手术室的消毒

项目导入

　　手术消毒技术，也常被称为无菌术，是在外科范围内防止伤口（包括手术创口）发生感染的综合性预防性技术，即采用物理和化学的方法来杀灭微生物或抑制微生物生命活动的措施。手术消毒的目的是消除细菌、防止感染。人们习惯上所说的灭菌术是指用物理方法彻底杀灭一切微生物，如高压蒸汽灭菌。使用各种化学消毒剂达到抗感染的目的的技术被称为抗菌术。在手术过程中，通常把灭菌术和抗菌术配合起来应用，以达到抗感染的目的。

任务一　地　面　消　毒

技能训练一　地面清洁与消毒

1）笤帚清扫。用笤帚按照从左到右的顺序依次清扫地面。

2）湿拖把清洁。用湿拖把按照从左到右的顺序依次拖完地面。

3）消毒液消毒。用消毒液（0.1%过氧乙酸或有效溴 500～1000mg/L 的二溴海因或有效氯 1000～2000mg/L 的含氯消毒剂）浸泡拖把拖地或直接喷洒地面。消毒剂的用量不少于 100mL/m³。当地面污染物难以清洁时，可在用高压水枪冲洗地面后，采用湿式清洁消毒；如果地面无明显污染物，则可直接采用湿式清洁消毒。

4）消毒液浸泡。拖把使用后用上述消毒液浸泡 30min，然后将其用水清洗干净，悬挂晾干备用。

技能训练二　消毒液配制

（一）过氧乙酸消毒液

过氧乙酸又称过氧醋酸，属灭菌剂，具有广谱、高效、低毒、对金属及织物有腐蚀性、受有机物影响大、稳定性差等特点。用过氧乙酸配制的消毒液浓度为 16%～20%，适用于地面、耐腐蚀物品、环境及皮肤等的消毒与灭菌。

过氧乙酸消毒液配制方法：使用二元包装的过氧乙酸前，按产品使用说明书要求将 A、B 两液混合。根据有效成分含量，按稀释定律用灭菌蒸馏水将过氧乙酸稀释成所需浓度。具体步骤如下。

1）测定过氧乙酸原液的有效含量（C）。

2）确定配制过氧乙酸消毒液的浓度（C'）和体积（V'）。

3）计算所需过氧乙酸原液的毫升数（V），计算公式为 $V = (V' \times C') / C$。

4）计算所需灭菌蒸馏水的毫升数（X），计算公式为 $X = V' - V$。

5）取过氧乙酸原液 V mL 与灭菌蒸馏水 X mL 混匀。

（二）含氯消毒剂

含氯消毒剂是指能溶于水产生次氯酸的消毒剂。我们常用"有效氯"这一指标衡量其氧化能力。含氯消毒剂具有广谱、速效、低毒或无毒、对金属有腐蚀性、对织物有漂白作用、受有机物影响很大、粉剂稳定而水剂不稳定等特点。常见含氯消毒液包括次氯酸、次氯酸钠、次氯酸钙、二氯异氰尿酸钠、三氯异氰尿酸、二氯海因等。

根据不同含氯消毒剂产品的有效氯含量，用自来水将其配制成所需浓

常用消毒药的配制（一）

常用消毒药的配制（二）

常用消毒药的配制（三）

常用消毒药的配制（四）

度的消毒液。含氯消毒剂配制方法如下。

1）万福金安片（三氯异氰尿酸钠）每片含有效氯 500mg。取 1 片万福金安片放入装有 1L 水的容器内，5～10min 后消毒片溶解，稍搅拌即成有效氯 500mg/L 的消毒液；若将 1 片万福金安片放入 2L 水中，就配成了有效氯 250mg/L 的消毒剂。使用消毒片配制消毒剂相对比较方便。

2）漂白粉是含有效氯 25% 左右的消毒粉。取 2g 漂白粉放入装有 1L 水的容器内，搅拌至全部溶解，待溶液澄清后取其上清液即为有效氯 500mg/L 的消毒液；如果取 1g 漂白粉放入装有 1L 水的容器内，按前法配制，就配制成有效氯 250mg/L 的消毒液。

3）次氯酸钠消毒液（如施康消毒液、康威达消毒液、84 消毒液等）含有效氯 5% 左右。取 1 份次氯酸钠消毒液加 99 份水混匀后就配制成有效氯 500mg/L 的消毒液；如果取 1 份次氯酸钠消毒液加 199 份水，就配制成有效氯 250mg/L 的消毒液。

4）消毒剂有效成分含量的计算公式如下：

$$V = (C' \times V') / C \;;\quad X = V' - V$$

式中，C 为使用说明书中标识的消毒剂原液的有效成分含量（浓度）；V 为所需消毒剂原液的体积；C' 为欲配制消毒剂溶液的有效成分含量（浓度）；V' 为欲配制消毒剂溶液的体积；X 为所需自来水的体积。

5）消毒泡腾片规格：片重 1.25g，每片含有效氯 500mg。

配制 500mg/L 含氯消毒剂：每 1L 自来水加泡腾片 1 片。

配制 250mg/L 含氯消毒剂：每 1L 自来水加泡腾片半片。

配制 1000mg/L 含氯消毒剂：每 1L 自来水加泡腾片 2 片。

配制 2000mg/L 含氯消毒剂：每 1L 自来水加泡腾片 4 片。

（三）二溴海因消毒液

二溴海因是一种特殊的溴化剂，具有广谱杀菌、杀菌力强、稳定性好、影响消毒效果因素小、消毒后无残留毒物、不产生难闻的刺激性气味、对金属腐蚀性小、使用浓度对环境物品基本无损坏、无致癌性等特点，且价格便宜。二溴海因消毒液适用于地面、墙面、病房内各类用品表面消毒，以及医疗废物及医疗污水的处理。

二溴海因消毒液的配制方法：二溴海因有片剂和粉剂，其有效溴含量为 25%～50%，在水中完全溶解；使用时根据有效溴含量，用灭菌蒸馏水将二溴海因配制为所需浓度即可。

技能训练三　消毒液使用

（一）过氧乙酸消毒液

过氧乙酸消毒液的常用消毒方法有浸泡法、擦拭法、喷洒法等。

1. 浸泡法

凡能够浸泡的物品均可用过氧乙酸消毒液浸泡消毒。在消毒时，将待消毒的物品放入装有过氧乙酸消毒液的容器中，加盖。对细菌繁殖体、肝炎病毒和结核杆菌污染物品进行消毒，应用 0.5%过氧乙酸消毒液浸泡 30min；对细菌芽孢污染物品进行消毒，应用 1%过氧乙酸消毒液浸泡 5min；灭菌时，应将物品浸泡在过氧乙酸消毒液中 30min。若用于诊疗器材消毒，则浸泡后须用无菌蒸馏水将其冲洗干净并擦干。

2. 擦拭法

对大件物品、地面或其他不能用浸泡法消毒的物品，可用擦拭法消毒。消毒所用药物浓度和作用时间同浸泡法。

3. 喷洒法

对一般污染表面的消毒，可用 0.2%～0.4%过氧乙酸消毒液喷洒作用 0.5～1h；对肝炎病毒和结核杆菌污染表面的消毒，可用 0.5%过氧乙酸消毒液喷洒作用 0.5～1h。对地面消毒，应先由外向内喷雾一次，喷药量为 200～300mL/m^2，待室内消毒完毕后，再由内向外重复喷雾一次。

4. 使用注意事项

1）过氧乙酸不稳定，应储存于通风阴凉处。用前应测定其有效含量，发现原液浓度低于 12%时禁止使用。

2）稀释液临用前配制。

3）配制消毒液时，忌与碱或有机物混合。

4）过氧乙酸对金属有腐蚀性，对织物有漂白作用。金属制品与织物经浸泡消毒后，应及时用清水将其冲洗干净。

5）使用浓溶液时，谨防溅到眼内或皮肤黏膜上。若发生上述情况，则及时用清水冲洗。

6）消毒被血液、脓液等污染的物品时，须适当延长作用时间。

（二）含氯消毒剂

含氯消毒剂的常用消毒方法有浸泡法、擦拭法、喷洒法与干粉消毒法等。

1. 浸泡法

将待消毒的物品放入装有含氯消毒液的容器中，加盖。对细菌繁殖体污染物品进行消毒，应用含有效氯 200mg/L 的消毒液浸泡 10min 以上；对肝炎病毒、结核杆菌和细菌芽孢污染物品进行消毒，应用含有效氯 2000mg/L 的消毒液浸泡 0.5h 以上。

2. 擦拭法

对大件物品、地面或其他不能用浸泡法消毒的物品可用擦拭法消毒。消毒所用药物浓度和作用时间参见浸泡法。

3. 喷洒法

对地面或一般污染物品表面进行消毒，可用 1000mg/L 的消毒液均匀喷洒（墙面 200mL/m^2；水泥地面 350mL/m^2，土质地面 1000mL/m^2），作用 0.5h 以上；对肝炎病毒和结核杆菌污染表面的消毒，可用含有效氯 2000mg/L 的消毒液均匀喷洒（用量同前），作用 1h 以上。对地面消毒应先由外向内喷雾一次，喷药量为 200～300mL/m^2，待室内消毒完毕后，再由内向外重复喷雾一次。

4. 干粉消毒法

对排泄物进行消毒，可将含氯消毒剂干粉加入排泄物中，含氯消毒剂用量是排泄物的 1/5，略加搅拌后，作用 2～6h；对医院污水进行消毒，可将有效氯干粉按 50mg/L 用量加入污水中，并搅拌均匀，作用 2h 后排放。

5. 使用注意事项

1）将粉剂于阴凉处避光、防潮、密封保存；将水剂于阴凉处避光、密闭保存。所需消毒液应现配现用。

2）配制漂白粉等粉剂溶液时，应戴口罩和橡胶手套。

3）未加防锈剂的含氯消毒剂对金属有腐蚀性，因此不应用来进行金属器械的消毒；用加防锈剂的含氯消毒剂对金属器械消毒后，应用无菌蒸馏水将金属器械冲洗干净，并擦干后使用。

4）对织物有腐蚀和漂白作用，不应用来进行有色织物的消毒。

5）用于消毒餐具时，应及时用清水冲洗。

6）消毒时，若存在大量有机物，则应提高消毒液使用浓度或延长其作用时间。

7）用于污水消毒时，应根据污水中还原性物质含量适当增加浓度。

（三）二溴海因消毒液

二溴海因消毒液常用的消毒方法有浸泡法、擦拭法和喷洒法。

1. 浸泡法

对于器具、织物和卫生洁具等，可将其浸泡于 250～500mg/L 二溴海因消毒液中，作用 20～30min，然后用清水洗净。

2. 擦拭法

对大件物品、地面或其他不能用浸泡法消毒的物品，可用擦拭法消毒，浓度和作用时间同浸泡法。

3. 喷洒法

对地面或一般污染的物品表面，可用 500mg/L 的消毒液均匀喷洒，作用 0.5h 以上；对肝炎病毒和结核杆菌污染表面的消毒，可用含有效溴 1000mg/L 的消毒液均匀喷洒，作用 1h 以上。对地面消毒应先由外向内喷雾一次，喷药量为 200～300mL/m²，待室内消毒完毕后，再由内向外重复喷雾一次。

4. 使用注意事项

1）二溴海因在保存过程中易因受潮而变为淡黄色或黄色，因此应注意将其保存于阴凉、通风、干燥处。

2）本品溶解速度较慢，因此应在使用前提前溶解，但要现配现用，溶解时应搅拌均匀，有少量沉淀不影响其使用效果。

3）本品对有色织物有漂白作用，慎用。

任务二　空气消毒

病原体经空气传播是感染疾病的主要途径之一。因此，应进行有效的空气消毒，以减少由空气污染造成的感染。

技能训练一　粉尘清除

对空气中的粉尘进行清除，目前多使用臭氧发生器和空气净化器。

（一）臭氧发生器

1. 简介

臭氧发生器应用超滤技术及频击技术快速产生高效臭氧，动态灭菌，可快速杀灭细菌繁殖体、芽孢、真菌及病毒等一切病原微生物，可对室内空气和物品表面起到理想的消毒与杀菌效果。臭氧去除异味性能极好，可快速氧化分解臭味、粉尘及其他产生异味的有机物质或无机物质，起到清新空气的作用。臭氧独特的气味可以驱除对气味较敏感的小型动物和昆虫，如老鼠、蟑螂等，具有驱鼠防虫的功能。我们一般采用壁挂式臭氧发生器。

2. 使用注意事项

1）壁挂式臭氧发生器应安装在室内墙壁上风口处，离地 1.8～2m。

2）可按计算机程序设定全自动控制，也可选用遥控自动控制。

3）消毒杀菌时，要求无菌房间将门窗密闭，相对湿度大于 60%，可在室内地面浇水增加湿度，这样消毒效果更好。关机 30min 后，人员方可进入室内。

4）一次性开机消毒时间以 30～60min 为宜，消除场所异味时，开机时间可适当延长 30min。

5）室内细菌和病毒污染严重、室内温度高时，开机时间可延长，反之则开机时间缩短。

6）室内除臭净化空气时，开机时间应在 30min 之内，室内人员可正常活动。

7）臭氧发生器禁止与水接触，在易燃易爆场所禁止使用。

（二）空气净化器

1. 简介

空气净化器又称空气清洁器、空气清新机，能吸附、分解或转化各种空气污染物（包括粉尘、过敏物质和病毒等）。国际通行的空气净化原理有 5 种，物理式、静电式、化学式、负离子式和复合式。一般来说，物理式净化是较常用、效果较好的方法，可通过物理净化方式中的高效率空气微粒滤芯（high efficiency particulate air，HEPA）技术来过滤空气，也可通过物理净化方式中的活性炭吸附、净化空气中的苯、甲苯、甲醛和其他有害物质。

2. 使用注意事项

空气净化器的使用、维护有很多专业要求。
1）初次使用空气净化器应在室温条件下放置 30min 后再开机使用。
2）无水状态下禁止开机，应使用环境温度低于 40℃的清洁水。
3）空气净化器的进风口有粗效滤网或集尘网，要注意经常清洗，洗净后使其自然干燥，以免产生放电声响。
4）根据产品实际使用时间，定期更换滤芯。
5）负离子是模拟自然界空气离子化而产生的，它在空气中的寿命很短。因此，空气净化器出口应尽量靠近人的呼吸带。
6）在负离子发生的过程中，由于静电作用，周围环境易积尘，应及时擦拭掉。

技能训练二　喷雾消毒

喷雾消毒不仅能杀灭浮游病原菌，维持室内空气的洁净，还能减少对环境的污染，降低对人的刺激和毒性，减轻对物品的腐蚀性，是一种适用范围很广的消毒方法。常用的喷雾消毒液包括过氧乙酸消毒液、过氧化氢消毒液及含氯消毒剂，其中，过氧乙酸消毒液杀菌率高、杀菌效果好，且使用范围广。

（一）过氧乙酸喷雾消毒

消毒时，将过氧乙酸稀释成 0.3%～0.5%的水溶液，加热蒸发，在室温高于 18℃、60%～80%相对湿度条件下喷雾消毒 20～30min，然后开窗通风 15min 方可进入。在喷雾时，要做好自身防护，避免消毒液接触皮肤、眼睛，避免吸入消毒液。

（二）过氧化氢喷雾消毒

消毒时，按每立方米空间喷雾 1.5%～3%过氧化氢溶液 20mL（20mL/m³）进行消毒，作用 30～60min。喷雾时，要戴口罩、帽子，防护眼睛，谨防消毒液溅入眼内。若不慎溅入眼内，则应立刻用水冲洗，以免造成损伤。

（三）含氯消毒剂喷雾消毒

消毒时，按浓度 1000mg/L、剂量 10mL/m³ 喷洒或喷雾，密闭门窗 10～30min，然后擦干地面即可。

技能训练三　紫外线消毒

（一）方法

消毒使用的紫外线是 C 波紫外线，其波长范围为 200～275nm，紫外线杀菌作用最强的波段是 250～270nm。紫外线消毒适用于室内空气、物体表面和水及其他液体的消毒。紫外线消毒可用紫外线灯和紫外线空气消毒器进行。高强度紫外线空气消毒器不仅消毒效果可靠，还可在室内有人活动时使用，一般开机消毒 30min 即可达到消毒要求。在室内无人条件下，可采取悬吊式或移动式紫外线灯直接照射。采用悬吊式紫外线灯消毒时，在室内安装的紫外线灯（30W紫外线灯，在距离灯 1.0m 处强度大于 70μW/cm²）应不少于 1.5W/m³，照射时间不少于 30min。

（二）注意事项

1）要求用于消毒的紫外线灯在电压为 220V、环境相对湿度为 60%、温度为 20℃时，辐射的 253.7nm 紫外线强度（使用中的强度）不低于 70μW/cm²（普通 30W 直管紫外线灯在距灯管 1m 处测定，特殊紫外线灯在使用距离处测定，使用的紫外线测强仪必须经过标定，且在有效期内；使用的紫外线强度监测指示卡，应取得卫生许可批准，并在有效期内）。

2）在使用紫外线灯过程中，其辐照强度逐渐降低，故应定期测定消毒紫外线的强度，一旦降到要求的强度以下，就应及时更换。

3）紫外线消毒的适宜温度是 20～40℃，温度过高或过低均会影响消毒效果，可适当延长消毒时间。紫外线灯用于空气消毒时，消毒环境的相对湿度应低于 80%，否则应适当延长照射时间。

4）在使用过程中，应保持紫外线灯表面清洁。一般每两周用酒精棉擦拭一次，发现灯管表面有灰尘、油污时，应随时擦拭。

5）用紫外线消毒物品表面时，应使物品表面受到紫外线的直接照射，且达到足够的照射剂量。

6）不得使紫外线照射到人，以免引起损伤。

7）紫外线强度计至少每年标定一次。

技能训练四 熏蒸法消毒

（一）乳酸熏蒸消毒

在消毒前，向地面喷洒少量洁净清水，按 80% 乳酸 12mL/100m³ 计算药液，加入容器，然后加入等量自来水，下置酒精灯加温，待药液蒸发完后将火熄灭，紧闭门窗 30～60min，打开门窗通风。这种方法适用于普通手术后的消毒。

（二）福尔马林熏蒸消毒

消毒时，按室内容积计算用量，要求每立方米用 40% 甲醛 12mL、高锰酸钾 1g。室内相对湿度大于 60%，室温高于 18℃。先将高锰酸钾置于足够高大且耐腐蚀的容器内，然后倒入甲醛溶液，待沸腾产生甲醛蒸气，立即密闭门窗 6～12h，最后打开门通风。这种方法适用于特殊感染手术后的消毒，如破伤风。

（三）过氧乙酸熏蒸消毒

消毒时，按室内容积计算用量，20% 过氧乙酸 3.75mL/m³，置于容器内加热蒸发，要求室温应高于 18℃，密闭门窗 1～2h。这种方法适用于手术室内空气消毒。

任务三 皮 肤 消 毒

技能训练一 术部除毛

动物的被毛浓密，容易沾染污物，并藏有大量微生物。因此，手术前必须将术部毛去除。具体方法为在施术区内逆毛流方向用剪毛剪剪除被毛，然后用温肥皂水充分搓洗、浸泡被毛，再用剃刀顺毛流方向剃去被毛。一般大型动物术部剃毛范围应超出切口 20～25cm，小型动物术部剃毛范围应超出切口 10～15cm。剃毛完成后，用清水冲洗干净术部，拭干。对于剃毛困难的部位，可使用脱毛剂（6%～8% 硫化钠水溶液，为减少其刺激性可在每 100mL 溶液中加入甘油 10g）涂于术部，待被毛呈糊状时（约 10min），用纱布轻轻擦去，再用清水洗净即可。为了减少对术部皮肤的刺激，术部除毛应在手术前夕进行。

技能训练二　术部消毒

在术部剃毛后，术部消毒通常由助手在其手、手臂消毒后尚未穿戴手术衣和手套前执行。用镊子夹取纱布球或棉球蘸化学消毒溶液涂擦手术区，消毒的范围要相当于剃毛区。如果是已感染的创口，则应由较清洁处向患处涂擦[图 1-1（a）]。一般无菌手术应先由拟定手术区中心部向四周涂擦[图 1-1（b）]。

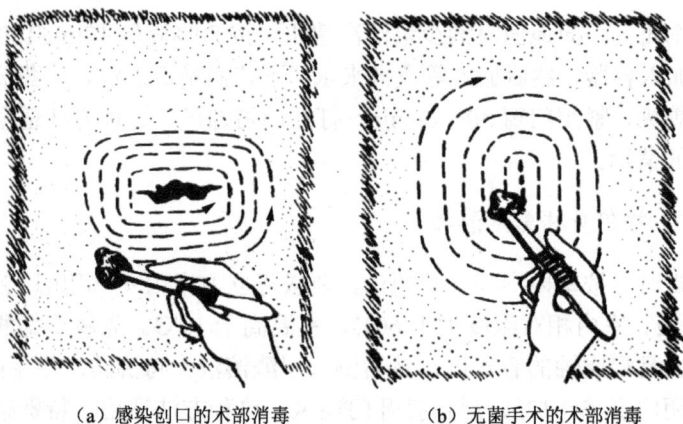

（a）感染创口的术部消毒　　　　（b）无菌手术的术部消毒

图 1-1　术部消毒

如果碘酊或酒精棉已接触了外周部，就不可再返回中心部。一般先用 5%碘酊（小型动物用 2%碘酊）消毒，待其完全干后，再用 70%乙醇脱碘，以免碘污染手和器械，带入创口造成刺激。

对于口腔、鼻腔、阴道、肛门等处黏膜，不可用碘酊消毒，以免灼伤，可用 0.1%苯扎溴铵、0.1%高锰酸钾、0.1%利凡诺溶液洗涤消毒；对眼结膜消毒多用 2%～4%硼酸溶液；对蹄部手术，应在术前用 2%煤酚皂溶液进行蹄浴。

任务四　手及手臂消毒

手及手臂皮肤的消毒即所谓洗手法，范围包括双手、前臂和肘关节以上 10cm 的皮肤。手及手臂消毒主要包括机械刷洗和化学药品浸泡两个步骤。

技能训练一　手及手臂刷洗

常用肥皂、流动水刷洗，除去手及手臂污垢、脱落的表皮及附着的细菌，同时脱去皮脂的方法。这种方法虽难以达到彻底灭菌的目的，但操作

术者手臂和
术部的消毒

得当可去掉皮肤表面95%以上的细菌,而且除去油污后,可使下一步骤的化学药品浸泡发挥更好的作用。

具体方法:首先用肥皂洗净双手和前臂,然后用适度软硬的消毒毛刷(指刷),沾10%～20%肥皂水(用低碱或中性肥皂)刷洗,从手指开始逐步向上直至肘上10cm处。双手刷洗完后,用流动清水将肥皂冲洗干净。如此反复刷洗2～3遍,通常历时5～10min。在刷洗时,应特别注意指甲缘、指甲沟、指蹼、肘后和其他皮肤皱褶处的刷洗。刷洗完毕,应使其双手向上,滴干余水,取无菌小毛巾从手开始向上顺序将肘关节以下的皮肤擦干,然后进行化学药品浸泡消毒。

技能训练二 手及手臂浸泡

手及手臂浸泡是将双手及前臂置于消毒溶液中浸泡,范围应超过肘关节,以保证化学药品均匀且有足够的时间作用于手及手臂的各部分。使用专用的泡手桶可节省药液和保证浸泡的高度。如果用普通脸盆浸泡,则必须不时地用纱布块浸蘸消毒液,轻轻擦洗,使手及手臂保持湿润。可用于手及手臂消毒的化学药品有很多,手术人员临诊上常用药液的浓度、浸泡所需时间有所不同(表1-1)。浸泡后的手及手臂,应令其自干,不要用无菌巾擦干,特别是用新洁尔灭类药物消毒,自干后可在皮肤上形成一层薄膜,以达到灭菌效果。

表1-1 常用手及手臂皮肤消毒的药液浓度及浸泡所需时间

药品名称	浓度(重量计)/%	浸泡时间/min	浸泡前刷洗时间/min
乙醇	70	3	10
新洁尔灭	0.05～0.1	5	3
洗必泰	0.02	3	3

严格遵守浸泡时间,不得随意缩短时间。手及手臂皮肤消毒后,细菌数目虽大幅减少,但仍不能认为绝对无菌,在未戴灭菌手套以前,不可直接接触已灭菌的手术器械或物品。如果情况紧急,则在必要时用肥皂及水初步清洗手及手臂污垢,擦干,并用3%～5%碘酊充分涂布手及手臂,待干后,用大量乙醇洗去碘酊,即可施行手术。

任务五 手术器材消毒

技能训练一 器械清洗

使用手术器械后,应对其进行彻底的清洁处理,去除附着在上面的血液、黏液、体液等,这是预防和控制手术感染、保证医疗安全的重要环节。器械清洗的基本流程包括预清洗、酶洗、漂洗和干燥4步。

手术器械和辅料
的打包与消毒

（一）预清洗

用流水去除器械表面明显的污物，一般用时 3～5min。但若器械上污物变干，则须多浸泡 20min 再清洗。

（二）酶洗

酶具有快速分解有机物、抑菌防锈、自然降解和无残留等特点。在预清洗之后，将多酶清洗液加入 20～40℃的洁净水中，将带关节的器械尽量打开，清洗 2～5min。对于已凝固或污染严重处，需要用牙刷沿齿纹方向及关节处用力刷洗。

（三）漂洗

先用自来水漂洗，然后用去离子水或蒸馏水漂洗。

（四）干燥

依据器械材质选择适宜温度。金属类烘干 70～90℃，塑料类烘干 65～75℃。穿刺针、手术吸引头等管腔类器械采用 95%乙醇进行干燥，不宜置于空气中自然晾干。

清洗后，应检查金属器械是否光亮、洁净，轴节是否有灵活性，有无裂缝、生锈、折弯等，对洗涤处理不合格的器械进行重新处理。

技能训练二　器材包扎

高质量、高性能的灭菌包扎系统能保证控制感染和患病动物安全。我们应选用经验证的、可进行有效灭菌并提供防止微生物穿透的可靠屏障，能在搬运和储存过程中保护灭菌物品免受污染的物品包扎器械。

（一）器材包扎物的选择

选用的包扎物品应具备耐受特殊灭菌处理的物理条件，能使灭菌剂穿透并接触到灭菌物品；灭菌剂可挥发，不含有毒材料和燃料；可有效防止微生物和周围污染物的侵入，抗撕裂，防穿刺；在移动物品时不对物品造成污染等特点。常见用于灭菌包扎的材料有纺织布、无纺布和硬质无菌容器。

（二）包扎方法

手术金属器械应分门别类，在清点后包扎。将有关节的器械张开，将刀片和缝线用纱布包住或放在小金属盒内，将金属注射器松开螺旋，将玻璃注射器活塞抽出来，并分类包扎。

1. 纺织布、无纺布包扎法

纺织布、无纺布包扎法一般采用双层或多层包扎，可采用连续法或同步法。连续法，即包装好第一层之后再包装第二层、第三层等；同步法，即将 2 块或多块布重叠成双层或多层一次性完成包扎。可包扎成方形和信封式，包扎完成后必须保证密封良好，通常使用灭菌胶带密封。应将包裹做好标记，使用去除不掉且无毒的签字笔在胶带上记录信息，包括灭菌日期、灭菌有效期和包扎者签名。一般在包扎后 2h 内，对包扎物品进行高压灭菌。

2. 硬质无菌容器包扎法

硬质无菌容器包括金属、塑料或合成材料等容器。金属容器特别是铝容器，在对物品进行灭菌和干燥时传热率较高。目前有专门供消毒的容器商品。容器结构像一个盒子，由盖、底、把手、一个把盖部固定在底部的锁扣或锁紧装置组成。这种容器设计有带一个穿孔的底部，带有一个过滤装置或阀门系统，方便灭菌介质进出容器。多种尺寸可满足各种不同器械包扎的装置需求，容器内部内置篮子、托盘和各种镶嵌件来固定和保护器械。

技能训练三　煮沸消毒

煮沸消毒是广泛应用于手术器械和常用物品消毒的简单灭菌法。一般加热清洁的自来水（蒸馏水更好），待水沸腾后将金属器械放到沸水中，待第二次水沸腾时计算时间，维持 30min（急用时也不能少于 10min）。这种方法可将一般的细菌杀死，但不能杀灭芽孢。因此，对可疑细菌芽孢污染的器械或物品必须煮沸 60min，有的甚至须煮沸数小时才能将芽孢杀死。用 2%碳酸氢钠或 0.25%氢氧化钠的碱性溶液煮沸灭菌，可提高水的沸点到 102～105℃，消毒时间可缩短到 10min，还可防止金属器械生锈（但不能用于橡胶制品的灭菌）。如果消毒玻璃注射器，则应在冷水中逐渐加热至沸腾，以防玻璃因骤然遇热而破裂。

在煮沸灭菌时，应注意严守操作规程。将物品在消毒前刷洗干净，去除油垢，打开器械关节，排出容器内气体，并将其浸没在水面以下，盖严；应避免中途加入物品。如果必须加入，则应从重新煮沸后开始计算时间。

技能训练四　高压蒸汽灭菌

高压蒸汽灭菌法是常用而可靠的灭菌方法，可杀灭大多数细菌和芽孢。高压蒸汽灭菌需用特制的灭菌器，如手提式、立式及卧式高压灭菌器。高压蒸汽灭菌的原理是利用蒸汽在容器内的积聚而产生压力进行灭菌。蒸汽的压力增高，温度也随之升高（表 1-2）。通常使用的蒸汽压力为 0.1～0.137MPa，温度可达 121.6～126.6℃，一般维持 30min 左右。但不同的物品灭菌所需的压力、温度与时间不同（表 1-3）。高压灭菌器分为普通高压灭菌器、半自动高压灭菌器和全自动高压灭菌器 3 种。

表 1-2　高压灭菌器内蒸汽压力与温度的关系

高压灭菌器内的蒸汽压力/MPa	高压灭菌器内的温度/℃
0.0343	108.4
0.0686	115.2
0.1029	121.6
0.1372	126.6
0.1725	130.4
0.2059	134.5

表 1-3　不同物品灭菌所需的压力、温度与时间

物品种类	压力/MPa	温度/℃	时间/min
布类、敷料	0.1372	126	30
	0.1029	121	45
金属器械、搪瓷	0.1029	121	30
玻璃器皿	0.1029	121	20
乳胶、橡胶制品、药液	0.1029	121	15～20

（一）普通高压灭菌器

使用手提式高压灭菌器时，首先要了解灭菌器的结构，其盖上有排气阀、减压阀、压力表和温度刻度。打开盖，可看到排气阀在盖的内部有一根金属排气管，可排出锅内底部的冷空气；锅内有一个套筒，拿出套筒，锅底面是加热管，在消毒前应向锅内加水，水应浸过加热管；然后放入套桶和装入待消毒的物品，拧紧锅盖上的螺旋，通电加热，待锅内水沸、压力表上升时，打开排气阀，放掉锅内冷空气，关闭排气阀，继续加热，待压力表指示的温度达到 121.6～126.6℃时，维持 30min。在加热过程中，如果锅内压力过大，排气减压阀就会自动放气。消毒完毕后，打开排气阀缓慢放出蒸汽，直至气压表指示至"0"处。如果灭菌物品为敷料包、器械、金属用具等，则可采用快速排气法。如果是消毒液体类或试剂，则应自然降温，不可放气，否则液体会猛然溢出。旋开锅盖及时取出锅内物品，不要待其自然降温冷却后再取出，否则物品会因变湿而妨碍使用。打开锅盖，取出灭菌物品，放入干燥箱内烘干、备用。

（二）自动高压灭菌器

用自动高压灭菌器消毒时，多使用全自动高压灭菌器。自动高压灭菌器配有安全阀（如果超过额定压力，则释放压力）、手轮（旋转罗盘式开启盖门）、压力表（指示压力显示）、密封圈（自涨式密封圈）和蒸汽收集瓶。在使用前，需要通过"模式"键设置"时间""温度""压力"参数，并关闭手动排气旋钮，同时检查排气壶内的水是否在安全线内。首先，在外层锅内加适量的水，将需要灭菌的物品放入内层锅，拧紧盖子。然后，

打开电源，按启动按钮，自动高压灭菌器即开始自动工作，设定自动高压灭菌器到时间自动切断电源并鸣笛。等压力表指示压力回到"0"位后方可开盖。

不同物品灭菌所需的压力、温度与时间如表 1-3 所示。

（三）高压蒸汽灭菌注意事项

1）在灭菌时，须排尽灭菌器和物品包内的冷空气，如果未被完全排出，则会影响灭菌效果。

2）消毒物品包不宜过大（每件小于 50cm×30cm×30cm），不宜过紧，各包间要留有间隙，以利于蒸汽流通。为检查灭菌效果，可在物品的中心放一玻璃管硫黄粉，消毒完毕启用时，如果硫黄已熔化（硫黄熔点为 120℃），则表明灭菌效果可靠。

3）应合理放置消毒物品，不可放置过多，一般安放体积应低于灭菌器的 85%。

4）包扎的消毒物品存放一周后，特别是布类，须重新消毒后再使用。

5）灭菌器内加水不宜过多，以免沸腾后水向内桶溢流，使消毒物品被水浸泡。

6）不得折损放气阀门下连接的金属软管，否则会造成放气不充分。冷空气滞留在桶内会影响温度上升，影响灭菌效果。

7）灭菌时，应事先检查并保证灭菌器性能完好，设专人操作、看管，对压力表要定期进行检验，以确保安全。

技能训练五 器材摆放

手术时所需器械、物品种类多，将手术器械合理、有序地摆放，不仅有利于迅速、准确地传递器械物品，还可提高手术成功率。

准备手术器械台一般由器械助手完成。器械助手须提前 30min 刷手消毒，穿戴无菌手术衣帽和手套后，打开无菌器械包，将无菌器械放于器械台上，按照无菌技术操作原则，打开器械外层双层包布，将其放置在器械台的无菌区域，按使用方便原则，分门别类整齐摆放（图 1-2）。

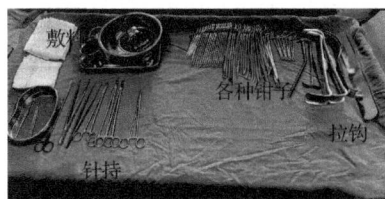

图 1-2 手术器械的摆放

手术器械台摆放的原则如下。

1）严格分清无菌与有菌的界限，无菌物品接触有菌物品后即为被污染，器械助手不得再将其作为无菌物品使用。

2）器械台面和手术台面以下为有菌区，如果器械脱落至台面以下，则即使未曾着地，也不可再用；对于缝线自台面垂下部分，也应做已污染处理。

3）保持无菌布类干燥。铺无菌巾（单）时，在器械台与手术切口周围应铺4层以上，以保持适当厚度。

4）保持台面干燥、整洁，安放器械有条不紊。将最常用的器械放在紧靠手术台的升降器械托盘上，以便随取随用。对用过的器械必须及时收回、揩净，安放在一定的位置，排列整齐；将暂时不用的器械放置于器械台的一角，不要混杂摆放。

5）准备好无菌器械台后，需要移动时，器械助手不能触及台缘以下区域，巡回助手不可触及下垂的无菌巾（单）。

知识链接

=== 项目小结 ===

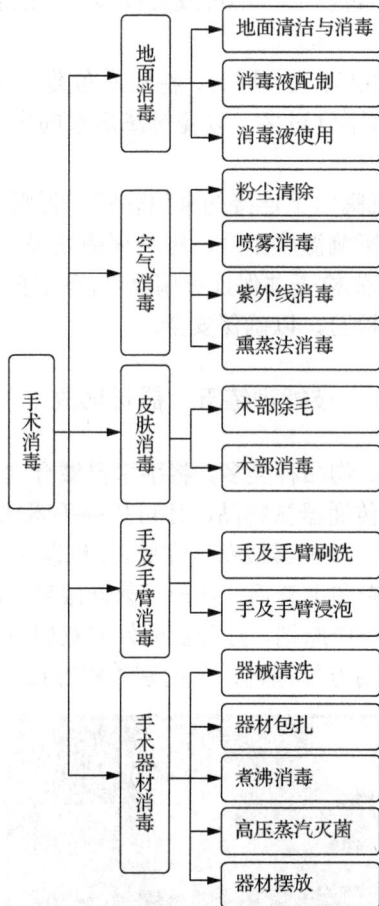

手术消毒
- 地面消毒
  - 地面清洁与消毒
  - 消毒液配制
  - 消毒液使用
- 空气消毒
  - 粉尘清除
  - 喷雾消毒
  - 紫外线消毒
  - 熏蒸法消毒
- 皮肤消毒
  - 术部除毛
  - 术部消毒
- 手及手臂消毒
  - 手及手臂刷洗
  - 手及手臂浸泡
- 手术器材消毒
  - 器械清洗
  - 器材包扎
  - 煮沸消毒
  - 高压蒸汽灭菌
  - 器材摆放

复习思考题

1. 名词解释

无菌术

2. 简答题

1）简述术部除毛的消毒方法。
2）简述手术器械清洗方法。
3）简述高压蒸汽灭菌的注意事项。

3. 论述题

试论述紧急手术情况下可选择的器械消毒方法。

手 术 麻 醉

麻醉术

手术麻醉
技术（一）

手术麻醉
技术（二）

手术麻醉
技术（三）

手术麻醉
技术（四）

项目简介

麻醉是使痛觉或知觉暂时消失的方法，是患病动物疾病治疗及手术过程中的关键环节，严密麻醉方案的制订和实施能大大降低患病动物术中和术后的风险。本项目结合手术麻醉的工作过程，主要介绍局部麻醉（局部浸润麻醉、腰旁神经干传导麻醉、脊髓麻醉）和全身麻醉（吸入性全身麻醉和非吸入性全身麻醉）的方法。

知识目标

了解手术麻醉的作用和目的；掌握术前检查的方法和内容；掌握局部麻醉和全身麻醉的方法；掌握全身麻醉并发症的急救措施。

技能目标

能根据实际情况选用合理的麻醉方法；会对术前动物进行检查；会称量或估算动物体重；能对动物进行合理的麻醉，并对麻醉中出现的问题进行及时处理。

素质目标

在实施麻醉前，必须与畜主进行良好的沟通，并签订手术同意书和手术风险告知书；对受术动物要进行细致的临床检查、血常规检查、血生化检查，有的手术还要进行术前影像学检查和确诊；综合评估手术的风险等级；在手术过程中要做好镇静、止血、输液、消炎，做好术前、术中、术后的一系列心电监护和疼痛管理。麻醉师要能熟练掌控呼吸麻醉机和生理监护仪，掌握不同镇静药和麻醉药的剂量，以及出现过度麻醉时的抢救方法。

项目导入

麻醉是指利用药物或其他方法，使患病动物整个机体或机体的一部分暂时失去感觉，以达到无痛的目的。麻醉的目的是在手术时解除患病动物痛苦，保证患病动物安全，为手术创造良好的条件。根据麻醉作用的表现，麻醉分为局部麻醉和全身麻醉两大类。局部麻醉是利用局部麻醉剂阻断手术的疼痛感觉，以利于对动物施行手术的一种措施。局部麻醉具有全身生理干扰小、比较安全、麻醉后无并发症、手术后恢复较快、操作简便、费用经济的特点。全身麻醉是使用全身麻醉药物，使动物中枢神经系统呈现抑制状态，使动物肌肉松弛，对外界刺激的反应消失或减弱，但生命中枢仍保持正常状态的一种措施。在施行手术时，应考虑麻醉的安全性、动物的种类和手术的繁简程度等因素，选用合适的麻醉方法。局部麻醉能达到目的时，无须施行全身麻醉。

任务一 局部浸润麻醉

局部浸润麻醉是将局部麻醉剂注射于动物皮下、黏膜下及深部组织，以阻滞周围组织中的神经末梢而产生麻醉的方法。这种方法常使用0.25%~1%的普鲁卡因溶液作为麻醉药物。因为犬类较敏感，所以应特别注意药量。为减少药物的吸收和延长麻醉时间，可加入适量肾上腺素。应根据手术需要，选用直线浸润、菱形浸润、扇形浸润、多角形浸润等麻醉方法。注射麻醉剂约 10min 后检查麻醉效果。可采用针刺麻醉区域皮肤的方法，观察动物有无疼痛反应。

技能训练一 直线浸润麻醉

直线浸润麻醉（图 2-1）适用于切开动物皮肤或体表的手术。在施行时，根据切口长度，在切口一端将针头刺入皮下，然后将针头沿切口方向向前刺入所需部位，边退针边注入药液；拔出针头，再以同法由切口另一端进行注射，用药量根据切口长度而定。

技能训练二 菱形浸润麻醉

菱形浸润麻醉（图 2-2）适用于术野较小的手术，如圆锯术、食道切开术等。在欲行切口的两侧中间各定一个针刺点 A、B，切口两端定为 C、D，即呈一个菱形区。在麻醉时，由 A 点进针至 C 点，边退针边注药液，将针退至 A 点后再刺向 D 点，边退针边注药液。B 点注射方法同 A 点。

技能训练三 扇形浸润麻醉

扇形浸润麻醉（图 2-3）适用于术野较大、切口较长的手术，如开腹术等。在欲作切口的两侧选一针刺点，将针刺入皮下并推向切口的一端，边退针边注药，将针退至刺入点后再改变角度刺向切口边缘，退针注药，直到切口另一端为止。以同法麻醉切口另一侧，每侧进针数依切口长度而定。

技能训练四 多角形浸润麻醉

多角形浸润麻醉（图 2-4）适用于术野横径较宽的手术，如肿瘤切除术等。在施行时，先在病灶周围选数个针刺点，使针刺入后能到达病灶基部，再以扇形麻醉法将药液注于切口周围的皮下组织内，使手术区域形成一个环形封锁区，故亦称封锁浸润麻醉法。

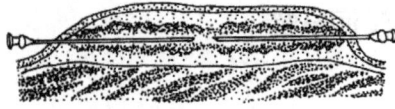
图 2-1　直线浸润麻醉

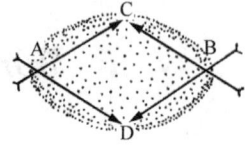
图 2-2　菱形浸润麻醉

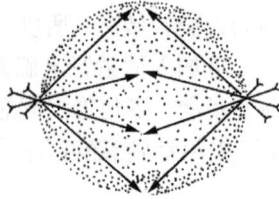
图 2-3　扇形浸润麻醉

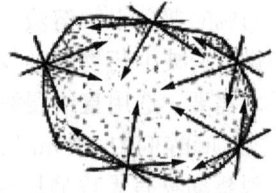
图 2-4　多角形浸润麻醉

任务二　腰旁神经干传导麻醉

传导麻醉指在神经干周围注射局部麻醉药，使其所支配的区域失去痛觉。传导麻醉的优点是使用少量麻醉药产生较大区域的麻醉效果。传导麻醉常用 2%盐酸利多卡因溶液或 2%～5%盐酸普鲁卡因溶液，其浓度及用量与所麻醉神经的大小成正比。

传导麻醉的种类很多，在临床上最常用的是腰旁神经干传导麻醉，简称腰旁麻醉。这种方法主要用于牛和马腹部手术时的麻醉，能使动物保持站立姿势，注射麻醉剂 15min 后发生作用，可维持 1～2h。

（一）牛腰旁神经干传导麻醉

在欲施行手术的牛体侧分三点注射麻醉药，第一点是麻醉最后肋间神经，部位在第一腰椎横突游离端前角下方，先垂直进针达腰椎横突游离端前角骨面，再将针头移向椎横突前缘向下刺入 0.5～0.7cm（图 2-5）；第二点是麻醉髂腹下神经，部位在第二腰椎横突游离端后角下方，先垂直进针达该处骨面，再将针头移向横突后缘向下刺入 0.7～1cm；第三点是麻醉髂腹股沟神经，部位在第四腰椎横突游离端前角下方，先垂直进针至该处骨面，再将针头移向横突前缘向下刺入 0.7～1cm。腰旁神经干传导麻醉均使用 3%盐酸普鲁卡因溶液，3 个注射点都是先在进针部位注入药液 10mL，再将针头退至皮下注入药液 10mL。

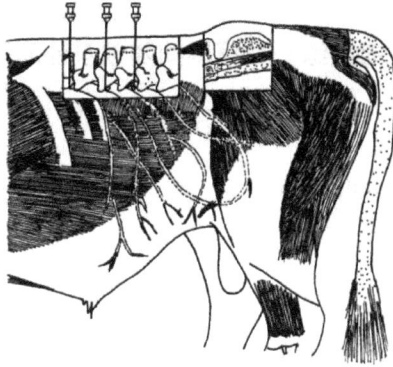

图 2-5　牛腰旁神经干传导麻醉

（二）马腰旁神经干传导麻醉

马腰旁神经干传导麻醉的方法，除第三点注射部位在第三腰椎横突游离端后角下方外，其余两个注射点及其用药、剂量、注射方法等均与牛相同。

任务三　脊 髓 麻 醉

将局部麻醉药注射到椎管内，阻滞脊神经的传导，使其所支配的区域无痛，被称为脊髓麻醉。根据局部麻醉药液注入椎管内的部位不同，可分为硬膜外麻醉和脊椎麻醉（又称蛛网膜下腔麻醉）两种。脊髓麻醉常用于动物腹腔、乳房及生殖器官等部位的手术。在兽医临床上，多用硬膜外麻醉。根据不同手术的需要，可选择荐尾间隙硬膜外麻醉或腰荐间隙硬膜外麻醉。脊髓横断面模式图如图 2-6 所示。

1—硬膜外腔；2—硬脊膜；3—硬膜下腔；4—脊蛛网膜；5—蛛网膜下腔；6—软脊膜；
7—椎间孔；8—脊神经；9—硬膜外麻醉；10—蛛网膜下腔麻醉。

图 2-6　脊髓横断面模式图

技能训练一　荐尾间隙硬膜外麻醉

（一）适应证

荐尾间隙硬膜外麻醉多用于马、驴、牛、羊的阴道脱、子宫脱、直肠脱整复术和人工助产等手术。

（二）麻醉部位

麻醉部位在牛、羊的尾中线与两坐骨结节前端所作横线的交叉点上；在马、驴的尾中线与两个髋关节连线的交叉点上，或者抬举家畜尾根，使其屈曲的背侧出现一条横沟，此横沟与尾中线的交点即为麻醉部位。

（三）施行方法

给动物局部剪毛消毒时，施术者立于动物后方，稍抬举其尾根，将针垂直刺入皮肤后，再以 45°～65° 向前下方刺入（马为 2～5cm，牛为 2～4cm，猪、羊为 1～1.5cm），即可刺入硬膜外腔。当针尖刺入时，可感到刺穿黄韧带的感觉，再深入即可触及坚硬的尾椎骨体，此时可稍退针头并接上注射器，如果回抽时无血，则可注入药液。如果位置正确，则药液注入时应无过大阻力。

麻醉剂量：牛、马用 3% 普鲁卡因溶液 10～15mL；羊用 3% 普鲁卡因溶液 5～10mL；犬用 2% 利多卡因溶液 1mL。使用后，动物 10min 后进入麻醉状态，可维持 1～3h。

技能训练二　腰荐间隙硬膜外麻醉

（一）适应证

腰荐间隙硬膜外麻醉多用于动物后躯、臀部、阴道、直肠、后肢及剖宫产、胎位异常、乳房切除、瘤胃切开等手术。

（二）施行方法

将大型动物于六柱栏内保定，严格限制其运动，在腰荐间隙（在两髂骨内角连线与背中线的交点，亦即百会穴处）局部剪毛消毒，将 16～18 号注射针头或封闭针头垂直刺入皮肤（牛皮厚，可先用短的注射针头扎个小孔，然后换长针头），经过皮下组织、棘上韧带、棘间韧带，继续向下，刺穿黄韧带后阻力骤减，注射药液时用力小，说明针已进入硬膜外腔。也可用悬滴试验检验针头是否进入硬膜外腔，即进针之前在注射针尾端置液一滴，因硬膜内的负压可将液滴吸入，故可检验穿刺是否成功。穿刺深度因动物个体大小与肥瘦不同而有区别，一般牛为 4～7cm；马为 5～7cm；羊为 3～4cm；25～30kg 的猪为 6～7cm。

马、牛硬膜外麻醉的腰荐间隙刺入点如图 2-7、图 2-8 所示。

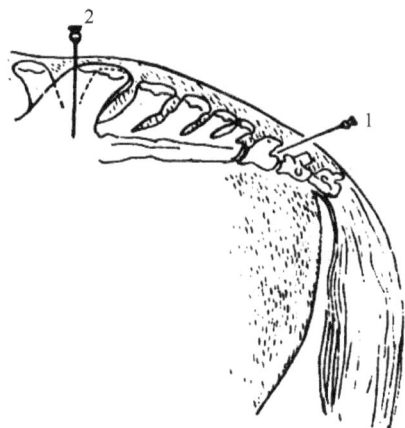

1—硬膜外麻醉的荐尾间隙刺入点；
2—硬膜外麻醉的腰荐间隙刺入点。

图 2-7 马的脊髓麻醉部位

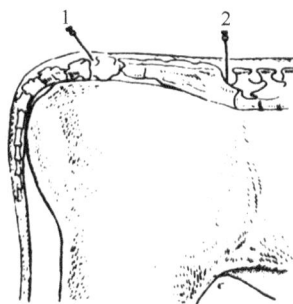

1—硬膜外麻醉的荐尾间隙刺入点；
2—硬膜外麻醉的腰荐间隙刺入点。

图 2-8 牛的脊髓麻醉部位

对犬、猫进行腰荐间隙硬膜外麻醉时，应将其侧卧保定，并使其背腰弓起，其注射点在两侧髂骨翼内角横线与脊柱下中轴线的交点。在该处垂直刺入针头，能感觉到黄韧带的阻力，刺入深度大约 4cm，然后注入局部麻醉剂。

（三）麻醉剂量

牛、马用 2%～3%普鲁卡因溶液 10～20mL，山羊、猪用 2%～3%普鲁卡因溶液 3～8mL，犬、猫用 2%～3%普鲁卡因溶液 2～5mL。使用后 5～15min，动物进入麻醉状态，可维持 1～3h。

任务四 全 身 麻 醉

全身麻醉是利用某些药物对动物的中枢神经系统产生广泛的抑制作用，从而暂时使其机体的意识、感觉、神经反射和肌肉张力功能部分或全部丧失，但仍保持生命中枢功能的一种麻醉方法。

在全身麻醉时，单纯采用一种全身麻醉剂施行麻醉，被称为单纯麻醉；为增强麻醉剂的作用，减低其毒性和副作用，扩大麻醉药的应用范围而选用几种麻醉药联合使用的，被称为复合麻醉。在复合麻醉中，同时注入两种或数种麻醉剂的混合物以达到麻醉效果的方法，称为混合麻醉（如水合氯醛-硫酸镁、水合氯醛-乙醇）；在全身麻醉的同时，配合应用局部麻醉的方法，称为配合麻醉；间隔一定时间，先后应用两种或两种以上麻醉剂的麻醉方法，称为合并麻醉。在进行合并麻醉时，可先用一种中枢神经抑制药达到浅麻醉，再用另一种麻醉剂以维持麻醉深度，其中前者被称为基础麻醉。例如，为减少水合氯醛的副作用并增强其麻醉强度，先用氯丙嗪做基础麻醉，再注入水合氯醛维持麻醉或强化麻醉，以达到所需麻醉的深度。

根据麻醉强度，全身麻醉又分为浅麻醉和深麻醉。前者是给予较少量的麻醉剂，使动物处于欲睡状态，反射活动降低或部分消失，肌肉轻微松弛；后者使动物处于反射消失和肌肉松弛的深睡状态。

技能训练一 术前检查

术前检查一般包括病史调查、体格检查和实验室检查，通过术前检查可获得患病动物的详细信息，便于手术进行，同时也便于对其术前和术后的状态进行比较。有时还需要对患病动物进行特殊检查。

（一）病史调查

从动物主人或饲养员处获得患病动物的完整病史，有助于发现患病动物是否存在潜在疾病，并对可能出现的手术结果进行预测。病史调查应先拟定调查表，避免调查时不能获得全面、正确的信息。病史调查结束，应该能基本确定患病动物所患疾病的严重程度、持续时间、发展趋势及目前出现的症状。

（二）体格检查

体格检查是防止患病动物在手术期间和术后出现心肺意外的有效方法之一。患病动物的体格状况越差，则其麻醉风险越大，出现手术并发症的风险也越大。在麻醉前，应对患病动物的整体状况和各系统进行全面检查。对患外伤的动物，应进行神经系统检查。

（三）实验室检查

实验室检查项目可根据患病动物的体格检查结果确定。健康动物（如做去势术的动物）和发生局部疾病（如关节脱臼）的动物可进行血细胞比容、总蛋白、血液尿素氮和尿比重测定。若患病动物年龄较大或出现全身症状（如呼吸困难、心杂音、出血、休克等）或超过预期手术时间 1~2h，则须对其进行全血细胞计数、血清生化和尿液检查。若患病动物实验室检查项目结果异常，则应对其进行进一步的实验室检查，因为某些相关或潜在疾病的诊断会影响对患病动物的术前管理、手术实施过程、预后和术后护理。

（四）特殊检查

有时须根据情况进行仪器诊断，如患有心脏病的动物，应对其进行胸部 X 线检查、心脏超声扫描和心电图。如果动物患有外伤，则应对其进行胸部 X 线检查，以便对其膈、胸膜和肺脏状况进行评估。

技能训练二　体重测定

对动物进行体重测定，首选体重秤测量。若无体重秤或遇大型动物难以称量体重，可通过测量其身高、体长、胸围等估测动物体重。

（一）体重秤测定体重

有专门供活体动物称重的体重秤，能准确称量动物体重。一般体重秤由仪表、仪表外壳及秤台组成，有的还配有与秤台相适应的动物笼。仪表具有良好的人机操作界面和图形显示，具有设置（归零、扣重、重量校验）、阅读（显示净毛重）和数据记录功能。用体重秤测定动物体重最大的优点是在动物持续不停走动时，仍能快速准确获取动物体重，而且可以用水清洗。体重秤是精密的电子衡器，为保证测量精度，在操作时要将体重秤置于平整坚硬的地面上，且保证秤下面无杂物；应小心保管并正确使用体重秤，避免其受潮、碰撞等。

（二）估算体重

1. 马体重估算

用皮尺量出马的体长（从耳朵根中点到尾根的距离，单位为 cm）和胸围（沿肩胛软骨后缘量取的体躯周径，单位为 cm），估算马的体重（kg）应为

体重（kg）=体长（cm）×胸围（cm）÷11 900

2. 牛体重估算

用皮尺分别测量出牛身体的斜长（从肩点到坐骨结节的距离，单位为 cm）和胸围（肩胛骨后缘胸部的圆周长度，单位为 cm），则黄牛的体重（kg）估算值应为

体重（kg）=体斜长（cm）×胸围（cm）÷10 800

若将 10 800 换成 12 700，则可估算出水牛的体重（kg）。

3. 羊体重估算

羊体重估算与估算黄牛体重的方法相同。

4. 猪体重估算

用皮尺量出猪的体长（从耳朵根中点到尾根的距离，单位为 cm）和胸围（与肩胛后角的胸部垂直的周径，单位为 cm），则猪的体重（kg）估算值应为

体重（kg）=体长（cm）×胸围（cm）÷142 或 156 或 162

其中，142 用于体肥猪，162 用于体瘦猪，156 用于不肥不瘦猪。

技能训练三　麻醉前给药

麻醉前给药是指给予动物进入手术室前应用的药物，以提高麻醉安全性，减少麻醉药用量和麻醉的副作用，消除动物在麻醉和手术中的一些不良反应，使麻醉过程平稳。

（一）麻醉前给药的目的

麻醉前给药的目的：①消除麻醉诱导时的恐惧和不安；②减少呼吸道和唾液腺的分泌，保持呼吸道畅通；③阻断迷走神经反射，预防反射性心率减慢或骤停；④减少全麻时的用药量，降低麻醉副作用，提高麻醉安全性；⑤降低胃肠道蠕动，防治呕吐，使麻醉苏醒平稳。

（二）常用的麻醉前用药种类及用法

1. 神经安定剂

（1）氯丙嗪

氯丙嗪可使动物安静，加强麻醉效果，减少麻醉药的用量，是临床常用的一种麻醉前用药。马的剂量为 0.8～1mg/kg 静脉注射，1.5～2mg/kg 肌内注射。通常在麻醉前 30min 时，通过肌内注射给药。牛的用量与马相似。猪为 2～4mg/kg，但猪的用量个体差异明显。羊为 2～6mg/kg，犬为 1～2mg/kg，猫为 2～4mg/kg，熊为 2.5mg/kg，恒河猴为 2mg/kg，均为肌内注射。

（2）乙酰丙嗪

乙酰丙嗪给药后，可以产生轻度至中度镇静作用。乙酰丙嗪临床应用较多，但其作用有时不稳定。乙酰丙嗪临床应用剂量为：马 5～10mg/100kg，牛 50～100mg/100kg，猪、羊 0.5～1mg/kg，犬 1～3mg/kg，猫 1～2mg/kg，均为肌内注射。

（3）安定

安定肌内注射给药 45min 后、静脉注射 5min 后，产生安静、催眠和肌肉松弛作用。牛、羊、猪的剂量为 0.5～1mg/kg，犬、猫为 0.66～1.1mg/kg，马为 0.1～0.6mg/kg，均为肌内注射。

（4）静松灵

静松灵具有中枢性镇静、镇痛和肌松作用，较小的剂量就可产生镇静和镇痛作用，大剂量时中枢性抑制作用明显，静松灵的临床应用剂量为：马 2.2mg/kg 肌内注射，1.1mg/kg 静脉注射；牛 0.3mg/kg 肌内注射，一般不超过 0.6mg/kg；羊 2mg/kg 肌内注射；犬 1～3mg/kg 肌内注射；猫 3mg/kg 肌内注射。

2. 镇痛剂

单独给动物应用镇痛剂并不普遍，因为许多镇痛剂有成瘾性，所以属于严格管制药品。

（1）吗啡

吗啡是镇痛剂的代表性药物，对手术中的切割痛、钝痛及内脏的牵拉痛都有明显的镇痛作用。但在剖宫产和助产时慎用，因其可以抑制新生仔畜的呼吸。本品对马、犬、兔作用较好，对反刍动物、猪、猫慎用。吗啡小剂量时具有抑制作用，大剂量时具有兴奋作用。参考剂量为：马 10～20mg/kg 静脉注射，或 0.2～0.4g/kg 皮下注射；犬 2mg/kg 皮下注射或肌内注射；兔和啮齿动物 3～5mg 皮下注射或肌内注射。

（2）哌替啶（杜冷丁）

哌替啶系人工合成的吗啡样药物，注射给药吸收可靠，作用类似吗啡，具有镇静、镇痛和解痉作用，但镇痛作用不如吗啡。作为麻醉前用药，哌替啶的剂量为：犬 5～10mg/kg 肌内注射，马 1mg/kg 肌内注射，猫 3mg/kg 皮下注射或肌内注射。

3. 抗胆碱药（M-胆碱受体阻滞药）

抗胆碱药可松弛平滑肌，抑制腺体分泌，减少呼吸道黏液和唾液腺的分泌，有利于保持动物呼吸道的通畅。此外，这类药物还有抑制迷走神经反射的作用，可使动物心率增快。阿托品是常用的代表性抗胆碱药。临床上常在麻醉前 15～20min，将阿托品与神经安定药等一并注入动物体内。阿托品用量为：马、牛 50mg/次，羊、猪 10mg/次，狗 0.5～5mg/次，猫 1mg/次，皮下注射或肌内注射均可。

4. 肌肉松弛药

肌肉松弛药是直接影响神经肌肉接头递质受体效应的药物，可使骨骼肌失去原有的张力，利于手术操作。肌肉松弛也有利于气管内插管操作。此外，肌肉松弛药还可作为化学保定药，用于保定、捕捉、运输野生动物。按其作用方式，分为去极化型和非去极化型两类。前者主要是氯化琥珀胆碱，后者为三碘季铵酚、筒箭毒碱等。

（1）氯化琥珀胆碱

氯化琥珀胆碱（司可林）属于去极化型肌肉松弛药，在外科临床上作为辅助用药配合全身麻醉，以便于气管插管，满足手术中对肌肉松弛的要求，终止自主呼吸，便于人工呼吸机的启动。此外，氯化琥珀胆碱在兽医临床上还可以作为野生动物的肌肉松弛性保定药。本品的肌肉松弛药量和致死量比较接近，因此要精确计算用量。在用药过程中，应有专人对动物观测，注意其肌肉松弛状况、呼吸、循环和瞳孔等的变化，若有过量中毒现象，则应立即采取措施。本品用于马较安全，用于牛则安全性比较差。在使用本品前，应先给予动物适量的阿托品，以防因呼吸道腺体分泌和唾液腺分泌过多而影响呼吸。氯化琥珀胆碱静脉注射使用剂量为：马 0.1～0.15mg/kg，牛、羊 0.016～0.02mg/kg，猪 2mg/kg，犬 0.06～0.15mg/kg，猴 1～2mg/kg；马、牛、羊、猪等动物的肌内注射量同静脉注射量；马鹿、梅花鹿为 0.08～0.15mg/kg。

本品的肌肉松弛作用快，消失也快，给药后首先是头、眼部肌肉抽搐，其次影响喉部和胸腹部肌肉，再次是四肢肌肉，最后影响膈肌。因为本品在体内很快被水解，所以多次反复应用并无蓄积中毒和耐药现象。

用药过量的危险性是呼吸肌麻痹导致动物因呼吸停止而窒息死亡，一旦发生严重呼吸抑制或呼吸停止，应立即将动物的舌拉出，进行人工呼吸或适当给氧。同时静脉或肌内注射呼吸兴奋剂（如尼可刹米、吗乙苯吡酮）。在心脏衰弱时，可静脉注射咖啡碱，或心内直接注射肾上腺素。但关键措施是人工支持呼吸，如果能启用人工呼吸机，则效果更佳。禁用毒扁豆碱和新斯的明。

（2）筒箭毒碱

筒箭毒碱是非去极化型肌肉松弛药的代表（长效型）。静脉注射给药，其可很快产生肌肉松弛作用（2min 内）。筒箭毒碱剂量为：猪 0.2～0.3mg/kg，犊牛、羊 0.05～0.06mg/kg，犬 0.4～0.5mg/kg，猫 0.3mg/kg，兔 0.2mg/kg，均为静脉注射。

本品的安全范围较小，剂量稍大即可发生呼吸麻痹，还可以阻断神经节和释放组胺，使动物血压下降、心率减慢、支气管痉挛。肾功能不全者应慎用。筒箭毒碱在重复应用时，容易蓄积中毒。中毒后，可用新斯的明解救，其在兽医临床上并没有得到广泛应用。

（3）三碘季铵酚（加拉碘铵）

三碘季铵酚（加拉碘铵）是中效型非去极化肌肉松弛药。给犬静脉注射后，会使其心动过速。犬和兔应用本品不会释放组胺，但本品会对猫产生释放组胺的作用，并导致其血压下降。本品副作用比筒箭毒碱小。新斯的明与毒扁豆碱是其拮抗药。兽医临床上常以其作为化学保定药，用以捕捉野生动物，或者用于必要的临床检查和治疗等。

技能训练四　吸入性全身麻醉

吸入性全身麻醉是指通过呼吸道吸入挥发性麻醉剂的蒸气和气体麻醉剂，从而产生麻醉作用的方法。吸入性全身麻醉的优点是迅速准确地控制麻醉浓度，较快终止麻醉，复苏快；缺点是操作比较复杂，麻醉装置价格昂贵。吸入麻醉药的种类多，以乙醚较为常用。

（一）乙醚

乙醚适用于马、牛、羊、猪、犬和猫等的维持麻醉。乙醚的安全范围大，肌肉松弛效果良好，但吸入初期对呼吸有刺激兴奋作用，并引起大量唾液分泌（特别是牛、猪和猫）。因此，应使用阿托品和安定作为麻醉前用药。在吸入麻醉开始时，让动物快速吸入 2%～4%的乙醚，3～5min 后以 1.5%～2.0%乙醚维持其麻醉深度。此外，乙醚易燃易爆，应使用半密闭和密闭式吸入法。

（二）氟烷

氟烷适用于马、牛、羊、猪、犬和猫等的诱导麻醉及维持麻醉。氟烷的诱导和恢复均较甲氧氟烷快，但肌肉松弛效果不如甲氧氟烷，不能用于开放式给药，多用于密闭式吸入麻醉，须专用蒸发器控制浓度，用于诱导麻醉时浓度为 4%～5%，用于维持麻醉时浓度约 1.5%。在临床上，常先用超短时作用型巴比妥类药物进行诱导麻醉，完成气管插管后再用氟烷做维持麻醉。氟烷常与乙醚或氧化亚氮混合使用，可减轻二者的副作用，并起到麻醉相加作用。

（三）甲氧氟烷

甲氧氟烷临床应用同氟烷基本相同，常与氧化亚氮并用，或以硫喷妥钠做诱导后进行维持麻醉。

（四）氧化亚氮

氧化亚氮（笑气）毒性小，镇痛效果好，但麻醉作用弱，因此多与其他吸入性麻醉药混用。

（五）安氟醚

安氟醚具有诱导和苏醒迅速、麻醉效果好、成本低等特点，但麻醉效率低于氟烷和甲氧氟烷。安氟醚临床上可用于动物的诱导麻醉，也可用于维持麻醉。

（六）异氟醚

异氟醚是安氟醚的同分异构体，其临床应用与安氟醚相同，是犬、猫手术常用的吸入麻醉药。

（七）七氟醚

七氟醚与氟烷、异氟醚相比，是较理想的吸入麻醉药，但麻醉性能较低。

技能训练五　非吸入性全身麻醉

非吸入性全身麻醉是目前兽医临床最常用的麻醉方法。非吸入性全身麻醉的途径有多种，如静脉注射、皮下注射、肌内注射、腹腔注射、口服及直肠灌注等。在手术时，应针对动物的种类选择相宜的药物。用药的剂量要准确，一旦药物进入体内，则很难消除其持续的效应，故应慎重。

（一）常用的非吸入性麻醉药

动物用非吸入性麻醉药包括巴比妥类药物（硫喷妥钠、戊巴比妥钠、异戊巴比妥钠等）和非巴比妥类药物（水合氯醛、隆朋、静松灵、氯胺酮）等。

（二）非吸入性全身麻醉的临床应用

对于任何一种动物来说，尚缺乏完全理想的麻醉药。现介绍几种动物的非吸入性全身麻醉方法。

1. 马的非吸入性全身麻醉

到目前为止还没有一种令人满意的可以单独用于马麻醉的全身麻醉药。常采用麻醉前给药方法，可以减少麻醉药的用量，使马安静度过诱导期并缩短恢复期。麻醉前给药常用氯丙嗪静脉或肌内注射。马属动物最常用的全身麻醉剂为水合氯醛，常用剂量为 5～6g/100kg，使用浓度为 5%～10%，静脉注射，但因其安全范围不大（中毒剂量为 20～30g/100kg），一般不做深麻醉，仅在浅麻醉或中麻醉下配合其他麻醉方法（如麻前给药、混合麻醉或局部麻醉等）进行手术。在静脉注射时，要严防药液漏出血管外。对马进行非吸入性全身麻醉也可使用硫喷妥钠、戊巴比妥钠、隆朋等。

2. 牛的非吸入性全身麻醉

牛需要全身深麻醉的情况不多。对牛施行全身麻醉绝不可麻醉过深，应采用配合麻醉，在麻醉前对牛停食、停水并给予阿托品，进行气管内插管。牛是对二甲苯胺噻嗪（隆朋）较敏感的动物，在较小剂量下，可引起牛较深度的镇静与镇痛。对牛肌内注射 0.2～0.5mg/kg 隆朋时，一般可于20min 内明显表现药物的主要作用，并迅速达到高峰，效果一般可维持 2h以上。隆朋使用浓度为 2%～10%。在整个过程中，动物意识没有完全消失，因此手术时仍应适当保定。

另外，二甲苯胺噻唑（静松灵）、846 复合麻醉剂（速眠新）、水合氯醛、硫喷妥钠、乙醇（白酒亦可代替）都可用于牛的麻醉。

3. 羊的非吸入性全身麻醉

羊的解剖结构、生理与牛相似。隆朋肌内注射一次量为 1～2mg/kg。与氯胺酮复合应用有较好的效果。戊巴比妥钠静脉注射一次量为 20～25mg/kg，可持续麻醉 30～40min。硫喷妥钠静脉注射一次量为 15～20mg/kg，麻醉持续时间为 10～20min。另外，846 复合麻醉剂等可用于羊的非吸入性全身麻醉。

4. 猪的非吸入性全身麻醉

猪对全身麻醉的耐受性较差。戊巴比妥钠静脉注射一次量为 10～25mg/kg，麻醉维持时间为 30～60min；硫喷妥钠静脉注射一次量为 10～25mg/kg，麻醉维持时间为 10～20min，苏醒时间为 0.5～2h。水合氯醛静脉注射 0.09～0.13g/kg。若事先给予氯丙嗪，则麻醉效果更好、更安全。

5. 犬的非吸入性全身麻醉

目前用于犬的非吸入性全身麻醉较理想的药物是 846 复合麻醉剂，肌内注射或静脉注射 0.1～0.15mg/kg，麻醉可持续 60～90min，术后配合使用苏醒灵 3 号、苏醒灵 4 号可使犬快速苏醒。麻醉前 15min 可先注射阿托品（防止流涎），然后肌内注射氯胺酮 10～15mg/kg，可维持麻醉 0.5h。在临床上，常常将氯胺酮与其他神经安定药混合应用以改善麻醉状况，如氯丙嗪+氯胺酮、安定+氯胺酮、隆朋+氯胺酮等。另外，戊巴比妥钠（静脉注射，剂量为 25～30mg/kg，可维持麻醉 40min）也可用于犬的非吸入性全身麻醉。

6. 猫的非吸入性全身麻醉

猫的非吸入性全身麻醉主要使用氯胺酮，肌内注射 10～30mg/kg，麻醉时间可持续 0.5h。若要制止流涎，则可在猫麻醉前皮下注射阿托品 0.03～0.05mg/kg。可以复合应用其他药物。例如，隆朋+氯胺酮，在麻醉前给予阿托品，15min 后肌内注射隆朋 1～2mg/kg，再过 15min 肌内注射氯胺酮 5～15mg/kg；氯丙嗪+氯胺酮，先以盐酸氯丙嗪肌内注射给药，剂量为 1mg/kg，15min 后再肌内注射氯胺酮 15～20mg/kg；巴比妥类，这类药物中的硫喷妥钠和戊巴比妥钠较常用，配合苏醒灵 4 号可缩短麻醉苏醒时间。

技能训练六 全麻并发症处理

全身麻醉的并发症主要发生在呼吸系统、循环系统和中枢神经系统，如呕吐、舌回缩、呼吸停止及心搏停止等。

（一）呕吐

呕吐在小型动物全身麻醉的前期较多见。在反刍动物麻醉程度较深时，充满发酵了的胃内容物倒流入口腔，此时动物吞咽反射消失，胃内容物常流入或被吸入气管造成严重并发症（窒息或异物性肺炎）。在全身麻醉时，应将动物的头部稍垫高，使其口朝下，将其舌拉出口外，用湿纱布包裹。一旦发生呕吐，就尽可能将呕吐物排出动物口腔，呕吐停止后用大棉花块清洗动物口腔。

（二）舌回缩

舌回缩是小型动物在麻醉时较常见的并发症之一，在大型动物麻醉时也有发生，即在深睡期时肌肉弛缓，舌根向会厌软骨方向移动，造成喉头通道的狭窄或堵塞。此时可听到动物发出异常呼吸音或出现痉挛性呼吸。因此，在整个麻醉期内，应注意动物舌部状况，一旦发现舌回缩现象，就立即用手或舌钳将舌牵出，并使其舌保持伸出口腔外，症状即自行消失。

（三）呼吸停止

呼吸停止可出现于麻醉的前期或后期。麻醉前期在兴奋期，呼吸的停止具有反射性。后期深麻醉期呼吸停止是由延髓的重要生命中枢麻痹或麻醉剂中毒，组织的血氧过低所致。当出现呼吸停止的初期症状时，应立即停止麻醉，打开动物口腔，拉出舌头（或以 20 次/min 节律反复牵拉舌头），并进行人工呼吸。药物抢救方法是立即静脉注射尼可刹米、咖啡碱或皮下注射樟脑油等。上述药物根据情况需要可反复应用。在使用呼吸兴奋药的同时，绝不可放松人工支持呼吸的措施，如用手有节奏地挤压呼吸囊、启用人工呼吸机等。

（四）心脏停搏

在麻醉时，原发性心脏活动停止是最严重的并发症，通常发生在深麻醉期。心脏活动骤停常无预兆，表现为动物脉搏和呼吸突然消失，瞳孔散大，创内的血管停止出血。当遇到心脏停搏时，应立即采取抢救措施。可采用心脏按摩术，同时配合人工呼吸。有时也可考虑开胸后直接按压心脏。药物的抢救可以用 0.1%盐酸肾上腺素（马、牛 10mL，犬、猫 0.1～0.5mL）于心室内注射，若由静脉直接对犬、猫给药，则应做 10 倍稀释。也可以采用咖啡碱静脉注射。

知识链接

═══ 项目小结 ═══

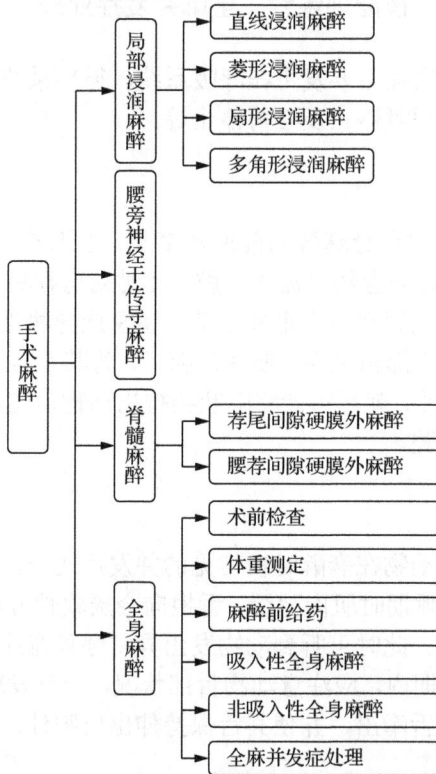

──复习思考题──────────────────────────

1. 名词解释

麻醉；局部麻醉；全身麻醉；局部浸润麻醉；吸入性全身麻醉

2. 简答题

1）简述动物术前检查方法及内容。

2）简述麻醉前给药的目的。

3. 论述题

试论述全麻并发症及处理方法。

组织切开与分离

项目简介

组织切开与分离是打开手术通路、保证手术顺利的先决条件。本项目根据手术时打开通路的工作过程，介绍皮肤切开、皮下组织分离、肌肉分离、腹膜切开、中空性器官切开和实质性器官切除的技术。

知识目标

了解组织切开与分离的种类；掌握不同组织相应的切开与分离方法。

技能目标

会切开皮肤；会分离皮下组织和肌肉；会切开腹膜和中空性器官；能完成常见实质性器官的切除。

素质目标

组织切开与分离是外科手术最关键的一步。在下刀前，要考虑成熟，如切口的起点、终点、长度、深度、方向，对皮肤尽量做到一次性切开，对不同组织要分层切开，并且用不同的分离方法。要正确规范使用分离器械，减少组织的损伤和出血。作为施术者，必须具备良好的心理素质和身体素质，事前考虑周详，做事胆大心细，遇事镇定；作为助手，一定要全力配合施术者工作，在手术过程中心领神会，灵活机警。

项目导入

组织切开是用手术刀在组织或器官上进行切口的外科操作过程，是外科手术最基本的操作之一，也是外科手术的第一步。组织分离是显露深部组织和剥离病变组织的重要步骤。可见，组织切开与分离是影响手术成功的重要因素之一。

任务一　皮肤切开

在施行手术时，皮肤切开最常用的是直线切口，既方便操作，又有利于切口愈合，但根据手术的具体需要，也可做其他形状的切口。

技能训练一　皮肤直线切开

（一）紧张切开

由于皮肤活动性较大，切开时为防止皮肤和皮下组织切口不一致，切较大的皮肤切口时应由施术者与助手用手在切口两旁或上、下将皮肤展开固定（图 3-1），或者由施术者用拇指及食指在切口两旁将皮肤撑紧并固定，刀刃与皮肤垂直，均匀用力，一刀切开所需长度和深度的皮肤及皮下组织切口（图 3-2）。要避免多次切割，以免切口边缘参差不齐，出现锯齿状的切口，影响创缘对合和愈合。

皮肤切开与
皮下组织分离

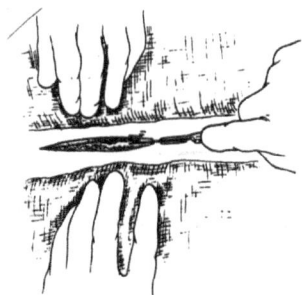

图 3-1　皮肤紧张切开法

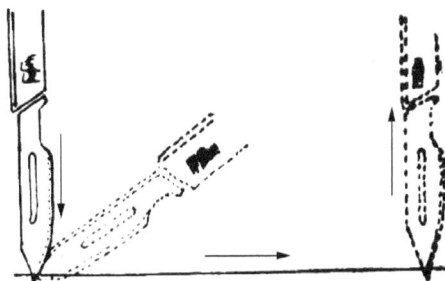

图 3-2　皮肤切开运刀方法

（二）皱襞切开

切口下有大血管、大神经、分泌管或其他重要器官，且皮下组织甚为疏松时，为使皮肤切口位置正确且不误伤其下层组织，施术者和助手应在预定切线的两侧，用手指或镊子提拉皮肤呈垂直皱襞，并用手术刀垂直切开（图 3-3）。

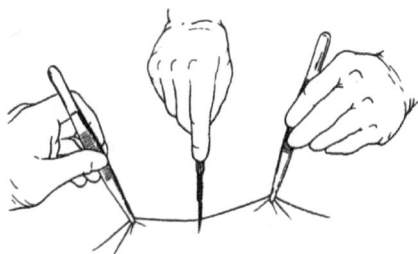

图 3-3　皮肤皱襞切开法

皮肤肉芽
肿切除术

技能训练二　皮肤弧形切开

皮肤弧形切开主要用于切除病变组织（如肿瘤、瘘管、放线菌病灶）和过多的皮肤。用手术刀在病理组织的四周呈梭形一次性切开皮肤，钝性分离皮下结缔组织。

技能训练三　皮肤"十"字形或"T"字形切开

皮肤"十"字形或"T"字形切开多用于充分显露或摘除深部组织时。施术者用左手食指与拇指将皮肤拉紧，用右手持手术刀以术部为中心向前后、左右以"十"字形或"T"字形一次性切开皮肤。

技能训练四　皮肤"U"字形切开

皮肤"U"字形切开多用于脑部与鼻旁窦手术。施术者以术部中心点为圆心，用左手拇指与食指将皮肤拉紧，用右手持手术刀垂直刺穿皮肤，然后沿"U"字形切开皮瓣。

任务二　皮下组织分离

分离是显露深部组织和游离病变组织的重要步骤。分离的位置和范围应根据手术的需要及组织解剖学结构确定，避免损伤大血管、大神经。在原则上，皮下组织分离以钝性分离为主，必要时可使用剪刀分离。只有当切开浅层脓肿时，才采用一次切开的方法。

技能训练一　皮下疏松结缔组织分离

皮下疏松结缔组织内分布有许多小血管，故多采用钝性分离。方法是先将组织刺破，再用手术刀柄、止血钳或手指进行剥离。对中小型动物常采用一次性切开，然后采取止血措施。

技能训练二　筋膜分离

用刀在筋膜中央做一小切口，然后用弯止血钳在此切口上、下将筋膜下组织与筋膜分开，沿分开线剪开筋膜。筋膜的切口应与皮肤切口等长。对薄层筋膜，确认没有血管时可使用刀或剪锐性分离。若筋膜下层有神经血管束，则用手术镊将筋膜提起，用反挑式执刀法做一小孔，插入有沟探针，沿针沟向外切开。

任务三　肌　肉　分　离

肌肉分离一般是沿肌纤维方向做钝性分离。方法是用手术刀或手术剪顺肌纤维方向做一小切口，然后用刀柄、止血钳或手指将切口扩大至所需长度（图3-4）。但在紧急情况下，或者肌肉较厚并含有大量腱质时，为使手术通路广阔和排液方便也可横断切开。对于横过切口的较小血管可用止血钳钳夹，或者用缝线行双重结扎后，从中间将血管切断（图3-5）。

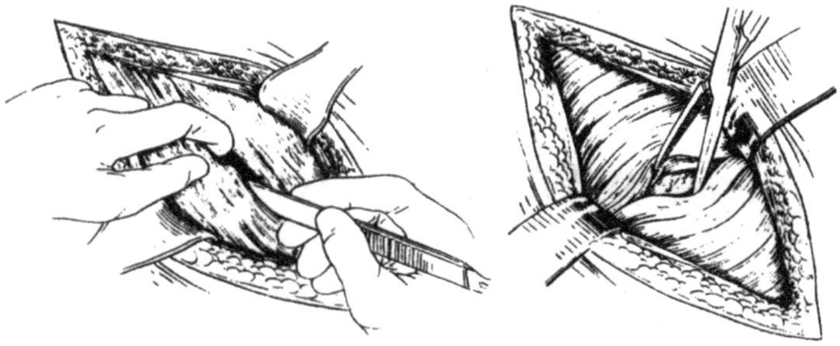

（a）顺肌纤维方向做一小切口　　（b）将切口扩大至所需长度

图 3-4　肌肉的钝性分离

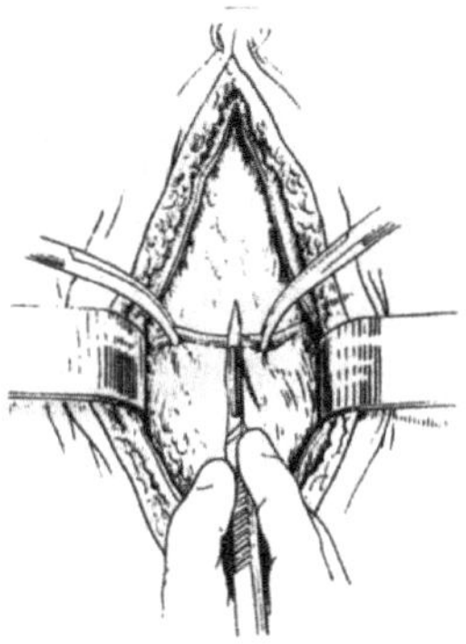

图 3-5　切断横过切口的血管

任务四　腹　膜　切　开

切开腹膜时，为避免伤及内脏，一般由施术者用镊子或止血钳提起切口一侧的腹膜；助手用镊子或止血钳在距施术者所夹腹膜对侧约 1cm 处将另一侧腹膜提起，然后从中间做一小切口；施术者利用食指和中指或有沟探针引导，再用手术刀或手术剪分割（图3-6）。

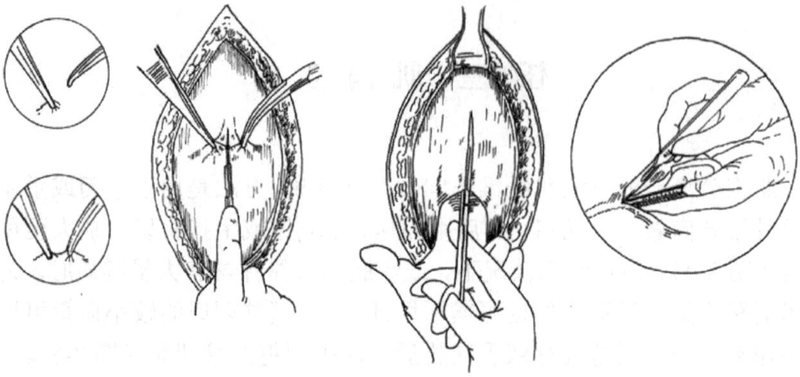

（a）提起腹膜，做一小切口   （b）用手术刀或手术剪分割

图 3-6　腹膜切开

任务五　中空性器官切开

技能训练一　胃壁切开

（一）瘤胃壁切开

在腹腔探查完毕后，将胃壁的一部分（通常是瘤胃背囊）拉出腹壁切口，选择胃壁血管较少的地方做切口。在切开前，先选择一种合适的方法进行瘤胃固定与隔离。在切开前，先在瘤胃切开线的上 1/3 处，用外科手术刀刺透胃壁（约一个钳头宽度），并立即用舌钳夹住胃壁的创缘，向上、向外拉起，防止胃内容物外溢；然后用剪刀向上、下扩大切口，分别用舌钳固定提起胃壁创缘，将胃壁拉出腹壁，将切口向外翻，随即用巾钳把舌钳柄夹住，固定在皮肤和创布上，以便胃内容物流出；最后套入橡胶洞巾。

（二）皱胃壁切开

皱胃壁切开适用于皱胃积食、严重的皱胃溃疡胃部分切除术及皱胃内毛球、纤维球和积沙的取出。手术时，在右侧肋弓下斜切口，距右侧最后肋骨末端 25～30cm 处定位平行肋弓斜切的中点，在此中点上做 20～25cm 平行肋弓的切口。也可选择皱胃轮廓最明显处做切口。当皱胃内容物较少时，施术者的手经腹壁切口伸入腹腔，将皱胃向切口推移以充分显露。当皱胃内容物较多时，皱胃仅能靠近腹壁切口而无法被移出切口外。用温生理盐水浸泡的纱布填塞于腹壁切口和皱胃壁间，然后将橡胶洞巾连续缝合在胃壁预定切开线周围，切开皱胃，彻底止血。

（三）犬胃壁切开

犬胃壁切开适用于胃内异物取出、急性胃扩张、胃扭转的整复、减压

单胃切开术

等。沿腹中线切开腹壁，显露腹腔。切除镰状韧带，若不将其切除，则既影响手术操作，又会造成大片粘连增加再次手术的困难。

在胃的腹面胃大弯与胃小弯之间的预定切开线两端，用艾利氏钳夹持胃壁的浆膜层、浆肌层，或者用 7 号丝线在预定切开线的两端，通过浆膜层、浆肌层缝合两根牵引线。用艾利氏钳或两根牵引线向后牵引胃壁，使胃壁显露在腹壁切口之外。用数块温生理盐水浸泡的纱布填塞在胃和腹壁切口之间，以抬高胃壁并将胃壁与腹腔内其他器官隔开，减少胃切开时对腹腔和腹壁切口的污染。切口一般选在胃腹面的胃体部，即在胃大弯和胃小弯之间的无血管区内，纵向切开胃壁。先用手术刀在胃壁上向胃腔内戳一小口，然后退出手术刀，改用手术剪通过胃壁小切口扩大胃的切口。胃壁切口长度视需要而定。对胃腔各部检查时，切口长度要足够大。

技能训练二　肠壁切开

肠腔切开时，须将肠管牵引至腹壁切口之外，用浸有温生理盐水的纱布垫在肠管下面。用肠钳或两手的食指、中指将预定切口的肠管两端夹好，施行切开。在肠管侧壁切开时，一般于肠管纵带上或肠系膜缘对侧肠壁上纵行切开，并应避免损伤另侧肠壁（图 3-7）。若为肠阻塞等手术切开时，则施术者用手术刀在阻塞物远端健康肠管的对肠系膜侧面纵向切开肠壁全层，其切口长度以接近阻塞物的直径为宜。在切开肠壁的同时，应连续抽吸肠内液体，以防其溢出污染术部。

图 3-7　肠管的侧壁切开

技能训练三　食道切开

食道切开适用于食管梗塞和食管憩室的治疗及食管新生物的摘除。切开部位依病变部位而定。基于颈部的解剖特点，食道切开的手术通路分为上部切口和下部切口。以颈静脉为界，在颈静脉与臂头肌之间做切口直至显露食管的，称为上部切口；在颈静脉与胸头肌之间做切口显露食管的，称为下部切口。上部切口的食管较浅，易于操作，但引流较困难。因此，凡食管有损伤或有化脓可疑时，都可选择下部切口以便于引流。

手术时，应进行术部剪毛、常规消毒。在颈静脉沟内，避开颈静脉、平行胸头肌、臂头肌，切开皮肤、浅筋膜和皮肌。马、牛的切口长 12～15cm，犬的切口长 4～8cm。钝性分离颈静脉和胸头肌或臂头肌之间的筋膜，分离困难时，在不损伤颈静脉周围的结缔组织鞘的前提下，可用手术剪剪开深筋膜。然后，在颈上 1/3 和颈中 1/3 处，须钝性分离肩胛舌骨肌和颈深筋膜；在颈下 1/3 处，须剪开肩胛舌骨肌筋膜和颈深筋膜。颈深筋膜不但是包着颈部器官的总筋膜套，而且是颈部气管、食管、动静脉的深筋膜支架，因此，不切开颈深筋膜就无法显露食管。剪开颈深筋膜后，应适当扩大切口，充分止血，识别出食管（呈淡红色、柔软、空虚、扁平、表明光滑，管中央有索状感）（图3-8）。显露食管后，注意不要使食管与周围组织广泛分离，拉出的食管用灭菌纱布与其他组织隔离，并于食管梗塞部的两端用肠钳固定，然后进行食管切开。若食管梗阻时间不久，则切口可做在梗阻物的食管上；若食管梗塞时间过久，食管黏膜坏死，则切口应做在梗阻物稍后方，切口大小以能取出梗死物为宜。切开食管全层，擦去唾液，取出异物。

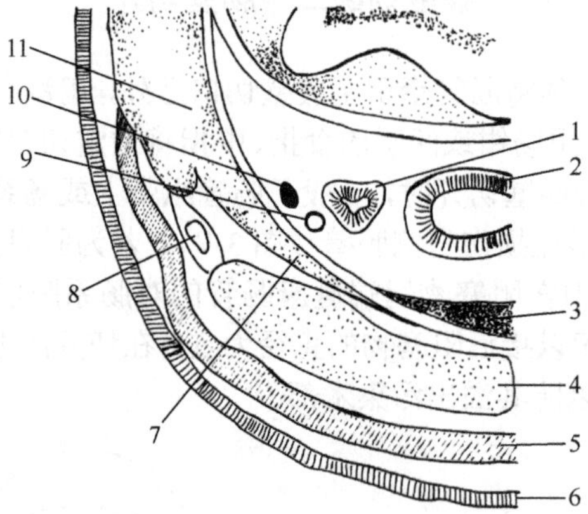

1—食管；2—气管；3—胸骨舌骨肌；4—胸头肌；5—皮肌；6—皮肤；7—肩胛舌骨肌；8—颈静脉；9—颈动脉；10—迷走交感神经干；11—臂头肌。

图 3-8　颈部食管手术通路

技能训练四　气管切开

气管切开适用于上呼吸道急性炎性水肿、鼻甲骨骨折、鼻腔肿瘤和异物取出、喉双侧返神经麻痹，或者某些原因引起的气管狭窄等的治疗。在动物因产生完全或不完全的上呼吸道闭塞、窒息而有生命危险时，气管切开常作为紧急治疗手段。对上呼吸道施行某些手术时，也需要施行气管切开术。

气管切开可分为暂时性气管切开和永久性气管切开，前者多属于急救性质，待局部障碍消除后，切开的气管即闭合；而后者多适用于经济价值较高的动物的治疗，如治疗上呼吸道不能消除的瘢痕性狭窄，双侧的面神经、喉返神经麻痹及肿瘤等。

沿中线做 5～7cm 的皮肤切口，切开浅筋膜、皮肤，用创钩拉开创口，止血并清除创口内积血。在创口的深部寻找两侧胸骨舌骨肌之间的白线，用手术刀切开，分离肌肉、深层气管筋膜，使气管完全暴露。在气管切开之前须再度止血，以防创口血液流入气管。气管切开的方法有3种（图3-9）。

（a）圆形切开　　　（b）直线切开　　　（c）窗形切开

图 3-9　气管切开的方法

（一）圆形切开

圆形切开时，在邻近的两个气管环上各做一半圆形切口（宽度不得超过气管环宽度的一半），形成一个近圆形孔。在切软骨环时，要用镊子牢固夹住切下的软骨片，避免其落入气管中。然后将准备好的气导管正确地插入气管内，用线或绷带固定于颈部，在皮肤切口的上、下角各做 1～2 个结节缝合，有助于气导管的固定。

（二）直线切开

直线切开时，在气管环腹侧中线，纵向切开 2～3 个气管环，在同一环的切口两侧各缝一线圈，把线圈挂在预先制备的横木两端，使气管保持开放。这种方法具有随地取材的优点，但软骨环边缘易向气管内凹陷，从而造成气管狭窄。

（三）窗形切开

窗形切开时，切除 1～2 个软骨环的一部分，造成方形"天窗"，用间断缝合将黏膜与相对的皮肤缝合，形成永久性的气管瘘，这是一种永久性气管切开方法。

技能训练五　膀胱切开

膀胱切开适用于膀胱或尿道结石、膀胱肿瘤等的治疗。腹壁切开后，若膀胱充盈，则须先排空蓄积尿液使膀胱空虚。用一指或两指捏住膀胱基部，小心将膀胱翻转出创口外，使膀胱背侧朝上。然后用纱布隔离，防止尿液流入腹腔。切口位置宜选在膀胱背侧（若在膀胱侧面切开，则易在缝合处形成结石）无血管处。也可选择膀胱前段做切口，此处血管较少。

技能训练六　尿道切开

尿道切开常用于雄性动物尿道结石或有异物、尿道狭窄及排尿困难等的治疗。

（一）大型动物尿道切开

术部宜选择在阴囊基部后上方或阴囊和包皮口之间。

犬、猫膀胱
切开术

膀胱切开术

尿道切开术

1. 阴囊基部后上方切口

在阴囊基部后正中线处做 10~15cm 皮肤切口，钝性剥离皮下组织，锐性切开阴茎周围的结缔组织膜，注意不得损伤阴囊和鞘膜，分离阴茎缩肌，将 S 状弯曲拖至皮肤切口处，用手触摸确定结石或异物所在部位，施行尿道切开。

2. 阴囊和包皮口切口

须使动物侧卧保定，麻醉后将阴茎从包皮口拉出，并充分伸展。在结石或异物所在部位中线处做 10~15cm 皮肤切口，切口应避开包皮黏膜。

（二）犬尿道切开

使用导尿管或探针插入尿道，确定尿道阻塞部位，根据阻塞部位选择手术通路。

1. 前方尿道切开

前方尿道切开适用于阻塞部位在阴茎骨后方到阴囊之间的治疗。将包皮腹侧面皮肤剃毛、消毒。用左手扯住动物阴茎骨提起包皮和阴茎，使皮肤紧张、伸展。在阴茎骨后方和阴囊之间正中线做 3~4cm 切口，切开皮肤，分离皮下组织，显露阴茎缩肌并移向侧方，切开尿道海绵体，使用插管或探针指示尿道。在结石或异物处纵行切开尿道 1~2cm。

2. 后方尿道切开

术部选择在坐骨弓与阴囊之间，沿正中线切开。术前应用柔软的导尿管插入尿道。切开皮肤，钝性分离皮下组织，结扎大的血管止血，在结石或异物部位切开尿道。

（三）猫尿道切开

术部选择在阴茎前端到坐骨弓之间，将皮肤剃毛、消毒。从包皮拉出阴茎约 2cm，用手指固定。从尿道口插入细导管到结石或异物阻塞部位。于阴茎腹侧正中切开皮肤，钝性分离皮下组织，结扎大的血管。在导尿管前端结石阻塞部切开尿道，取出结石或异物。将导尿管向前方推进到膀胱，排出尿液，用生理盐水冲洗膀胱和尿道。

任务六　实质性器官切除

技能训练一　犬肾切除

犬肾切除适用于化脓性肾炎、肿瘤、结石及肾外伤等的治疗。

犬肾摘除术

将犬侧卧保定，术部切口选在最后肋骨后方 2cm 处，自腰椎横突向下与肋骨弓平行切口。仰卧保定时，术部切口选在腹下正中线切口，手术径路较好，可以使两肾全面显露，便于检查。

（一）肾脏显露

将结肠移向右侧，在降结肠系膜后显露左肾；右肾前端紧贴于肝脏右叶的后方，将十二指肠近端移向左侧，在十二指肠系膜后显露右肾。

（二）分离肾脏

犬的左肾活动性较大，将腹膜和后肾筋膜用镊子提起，用剪刀剪断，使用手指和纱布从肾脏剥下筋膜。当肾松动时，将肾从腰下部提起，显露出肾动脉和输尿管。分离右肾比分离左肾困难。

（三）肾脏血管的结扎和切断

在直视条件下，以食指、中指夹持肾脏，显露肾动脉、肾静脉、输尿管。充分分离和关闭肾动脉，放置血管钳，贯穿结扎肾动脉，在近心端做3 道结扎，在远心端做 1 道结扎。如果是肾癌，则应首先结扎肾静脉，使肾静脉分离和关闭，然后放置止血钳，在近心端与远心端各做 1 道结扎。肾动脉与肾静脉不能集束结扎，因为易发生动静脉瘘。

（四）输尿管分离

在肾盂找到输尿管，充分分离输尿管到达膀胱，注意结扎伸延到膀胱的输尿管断端，在远心端做 2 道结扎，在近心端做 1 道结扎，防止形成尿盲管（尿盲管会造成感染）。输尿管断端结扎切断后，用苯酚烧灼，摘除肾脏。

技能训练二　脾切除

取腹部正中切口，切口从剑状软骨向后延伸，切口长度视动物个体大小而定。切开皮肤，钝性分离皮下组织和肌肉，打开腹腔皮下组织后暴露腹腔。将食指和中指伸入腹腔，轻柔探查到脾脏后，夹出其游离端，牵引至腹腔切口固定，展开脾脏附着的大网膜。将大网膜上通过脾脏的血管分别于距离脾脏 1～2cm 处全部结扎确实，在靠近脾脏端将大网膜剪断，摘除脾脏，用止血纱布压迫止血。

技能训练三　卵巢切除

卵巢切除适用于绝育手术及卵巢囊肿、肿瘤的治疗。将动物腹底壁剃毛、常规消毒。由脐孔向后做 4～10cm 长的腹中线切口。常规切口皮肤，分离皮下组织，切开腹白线和腹膜，打开腹腔。在膀胱积尿时，用手挤压膀胱排空尿液，必要时穿刺膀胱。

犬猫肾脏摘除手术

犬肝脏部分摘除术

犬脾脏摘除术

犬脾脏摘除或部分切除术

母猪卵巢摘除术

（一）寻找卵巢

用食指探查腹腔，左右卵巢分别位于左右肾后方的腰沟内。屈曲指节将卵巢夹在手指与腹壁间勾出，或者于骨盆腔入口处膀胱下找到子宫体，然后沿子宫体向前寻找子宫角和卵巢并牵引。

（二）撕裂卵巢悬韧带

顺子宫角提起卵巢和输卵管，钝性撕裂卵巢悬韧带，将卵巢提至腹壁切口处。

（三）分离、结扎卵巢系膜

展开卵巢系膜，在靠近卵巢血管后方用止血钳开一孔，用 3 把止血钳穿过此孔，其中第一把止血钳夹持卵巢固有韧带和输卵管，第二把、第三把止血钳分别靠近和远离卵巢，夹持卵巢系膜及血管。剪断卵巢与第二把止血钳间的卵巢系膜。然后在第三把止血钳上环绕缝线，去除止血钳，在此钳压处收紧、打结。用镊子夹住卵巢系膜残端，松开第二把止血钳，如果无出血，则将其残端送回原位；如果出血，则在此钳压处做第二次结扎。用同样的方法寻找并切除另一侧卵巢。

技能训练四　卵巢子宫全切除

卵巢子宫全切除主要用于绝育手术，也可用于治疗和预防卵巢子宫疾病，如阴道增生、卵巢肿瘤和子宫蓄脓等。寻找卵巢、撕裂卵巢悬韧带，以及分离、结扎卵巢系膜的方法同卵巢切除方法。

（一）分离子宫阔韧带

分别将两侧卵巢从卵巢系膜上撕开，并沿子宫角向后钝性分离子宫阔韧带，到其中部剪断索状圆韧带，继续分离，直至子宫角分叉处。如果圆韧带有大的血管，则应对其做集束结扎。

（二）结扎和切除子宫体

用 3 把止血钳夹持子宫体和子宫动脉、静脉。第一把止血钳应夹住靠近阴道处的子宫体。除去第一把止血钳，在此钳压处贯穿结扎。若子宫动、静脉粗大，则须单独结扎。从第二把、第三把止血钳间切断子宫体，取出子宫和卵巢。用镊子夹持子宫残端，松开第二把止血钳，观察有无出血。如果无出血，则将其残端送回原位；如果有出血，则在钳压处做第二次贯穿结扎。有些动物子宫体粗大，因此为防止止血钳钳夹损伤子宫体，可直接在子宫体上做两针贯穿结扎。

技能训练五　乳腺切除

乳腺部分或全部切除适用于乳腺发生坏疽、肿瘤、放线菌病或难以治愈的乳房炎而危及生命时。对动物局部剃毛、常规消毒。首先，从动物乳房的前方正中线向乳房后上缘切开皮肤并延伸至股内侧，钝性分离包在乳腺外侧的筋膜直至腹股沟。此处可触及乳房动脉搏动。将分布此处的乳房动脉、静脉及神经上、下两道集束结扎，间距为5～6cm，于其中间剪断。然后，钝性分离乳腺与腹筋膜间结缔组织，直至其基底部。分离腹皮下静脉，并将其两次结扎、切断。最后，靠近腹底壁切断悬吊乳腺的韧带。即可切除一侧乳腺。如果须全部切除乳腺，则按同样的方法即可。

知识链接

犬眼球摘除术

羊眼球摘除术

——项目小结——

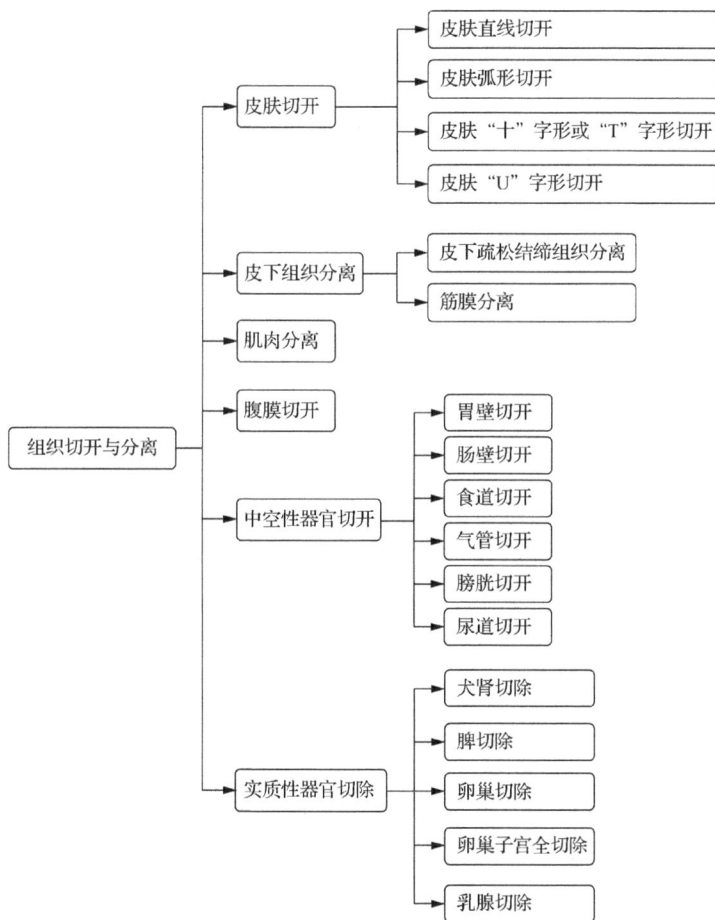

——复习思考题——

1. 简答题

1）简述皮肤直线切开的方法。

2）简述肠壁切开方法。

3）简述肌肉分离方法。

4）简述卵巢子宫切除方法。

2. 论述题

一头水牛采食山芋时发生食道梗塞，经检查发现梗塞发生在颈部，试论述采用哪种手术方法治疗。

项目 四

术 部 止 血

项目简介

止血对术中减少失血、保持术野清晰、防止重要组织损伤、保证手术安全及术后创口愈合等均有重要意义。本项目主要介绍术部压迫止血、腔内填塞止血、血管结扎止血、止血剂止血、术部烧烙止血。

知识目标

了解止血的种类；掌握不同出血的止血方法。

技能目标

能对不同的出血种类采取相应的止血措施。

素质目标

手术组成员要分工协作，做好术前预防性止血措施，术中尽量避开大的血管、神经和淋巴管，实在躲避不了的血管，也要在切断前做好双重结扎。万一遇到大出血，一要镇定，二要迅速找到出血点，采取确实有效的止血措施，尽量减少失血量。止血方法有很多，不同的组织器官出血，可选用适合可靠的止血方法，并且可以多种止血方法并用。

项目导入

止血是手术过程中经常用到且必须掌握的基本操作技术。在手术中，完善的止血不仅可保持术野清晰，便于操作，还可以减少失血量，有助于动物术后恢复，有利于争取手术时间，避免误伤重要器官，预防并发症的发生。因此，手术中的止血必须迅速而可靠，并在手术前采取积极有效的预防性止血措施，以减少手术中出血的发生。

任务一 术部压迫止血

技能训练一 棉球压迫止血

用干棉球直接按压出血部位，如果机体凝血机能正常，则几分钟后出血自行停止。为了提高压迫止血的效果，在止血时，必须按压，不能擦拭，以免损伤组织或使血栓脱落。

技能训练二 纱布压迫止血

用纱布压迫出血部位，可使血管破口缩小、闭合，促使血小板、纤维蛋白和红细胞迅速形成血栓并止血。在毛细血管渗血和小血管出血时，如果机体凝血机能正常，则压迫片刻出血即可自行停止。对于较大范围的渗血，应利用温生理盐水、1%~2%麻黄素、0.1%肾上腺素等溶液浸湿再拧干的纱布块做压迫，这有助于止血。手术中用纱布压迫出血处，还可以清除术部的血液，辨清组织和出血径路及出血点，有利于采取其他止血措施。

技能训练三 绷带压迫止血

绷带压迫止血适用于四肢、阴茎和尾部手术，可暂时阻断血流，减少手术中的失血，有利于手术操作的进行。用绷带替代品（如橡皮管止血带、绳索、纱布绷带）时，局部应垫以纱布或手术巾，以防损伤软部组织、血管及神经（图4-1）。

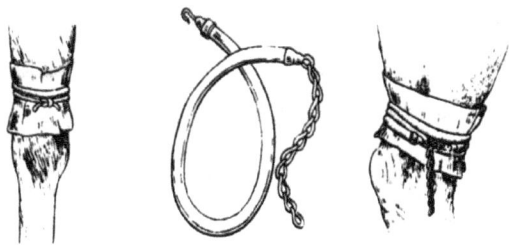

图4-1 止血带的应用

绷带及其替代品止血的方法是：用足够的压力（以绷带止血部位远端的脉搏刚能消失为度）于术部上1/3处缠绕数周固定，其保留时间不得超过3h，冬季不超过60min，在此时间内如果手术尚未完成，则可将绷带临时松开10~30s，然后重新缠扎。松开绷带及其替代品时，应采用多次"松、紧、松、紧"的办法，严禁一次松开。

任务二　腔内填塞止血

腔内填塞止血是在深部大血管出血且找不到血管断端，钳夹或结扎止血困难时，采用灭菌纱布紧塞于出血的创腔或解剖腔内，压迫血管断端以达到止血目的的方法。在填塞纱布时，必须将创腔填满，以便有足够的压力压迫血管断端。腔内填塞止血留置的敷料常在 12～24h 后取出。

技能训练一　鼻腔填塞止血

鼻腔填塞止血是通过压迫出血血管使其闭塞，从而达到止血目的的方法，适用于经烧灼、明胶海绵贴敷、微波等方法治疗无效的较剧烈的鼻出血者，或出血猛烈无法判断出血部位者。

（一）袋装填塞法

将一段纱布条双叠 8～10cm，用镊子夹住纱布条折叠处，放入鼻腔后上方嵌紧，再将折叠部分上下分开，使其一端平贴于鼻腔上部，另一端贴于鼻底，在鼻腔内呈袋状。纱布条的两端应露出鼻孔并固定。在此袋内填塞纱布条，以水平式自上而下（出血点偏于鼻腔上部时）或自下而上（出血点偏于鼻腔下部），或以垂直式自后向前重叠填塞纱布条，因鼻腔后部有袋装纱布条阻挡，故可有效防止鼻腔内纱布条向后松脱，止血效果可靠。

（二）点状填塞法

将纱布条折叠成楔状，并在楔状填塞物上缝一条丝线，用填塞物直接压迫出血部位，而不接触其他未出血的正常黏膜，以减轻或避免不良反应。将缝线从前鼻孔引至颊部并以胶布固定，防止填塞物向后滑动进入鼻咽腔造成误吸窒息。如果出血部位靠后，则可在鼻内窥镜下确定出血部位，并进行精确的点状填塞，也可用系有棉线绳的棉包填塞于鼻腔止血。

技能训练二　口腔填塞止血

当口腔颌面部有开放性和洞穿性创口时，可用填塞止血法急救。将纱布块填塞于口腔创口内压迫止血。在口腔内填塞纱布时，应注意保持动物呼吸道通畅，防止其发生窒息。

技能训练三　直肠填塞止血

对于找不到明显出血点但出血明显者，可用纱布填塞压迫止血，或在创口涂撒凝血酶，然后以明胶海绵填压。直肠填塞止血时应放置一根肛管，这样既有利于动物排气，也有利于及时发现再出血。

任务三 血管结扎止血

技能训练一 缝合结扎止血

缝合结扎止血又称贯穿结扎止血，其中一种方法是用止血钳将血管及其周围组织横行钳夹，用带有缝合针的丝线穿过断端一侧，绕过另一侧，再穿过血管或组织的另一侧打结，这种方法被称为"8"字缝合结扎[图 4-2（a）]。两次进针处应尽量靠近，以免将血管遗漏在结扎之外。如果将结扎线用缝合针穿过所钳夹组织（勿穿透血管）后先结扎一结，再绕过另一侧打结，撤去止血钳后继续拉紧线再打结,则为单纯贯穿结扎[图 4-2(b)]。

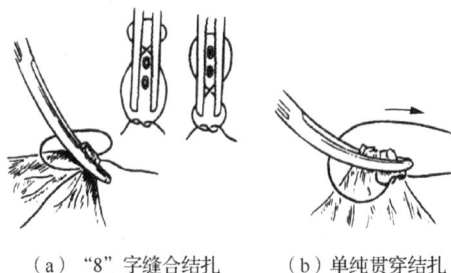

（a）"8"字缝合结扎　　（b）单纯贯穿结扎

图 4-2　缝合结扎止血

缝合结扎止血的结扎线不易脱落,适用于大血管或重要组织部分的止血。对不易用止血钳夹住的出血点,宜采用缝合结扎止血。

技能训练二 止血钳结扎止血

止血钳结扎止血又称单纯结扎止血。具体方法是：先以止血钳尖端夹住出血点，助手将止血钳轻轻提起，使其尖端向下；施术者用丝线绕过止血钳所夹住的血管及少量组织；助手将止血钳放平，将尖端稍挑起并将止血钳侧立；施术者在钳端的深面打结（图 4-3）。在打完第一个单结后，松开并撤去止血钳，再打第二个单结。结扎时所用的力量应大小适中，结扎处不宜离血管断端过近，所留结扎线尾也不宜过短，以防线结滑脱。

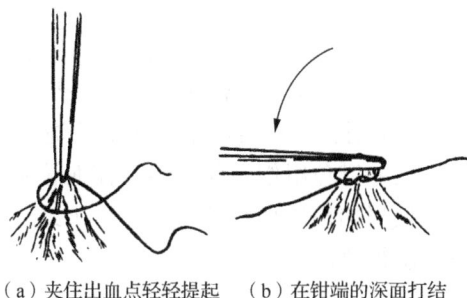

（a）夹住出血点轻轻提起　（b）在钳端的深面打结

图 4-3　止血钳结扎止血

技能训练三　止血钳结扎捻转止血

用止血钳夹住血管断端，扭转止血钳 1～2 周，轻轻去钳，使断端闭合止血。如果经钳夹扭转不能止血时，则应予以结扎。此法适用于小血管出血。

任务四　止血剂止血

技能训练一　止血敏止血

止血敏别名羟苯磺乙胺、止血定、阿格鲁明、酚磺乙胺，可肌内注射或静脉注射，也可与 5%葡萄糖溶液或生理盐水溶液混合静脉滴注，可与其他止血药物并用。

技能训练二　肾上腺素止血

应用肾上腺素做局部预防性止血常配合局部麻醉进行。一般是在每1000mL 普鲁卡因溶液中加入 0.1%肾上腺素溶液 2mL，利用肾上腺素收缩血管的作用，达到减少手术局部出血的目的。另外，还可增强普鲁卡因的麻醉作用，其作用可维持 20min 至 2h。但手术部位局部有炎症病灶时，高度的酸性反应会减弱肾上腺素的作用。此外，在肾上腺素作用消失后，小动脉管扩张，若血管内血栓形成不牢固，则可能发生二次出血。也可用0.1%肾上腺素溶液浸湿纱布后施行压迫止血，如鼻出血和拔牙后齿槽出血，可用系有棉线绳的棉包浸湿后填塞止血。

任务五　术部烧烙止血

技能训练一　电烙铁止血

电烙铁止血是用电烧烙器或烙铁的烧烙作用使血管断端收缩封闭而止血。电烙铁止血的缺点是损伤组织较多，兽医临床上多用于弥漫性出血的止血。使用电烙铁止血时，只有将电阻丝或烙铁烧得微红，才能达到止血的目的，但不宜过热，以免组织炭化过多，使血管断端不能牢固堵塞。烧烙时，烙铁在出血处稍加按压后迅速移开，否则组织会黏附在烙铁上，当烙铁移开时会将组织扯离。

技能训练二　高频电刀止血

高频电刀能切割组织和凝固小血管。通过高频电的热作用切割组织和产生微凝固组织蛋白作用而达到止血的目的。在使用时,用止血钳夹住血管断端向上轻轻提起,擦干血液,将高频电刀与止血钳接触,待局部发烟即可。电凝时间不宜过长,否则烧伤范围过大,影响愈合。在空腔脏器、大血管附近及皮肤等处不可用高频电刀止血,以免组织坏死,发生并发症。

高频电刀止血的优点是止血迅速,不留线结于组织内,但止血效果不完全可靠,凝固的组织易于脱落而再次出血,因此对较大的血管仍应以结扎止血为宜,以免发生继发性出血。

技能训练三　超声刀止血

超声刀是一种以超声波为基础的外科能量平台,可用于一些组织局部的切割止血,尤其是在微创外科手术方面应用广泛,也可用于肿瘤的切除、绝育手术和美容整形手术,具有出血少、对周围组织伤害小、术后恢复快的特点。

知识链接

犬配血与
输血技术

血涂片的
制作与镜检

项目小结

```
                    ┌─────────────┐   ┌──────────────┐
                    │ 术部压迫止血 │──▶│  棉球压迫止血  │
                    │             │   ├──────────────┤
                    │             │──▶│  纱布压迫止血  │
                    │             │   ├──────────────┤
                    │             │──▶│  绷带压迫止血  │
                    └─────────────┘   └──────────────┘

                    ┌─────────────┐   ┌──────────────┐
                    │ 腔内填塞止血 │──▶│  鼻腔填塞止血  │
                    │             │   ├──────────────┤
                    │             │──▶│  口腔填塞止血  │
                    │             │   ├──────────────┤
                    │             │──▶│  直肠填塞止血  │
                    └─────────────┘   └──────────────┘

     ┌─────────┐    ┌─────────────┐   ┌──────────────┐
     │ 术部止血 │───▶│ 血管结扎止血 │──▶│  缝合结扎止血  │
     └─────────┘    │             │   ├──────────────┤
                    │             │──▶│ 止血钳结扎止血 │
                    │             │   ├──────────────┤
                    │             │──▶│止血钳结扎捻转止血│
                    └─────────────┘   └──────────────┘

                    ┌─────────────┐   ┌──────────────┐
                    │  止血剂止血  │──▶│  止血敏止血   │
                    │             │   ├──────────────┤
                    │             │──▶│  肾上腺素止血  │
                    └─────────────┘   └──────────────┘

                    ┌─────────────┐   ┌──────────────┐
                    │ 术部烧烙止血 │──▶│  电烙铁止血   │
                    │             │   ├──────────────┤
                    │             │──▶│  高频电刀止血  │
                    │             │   ├──────────────┤
                    │             │──▶│  超声刀止血   │
                    └─────────────┘   └──────────────┘
```

═══**复习思考题**════════════════

1. 简答题

1）简述鼻腔出血的止血方法。

2）简述止血钳止血方法。

3）简述高频电刀止血方法及注意事项。

2. 论述题

试论述不同止血方法的适用范围和注意事项。

术 部 缝 合

项目简介

缝合是将已经切开、切断或因外伤而分离的组织、器官进行对合或重建其通道，是创口能否良好愈合、外科治疗能否成功的关键因素。本项目主要介绍术部结节缝合、术部螺旋形连续缝合、术部锁扣缝合、术部荷包缝合、术部内翻缝合。

知识目标

了解缝合的基本原则和材料；掌握不同组织的缝合方法。

技能目标

能根据手术种类和组织类型，选用合适的缝合方法；能对不同组织进行缝合。

素质目标

缝合既是一项基本功，也是一项精细活。缝合的质量与创口的愈合关系密切。"台上一分钟，台下十年功"，我们平时一定要多练基本功，多练才能熟练，熟练才能生巧。缝合方法很多，可随机应变，但基本要求是简便而牢靠。

项目导入

缝合是外科手术中的基本操作技术，其目的在于促进止血，减少组织紧张度，防止创口裂开，保护创口免受感染，为组织再生创造良好条件，以期加速创口的愈合。缝合方法很多，且各有特点，我们应根据动物种类和不同组织合理选用缝合方法。

任务一　术部结节缝合

技能训练一　皮肤结节缝合

（一）操作方法

术部缝合
方法（一）

结节缝合又称单纯间断缝合，是最常用的缝合方式。缝合时，将缝合针引入 15～25cm 缝线，于创缘一侧垂直刺入，于对侧相应的部位穿出打结。每缝一针，打一次结（图 5-1）。皮肤结节缝合时，要求创缘要密切对合。对于缝线距创缘距离，应根据缝合的皮肤厚度来决定，一般小型动物为 0.3～0.5cm，大型动物为 0.8～1.5cm。对于缝线间距，要根据创缘张力来决定，使创缘彼此对合，一般间距为 0.5～1.5cm。应打结在切口同一侧，防止压迫切口。除用于皮肤缝合外，结节缝合也可用于皮下组织、筋膜、黏膜、血管、神经、胃肠道的缝合。

图 5-1　结节缝合

（二）优点

在创口愈合过程中，即使个别缝线断裂，其邻近缝线也不受影响，不会导致整个创口裂开。

（三）缺点

皮肤结节缝合使用缝线较多，且花时间较长。

技能训练二　皮肤减张缝合

（一）操作方法

皮肤减张缝合常与皮肤结节缝合一起应用。在操作时，先在距创缘比较远处（2～4cm）做几针等距离的结节缝合（减张）；在缝线两端可系缚纱布卷或橡胶管等（这种方法也叫圆枕缝合），借以支持其张力，其间再做几针结节缝合即可（图 5-2）。一般长度的切口，做 3～4 道减张缝合。此法适用于腹侧和腹下张力较大的创口缝合。

（a）结节缝合 1　　　　（b）圆枕缝合

（c）结节缝合 2

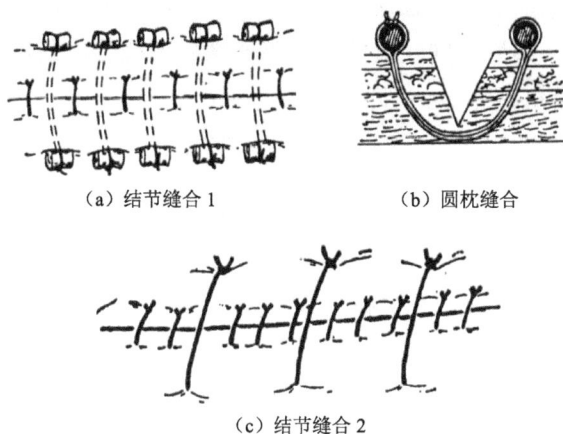

图 5-2　减张缝合

（二）优点

皮肤减张缝合可减少组织张力，以免缝线勒断针孔之间的组织或将缝线拉断；在创口愈合过程中，即使个别缝线断裂，其邻近缝线也不受影响，不会导致整个创口裂开。

（三）缺点

皮肤减张缝合的缺点同皮肤结节缝合。

技能训练三　皮下组织结节缝合

皮下组织结节缝合基本操作方法同皮肤结节缝合。缝合时，要使创缘两侧皮下组织相互接触，消除组织的空隙。此法适用可吸收缝线，打结应埋在组织内。缝合针应穿过其皮层。

技能训练四　腹壁肌层结节缝合

腹壁肌层结节缝合基本操作方法同皮肤结节缝合。缝合时，应将纵行纤维紧密连接，连同筋膜一起进行结节缝合。此法适用于大动物的腹部手术。

技能训练五　腹膜肌层结节缝合

腹膜肌层结节缝合基本操作方法同皮肤结节缝合。须注意的是，缝合必须完全闭合创口，不能使网膜或肠管漏出或嵌闭于创口处。此法适用于小动物的腹部手术。

任务二　术部螺旋形连续缝合

术部螺旋形连续缝合可使创口充分密闭，适用于肠、胃、子宫、浆膜、黏膜等组织的缝合。具体缝合方法如下：用一条长线，先在创口的一端缝合打结，然后用同一缝线等距离做螺旋形缝合，最后留下线尾抽紧打结（图5-3）。

图5-3　术部螺旋形连续缝合

术部缝合方法（二）

任务三　术部锁扣缝合

术部锁扣缝合又称连续锁边缝合，多用于皮肤直线形切口及薄而活动性较大的部位缝合。缝合时，用一根长的缝线自始至终连续地缝合一个创口，最后打结，即开始先做一结节缝合，打结后剪去缝线短头，用其长线头连续缝合，以后每缝一针要从缝合所形成的线袢内穿出，对合创缘，避免创口形成皱褶，使用同一缝线以等距离缝合，拉紧缝线，最后将线尾留在穿入侧与缝合针所带之双股缝线打结（图5-4）。此种缝合能使创缘对合良好，并使每一针缝线在进行下一次缝合前就得以固定，缝线均压在创缘一侧。此法适用于颌下、颈部、腋下、腹内侧等部位的手术。

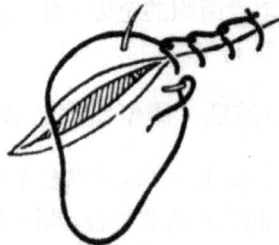

图5-4　术部锁扣缝合

任务四　术部荷包缝合

术部缝合方法（三）

术部荷包缝合即做环状的浆膜层、浆肌层连续缝合（图5-5）。术部荷包缝合主要用于胃、肠壁上小范围的内翻缝合，如缝合小的胃肠穿孔，也可用于胃、肠、膀胱等的引流固定和疝孔闭合，直肠脱、肛脱、阴道脱时疝孔，以及肛门、阴门的闭合。

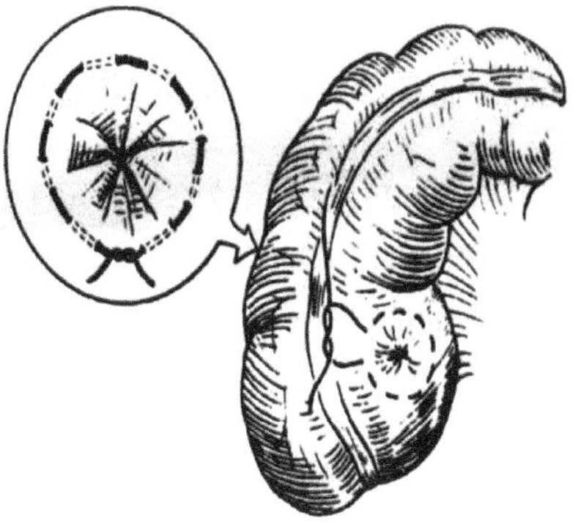

图 5-5 术部荷包缝合

技能训练一 疝孔荷包缝合

疝孔荷包缝合适用于疝孔较小的缝合，于疝囊颈处用人工合成可吸收缝线做内荷包缝合。

技能训练二 真胃穿刺荷包缝合

真胃穿刺荷包缝合适用于治疗真胃变位时的穿刺减压，通常在真胃固定隔离的基础上，在胃大弯处先做荷包缝合。

任务五 术部内翻缝合

技能训练一 库兴氏内翻缝合

连续水平褥式内翻缝合又称库兴氏内翻缝合，适用于胃、子宫浆膜层、浆肌层的缝合。具体方法如下：于切口一端先做一浆膜层、浆肌层间断内翻缝合（间断伦勃特氏内翻缝合），再用同一缝线于距切口边缘 2～3mm 处刺入一侧浆膜层、浆肌层，将缝合针在黏膜下层内沿与切口边缘平行方向行针 3～5mm；将缝合针穿出浆膜层、浆肌层，垂直横过切口，在与出针直接对应的位置穿透对侧浆膜层、浆肌层做缝合（图 5-6）。结束时，拉紧缝线再做间断伦勃特氏内翻缝合后结扎。

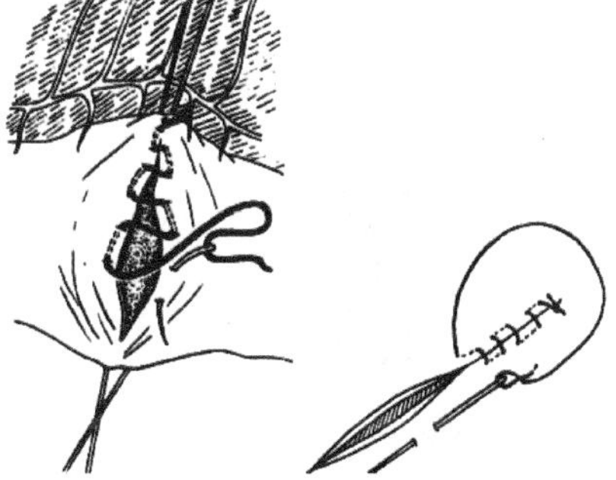

图 5-6 库兴氏内翻缝合

技能训练二　康乃尔内翻缝合

连续全层内翻缝合又称康乃尔内翻缝合，多用于胃、肠、子宫壁缝合。它的缝合方法与库兴氏内翻缝合基本相同，但在缝合时要将缝合针贯穿全层组织，随时拉紧缝线，使两侧边缘内翻（图5-7）。

图 5-7　康乃尔内翻缝合

技能训练三　伦勃特氏内翻缝合

垂直褥式内翻缝合又称伦勃特氏内翻缝合，是胃肠手术的传统缝合方法，分为间断与连续两种，用以缝合胃、肠浆膜层和浆肌层。

（一）间断伦勃特氏缝合

间断伦勃特氏缝合是胃肠手术中最常用、最基本的浆膜层和浆肌层内翻缝合法（图5-8）。具体方法如下：于距吻合口边缘外侧约3mm处横向进针，穿经浆膜层、浆肌层后于吻合口边缘附近穿出；越过吻合口于对侧相应位置做方向相反的缝合。每两针间距3～5mm。结扎时不宜过紧，以防缝线勒断肠壁浆膜层、浆肌层。

（二）连续伦勃特氏缝合

连续伦勃特氏缝合于切口一端开始，先做一浆膜层、浆肌层内翻缝合并打结，再用同一缝线做浆膜层、浆肌层连续缝合至切口另一端结束时再打结（图5-9）。此法用途与间断伦勃特氏缝合相同。

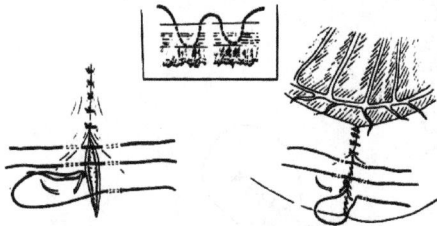

图 5-8　间断伦勃特氏缝合　　　　图 5-9　连续伦勃特氏缝合

━━ 项目小结 ━━

知识链接

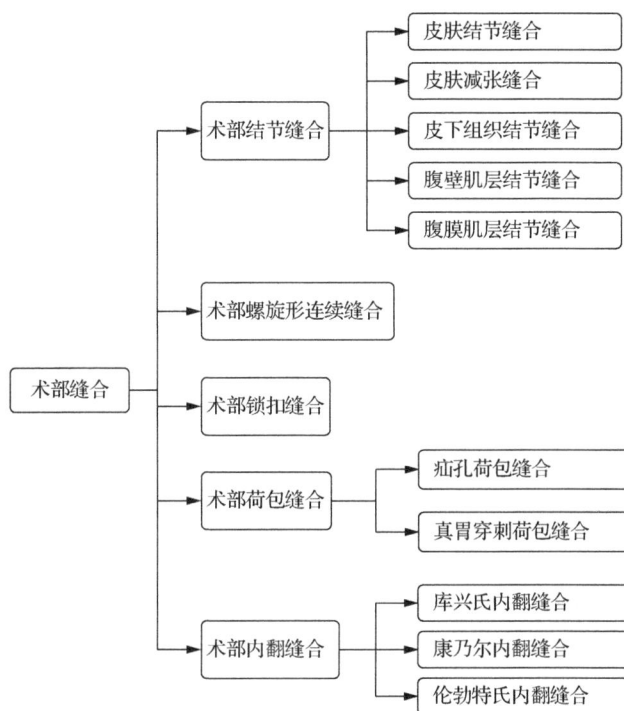

术部缝合
- 术部结节缝合
  - 皮肤结节缝合
  - 皮肤减张缝合
  - 皮下组织结节缝合
  - 腹壁肌层结节缝合
  - 腹膜肌层结节缝合
- 术部螺旋形连续缝合
- 术部锁扣缝合
- 术部荷包缝合
  - 疝孔荷包缝合
  - 真胃穿刺荷包缝合
- 术部内翻缝合
  - 库兴氏内翻缝合
  - 康乃尔内翻缝合
  - 伦勃特氏内翻缝合

━━ 复习思考题 ━━

1. 名词解释

库兴氏内翻缝合；康乃尔内翻缝合；伦勃特氏内翻缝合

2. 简答题

1）简述术部结节缝合方法及其优缺点。

2）简述术部锁扣缝合的方法。

3. 论述题

试论述皮肤减张缝合的方法及其优缺点。

项目 六

绷 带 制 作 👆

绷带的制作方法

项目简介

绷带是用于动物体表的包扎材料。绷带制作的目的是包扎止血，保护创面，防止自我损伤，吸收创液，限制活动，使创口保持安静，促进损伤组织愈合。本项目主要介绍结系绷带、四肢环形绷带、四肢螺旋形绷带、四肢折转绷带、四肢石膏绷带、四肢夹板绷带、角绷带、耳绷带、头部绷带、鬐甲部绷带、胸部绷带、腹部绷带、会阴部绷带、蹄部绷带和尾部绷带的制作方法。

知识目标

了解绷带制作的目的、种类和材料；熟悉不同部位绷带制作的方法；能根据实际情况合理制作绷带。

技能目标

能选用合理的绷带包扎方法；能对不同部位进行绷带包扎。

素质目标

明确绷带制作的目的，仔细考虑绷带的种类和制作材料；绷带包扎一定要牢靠，要考虑不同动物的特点；如果在野外发生紧急突发事故，如遭遇车祸或严重摔伤引起骨折时，就要因地制宜、就地取材地制作绷带，让动物安静，迅速进行夹板固定，防止骨折加重或引起大出血；有的绷带必须扎紧（如被毒蛇咬伤时的压迫绷带）；有的绷带开始时需要稍微扎紧（如关节囊肿、耳血肿时的压迫绷带）；有的绷带可以适当放松一点（如绝大多数术部的保护绷带）；每天应多次检查绷带的松紧度并进行调整，防止过松脱落或过紧引起血液循环障碍；平时针对不同动物的不同部位损伤，要多模拟演练，练好基本功。

项目导入

绷带多由纱布、棉布等制作成圆筒状，故称卷轴绷带，其用途较广。根据绷带的临床用途及制作材料的不同，还有其他类型的绷带，如腹绷带、夹板绷带、支架绷带、石膏绷带等。不同部位绷带的包扎方法不同，错误的包扎方法不仅难以起到治疗作用，还可能会造成组织压力性损害，导致皮肤溃疡甚至截肢。

任务一　结系绷带制作

结系绷带又称缝合包扎绷带,是用缝线代替绷带固定敷料的一种保护手术创口或减轻创口张力的绷带,可装在动物体任何部位。结系绷带的制作方法如下:在圆枕缝合基础上,用数根缝线分别固定在两侧圆枕基部下面,将敷料盖于创口上,再把两侧固定线的游离端成对打成活结,固定敷料;亦可在缝合后,将创口分为3~5等份,于每等份的一侧,用带30cm长缝线的缝合针,距创缘3~4cm刺入皮下,距刺入点0.5cm处穿出,越过创口至对侧做对称性的刺入、穿出,如此逐一穿好后,将敷料置于缝线下盖于创口上,再拉紧缝线,打活结固定(图6-1)。

图 6-1　结系绷带制作

任务二　四肢环形绷带制作

四肢环形绷带的制作方法如下:用卷轴绷带在患部重叠缠绕4~6圈后,将绷带末端剪开打结(图6-2)。四肢环形绷带主要用于包扎粗细一致和较小的患部,如四肢系部、掌(跖)部等。卷轴绷带的所有包扎法均以环形带为起始和结束。

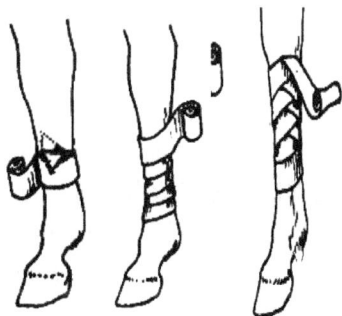

图 6-2　四肢环形绷带制作

任务三 四肢螺旋形绷带制作

四肢螺旋形绷带的制作先从环形带开始，再由下向上螺旋形缠绕，每圈均压住前一圈的 1/3 或 1/2，最后以环形带结束。四肢螺旋形绷带多用于四肢的掌部、跖部及尾部包扎。

任务四 四肢折转绷带制作

四肢折转绷带的制作类似四肢螺旋形绷带，但每圈缠至肢体外侧时均向下回折，再向上缠绕，最后以环形带结束。此绷带常用于四肢的臂、胫等粗细不一的部位的包扎。

任务五 四肢石膏绷带制作

（一）准备

先将动物横卧保定并使其镇静或浅麻醉，以便于整复和包扎；然后刷拭干净患部及其周围皮肤，涂碘酊或乙醇，有创口时应先行外科处理，备足棉花、卷轴带、夹板、石膏绷带、石膏粉及40℃的温水。

（二）装置方法

1）在骨折整复后，于患肢上、下端各绕一圈薄纱布棉垫，其范围应超出装置石膏绷带卷的预定范围，以螺旋带固定。

2）将一石膏绷带卷浸于40℃水中，至不冒气泡时取出，用两手握住绷带卷两端挤出多余水分，同时浸入第二卷备用。

3）用已浸好的石膏绷带螺旋式缠绕患部，边缠边均匀涂抹石膏泥，缠至骨折上方关节后，再折向下缠，根据患肢重力和肌肉牵引力的不同，可缠绕6~8层（大型动物）或2~4层（小型动物），最后一层要将两端超出的棉花折向绷带压住，并涂石膏泥抹光。待石膏硬固后使动物起立。

当处理开放性骨折或有创口的其他四肢疾病时，为观察和处理创伤，应用有窗石膏绷带，即在创口上覆盖灭菌纱布，将大于创口的杯子或其他器皿放于纱布上，杯子固定后，绕过杯子按前法缠绕石膏绷带，在石膏未硬固之前用刀作窗，取下杯子即成窗口，窗口边缘用石膏涂抹平（图6-3）。

（a）挤压浸泡后的石膏绷带　（b）缠石膏绷带　（c）装夹板并用石膏绷带固定

（d）外涂石膏糊　　（e）做石膏窗

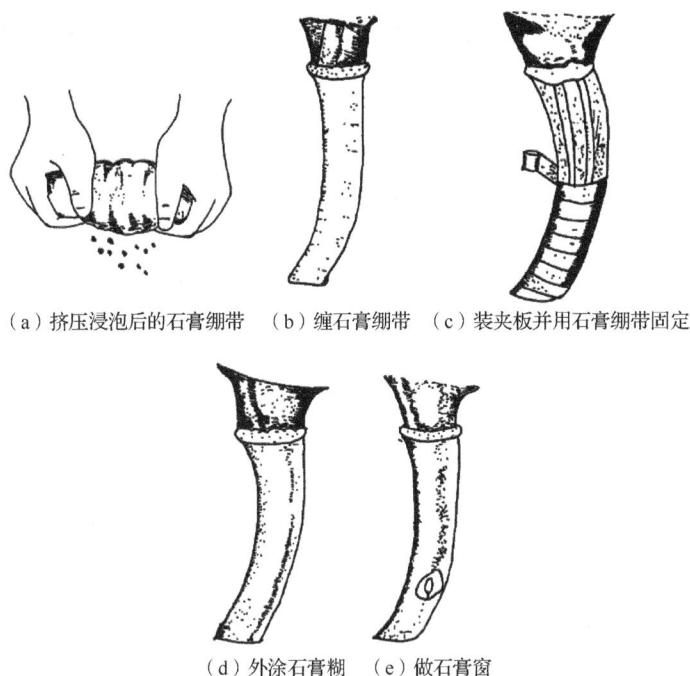

图 6-3　四肢石膏绷带制作

任务六　四肢夹板绷带制作

四肢夹板绷带是借助夹板保持患部安静，避免加重损伤、移位和使患部进一步复杂化的起制动作用的绷带，可分为临时夹板绷带和预制夹板绷带两种。前者通常用于骨折、关节脱位时的紧急救治，后者可作为较长时间的制动绷带。

（一）夹板绷带材料

临时夹板绷带可用胶合板、普通薄板、竹板、树枝等作为夹板材料。用于小型动物时，可选用压舌板、硬纸壳、竹筷子作为夹板材料。预制夹板绷带常用金属丝、薄铁板、木料、塑料板等制成适合四肢解剖形状的各种夹板。另外，在治疗小型动物时，厚层棉花绷带的包扎也能起到夹板作用。无论是临时夹板绷带，还是预制夹板绷带，都由衬垫的内层、夹板和各种固定材料构成。

（二）夹板绷带的包扎方法

先将患部皮肤刷净，包上较厚的棉花、纱布棉花垫或毡片等衬垫，并用螺旋形包扎法加以固定，然后装置夹板。夹板的宽度视需要而定，长度既要包括骨折部上、下两个关节，使上、下两个关节同时得到固定，又要短于衬垫材料，避免夹板两端损伤皮肤。最后用绷带螺旋包扎或用结实的细绳加以捆绑固定。铁夹板可加皮带固定。犬夹板绷带如图6-4所示。马夹板绷带如图6-5所示。

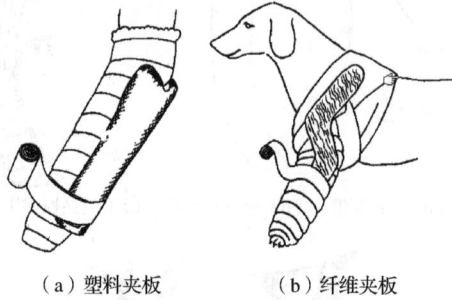

（a）塑料夹板　　　　（b）纤维夹板

图6-4　犬夹板绷带制作

（a）胶合板夹板绷带　　（b）木杆夹板绷带　　（c）单幅铁板夹板绷带

图6-5　马夹板绷带制作

任务七　角绷带制作

角绷带用于牛、羊角壳脱落、角折、断角及角损伤等的治疗。包扎时，先用一块纱布盖在断角上，用环形包扎固定纱布，再用另一角做支点，以"8"字形缠绕绷带，最后在健康角根处环形包扎打结（图6-6）。

图6-6　角绷带制作

任务八　耳绷带制作

耳绷带用于耳外伤的包扎，包扎方法有垂耳包扎法和竖耳包扎法两种。

（一）垂耳包扎法

垂耳包扎法是先在患耳背侧安置棉垫，将患耳及棉垫反折使其贴在头顶部，并在患耳耳郭内侧填塞纱布；然后将绷带从耳内侧基部向上延伸到健耳后方，并向下绕过颈上方到患耳，再绕到健耳前方。如此缠绕3～4圈将耳包扎（图6-7）。

（二）竖耳包扎法

竖耳包扎法多用于耳成形术的包扎。先用纱布或材料做成圆柱形支撑物填塞于两耳郭内，再分别用短胶布条从耳根背侧向内缠绕，每条胶布断端相交于耳内侧支撑物上，依次向上贴紧。最后用胶带"8"字包扎将两耳拉紧竖直（图6-8）。

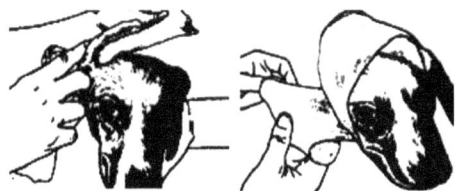

| 图 6-7 垂耳包扎法 | 图 6-8 竖耳包扎法 |

任务九　头部绷带制作

根据需要包扎部位如眼、头顶的形状，将绷带制成一定结构、大小合适的双侧盖布，并于盖布上缝合布条，以便打结（图6-9）。

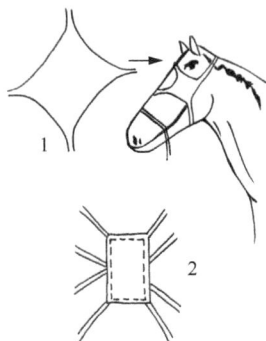

1—眼绷带；2—头顶绷带。

图 6-9 头部绷带制作

任务十　鬐甲部绷带制作

根据需要包扎鬐甲部位，制成一定结构、大小合适的双侧盖布，并于盖布缝合4根布条，然后将盖布盖于鬐甲部，分别将布条两两于颈部和胸部打结（图6-10）。

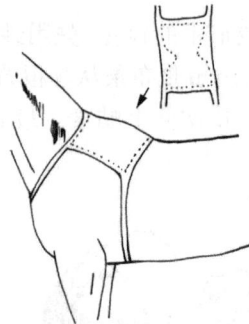

图6-10　鬐甲部绷带制作

任务十一　胸部绷带制作

根据需要包扎的胸部，将绷带制成一定结构、大小合适的双侧盖布，并于盖布上缝合6根布条，然后将盖布盖于动物胸部，分别将布条两两打结（图6-11），也可用螺旋式绷带包扎，具体方法同四肢螺旋形绷带制作。

图6-11　胸部绷带制作

任务十二 腹部绷带制作

根据需要包扎的腹部，将绷带制成一定结构、大小合适的双侧盖布，并于盖布上缝合 6 根布条，然后将盖布盖于腹部，分别将布条两两打结（图 6-12）。也可用螺旋形绷带包扎。

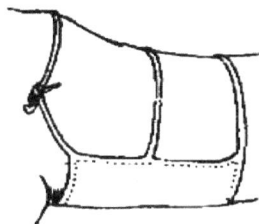

图 6-12 腹部绷带制作

任务十三 会阴部绷带制作

先将绷带从中间折为 A、B 两个部分，于脐部后髋部前将两绷带同时由下向上绕一圈，用 A 压住 B，使 B 向后反折，将 A 继续以原方向环绕，将 B 绕过会阴部并经尾根处至腰背侧，以 A 压住 B 并使 B 向后反折，绕过会阴部从阴茎另一侧绕至腰背侧，如此反复，呈"丁"字形。

任务十四 蹄部绷带制作

蹄部绷带的制作方法如下：先将绷带卷的开端留出约 20cm 交左手，用右手持绷带卷并用绷带覆盖创部，缠绕一周与左手所持短端相遇后交扭；再反方向继续包扎，每次与短端相遇时，均交扭一次，直至创部全部被包扎；最后将长端与短端打结固定，为防止绷带污染，可在外部加帆布套（图 6-13）。

（a）蹄部绷带　　　　　　　　（b）蹄冠绷带

图 6-13 蹄部与蹄冠绷带制作

任务十五　尾部绷带制作

尾部绷带主要用于尾部创伤治疗或后躯、肛门、会阴部施术前后固定尾部。先在尾根做环形包扎，然后将部分尾毛向上转折，在原处做环形缠绕，包住部位转折的尾毛，将部分未包住的尾毛再向下转折，将绷带做螺旋形缠绕，包住下转的尾毛，完成后再包扎下一个上、下转折的尾毛。该包扎方法的目的是防止绷带滑脱。如此反复多次，用绷带做螺旋形缠绕至尾尖时，将尾毛全部折转数周环形包扎后，将绷带末端通过尾毛折转形成的圈内并抽紧（图6-14）。

图 6-14　尾部绷带制作

知识链接

━━ 项目小结 ━━

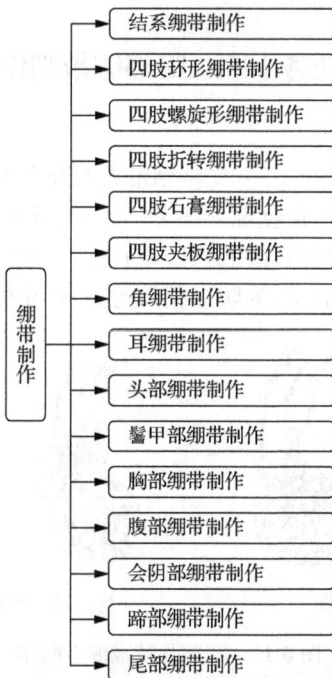

══ **复习思考题** ══════════════════════════════

1. 简答题

1）简述竖耳包扎法和垂耳包扎法的区别。

2）简述四肢石膏绷带制作方法。

3）简述尾部绷带制作方法。

2. 论述题

试论述会阴部手术后术部包扎的方法。

项目 七

围手术期护理技术

项目简介

围手术期也被称为手术全期，是指以手术治疗为中心，包含手术前、手术中及手术后的一段时间，具体是指从确定手术治疗时起，直到与这次手术有关的治疗基本结束这段时期。围手术期护理的重点是提高患病动物机体对手术的耐受性，避免手术前后并发症的发生。本项目围绕围手术期护理技术，介绍术前准备、术中护理和术后护理。

知识目标

了解围手术期护理的意义；掌握围手术期护理工作内容及要点。

技能目标

在术前能对动物进行检查；能制订手术方案；能组织协调手术参加人员分工；会对术中动物进行护理，并能处理术中紧急情况；能对术后动物进行正确护理。

素质目标

"三分治疗，七分护理"，手术做得很成功，如果护理不好，则可能前功尽弃。因此，一定要每天至少两次对创口进行检查；术后头 3 天，每天一次更换创口纱布或引流纱布；每天早晚两次测温并记录数据。护理工作是繁杂的、细致的、辛苦的，也是十分重要的，责任心、爱心、细心、耐心缺一不可。

项目导入

手术既是外科治疗的重要手段，也是一个创伤过程。因此，术前准备，要求全面检查患病动物，采取各种措施使患病动物具有良好的生理条件，以便更安全地耐受手术；术中护理，要求密切监测患病动物生命体征和状况，确保患病动物在手术过程中的安全；术后护理，要求尽快恢复动物的生理功能，防止各种并发症的发生，促使动物早日康复。

任务一　术前准备

术前准备包括手术计划的拟订、施术动物的准备、施术人员的准备、手术器械和用品的准备及手术室消毒等一系列具体工作。

（一）手术计划的拟订

手术计划的拟订是术前的必备工作，根据动物全身检查的结果，制订手术实施方案。手术计划是兽医判断力的综合体现，也是检查判断的依据。在手术进行中，有计划和有秩序地工作，可以减少手术中的失误，即使出现某些意外，也能设法应对，不致出现忙乱，造成失误，这对初学者尤为重要。但遇到紧急情况，不可能有时间拟订完整计划，应由施术者召集有关人员进行简短而必要的意见交换，做出手术分工，这对顺利进行手术是很有帮助的。手术计划可根据每个人的习惯制订，不强求一致，但一般应包括手术人员的分工、动物保定方法和麻醉方法、手术通路及手术进程、术前事项（术前给药、禁食、导尿、胃肠减压等）、手术方法及手术中应注意的事项、可能发生的手术并发症、预防和急救措施（虚脱、休克、窒息、大出血等的预防急救措施）、手术所需器材和特殊药品、术后护理治疗和饲养管理。

手术人员都要参与手术计划的制订，明确手术中各自的责任，以保证手术的顺利进行。

（二）施术动物的准备

施术动物的准备是手术的重要组成部分，直接或间接影响手术的效果和并发症的发生率。施术动物准备的任务是使动物处于正常生理状态，使其各项生理指标接近正常，从而提高动物对手术的耐受力。

术前准备的时间因疾病情况而分为紧急手术、择期手术和限期手术3类。紧急手术（如大创伤、大出血、胃肠穿孔和肠胃阻塞等）要求术前准备迅速、及时，避免因准备而延误手术时机。择期手术是指手术时间的早与晚可以选择，不致影响治疗效果，如十二指肠溃疡的切除手术和慢性食滞的胃切开手术等，有充分时间做准备。限期手术，如恶性肿瘤的摘除，在确诊之后应积极做好术前准备，不得拖延。通常患病动物的术前准备包括以下几个方面。

1. 术前检查

术前对患病动物进行全面检查，可提供诊断资料，并决定保定及麻醉方法，判断是否可以施行手术、如何进行手术并做出预后判定等。

犬猫的接近与保定

犬、猫一般检查（一）

犬、猫一般检查（二）

犬、猫一般检查（三）

犬、猫头静脉采血

犬血常规检查
与判读

犬猫血生化检查
与指标判读

犬猫血气
检查（一）

犬猫血气
检查（二）

公犬导尿技术

犬猫留置针
的安装

2. 术前给药

根据病情及手术的种类决定术前是否采取治疗措施。术前给予施术动物抗菌药物预防手术创感染；给予止血剂以防手术中出血过多；给予制酵剂防止术中臌气；也可用强心补液加强机体抵抗力。当创口严重污染、创道狭长及四肢部手术时，为预防破伤风，在非紧急手术之前 2 周给施术动物注射破伤风抗毒素，在紧急手术时可给施术动物注射破伤风抗毒素。

3. 禁食

许多手术要求术前禁食，如开腹术，充满内容物的肠管形成机械障碍，会影响手术操作。此外，饱腹会增加动物麻醉后的呕吐概率。禁食时间应根据动物患病的性质和动物身体状况而定。一般以禁食 24h 为宜，禁水不超过 12h。小型动物的消化管比较短，禁食一般不超过 12h。

4. 动物体准备

术前刷拭动物体表，对小型动物可施行全身洗浴，以清除体表污物，然后向其被毛喷洒 1%煤酚皂溶液或 0.1%新洁尔灭溶液。动物腹部、后躯、肛门或会阴部手术时，术前应包扎尾部绷带。会阴部的手术，术前应灌肠导尿，以免术中动物因排粪排尿而污染术部。

5. 术部除毛与消毒

详见项目一任务三相关内容。

（三）施术人员的准备

1. 手术人员的组织

手术是一项集体活动，手术的完成是集体智慧和劳动的结果，绝非一个人能完成的。为了手术顺利进行，参加手术的人员在术前要有良好的分工，充分理解手术计划，既要明确分工，又要互相配合，以便在手术期间各尽其职、有条不紊地工作。施术者和其他手术人员在手术前要了解每个人的职责，切实做好准备工作。

（1）施术者

施术者是手术治疗的组织者，负责术前对患病动物的确诊，提出手术方案并组织有关人员讨论确定分工及术前准备工作。施术者应将手术计划详告动物主人，取得动物主人同意和支持。施术者是手术的主要主持者，对手术承担主要责任，术后负责撰写手术病历、制订术后治疗和护理方案。

（2）手术助手

手术助手按手术大小和种类可分为第一助手、第二助手、第三助手。第一助手主要协助施术者进行术前准备、手术操作和术后处理的各项工作。施术者在术中因故不能完成手术时，第一助手须负责将手术完成。第二助手、第三助手主要协助显露术部，参与止血、传递更换器械与敷料，以及剪线等工作，在施术者的指导下做一些切开、结扎、缝合等基本技术操作。

（3）麻醉助手

麻醉助手要全面掌握患病动物的体质状况，以及其对手术和不同麻醉方法的耐受性，做出较客观的估计，使麻醉既可靠又安全。在手术过程中，应密切监护患病动物的全身状况，定时记录体温、脉搏、呼吸、血压等指标。患病动物全身情况突然发生变化时，应及时报告施术者，并负责采取抢救措施。术中输液、输血等工作，也由麻醉助手负责。

犬后肢隐静脉留置针的安装与输液

（4）保定助手

保定助手负责患病动物的保定。根据手术计划和施术者的要求，对患病动物采取合理的体位姿势进行保定或解除保定。必要时，可要求动物主人协助进行，做好手术场所的消毒工作。术后协助清点器械、敷料。

（5）器械助手

器械助手负责为手术准备器械，术中及时给施术者传递器械。器械助手要有高度的责任心，严格执行无菌操作，并熟悉各种手术步骤；根据手术进行情况，随时准备好即将使用的器械，操作要迅速敏捷；器械助手应比其他手术人员提前 30min 洗手，铺好器械台，并将手术器械分类放在台面灭菌布上，将常用器械置于近身处，便于取用；与巡回助手共同核点纱布、纱布垫与缝合针数量。手术开始前，将局部麻醉药吸入注射器内，药液量备足待用。将手术中止血结扎用的针线提前穿好，这样术中可节省时间。准备好手术巾、巾钳，随时待用；传递器械时须将柄端递给施术者。暂时不用的器械切忌留置在动物身上或手术台上，应迅速取回归还原处；皮肤切开后，应立即将用过的手术刀和纱布收回，另置于冷水盆内，更换手术刀及纱布。腹膜或胸膜切开后，用温盐水纱布或纱布垫保护内脏。对血液沾染的器械，及时用生理盐水洗净或用灭菌纱布擦拭干净待用；注意保护缝合针及缝线，勿使其受污染或脱落。剪断的缝线残端不要留在器械或手术巾上，以免误入伤口内；手术台面要保持整齐、清洁。缝合前，应与巡回助手仔细清点纱布、纱布垫和缝合针数目，以防遗留在创口内。手术结束后，将器械、手术巾与纱布泡在冷水中，以便清洗。

（6）巡回助手

巡回助手的职责主要包括准备及检查手术前各种需要的药品及医疗设备，如无影灯、配电盘、电动手术台、电动吸引器等，以免在使用时发生故障；准备洗手与泡手药液，检查酒精棉、碘酒棉等；协助麻醉助手静脉给药，测量各种临床检查数据，协助输液；负责检查手术人员的衣服穿着，主动供应器械助手一切急需物品，注意施术人员情况，夏天应特别注意擦汗；随时注意室内整洁，调节灯光；熟悉各种药械放置的地方，术中一旦急需特殊药械，应迅速供应。在术中负责补充各种灭菌器械与敷料。除特殊情况外，不得离开手术室。

具体分工要根据手术的大小和繁简、患病动物的种类、疾病程度等来决定。原则是既不浪费人力，又有利于手术的进行。例如，对于小型手术

施术者 1 人即可完成，一般手术需要 2～3 人，只有在做大型手术时才需要配套齐全的手术人员。

2. 手术人员消毒准备

手术人员本身，尤其是手臂的准备与消毒，对防止手术感染具有重要意义。在进行手术前，手术人员必须严格执行消毒准备。

（1）更衣

手术人员在准备室脱去外衣、鞋帽，换上手术室专用的清洁衣、裤和胶鞋。要求手术人员的上衣袖口只达腋窝，要修剪指甲，戴上手术帽和口罩。手术帽应将头发全部遮住。口罩用六层纱布缝制，必须同时盖住鼻孔。如果手术时出血或渗出液较多，则可加穿橡皮围裙，以免湿透衣裤。

（2）手臂的消毒

手臂消毒方法很多，原则上是选用步骤简便、效果确实的方法。具体方法主要分为两步，先用肥皂、流动水刷洗，除去污垢和脱落的表皮、皮脂，然后用消毒药液杀灭细菌。

肥皂刷洗、新洁尔灭或洗必泰洗手法：肥皂、流动水洗刷两遍，需6min。因为新洁尔灭与肥皂接触后可减弱其杀菌力，所以浸泡前必须充分冲净手臂上的肥皂泡沫。用 0.1%新洁尔灭浸泡 5min，若用 0.05%洗必泰，则浸泡 3min 即可。

（3）穿手术衣和戴手套

各种手臂消毒方法都不可能达到绝对无菌。穿手术衣和戴手套能将施术者手臂的接触感染控制在最低限度。

手术衣一般为白色或蓝色，根据动物外科手术的特点，有长短袖之分。例如，胸、腹腔手术时，经常整个手臂进入腹腔，以短袖为好；体表手术时，以长袖手术衣为宜。

穿无菌手术衣时，要离开其他人员和器具、物品，由器械助手打开手术衣包，施术者提起衣领的两端，抖开手术衣，将两手臂迅速伸进衣袖中，巡回助手牵拉手术衣后襟；然后施术者交叉两臂，提起腰部衣带，以便巡回助手在身后系紧（图 7-1）。

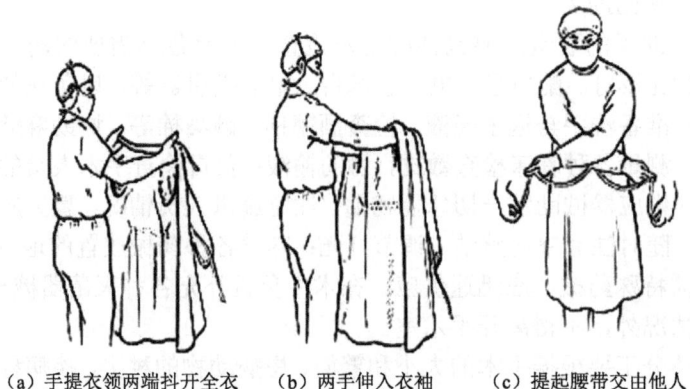

(a) 手提衣领两端抖开全衣　　(b) 两手伸入衣袖　　(c) 提起腰带交由他人

图 7-1　穿无菌手术衣

手术人员都应戴乳胶手套。在戴手套时，未戴无菌手套的手仅允许接触手套套口的外翻折部分，不应接触手套外面。具体方法如下：取出手套内无菌滑石粉包，轻轻敷擦双手，用左手捏住左右两手套口翻折部，先将右手插入右手手套内，再用戴好手套的右手手指插入左手手套的翻折部，帮左手插入手套内；戴好手套的右手不可触及左手皮肤，将手套翻折部翻回盖住手术衣袖口（图7-2）。用灭菌生理盐水将手套外的滑石粉冲洗掉。

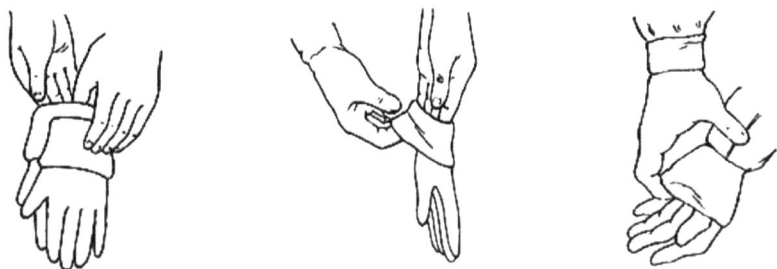

（a）先将右手插入手套内　（b）已戴好手套的右手手指插入左手　　（c）将手套翻折部翻回盖住
　　　　　　　　　　　　　　手套翻折部，帮左手插入手套内　　　　手术衣袖口

图 7-2　无菌手套的戴法

术中手套发生破裂，应及时更换。如果手套接触胃肠内容物或腔液而被污染，那么在转入无菌手术时，要重新更换灭菌手套。更换手套前，用消毒液重新洗刷手臂。

手术人员应按手的大小，选择尺寸合适的手套。手术人员准备结束后，应将双手抬举置于胸前，并用灭菌纱布遮盖等待手术开始，不可垂放。

（四）手术器械和用品的准备

1）应有器械、物品数量清单，按清单将其准备好，刷洗干净，进行消毒或灭菌。

2）对器械方盘、器械和物品包经不同方法消毒灭菌后，在严格的无菌操作下，先在器械台或器械方盘上铺好两层灭菌白布单，再放上灭菌的器械和物品包，由器械助手按器械、敷料类分别排列待用。

（五）手术室消毒

对手术室消毒前应进行清扫。手术室简单消毒方法如下：可使用 5%苯酚或 3%来苏尔溶液喷洒，消毒后必须通风换气，以排出刺激性气味；也可用紫外光消毒、化学药物熏蒸消毒，方法见项目一任务二相关内容。

（六）术前记录

完整的手术记录是总结手术经验，提高手术的技术水平，为临床、教学及科研提供重要资料的保证。因此，施术者或手术助手应在术前、术中和术后详细填写手术记录。

术前记录主要包括患病动物登记信息、病史、病症摘要及诊断结果，手术名称和手术时间。

任务二　术中护理

（一）术中患病动物的护理

术中患病动物的护理包括评估及文件记录动物状况、体位准备和手术过程中的观察。

1）在手术过程中，巡回助手应密切观察患病动物的反应，及时发现患病动物的不适反应或者意外情况，防止并发症的发生，确保患病动物的安全。

2）在手术过程中，监测患病动物生命体征，主要包括动脉血压监测、心电图监测和呼吸功能监测。

（二）术中记录

手术过程中需要记录的内容主要包括保定方法、麻醉方法与效果、手术方法、手术用药的种类及数量，以及病灶的病理变化与术前的诊断是否相符合等。

任务三　术后护理

术前准备、手术治疗和术后管理是手术医疗的 3 个环节，缺一不可。术后护理关系手术的成败，护理人员和饲养管理员对此应有充分认识。

（一）术后一般护理

1．麻醉苏醒

母猪输液技术

对全身麻醉的动物在手术后应尽快使其苏醒，拖过长时间，可能导致某些并发症。例如，由于体位的变化，影响呼吸和循环等。在动物全身麻醉未苏醒之前，设专人看管，苏醒后辅助其站立，避免撞碰和摔伤。在吞咽功能未完全恢复之前，绝对禁止饮水、喂饲，以防止误咽。

2．保温

术后疼痛管理

如果全身麻醉后的动物体温降低，则应注意保温，防止其感冒。

3．监护

术后 24h 内应严密观察动物体温、呼吸和心血管的变化，若发现异常，则要尽快找出原因并采取相应措施。对于较大的手术，要注意评估患病动物的水和电解质变化，若失调，则及时给予纠正。

4. 术后并发症

手术后注意动物有无早期休克、出血、窒息等严重并发症，一旦发生，应有针对性地给予处理。

5. 安静和活动

术后要保持动物安静。能活动的患病动物，2～3d后就可以户外活动，开始时活动时间宜短，而后逐步延长。借此改善血液循环，促进其功能恢复，并可促进代谢，增加食欲。不应让虚弱的患病动物过早、过量运动，以免导致术后出血，缝线断裂，影响创口愈合。对重症起立困难的患病动物应多加垫草，帮助其翻身，每日2～4次，防止造成压疮。对于四肢骨折、腱和韧带断裂的手术，术后开始时宜限制动物活动，之后要根据情况适度增加练习时间。犬和猫的关节手术，在术后一定时期内要对动物进行强制人工被动关节活动。

6. 术后记录

术后记录主要包括手术历时、动物术后的饲养、护理及治疗措施的记录，同时要填写医嘱，并将医嘱落实到责任护士或饲养管理员。

（二）术后感染的预防与控制

手术创口是否感染取决于无菌技术的执行和患病动物对抗感染的能力。术后的护理不当是继发感染的重要原因，因此，应保持病房干燥清洁，以减少继发感染。在蚊蝇滋生季节和感染多发地区，要杀蝇灭蚊。对大面积创伤或深创，也要预防破伤风梭菌感染。防止动物咬啃、舔、摩擦创口，采用项圈、颈环、颈帘、侧杆等保定方法施行保护。

犬猫免疫接种

抗生素和磺胺类药物对预防和控制术后感染，提高手术的成功率，有良好效果。在多数手术病例中，污染多发生在手术期间，在手术结束后，对动物全身应用抗生素不能产生预防作用，因为感染早已开始，所以真正的预防用药应在手术之前给药，使动物在手术时血液中含有足够量的抗生素，并可保持一段时间。抗生素的治疗，首先要对病原菌进行了解，在没有做药物敏感实验的条件下，使用广谱抗生素是合理的。抗生素绝不可滥用，对严格执行无菌操作的手术，不一定使用抗生素，这不仅可以减少浪费，还可以避免周围环境中抗菌性菌株增加。

（三）术后饲养管理

对术后的动物应予以适量的营养，因此不论在术前或术后都应注意动物食物的摄取。在实际情况中，食物的摄取量在患病期间往往是减少的。但动物在损伤、感染、应激和疼痛时，对营养的需求会增加。

大型动物消化道手术后，1～3d禁止对其饲喂草料，应静脉输入葡萄糖和复方生理盐水等，随后可喂给一定量的半流质食物。如果动物不能采食，则可用胃管投服流质食物。犬和猫的消化道手术，一般24～48h禁食后，可给动物半流体食物。在动物食欲逐渐恢复后，喂给适口性好的易消化的饲料，以后再逐步转变为日常饲喂。对非消化道手术术后食欲良好者，一般不限制对其喂饮，但一定要防止暴饮暴食，应根据病情逐步恢复到日常用量。

蛋白质是成年动物组织损伤修补、免疫球蛋白产生和酶的合成来源，蛋白质供应不足，会削弱免疫功能，使创口愈合减慢，使肌肉张力减小，因此，蛋白质是临床重要营养物质，可通过喂食肉类、鱼类、蛋类、乳制品和豆类植物予以补充。维生素和矿物质对患病动物机体的调整也是不可缺少的。在术后应给患病动物提供富含维生素和矿物质饲料，或在饲料中添加维生素和矿物质。

知识链接

项目小结

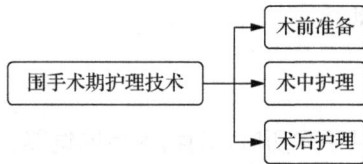

复习思考题

1. 名词解释

围手术期

2. 简答题

1）简述围手术期护理的意义。
2）简述术前对受术动物准备的内容。
3）简述术后护理的方法和内容。
4）简述围手术期记录的内容及重要性。

3. 论述题

试论述术前手术人员的准备工作；试论述术中监测内容及急救方法。

模块二

常见外科手术

阉 割 术

项目简介

阉割术是摘除或破坏公畜的睾丸、附睾或母畜的卵巢或子宫，使其失去性机能和生殖能力的一种外科手术，又称去势术。阉割术有什么作用？一是使性情暴躁的公畜变得温顺；二是提高肉用家畜的肉质量和产肉量；三是提高毛皮家畜的皮毛质量和数量；四是淘汰劣质种公畜；五是治疗某些生殖器官疾病，如睾丸炎、附睾炎等；六是用于绝育手术等。本项目主要介绍应用于不同动物的阉割术。

知识目标

了解各种家畜生殖器官的局部解剖；熟悉阉割的时机；掌握阉割术并发症的预防及处置；掌握对猪、牛、羊、犬、猫等动物的阉割术。

技能目标

熟悉各种动物的阉割适宜年龄；会进行各种动物阉割术的保定；掌握小公猪的阉割术、小母猪的阉割术、犬的阉割术等。

素质目标

阉割是兽医做得最多的一项外科手术。家畜、家禽阉割的目的是提高经济效益，提升动物产品质量；犬、猫阉割的目的主要是不让其交配和生育，犬、猫不做绝育手术会带来很多问题，如公犬好斗，乱撒尿，易患前列腺炎、睾丸炎、附睾炎，母犬易患子宫蓄脓。因此，作为一名兽医，必须掌握这项技术。如母猪小挑花、大挑花手术，公鸡阉割术。要熟练掌握这项技术并非容易的事，只有不断地锻炼，才能熟能生巧。这项技术还是一项体力活，因此，作为一名兽医，强劲的体魄是必需的，平时除了认真学习，还要多锻炼身体。

项目导入

阉割自古以来就有，它是一项技术活、体力活，尤其是母猪大挑花、仔猪小挑花、公鸡阉割术。技术第一，体力第二，没有足够的能力，难以完成这项任务。兽医要遵守无菌操作原则，否则会引起阉割并发症，甚至导致动物死亡。

阉割术在我国已有 2000 多年的历史，早在公元前 770 年就有关于马驹阉割的记载。在很久以前，我国就创造了阉割母猪的方法，尤其是小挑花技术非常精巧。我国兽医技术人员在长期的实践中，不断地积累和丰富阉割经验，使阉割术更加完善。

任务一　小公猪阉割

（一）适宜月龄

对小公猪的阉割，以 1～2 月龄或体重 5～10kg 为宜。通常选择仔猪断奶时进行，此时小公猪一般在 21～28 日龄。

（二）保定

施术者右手提猪右后肢跖部，用左手捏住猪右侧膝襞部将猪左侧卧于地面，使其背向施术者，随后用左脚踩住猪颈部，右脚踩住猪的尾根（图 8-1）。

公猪公羊阉割术

小公猪阉割术

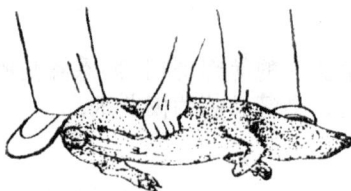

图 8-1　公猪保定法

（三）手术方法

1. 固定睾丸

施术者用左手腕部及手掌外缘将猪的右后肢压向前方紧贴其腹壁，用中指屈曲压在阴囊颈前部，同时用拇指及食指将其睾丸固定在阴囊内，使阴囊皮肤紧张，将睾丸纵轴与阴囊纵缝平行固定（图 8-2）。

图 8-2　固定睾丸

2. 切开阴囊及总鞘膜

施术者右手执刀，沿阴囊缝际的外侧 1～1.5cm 处平行切开阴囊皮肤及总鞘膜 2～3cm，显露并挤出睾丸（图 8-3）。

图 8-3　平行切开阴囊

3. 摘除睾丸

　　施术者左手握住睾丸，用拇指、食指捏住阴囊精索和输精管，用其余三指和掌部捏住睾丸，用右手拇指、食指撕裂睾丸系膜后，扯断阴囊韧带（大公猪的阴囊韧带不能扯断时，可以用剪子剪断），并将总鞘膜及韧带推入阴囊内，用左手同时挤压阴囊皮肤充分显露睾丸和精索，刮挫睾丸上方1～2cm 处的精索（亦可先捻转后括挫）一直到断离并去掉睾丸。然后在阴囊缝际的另一侧重新切口（亦可在原切口内用刀尖切开阴囊中隔显露对侧睾丸），以同样的方法摘除睾丸。对阴囊创口涂碘酊消毒，小切口可以不缝合（图 8-4）。

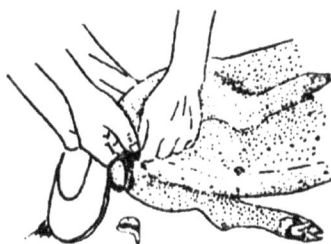

图 8-4　摘除睾丸

任务二　隐睾猪阉割

　　睾丸滞留于腹股沟管或腹腔内而不降入阴囊的症状，被称为隐睾。当睾丸滞留于腹股沟管内时，猪的隐睾多为腹腔型。隐睾相比于正常睾丸小、发育不全，质地比正常睾丸柔软，不产生精子。隐睾动物不能作为种用动物。现以睾丸滞留于腹腔内为例介绍阉割方法。

（一）保定

　　手术前禁饲 12h，以降低动物腹压。髂区手术采取隐睾侧向上的侧卧保定，腹中线切口采用半仰卧保定或倒悬式保定。

（二）确定术部

术部在髋结节向腹中线引的垂线上，距髋结节下方 5～10cm 处。

（三）手术方法

1. 切开腹壁

对术部进行常规处理，弧形切开术部皮肤，切口长度为 3～4cm，施术者以食指伸入切口并戳透腹壁肌和腹膜。

2. 探查隐睾并切除

将食指伸入猪腹腔内，切口外的中指、无名指和小手指屈曲，用力下压腹壁切口创缘，扩大食指在腹腔内的探查范围。按一定顺序进行探查，动作要轻，以免造成组织损伤。探查区主要在肾脏后方腰区、腹股沟区、耻骨区和髂区。摸到的卵圆形游离硬固物就是睾丸，用食指指端钩住睾丸后方的精索，移动至切口处。施术者用另一只手将大挑花刀刀柄伸入切口内，用钩端钩住精索，在食指的协助下拉出睾丸。用 4～7 号丝线结扎精索，摘除睾丸。

3. 闭合腹壁

将精索断端还纳腹腔内，清洁创口，检查创口有无肠管涌出，然后连续缝合腹膜，结节缝合肌肉及皮肤，对创口涂碘酊。

任务三　小母猪阉割

小母猪阉割即卵巢子宫切除术，适用于 1～3 月龄、体重 5～15kg 的小母猪。术前禁饲 8～12h，用小挑刀进行手术，多数选择在早晨猪空腹时进行。

（一）保定

母猪小挑花手术

施术者用左手握住猪左后肢的跗部，用右手捏住猪左侧膝襞部，将猪右侧卧于地面，背向施术者，施术者右脚踩住猪颈部，左脚踩住猪充分向后伸展的左后肢的跗部。使猪的前身侧卧、后身仰卧，使猪的下颌部、左后肢的膝部至蹄部构成一条斜对的直线。

（二）术部

用左手中指抵在猪左侧髂结节上，用拇指按压左侧腹壁，使拇指与中

指的连线与地面垂直，此时拇指按压部即为术部（图8-5）。相当于由髋结节向猪左列乳头方向引一垂线，切口在距猪左列乳头2～3cm处的垂线上。

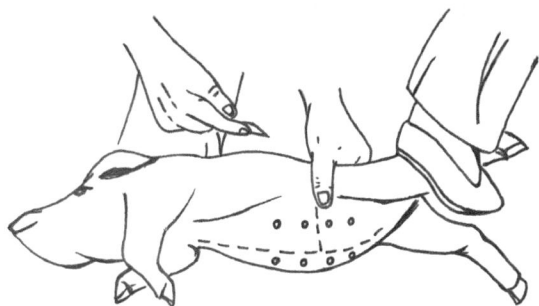

图8-5 术部定位

（三）手术方法

对术部消毒后，施术者右手持桃形刀，用拇指、中指和食指控制刀刃深度，用刀尖在左手拇指按压处前方垂直切开皮肤，切口长 0.5～1cm，然后用刀柄以45°斜向前方刺入切口。当猪嚎叫时，随腹压升高而适当用力"点"破腹壁肌肉和腹膜（描口法），或施术者用食指控制刀身的长度，在左手拇指按压处前方一次性刺破腹壁（透口法）。此时，有少量腹水流出，子宫角也随着涌出。如果子宫角不涌出，则用左手拇指继续紧压，用右手将刀柄在腹腔内做弧形滑动，并稍扩大切口，在猪嚎叫时腹压加大，子宫角和卵巢便从腹腔涌出切口之外，或以刀柄轻轻引出（图8-6）。用右手捏住冒出的子宫角及卵巢，轻轻向外拉，然后用左右手的拇指、食指轻轻地轮换往外引导，两手其他三指交换压迫腹壁切口，将两侧卵巢和子宫角拉出后，用手指捻挫断子宫体，撕断卵巢悬吊韧带，将两侧卵巢和子宫角一同除去。对切口涂碘酊，提起猪后肢稍稍摆动一下，即可放开。

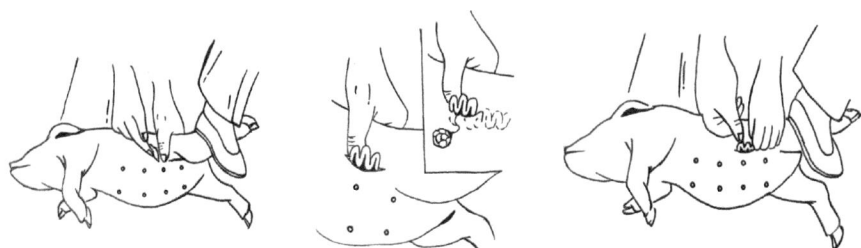

（a）皮肤切口　　（b）子宫角由切口冒出　　（c）导出并摘出两侧子宫角和卵巢

图8-6 小母猪阉割手术方法

（四）注意事项

1）动物保定要确实、可靠，手脚配合好。

2）切口部位要准确。

3）手术要空腹进行，以便卵巢、子宫角能顺利及时涌出。切口自动

母猪小挑花技术

涌出膀胱圆韧带的原因多为切口偏后，应使切口前移或用刀柄在切口前方探钩。如果肠管阻塞切口，则其原因是切口偏前，应使切口后移靠近子宫角的位置，或用刀柄在切口后方探钩。

4）若上述操作不能达到目的，则应及时将猪倒立保定，扩大切口，找到卵巢及子宫角并摘除。缝合腹膜及皮肤和肌肉创口，涂碘酊消毒。

任务四　大母猪阉割

大母猪阉割术即大挑花，又称单纯卵巢摘除术，适用于 3 月龄以上、体重在 15kg 以上的母猪。在母猪发情期不应进行手术。术前禁饲 6h 以上，阉割刀具为大挑刀。

母猪大挑花手术

（一）保定

猪左侧卧或右侧卧保定。施术者位于猪的背侧或腹侧，用一只脚踩住猪颈部，助手拉住猪两后肢并用力牵伸上面的一只后腿。50kg 以上的母猪保定时，应将其两前肢与下后肢用绳捆扎在一起，上后肢由助手向后牵引拉直并固定，用一木杠将猪颈部压住，防止猪骚动挣扎。

母猪大挑花技术

（二）术部

以右侧卧保定为例，术部在猪右侧髋结节前下方 5～10cm 处，相当于髋部三角区中央，选择指压抵抗力小的部位为术部（图 8-7）。

图 8-7　猪大挑花切口定位与刀具

（三）手术方法

对术部常规消毒，用左手捏起猪膝前皱褶，使术部皮肤紧张，用右手持刀将皮肤切开 3～5cm 的半月形切口，用左手食指垂直戳破腹肌及腹膜。若手指不易刺破，则可将刀柄与左手食指一起伸入切口，用刀柄先刺透腹壁后，再用食指将破孔扩大并伸入腹腔，沿腹壁向背侧向前向后探摸卵巢或子宫角。当食指端触及卵巢后，用食指指端置于卵巢与子宫角的卵巢固有韧带上，将此韧带压迫在腹壁上，并将卵巢移动至切口处，用右手持大挑刀刀柄插入切口内，与左手食指协同钩取卵巢固有韧带，将卵巢牵拉出切口外。施术者左手食指再次伸入切口内，在用中指、无名指屈曲下压腹壁的同时，用食指越过直肠下方进入对侧髋结节附近探查对侧卵巢，同法取出对侧卵巢。两侧卵巢都导出切口后，用缝线分别结扎两侧卵巢悬吊韧带和输卵管后，除去卵巢。对于腹壁创口，用结节缝合法将皮肤、肌肉、腹膜全层一次缝合。对体大的母猪可先缝合腹膜后，再将肌肉、皮肤一次结节缝合。缝合时不要损伤肠管，对腹壁缝合要严密，对创口涂碘酊消毒。

当猪体较大、用食指无法探查到对侧卵巢时，可由助手伸到猪体腹壁下面，将腹壁垫高，使对侧卵巢上移。与此同时，施术者食指在腹腔内向切口处划动，使卵巢和系膜随划动而移至指端，施术者可趁机捕捉卵巢和系膜。当上述方法仍不能触及对侧卵巢时，可用盘肠法（诱肠法），即先将引出腹壁切口的卵巢结扎后摘除，然后沿子宫角逐步导出子宫体、对侧子宫角与卵巢。在向外导出子宫角时，可采取边导引边还纳的操作方法，以防子宫角被污染。两侧卵巢摘除后，施术者应检查切口内肠管、网膜等脏器的情况，检查完毕方可缝合切口。

任务五 公牛及公羊阉割

（一）阉割年龄、季节

年龄：公牛 1～2 岁；肥育公牛，出生后 4～6 月龄；公羊 3～4 月龄。
季节：春、秋季，选择天气晴好的日子。

公羊阉割术

（二）保定

将牛右侧卧保定或柱栏内站立保定，提举一后肢并用绳绑住，使其前方转位，充分暴露阴囊部位。阉割公羊应倒立保定或右侧卧保定。

（三）阉割方法

1. 无血阉割术

对阴囊术部常规消毒，施术者左手紧握动物阴囊颈部，将睾丸挤向阴囊底部，由助手于阴囊颈部将一侧精索挤到阴囊的一侧固定。施术者用无血去势钳，在阴囊颈部夹住精索并迅速用力关闭钳柄，听到类似腱被切断的声音后，继续按压 1min，再缓缓松开钳嘴，按同样的方法钳夹另一侧精索，最后对术部皮肤涂抹碘酊消毒。无血阉割术如图 8-8 所示。

此法简单易学，无术后感染和并发症，不受季节限制，适用于牛、羊。

2. 有血阉割术

1）切口种类（图8-9）。纵切口：适用于成年公牛。横切口：适用于幼年公牛。

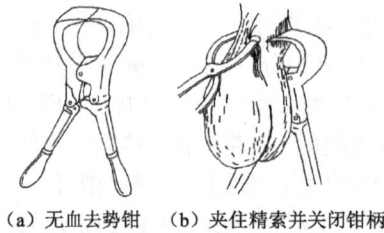

（a）无血去势钳　　（b）夹住精索并关闭钳柄　　　　（a）纵切口　　（b）横切口

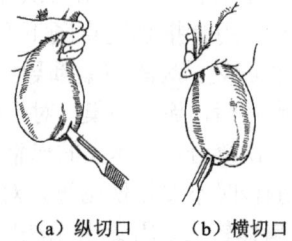

图8-8　无血阉割术　　　　　　　图8-9　有血阉割术切口种类

2）操作方法。与猪阉割方法基本相同，即用有血阉割术切开阴囊后，挤出睾丸，用手撕开或用手术剪剪开鞘膜韧带并分离精索，贯穿结扎精索，在结扎线下方1.5～2.0cm处切断精索，确定断端无出血后，涂碘酊放开。幼小的公牛精索较细，可不结扎，直接将精索捻断即可。睾丸摘除后，清理阴囊积血，检查切口位置是否在最低位，大小是否适当，以利排液。然后向阴囊内部撒入磺胺结晶粉或其他消炎药，对阴囊创口涂碘酊（图8-10）。

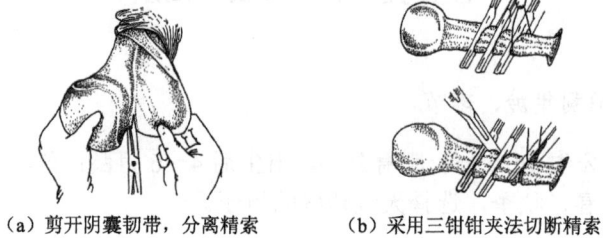

（a）剪开阴囊韧带，分离精索　　　　（b）采用三钳钳夹法切断精索

图8-10　有血阉割术

3）注意事项。摘除睾丸和附睾前，必须贯穿结扎精索，以防阴囊出血。阉割后，注射破伤风类抗毒素，以防发生破伤风。

任务六　公犬及公猫阉割

（一）适应证

阉割术主要用于改变公犬乱拉尿的习性，还能使公犬、公猫性情变得温顺；当公犬及公猫发生睾丸肿瘤、顽固性睾丸炎或附睾炎、前列腺增生、会阴疝等疾病时，也可结合阉割术对其进行治疗。

（二）术前准备

术前对动物进行全身检查，并对阴囊、睾丸、前列腺、尿道进行检查。若尿道、前列腺有感染，则应在阉割前一周采用抗生素进行治疗。

（三）麻醉

对动物全身麻醉。

（四）保定

仰卧保定，使动物两后肢向后外方伸展固定，充分显露阴囊部。

公犬绝育手术

（五）手术方法

1. 显露睾丸

施术者将动物两侧睾丸推挤到阴囊底部，使睾丸位于阴囊缝际两侧的阴囊最低部位。从阴囊最低部位的阴囊缝际向前的腹中线做一个 5～6cm 皮肤切口，切开皮下组织。施术者左手食指、中指推顶一侧阴囊后方，使睾丸连同鞘膜向切口内突出，并使包裹睾丸的鞘膜绷紧，固定睾丸，切开鞘膜，使睾丸从鞘膜切口内露出。施术者左手抓住睾丸，用右手持止血钳夹持附睾尾韧带，并将附睾尾韧带从附睾尾部撕下，用右手将睾丸系膜撕开，用左手继续牵引睾丸，充分显露精索。

公猫的导尿与导尿管的固定

2. 除去睾丸

采用三钳法。在精索的近心端钳夹第一把止血钳，在第一把止血钳的近睾丸侧的精索上，紧靠第一把止血钳钳夹第二、第三把止血钳。紧靠第一把止血钳钳夹精索处进行结扎，当结扎线第一个结扣接近打紧时，松去第一把止血钳，并使线结位于第一把止血钳的精索压痕处，然后打紧第一个结扣和第二个结扣，完成对精索的结扎。在第二把与第三把止血钳之间切断精索。用镊子夹持少许精索断端组织，松开第二把止血钳，观察精索断端有无出血，在确认精索断端无出血时松开镊子，将精索断端还纳回鞘膜管内。在同一皮肤切口内，按同样的操作切除另一侧睾丸。

公猫绝育术

3. 缝合阴囊切口

用4号丝线或2-0铬制肠线间断缝合皮下组织，对皮肤采用结节缝合，最后打结系绷带。

（六）术后护理

术后一周内限制动物剧烈运动，若出现阴囊潮红和轻度肿胀，则一般不用治疗。对有感染倾向者，在阉割后应给予抗菌药物治疗。

任务七　母犬及母猫阉割

母犬及母猫阉割术即卵巢子宫摘除术，目前国外兽医临床主张在进行犬、猫卵巢摘除术时，将子宫同时摘除。这主要是因为母犬、母猫只摘除卵巢而不摘除子宫很容易并发子宫角发炎和子宫蓄脓。另外，子宫本身也能产生极少量的激素，影响发情。卵巢和子宫全被切除后，临床效果稳定可靠。

母犬绝育术

（一）保定与麻醉

仰卧保定，将动物后身垫高（倾斜 30°），做全身麻醉。

（二）切口定位

在脐后腹中线切口，根据动物体型大小，做 4～10cm 切口，也可选择腹壁手术通路。

（三）手术方法

术前使动物断食 12h，对其腹底部脐后方至耻骨前部做常规无菌准备。于动物腹中线脐部向后切开皮肤。切口长 4～10cm。分离皮下组织，切开腹白线腱膜和腹膜，打开腹腔。用卵巢钩或猪小挑花刀柄或食指伸入一侧腹腔背部探寻子宫角，并将其钩住导出切口外。也可在膀胱背侧找到子宫体，沿子宫体向前寻找一侧子宫角。此法简单，容易操作。子宫角导出切口后，顺子宫角向前向上提起输卵管和卵巢，用食指和拇指钝性撕断卵巢悬韧带。这样卵巢易被引近切口。注意不要撕破卵巢动、静脉。先在卵巢系膜无血管区上开一小孔，用三把止血钳穿过小孔夹住卵巢血管和周围组织，其中一把靠近卵巢，另两把远离卵巢。然后在卵巢远端止血钳外侧 0.2cm 处做一结扎，除去远端止血钳（图 8-11），或者先松开卵巢远端止血钳，在除去止血钳的瞬间，在钳夹处做第二次结扎；然后从止血钳和卵巢近端止血钳之间切断卵巢系膜和血管（图 8-12），观察断端有无出血。若止血良好，则取下止血钳后再观察有无出血；若有出血，则在止血钳夹过的位置做第二次结扎，且不可松开卵巢近端的止血钳。如果断端无出血，则可将其还纳到正常位置。

用同样的方法摘除另一侧卵巢。

在两侧卵巢摘除之后，展开两侧子宫阔韧带，沿子宫角旁向后撕裂子宫阔韧带至子宫体。大犬须做子宫阔韧带集束结扎，以免出血。小犬无须结扎。牵拉两子宫角，将子宫体和子宫颈导出切口外。在子宫颈前方用三把止血钳并排钳夹子宫体，从前、中止血钳间切断子宫体。至此，卵巢和子宫角全部被切除。然后分别于中、后止血钳钳夹处贯穿结扎子宫体，并同时结扎子宫体两侧的血管。大犬血管须单独结扎。最后用镊子夹住子宫体残端，观察有无出血。如无出血，则将其送入骨盆腔。清创后，用常规方法闭合腹壁切口。

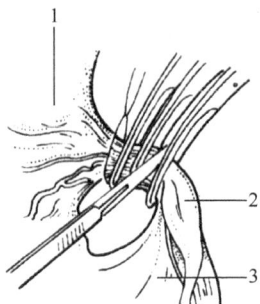

1—肾脏；2—卵巢；3—卵巢系膜。

图 8-11　采用三钳法结扎卵巢血管 图 8-12　在松钳瞬间结扎卵巢血管，
然后切断卵巢系膜和血管

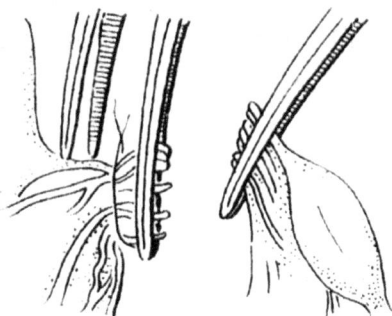

（四）术后护理

对切口做保护绷带，对动物全身应用抗生素，给予易消化的食物，一周内限制其剧烈运动。

任务八　公 鸡 阉 割

我国民间的公鸡阉割术是中国兽医外科手术的精华之一，操作简单，安全可靠。

（一）阉割日龄

对公鸡的阉割应在其性刚成熟 2～4 月龄初鸣、体重 0.25kg 左右时进行。此时公鸡睾丸多为黄豆大小。手术前公鸡应禁食半天，以防止因肠道内容物过多而影响手术的顺利进行，因此阉割一般安排在早晨饲喂前。如果附近有传染病发生，则不能进行阉割。健康的公鸡，应是鸡冠鲜红、叫声洪亮的。

（二）器械

公鸡阉割常用器械包括扩创器、套睾器、脱睾勺、手术刀兼镊子等（图 8-13）。扩创器用于扩大切口，以便看清里面的睾丸；套睾器一端有一个孔，可以穿线，用线把睾丸套住，从而把睾丸勒下来；睾丸勺用于取出勒下的睾丸，可以用呈勺形的一端，也可以用尖的一端；手术刀兼镊子具有双重作用，锋利的一端用于切开鸡的皮肤，张开的一端用于夹取睾丸。

（三）保定方法

保定方法有多种，如手术固定板保定法、脚踏保定法等。首先，在施术者大腿上铺一块油布，防止粪便污染衣物，固定时交扭公鸡的翅膀，在公鸡的胸下和伸直的两翅之间放置一根竹片或筷子，然后用一条绳子把鸡腿或筷子由上向下缠绕在一起，最后使绳头夹在鸡腿和竹片或筷子之间，使鸡侧卧。

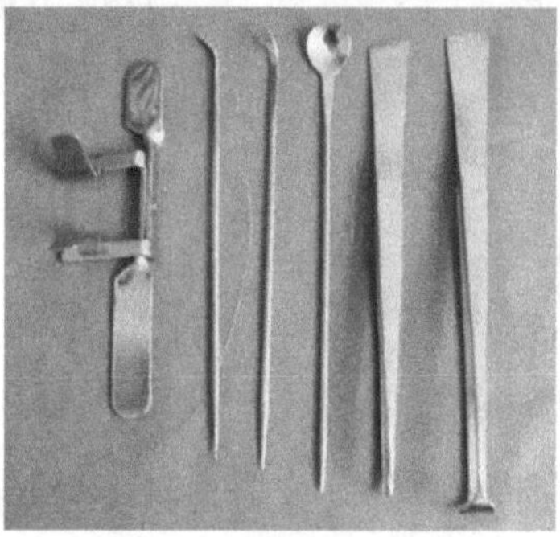

图 8-13　公鸡阉割常用器械

（四）术部

术部位于最后肋间隙与倒数 1～2 肋骨之间，背最长肌的外缘，在最后肋骨的前缘切口。该部位因切口扩大而受到限制，只适用于 2～3 月龄的小鸡。在最后肋骨的后方 0.4～0.5cm 处、背最长肌的外缘切口，适用于较大的鸡。

（五）手术方法

1. 术部处理

先把切口附近的羽毛全部拔掉，用冷水浸湿周围羽毛，并充分暴露切口。用 5%碘酊消毒，将阉割器械和施术者用具用消毒液浸泡，杜绝传染病媒介。

2. 切开术部

施术者用左手拇指按住公鸡的尾根部向前推动，使其体躯前移。用食指确定切口位置，并向后移动切口部的皮肤。用右手以执笔的方式拿刀，在左手指的前方，顺肋骨平行由背最长肌外缘向下做长 2～3cm 的切口，下刀不宜过深，以免切伤内脏。

3. 扩张术野

调节扩创器到适当大小，并用扩创器扩大切口。

4. 捣破腹膜

用刀切开或用镊子撕开腹膜，同时分离腹部气囊壁，使切口通向腹腔深部。

5. 寻找并摘除睾丸

用左手持睾丸勺，将肠管轻轻向下方拨开就可以看到一侧睾丸，用右手持镊子轻轻地撕破睾丸被膜，使睾丸完全暴露在被膜之外。然后在脱睾勺的配合下，用套睾器套住睾丸，用手指以拉锯方式拉动套睾器上的线端，将脱落的睾丸用脱睾勺取出。最后用同样的方法除去对侧的睾丸。阉割时，应从一侧切口摘除两侧睾丸，先取下面的再取上面的，困难时亦可从另一侧重新切口。

6. 术后处理

术后对切口涂碘酊，可不缝合。如果切口较大，则可进行 2～3 针结节缝合。

术后有时形成皮下气肿，一般可不治自愈，对症状重者可吸出空气。术后切口部的皮肤由于皮下结缔组织出血的缘故而呈现各种各样的颜色。一般经 1～2 周可自愈。

（六）手术要点及注意事项

1）对大公鸡先喂几勺冷水、使血管收缩，然后进行阉割，可减少出血死亡概率。

2）术中应避免损伤脊椎下面的大血管，以防止因大出血而引起公鸡死亡。如遇出血，则应立即用睾丸勺背面沾冷水压迫血管，或者在腹腔浇洒凉水，待止血后再把凝血块轻轻取出，防止与内脏粘连。

3）手术后要经常观察，以便及时发现皮下气肿。如果发生气肿，则可以用手指挤压，使气体从切口排出。如果切口已经愈合，则用剪刀在气肿最突出的地方剪一小口，使皮下气体排出。

知识链接

━━ **项目小结** ━━━━━━

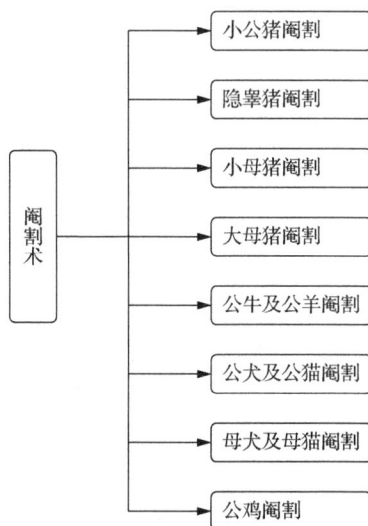

══════ **复习思考题** ══════

1. 简答题

　　1）简述小母猪阉割术的操作要领。

　　2）简述母犬卵巢子宫摘除术的手术方法。

2. 论述题

　　试论述公牛及公羊的有血阉割和无血阉割有什么区别。

项目 九

头颈部手术

项目简介

本项目主要介绍动物头颈部常见外科手术，如拔牙术，接鼻术，断角术，食道切开术，气管切开术，犬消声术，牛、羊脑包虫包囊摘除术等。

知识目标

了解各种手术的局部解剖特点和适应证；掌握拔牙术，接鼻术，断角术，食道切开术，气管切开术，犬消声术，牛、羊脑包虫包囊摘除术的注意事项。

技能目标

会进行术前准备及术后护理；能正确进行拔牙术，接鼻术，断角术，食道切开术，气管切开术，犬消声术，牛、羊脑包虫包囊摘除术。

素质目标

在做头颈部手术前，一定要仔细温习解剖学和药理学知识，要坚持无菌操作的原则。如果是大型手术，如开颅手术、白内障超声乳化人工晶状体植入术等，则必须具备设备条件，如 MRI（magnetic resonance imaging，磁共振成像）、显微眼科器械。有些危急手术，如气管切开术、食道切开术、脑疝整复术等，必须争分夺秒，先保住动物性命，再进行规范消毒。

项目导入

头颈部手术种类很多，可分为五官手术、开颅手术、颈部手术等。五官手术有整形术、病理修复手术和颈部手术。动物的整形美容手术如立耳术、眼睑内翻整复术、眼睑外翻整复术、剪牙（如仔猪）等；病理修复手术如牛鼻镜断裂修补术、第三眼睑增生切除术、白内障超声乳化人工晶状体植入术、眼球摘除术、耳血肿手术、脑包虫包囊（血块、肿瘤）摘除术等；颈部手术如颈部肿瘤切除术、食道阻塞切开术、气管阻塞或塌陷切开急救术、犬甲状软骨切开消声术等。本项目重点介绍拔牙术，接鼻术，断角术，食道切开术，气管切开术，犬消声术，牛、羊脑包虫包囊摘除术等。

任务一 拔 牙 术

（一）适应证

蛀齿、断齿、化脓性齿髓炎和骨膜炎、齿源性颌骨骨髓炎、影响永久齿生长的不正常位置的乳齿、生长过长影响咀嚼的犬齿均为此法的适应证。

（二）器械

要拔除马等大型动物的臼齿和切齿有许多困难，只有专门的拔牙钳，才能拔除不同部位的臼齿和切齿。可用人类医用的钳子代替小家畜的齿钳。

（三）保定

对温顺的牛、马等，可使其在六柱栏内站立保定，固定其头部；对烈性牛、马，应使其侧卧保定、患齿侧向上，牢固地固定其头部。

（四）麻醉

拔除上颌臼齿时，宜用上颌神经或眶下神经传导麻醉；拔除上颌前臼齿或门齿时，宜用眶下神经麻醉；拔除下颌臼齿时，应麻醉下颌齿槽神经。

（五）手术方法

麻醉之后用消毒液洗涤动物口腔，除去食物残渣。先用纱布擦干患齿周围，再在齿龈周围涂上碘酊。

1. 切开齿龈

用特制的长柄窄凿分离齿冠基部的齿龈，其目的在于减少齿龈的撕裂，给肉芽组织充满齿槽创造良好条件。当齿龈由于某些原因不能剥离时，可在齿槽水平缘用手术刀切除。

2. 齿钳的安装

用齿钳准确地夹住患齿，同时不得牵连邻近健齿，用手准确安装。

3. 松动患齿

患齿固定后，用齿钳在牙的纵轴做旋转，并小心前后运动，使齿槽内的牙齿动摇，绝对不能用强而急剧的力量，否则易使齿槽受到损伤或折断齿龈。当牙已松动时，即可进行拔除。

4. 拔牙

拔牙是整个拔牙术的最后阶段，要顺着齿的纵轴进行拔除。为了便于操作，可将齿枕放在预拔齿的前邻齿冠上。拔牙时，齿钳的前端常受到相对齿面的阻挡，因此应不断变动齿钳所夹的位置，由齿冠向齿根逐渐移动。临床经验证明，前臼齿比后臼齿容易拔除，第三后臼齿拔除最为困难，主要受相对侧齿的限制。当拔除牙齿时，可听到齿槽充满空气和血液流出的捻发音。

5. 放低动物头

拔牙之后放低动物头，防止血液流入气管内造成误咽。除非齿槽有化脓过程，须用碘酊纱布紧紧填塞齿槽，否则不需要填充任何物品，靠齿槽中的自然凝血块填塞。

（六）术后护理

术后 2~3d 内，只给予动物流体饲料，3d 后可给予其柔软饲料。

任务二 接 鼻 术

（一）适应证

牛鼻镜断裂或因损伤而引起的鼻唇部缺损，都是此法的适应证。

（二）病因

病因包括：穿鼻环时位置不当，靠近鼻唇镜；鼻环材料不良，如直接用绳或铅丝；多见于役用牛，使役时粗暴地猛拉鼻绳，引起鼻镜的撕裂。

牛鼻镜断裂
修补术

（三）治疗

采用鼻镜断裂修补术（缺损部的公、母榫吻合术）。

1. 保定

站立在动物头部前确实保定。

2. 麻醉

进行两侧眶下神经传导麻醉，用 2%盐酸普鲁卡因溶液每侧眶下孔注入 10mL，局部必要时配合皮下浸润麻醉，用 0.5%~1%盐酸普鲁卡因青霉素溶液 40mL 对两侧颊背神经的颊唇支（上唇两侧）进行麻醉，每侧 20mL。

3. 手术方法

1）制作母榫。根据公榫的形状和大小，在鼻镜下部断端的相对位置上，做一向下凹陷的椭圆形的切口，切时创腔应略小于公榫，在切割后该创腔会因周围组织的收缩而变大。在制作母榫时出血较多，可看见创腔两侧各有一条血管出血，此时助手用止血钳夹住出血血管，即可继续手术，将制作好的公母榫吻合好。

2）制作公榫。施术者站在牛头的左侧，右手持刀，在距离断端上部1cm处，围绕鼻端做一环行切开至皮下，并由里向外削，将表面一层黑色皮肤完全削掉，造成一蘑菇状新鲜创面。此时助手用止血钳夹住切削的皮肤，配合施术者切削。制作公榫时，一般出血较少，除用纱布按压外，不必采用其他止血措施。

3）缝合。采用2针埋藏缝合和3针结节缝合，分别在鼻正中线左右两侧各做1针埋藏缝合，埋藏缝合在鼻外部进针，从公榫内侧出针，然后在母榫内侧相应位置进针至母榫外侧出针，经公榫相应位置处进针至鼻部出针即成，类似于结节缝合。

2针埋藏缝合好后，在收紧前先用生理盐水冲洗创面，用剩下的普鲁卡因青霉素溶液浸渍创面，埋藏缝合打结后，为了使创面接得更好，可在切口接合处的左、中、右各加一针结节缝合，用碘酊消毒。

（四）注意事项

1）在春、秋季（早春、晚秋）修补，成功率高。
2）修补的创面要平整、干净，去除增生的肉芽组织和坏死组织。
3）一定要用减张圆枕缝合加结节缝合。
4）对创面经常消毒、防止感染。
5）加强管理，戴上笼头。
6）怀孕6个月以上的母畜，一般在产后手术。
7）鼻镜断裂后缺损过大，修补后造成鼻孔狭窄者，不宜施术。
8）在炎症或感染化脓期的动物，不宜修补。

（五）术后护理

保持术部清洁和防止鼻镜损伤，在7d内除吃草、饮水外要求戴口笼。饮水时尽量不要让切口浸水，禁止放牧。术后7d拆除结节缝合线，术后8~12d再拆除埋藏缝合线，2个月后方能穿鼻栓。

任务三　断　角　术

（一）适应证

雄鹿断角取鹿茸，角的不正形弯曲有损伤眼或其他软组织的危险，以及在角部复杂性骨折治疗中要求除角的，都需要施行本手术。角基的局部解剖结构如图9-1所示。

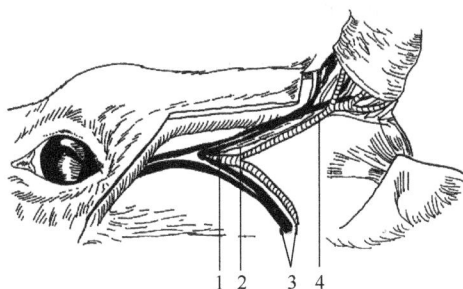

1—角静脉；2—角神经；3—颞浅动脉和静脉；4—角动脉。

图9-1　角基的局部解剖结构

（二）器械

有特制的断角器（图9-2）或骨锯、链锯及烙铁等。

图9-2　断角器

（三）保定

采用柱栏内站立保定，注意固定动物头，对鹿科动物实施全身麻醉。

（四）麻醉

应用角神经传导麻醉，其部位在动物额骨外缘稍下方，眶上突的基部与角根之间为注射点。对牛可用3%～4%盐酸普鲁卡因溶液；对鹿科动物可用眠乃宁。

（五）手术方法

手术可分为有血断角术和无血断角术，前者在有生命的组织范围内施行手术。对动物麻醉后，在预断角处涂碘酊，用断角器或锯迅速锯断角的全部组织，为了避免血液流入额窦内，可用事先准备的灭菌纱布压迫角根断端或用手指压迫角基动脉，进行止血。涂抹骨蜡对断端有良好的止血作用。另外，可将磺胺粉或碘硼合剂撒布在灭菌纱布上，并覆盖在角的断面，装着角绷带能起到止血和保护的双重作用。角绷带外涂抹松馏油，以防雨水浸湿。无血断角因没有破坏角突，故不用止血和装绷带。

（六）术后护理

术后要防止绷带松脱，1～2月后断端角窦腔被新生角质组织充满。若感染引起额窦炎和化脓，则按化脓性窦炎处理。

任务四　食道切开术

食管切开术

羊食道切开手术

（一）适应证

食道切开术适用于食管梗塞时食管内梗塞物的排出与取出，或食管憩室及食管外伤的治疗。

（二）术部

术部依病变部位而定。一般食管梗塞发病规律是：马、骡多在颈下1/3处的颈静脉沟内；牛多在颈中1/3处的颈静脉沟内；犬多发生于咽后食管起始部或食管胸腔入口处。

基于颈部的解剖特点，其手术通路有两个：一是以颈静脉为界，在颈静脉与臂头肌之间做切口直至显露食管，称为上部切口；二是在颈静脉与胸头肌之间做切口显露食管，称为下部切口。前者食管较浅，易于操作，但引流较困难。因此，凡食管有损伤或有化脓可疑时，都可选择下部切口，使引流通畅（图9-3）。

1—上部切口；2—下部切口。

图9-3　牛颈部食道切开术切口

（三）动物准备与麻醉

使动物站立保定或右侧卧保定，确实固定其头部，充分伸展颈部。大型动物应用局部浸润麻醉，必要时用氯丙嗪镇静。小型动物用全身麻醉。

（四）手术方法

对术部常规消毒。在颈静脉沟内避开颈静脉，平行胸头肌或臂头肌，切开皮肤、浅筋膜和颈皮肌，切口长 15～20cm。钝性分离颈静脉和胸头肌、臂头肌之间的筋膜，分离困难时，在不破坏颈静脉周围的结缔组织鞘的前提下，可用手术剪剪开深筋膜。然后在颈上 1/3 和中 1/3 处，钝性分离肩胛舌骨肌和颈深筋膜；在颈下 1/3 处剪开肩胛舌骨肌筋膜和颈深筋膜。颈深筋膜不仅是包着颈部器官的总筋膜套，还是颈部气管、食管、动静脉的深筋膜支架，因此不切开颈深筋膜就无法显露食管。

剪开颈深筋膜后，适当扩大切口，充分止血，根据梗塞物的存在可明显识别出食管。如果无梗塞物，则根据解剖位置寻找呈淡红色、柔软、扁平、表面光滑的食管。

显露食管后，对有梗塞物的食管部，可先用手轻轻捏压或注入少量石蜡油、碳酸氢钠溶液，再按压推移梗塞物。无效时，须将食管轻轻拉出，注意不要使食管与周围组织广泛分离，拉出的食管用灭菌纱布与其他组织隔离，并于食管梗塞部的两端用肠钳固定，而后进行食管切开。

食管切口的大小，应以能拿出梗塞物而不撕伤切口为宜。如果梗塞物软，则可做较小切口分次取出；如果梗塞物硬，则须做较大切口取出。切开食管时，应一刀切透，使食管肌层与黏膜切口一致，以防污染黏膜下层。切开食管后，小心地取出梗塞物，不可强力牵拉挤压，并注意用纱布吸净唾液，尽量减少手术区污染。

取出梗塞物之后，用灭菌纱布清拭切口，用肠线或丝线连续缝合食管黏膜层，并用青霉素生理盐水清洗，用内翻缝合法缝合食管肌层和外膜，除去隔离纱布和肠钳。缝合时要仔细认真，避免因缝合不当造成内容物外溢形成食管瘘或食管狭窄，甚至沿食管周围疏松结缔组织进入胸腔造成严重后果。缝合后，将食管送回原处。肌肉和皮肤分别用结节缝合法闭合，对术部涂布碘酊，装结系绷带。

对颈部食管憩室，可根据憩室的位置切开颈部皮肤，显露出憩室部。如果憩室小，则可先将憩室沿食管纵轴内翻于食管腔内，以浆膜层、浆肌层内翻缝合法缝合，以后憩室可逐渐消失。如果憩室较大，则应尽量将憩室全部显露，然后加以切除，最后缝合食管切口。

对胸部食管梗塞，可通过颈部下 1/3 处的食管切口，用长柄钳分次取出梗塞物，或者经切口插入胃探子将梗塞物慢慢推送入胃。如果梗塞物在近贲门部，则可行胃切开术，通过长钳或手将贲门部异物取出。

（五）术后护理

一般情况下，为减少对食管切口的刺激，术后 4～5d 内禁止饲喂。注意动物全身及局部变化，可静脉注射葡萄糖和生理盐水，也可实行营养灌肠，应用抗生素以预防感染。以后逐渐给以适量流质饲料和柔软饲料，并可任其饮水。皮肤缝合线于 10～14d 拆线。

任务五　气管切开术

（一）适应证

当鼻骨骨折、鼻腔肿瘤等引起的气管狭窄、窒息使动物有生命危险时，应做气管切开紧急手术。

羊气管切开术

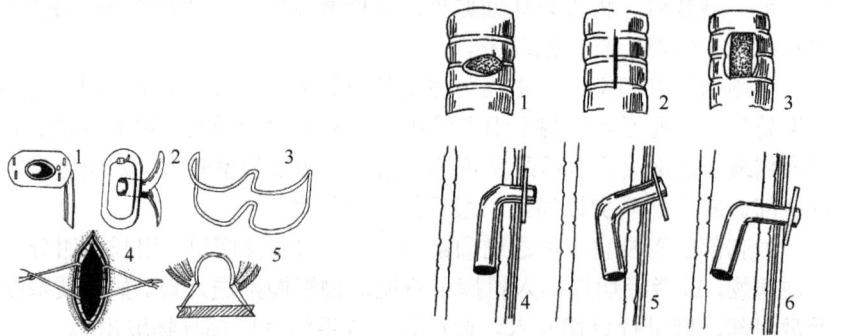

（二）保定与麻醉

对大型动物采用柱栏保定，两侧缰绳将头系牢，剪毛、消毒和局部麻醉。对小型动物侧卧保定，全身麻醉。

（三）术部

上切口在颈腹侧上与中 1/3 交界的正中线上，相当于第 3～5 软骨环处；下切口在颈腹侧中与下 1/3 交界处的正中线上。

（四）手术方法

1. 预防性气管切开术

在患病动物呼吸困难但还未达到极度困难的程度时，在第 3～5 气管环的腹侧中线处纵切皮肤 6～8cm。分离筋膜、颈皮肌和肌肉，露出气管，用手术刀将上下相邻两软骨环各切一半圆形切口，将气管导管插入（外管向上方插入，内管向下方插入），扣上锁扣，在皮肤上下切口缝合几针。将插管两侧系上绷带，固定于动物颈上部（图 9-4 和图 9-5）。

1、2—金属制气管导管；3—双"W"形；
4—拉钩式；5—横木式。

图 9-4　气管导管类型及其代用品

1—圆形切开；2—直线切开；3—窗形切开；
4—气管导管正确安装；5、6—气管导管不正确安装。

图 9-5　气管切开类型及气管导管的安放

2. 紧急气管切开术

在患病动物生命垂危、站立不稳、呼吸极度困难时，一次切开皮肤、筋膜、肌层和气管环。用刀柄扩开创口，使空气迅速进入气管内。当患病动物病情稍缓解时，再将相邻两个软骨环各切一半圆形切口，插入气管导管。

（五）术后护理

防止患病动物摩擦术部。术后术部分泌物黏稠而量多，应每日清洗擦拭，防止气管导管系带解脱造成脱管。上呼吸道病情痊愈后，当堵塞插管口确认无呼吸困难后，方可取下气管导管。

任务六　犬　消　声　术

（一）适应证

为了消除犬的吠叫引起的扰民，实行喉室声带切除术。

（二）器械

开口器、喉镜、常规手术器械和高频电刀。

犬声带切除术

（三）保定与麻醉

对犬全身麻醉，如果施行口腔内喉室声带切除术，则可将其胸卧位保定，并用开口器打开口腔，也可配合咽部表面浸润麻醉；如果施行腹侧喉室声带切除术，则对犬进行气管内插管，配合吸入麻醉，使动物仰卧保定，头颈伸直。

（四）手术方法

1. 口腔内喉室声带切除术

口腔内喉室声带切除术适用于短期内消除犬的吠叫声。将犬口腔打开后，把其舌头向外拉，并用喉镜镜片压住舌根和会厌软骨尖端，暴露喉室内两条声带，呈"V"形。用一个长的弯组织钳依次从声带背侧钳压声带，再用长的弯手术剪剪除钳压过的声带。应尽可能多地钳压和切除声带组织，包括声带肌。但腹侧声带应保留几毫米不切除。另一侧声带亦用同样的方法切除。止血可用高频电刀电灼止血或用小的纱布球压迫止血。为防止血液吸入气管，在手术期间或手术结束后，须吸出气管内的血液，并安插气管导管，将犬头放低。密切监护动物。待犬苏醒后，拔除气管导管。口腔内喉室声带切除术如图9-6所示。

2. 腹侧喉室声带切除术

腹侧喉室声带切除术适用于长期消除犬的吠叫声。对术部刮毛消毒，在甲状软骨腹正中切开皮肤4～6cm及皮下组织，分离胸骨舌骨肌、暴露甲状软骨和环甲软骨韧带，在甲状软骨正中切开甲状软骨和环甲软骨韧

带，用小创钩或预置线将甲状软骨向左右两侧拉开，暴露喉室和声带，用镊子夹住声带向外提起，用剪刀将其剪除，用高频电刀或电烙铁烧灼止血，用同样的方法剪除另一侧声带。用镊子夹棉球将气管内的血液清除干净，结节缝合甲状软骨，分层缝合胸骨舌骨肌和皮肤（图9-7）。

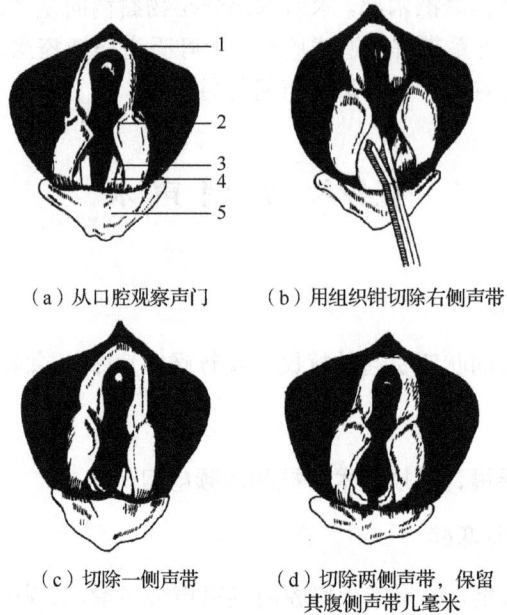

（a）从口腔观察声门　　　　（b）用组织钳切除右侧声带

（c）切除一侧声带　　　（d）切除两侧声带，保留
其腹侧声带几毫米

1—小角状突；2—硬状空；3—勺状会厌壁；4—声带；5—会厌软骨。

图9-6　口腔内喉室声带切除术

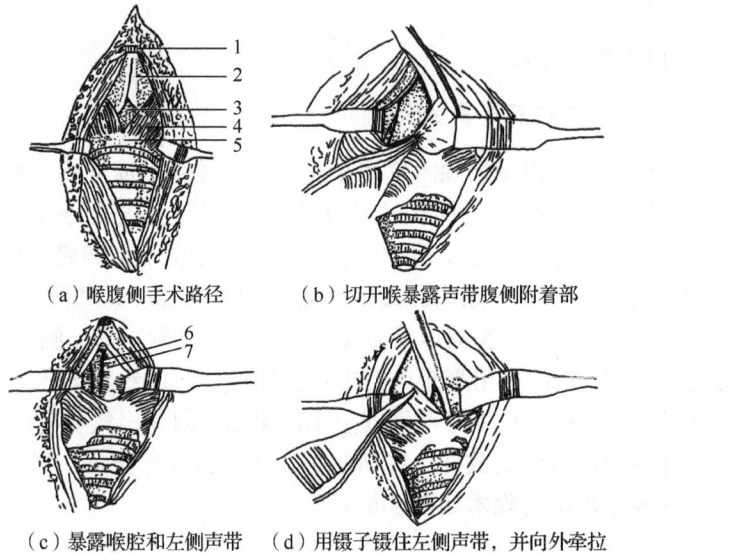

（a）喉腹侧手术路径　　　　（b）切开喉暴露声带腹侧附着部

（c）暴露喉腔和左侧声带　　（d）用镊子镊住左侧声带，并向外牵拉

1—舌骨静脉弓；2—甲状软骨；3—环甲韧带；4—环甲状肌；5—环状软骨；6—喉腔；7—左侧声带。

图9-7　腹侧喉室声带切除术

（五）术后护理

对动物颈部包扎绷带。将动物单独放置于安静的环境中，以免诱发动物吠叫，影响切口愈合。为减少声带切除后瘢痕组织的增生，在术后可用泼尼松龙 2mg/次，连用 2 周。然后剂量减少至 1mg/次，连用 2～3 周。术后用抗生素 3～5d，以防感染。

任务七 牛、羊脑包虫包囊摘除术

（一）适应证

当多头蚴侵入牛、羊脑内或颅腔内时，可以施行牛、羊脑包虫包囊摘除术。

（二）部位诊断

多头蚴包囊在大脑半球内时，家畜常常伴有精神低沉，开始嗜睡、昏睡的症状，最后完全失去知觉。病羊总是向着患侧的大脑半球方向做圆周运动，位置浅的包囊时间较久会使该部位的骨质松软、变形、增温，压痛和叩诊时有如敲橡皮之感。临床上常可看到包囊直接压迫大脑导水管和第四脑室等部位，造成脑室积水；脑组织压迫骨组织也可能造成骨质软化现象，应注意鉴别。

牛羊脑圆锯手术

由于多头蚴包囊寄存大脑半球的部位不同，羊可能出现下列特异症状。

1）当包囊在额叶时，羊抬头近直线前进，有的易惊，表现狂暴，有的呆立。

2）当包囊在颞叶时，一般羊向患侧转圈，对侧失明，瞳孔反射消失，视神经乳头淤血。

3）当包囊在大脑枕叶时，羊出现运动失调。

4）当包囊发生在脑底时，羊常伴有强直性痉挛，做加速运动易跌倒。

5）当包囊发生在小脑时，羊无论静止或运动均出现失调，严重者不能立起，病羊常喜卧于患侧。

（三）术部

包囊摘除术部如图 9-8 所示。

1）额叶：于外科界线之后、离中线 3～5mm 处做圆锯。

2）顶叶：在离中线 2～3mm 的顶骨做圆锯。

3）颞叶：沿颞嵴做圆锯。

4）枕叶：圆锯在横静脉窦之后，距枕嵴 1.8cm，距中线 3mm。

5）小脑：项韧带附着之直前，要注意静脉窦。

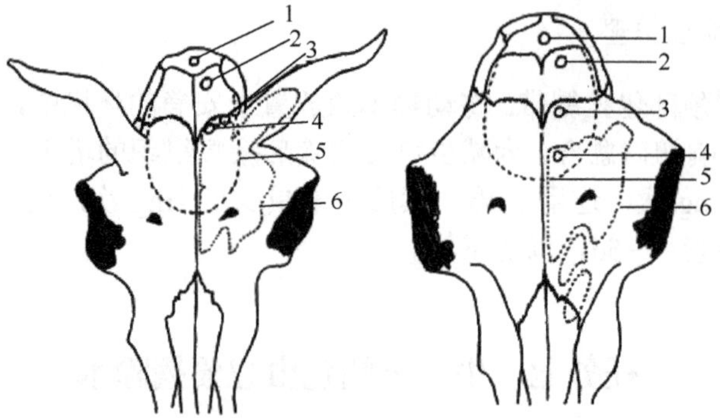

（a）有角绵羊　　　　（b）无角绵羊

1—小脑术部；2—枕叶术部；3—颞顶叶术部；4—额术部；
5—虚线表示脑腔范围；6—虚线表示额窦范围。

图 9-8　包囊摘除术部

（四）保定

使动物侧卧保定，注意固定其头部。

（五）麻醉

眶下神经麻醉加局部浸润麻醉。

（六）手术方法

瓣状切开皮肤，剥离皮下组织，使皮瓣与骨膜分离，彻底止血。沿骨膜做"十"或"["或"├"字形切开，用骨膜剥离器将切开的骨膜推向四周，用圆锯锯开颅腔（图 9-9），再用镊子将脑硬膜轻轻夹起，然后以尖头手术刀"十"字形切开脑硬膜。如果包囊位于脑硬膜直下，则包囊会因腔内压力有部分自行脱出，再把羊头转向侧方，因包囊液体流动，可迫使包囊自行脱出。若仍不能脱出时，则可用无齿止血钳或镊子夹住包囊壁做捻转动作，同时可用注射器吸出部分液体，以利于包囊脱出。

当多头蚴包囊位置较深时，应破坏大脑皮层，将针头（连有 10cm 的硬胶管）避开脑膜血管推向包囊预计所在方向，并用注射器抽吸，当有液体流出时，可证明有包囊存在，尽量吸取囊液，直到把部分囊壁吸入针头内，轻拉针头向外，待看见包囊壁后马上用无齿止血钳夹住，边捻边拉直到全部拉出为止，注射器的吸力一刻也不能放松。在取包囊过程中，羊常常会挣扎，因此要切实保定。

若用针头和注射器不能将包囊壁吸住，则可用小解剖镊子顺着探针的孔边，将包囊夹出（图 9-10）。

包囊除去之后，用灭菌纱布将脑部创口擦干。用骨膜瓣遮盖圆锯孔，对皮肤用结节缝合闭合，事先洒布磺胺粉，装上绷带。

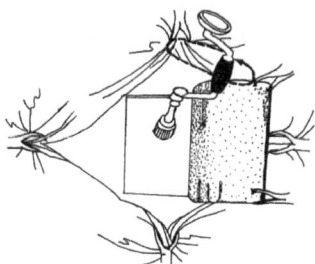

图 9-9　额骨做圆锯孔暴露颅腔

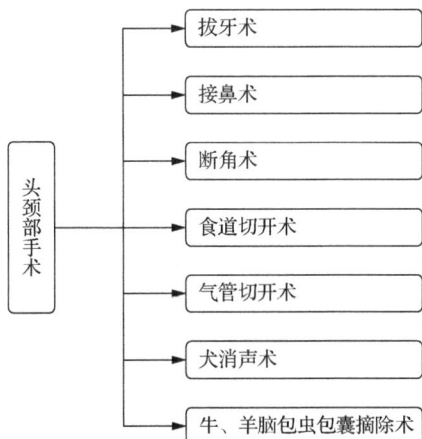

图 9-10　用针筒抽吸或止血钳夹住包囊取出

（七）术后护理

根据临床经验，包囊在大脑部位的动物，只要脑组织损伤不严重，一般都能康复。包囊在小脑部位的动物术后一般不能站立，须躺卧 3～7d，故对做小脑手术的动物更要精心护理。

为了防止并发症，如脑炎、脑膜炎等，除在手术过程中注意无菌操作外，还要应用抗生素。对有重症或有严重并发症的牛、羊，建议宰杀。

知识链接

犬立耳术

── 项目小结 ──

```
          ┌─→ 拔牙术

          ├─→ 接鼻术

          ├─→ 断角术

头颈部     ├─→ 食道切开术
手术
          ├─→ 气管切开术

          ├─→ 犬消声术

          └─→ 牛、羊脑包虫包囊摘除术
```

─**复习思考题**─

1. 简答题

1）简述食管切开术的适应证。
2）简述牛鼻镜断裂修补术的方法。

2. 论述题

如何诊断牛、羊脑包虫包囊的部位？

项目 十

胸腹后躯手术

项目简介

我国对动物胸部手术的研究始于 20 世纪 50 年代，主要采用实验外科的方法，对大型动物进行胸腹后躯手术。胸腹部手术种类繁多，以治疗腹腔器官疾病而进行的手术为主体。本项目主要介绍大家畜开胸术、腹壁切开术、瘤胃切开术、犬胃切开术、真胃移位复位术、肠切除与吻合术、肠套叠整复术、直肠脱整复固定术、直肠部分截除术、动物断尾术。对动物腹腔疾病进行手术治疗，应注意掌握手术适应证和手术时机，需要对患病动物进行详细的临床检查及必要的实验室检验和特殊检查，并做出早期诊断，不失时机地进行手术治疗，加强术后的护理工作，提高治愈率。

知识目标

了解胸腹部手术的适应证和解剖特点；掌握胸腹部手术的注意事项；掌握胸腹部疾病的临床症状和手术时机。

技能目标

会进行胸腹部手术术前准备及术后护理；能正确进行常见的各种动物的胸腹后躯手术。

素质目标

作为一名宠物医生或兽医，必须了解国家的政策和执业兽医师法律法规。没有执业兽医师证和诊疗许可证，不得从事与动物诊疗有关的业务。作为学生，要努力进取，认真学习，积极报考执业兽医师考试，争取早日考取执业兽医师证；即使有了执业兽医师证，也要在临床实践中不断精进技能与磨炼意志。

项目导入

在兽医门诊中，很少做胸部手术，因为难度相对比较大，技术要求比较高，只在必要时做胸部手术，如动物遭遇车祸、肋骨骨折。兽医门诊腹部手术做得较多，涉及腹腔的各器官，如（瘤）胃切开术、真胃移位复位术、肠切开术、肠套叠整复术、肠扭转整复术、肠切除与吻合术、剖宫产术、子宫卵巢摘除术、膀胱切开术、脾脏摘除或部分切除术、肾脏摘除术、肝脏部分切除术、胆囊切开术、膈疝整复术、胰腺摘除或部分切除术等。后躯手术包括会阴疝整复术、直肠脱整复固定术、直肠部分截除术、子宫脱或阴道脱整复术、动物断尾术等。本项目主要介绍一些常见的手术。

任务一 大家畜开胸术

（一）适应证

开胸术常应用于下列情况。

1）当动物患创伤性心包炎须用手术方法进行治疗时。

2）动物胸部食管梗塞，用其他保守疗法不能达到预期效果，而必须采用胸部食管按摩或切开手术时。

3）作为胃切开、膈修补、肺切除的手术通路时。

（二）麻醉

对马全身麻醉，对牛可局部麻醉。

（三）保定

将马侧卧保定，对牛可采用柱栏内站立保定。

（四）手术器械

进行大家畜开胸术，要准备大家畜的骨科器械（图10-1）和正压通气装置。

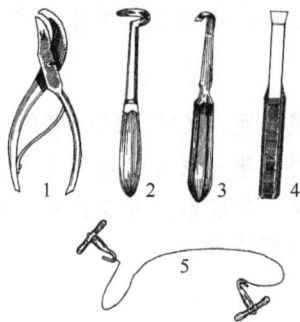

1—肋骨剪；2、3、4—骨膜剥离器；5—线锯。

图10-1 大家畜开胸术常用器械

羊肋骨摘除术

（五）手术方法

胸腔切开后，空气进入胸膜腔形成气胸、单侧气胸，导致手术侧肺被压缩，纵隔被推向健侧，使健侧胸膨胀不全，影响气体交换，进而影响心脏功能。如果纵隔相通，两侧肺同时萎缩，则会导致动物因心脏和大血管受压而呼吸和循环紊乱，最后导致动物死亡。

开放性气胸能引起动物死亡的原因是多方面的，如由于呼吸和循环机能遭到破坏，组织严重缺氧；冷空气进入胸腔，刺激胸膜；进入胸腔的空

气使纵隔摆动，进而刺激纵隔内的神经，引起休克。

从解剖学上看，除特殊的老年牛外，一般牛的两侧胸膜腔是不相通的，而大约有 7% 的马两侧胸膜腔是相通的。为了防止动物在开胸时死亡，在手术过程中应注意减少空气进入胸腔，特别是马属动物，控制气胸的发生很重要。

进行胸腔切开时，先在预定部位切开皮肤、皮下结缔组织、浅筋膜（包括皮肌或表层肌肉）。再切开骨膜，剥离骨膜，切断肋骨，充分止血及清理创部（图 10-2）。然后用镊子把胸膜提起，做一小口，用剪刀剪开胸膜。为了减少空气进入胸腔，造成人为的气胸，可根据家畜种类、手术通路的部位和主手术的不同，采取不同处理办法。

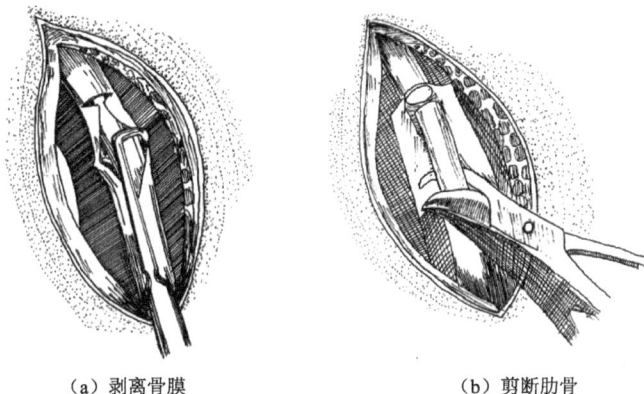

（a）剥离骨膜　　　　　　　　（b）剪断肋骨

图 10-2　切断肋骨

对牛进行创伤性心包炎手术，在切开胸膜的同时，沿胸膜切口周围将胸膜和心包缝合在一起，使胸腔和外界隔离。

对马属动物进行胃部手术时，以切除肋骨作为手术通路，位置必须通过肋膈窦，以免影响肺活动。为了控制气体流入胸腔，要在切开胸膜之后，先沿胸膜切口两侧缘做连续缝合，将胸膜和膈缝在一起，再切开膈进入腹腔。

对马属动物进行胸部食管梗塞手术时，在切开胸膜的同时，用纱布严密盖合切口，当手伸入胸腔检查或按摩梗塞时，用无菌纱布围在手臂周围，减少空气流入。

对胸膜的闭合，应用肠线或丝线连续缝合，做到密接，严禁气体出入。对骨膜、肌肉、皮肤分层缝合，外装结系绷带。

（六）注意事项

在胸腔切开时，注意防止空气流入。在胸腔内检查时要小心谨慎，严禁粗暴操作。在胸膜闭合时要严密，既要防止空气流入，也要防止造成大面积皮下气肿。

对于胸腔内的气体，可待几日后动物体自行吸收，如需加速肺功能的恢复，可将胸内气体抽出，其方法是在切口的上方或在 12～15 肋间（马），距背中线 20cm 处，以带有橡皮管的针头刺入胸腔，用 100mL 注射器抽出胸内空气。

有人认为在闭合胸壁的过程中，可以由闭合的切口不断将气体抽出，这样可减少危机，加快患病动物恢复。另外，为了防止化脓性胸膜炎，在抽气之后，应经针头向胸腔注入抗生素。

任务二　腹壁切开术

（一）适应证

腹壁切开术是所有腹腔手术的通路，常用于治疗瘤胃积食、真胃变位、肠阻塞、肠扭转、肠套叠等，以及肠切除、人工培植牛黄、剖宫产、膀胱切开术等。

开腹术

（二）保定

根据手术目的、疾病性质及手术的繁简，可以对动物采取站立、侧卧或仰卧保定。

（三）麻醉

在站立保定下施术，应采用腰旁神经干传导麻醉及局部浸润麻醉，必要时配合镇静剂；将马侧卧保定或仰卧保定时，一般采用全身麻醉；对牛等反刍动物用局部麻醉；对小型动物采取全身麻醉。

（四）手术通路

手术通路应根据手术种类及目的而定。常用方法有侧腹壁切开法和下腹壁切开法。

侧腹壁切开法常用于肠切开、肠扭转、肠变位、肠套叠等手术及牛、羊的瘤胃切开术等。下腹壁切开法多用于家畜剖宫产及小家畜的腹腔手术。

1. 侧腹壁切口的部位

1）牛左髂部正中垂直切口。在牛的左髂部，由髋结节向最后肋骨下端引直线，自此直线中点向下垂直切开长 20～25cm 切口。此切口适用于以检查左侧腹腔器官为主的腹腔探查术、瘤胃切开术，也适用于网胃探查、瓣胃冲洗等手术（图 10-3）。

2）牛左髂部肋后斜切口。在牛的左髂部、距最后肋骨 5cm 处，自腰椎横突下方 8～10cm 处起，向下平行肋骨切开长 20～25cm 切口。此切口适用于体形较大患牛的网胃内探查及瓣胃冲洗术（图 10-3）。

3）牛右髂部正中垂直切口。在与牛左髂部正中相对应处，此切口适用于以检查右侧腹腔器官为主的腹腔探查术及十二指肠第二段的手术。

4）牛右髂部肋后斜切口。在牛的右髂部、距最后肋骨 5～10cm 处，自腰椎横突下方 15cm 处起平行肋骨及肋弓向下切开长 20cm 切口。此切口适用于空肠、回肠及结肠的手术。

5）牛右侧肋弓下斜切口。自牛的右侧最后肋骨下端水平位处向下、距肋弓 5～15cm 处起平行肋弓切开长 20～25cm 切口。此切口适用于皱胃切开术。

6）马左髂部切口。自马左侧最后肋骨下端水平位处向下、距肋弓 5～15cm 处起平行肋弓切开 20～25cm 切口（图 10-3）。此切口适用于小结肠、小肠及左侧大结肠手术。

7）马右髂部切口。对马的右侧大结肠、胃状膨大部及盲肠手术时，应在靠近其右侧剑状软骨部、与肋弓平行处切口，具体部位与左侧大结肠部位相对应（图 10-3）。

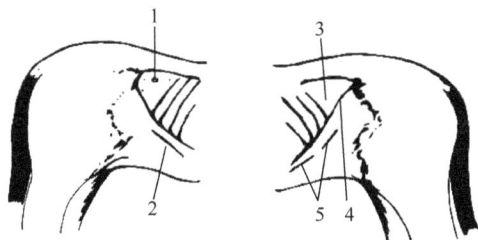

1—盲肠穿刺部位；2—到右侧大结肠、胃状膨大部及盲肠；
3—到卵巢；4—到小结肠；5—到左侧大结肠。

图 10-3 侧腹壁切口的部位

2. 下腹壁切口的部位

1）正中线切开法。切口部位在腹下正中白线上，位于脐的前部或后部。对公畜的切口应在脐前部，切口长度视需要而定。

2）中线旁切开法。切口部位不受性别限制。在腹白线一侧 2～4cm 处，做一与正中线平行的切口，切口长度视需要而定。

（五）手术方法

1. 切开腹壁

有侧腹壁切开法和下腹壁切开法两种。

（1）侧腹壁切开法

1）切开皮肤显露腹外斜肌。对术部常规处理后，在预定切口部位做长 20～25cm 的切口。切开皮肤、皮肌、皮下结缔组织及筋膜，用扩创钩扩大创口，充分显露腹外斜肌。

2）分离腹外斜肌显露腹内斜肌。按肌纤维的方向在腹外斜肌及其腱膜上做一小切口，用钝性分离法将腹外斜肌切口分离至一定长度（图 10-4）。如果有横过切口的血管，则进行双重结扎后将其切断，充分显露腹内斜肌。

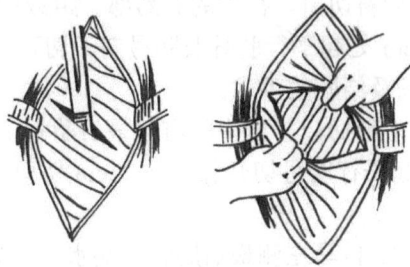

图 10-4　钝性分离腹外斜肌

3）分离腹内斜肌显露腹横肌。用同样的方法按肌纤维方向分离腹内斜肌切口，并扩大腹内斜肌切口，充分显露腹横肌（图 10-5）。各层肌肉及其腱膜的切口大小应与皮肤切口大小一致，避免越来越小。

图 10-5　钝性分离腹内斜肌腹横肌

4）显露腹膜。将腹壁肌肉分离开后，充分止血，清洁创面，由助手用腹壁拉钩扩大腹壁肌肉切口，充分显露腹膜。

5）切开腹膜。由施术者及助手用镊子于切口的一端共同提起腹膜，用皱襞切开法在腹膜上做一小的切口，插入有沟探针或伸入食指、中指，由二指缝中剪开腹膜（图 10-6）。腹膜切口应略小于皮肤切口。然后用大块灭菌纱布浸生理盐水，衬垫腹壁切口的创缘，进行术野隔离。此时，应防止肠管脱出。最后按照手术目的实施下一步手术。

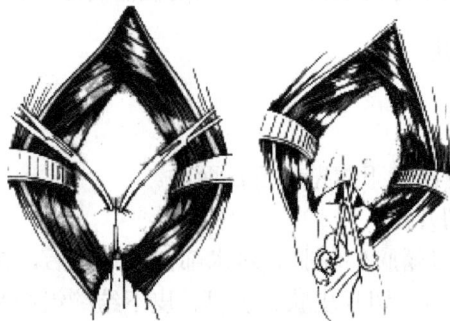

图 10-6　剪开腹膜

（2）下腹壁切开法

1）正中线切开法。对术部常规处理后，切开皮肤，钝性分离皮下结缔组织，及时止血并清洁创面，扩大切口显露腹白线。然后切开腹白线，显露腹膜。按照腹膜切开法切开腹膜。

2）中线旁切开法。切开皮肤后，钝性分离皮下结缔组织及腹直肌鞘的外板。然后按肌纤维的方向钝性分离腹直肌，切开腹直肌鞘内板，并向两侧分离扩大切口，显露腹膜，用腹膜切开法切开腹膜。

3）腹腔探查，处置病变。腹腔探查是指施术者将手伸入腹腔内，通常在非直视的情况下探查并确定患部，根据临床症状及术前检查的结果，有目的地进行重点探查。在探查时，应由近及远地进行仔细触摸，发现异常现象后，应进一步确定其部位和性质，然后采取相应措施进行处置。

4）探查前准备。施术者手臂须严格消毒至肩、腋部（大家畜的探查），并用无菌橡皮隔离圈或无菌手术巾隔离肩端，以防对手术切口的污染。然后将手臂涂油剂青霉素或土霉素软膏、四环素软膏，也可用青霉素盐水湿润手臂。

5）探查动作。将手探入腹腔后，应五指并拢，以手背推移肠管或网膜，将手在内脏间隙中缓慢移行。在探查时，肠管和网膜经常窜入手指间隙。轻柔地摆动并拢手指端，使手掌呈拳握姿势，即可将网膜和肠管挤出，改变方向继续探查。对右侧腹腔探查时用左手，对左侧腹腔探查时用右手；对腹前部探查时常用左手，对腹中部与腹后部探查时则多用右手。

6）常见腹腔内气体与腹腔液的病理性状。将腹膜切开后，腹腔表面充血、水肿、有绒毛状附着手，并有大量黄色混浊液体，腹腔内温度明显增高，这是腹膜炎的迹象。肠便秘的腹腔液为黄色半透明状，其数量较正常状态略有增加。在剖宫产手术时，腹腔内常有大量黄色浆液性液体流出。患肠扭转、肠绞窄、肠套叠和肠嵌闭的患畜，会自腹膜切口中，涌出大量红色血样浆液性液体。当切口中排出大量水样微黄色液体，并略有尿味时，应注意膀胱是否有破裂口。

腹底部有新鲜血凝块，往往是切口止血不充分造成的。陈旧性黑紫色凝块，是内脏损伤的征兆。腹腔内血凝块必须取出，它是造成内脏粘连的重要因素之一。

腹腔切开后，如果有腐败粪臭气体喷出，则多为坏死肠管穿孔形成气腹。大段肠管坏死，虽无明显气体逸出，但在探查时会不断散发出腐败臭味。出现酸臭味，并在大网膜附近手感有纤维残渣，是胃肠内容物进入腹腔的症状。空腔脏器表面有局限性粘连，其粘连的局部组织易于剥离且有捻发感觉，是空腔体壁已有微小破孔的表现。在腹腔探查时，于营养不良患畜体内常可发现腹腔丝虫。对垂危患畜进行探查时，腹腔的温度下降预兆患畜有死亡的危险。

肠梗阻的患部肠管使梗阻部前方肠管臌气、积液，使梗阻部后方肠管萎陷，因此，肠管膨胀与萎陷的交界处为梗阻发病部位。小肠梗阻时，会引起继发性的胃膨胀。

2. 闭合腹壁创口

在腹腔手术完成之后，应除去术野隔离纱布，清点器械物品。在压肠板引导下采用螺旋缝合法缝合腹膜。缝至最后几针时，通过切口向腹腔注入青链霉素溶液（500IU/mL）。缝完后用含青霉素的生理盐水冲洗肌肉切口，用结节缝合法分别缝合腹横肌、腹内斜肌、腹外斜肌及皮肌。用10～18号缝线结节缝合皮肤（图10-7），冲洗擦净后涂碘酊，装置结系绷带。

（a）缝合腹膜　　　（b）缝合肌层　　　（c）缝合皮肤

图10-7　闭合腹壁切口

（六）术后护理

手术后应按常规使用抗生素等全身疗法，调整水及电解质平衡，根据患病动物机体状况施以对症治疗。对患病动物要单独饲喂，防止其卧地、啃咬、摩擦伤口。

任务三　瘤胃切开术

（一）适应证

1）患严重的瘤胃积食，经保守疗法无效者。

2）误食有毒饲料、饲草，且有毒饲料、饲草尚在瘤胃中停留者，应取出毒物并进行胃冲洗。

3）患创伤性网胃炎或创伤性心包炎者，应切开瘤胃取出异物。

4）患瓣胃梗塞、皱胃积食者，可做瘤胃切开术及胃冲洗术。

5）对胸部食管梗塞且梗塞物接近贲门者，应进行瘤胃切开术取出食管梗塞物。

（二）术前准备

对伴有严重水、电解质平衡紊乱和代谢性酸中毒者，术前应给予纠正。对有严重瘤胃臌气者，可通过胃管放气或瘤胃穿刺放气以减轻瘤胃臌气。对便秘者，先进行灌肠通便。

瘤胃切开术

瘤胃检查

（三）麻醉

采用局部浸润麻醉或腰旁神经干传导麻醉。

（四）保定

一般采用站立保定，也可进行右侧卧保定。

（五）手术通路

1. 左肷部中切口

左肷部中切口是瘤胃积食的手术通路，还可用于一般体型患牛的网胃内探查、胃冲洗和右侧腹腔探查术。

2. 左肷部前切口

左肷部前切口适用于体型较大患牛的网胃内探查与瓣胃梗塞、皱胃积食的胃冲洗术。必要时可切除最后肋骨作为肷部前切口。

3. 左肷部后切口

左肷部后切口为瘤胃积食及右侧腹腔探查术的手术通路。

（六）手术方法

1. 打开腹腔

用常规方法切开腹壁。切开腹膜时应按腹膜切开的原则进行，以免误切瘤胃壁。

2. 腹腔探查

打开腹腔后，探查瘤胃壁与腹壁的状态，查看网胃与横隔间有无粘连或异物，同时注意观察右侧腹腔的状态。

3. 瘤胃固定与隔离法

（1）瘤胃浆膜层、浆肌层与皮肤切口创缘的连续缝合固定与隔离法

1）瘤胃固定。显露瘤胃后，用三角缝合针带 10 号丝线做瘤胃浆膜层、浆肌层与皮肤切口创缘之间的环绕一周连续缝合（针距为 1.5～2cm），每缝一针都要拉紧缝合线，使瘤胃壁与皮肤创缘紧密贴附在一起（图 10-8），固定瘤胃壁的宽度为 8～10cm。检查切口下角是否严密，必要时做补充缝合。

2）瘤胃黏膜外翻预置缝合线。用三角缝合针带 10 号丝线，在瘤胃预切开线两侧通过瘤胃壁，在全层各做 3 个水平纽扣缝合；用缝合针再在距同侧皮肤创缘 10～12cm 的皮肤上进行缝合，暂不抽紧打结；在瘤胃切开线两侧，用温生理盐水纱布垫覆盖。

牛羊瘤胃切开术

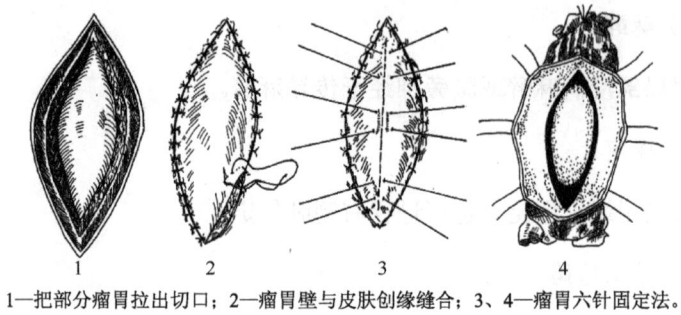

1—把部分瘤胃拉出切口；2—瘤胃壁与皮肤创缘缝合；3、4—瘤胃六针固定法。

图 10-8　瘤胃固定

（2）瘤胃六针固定和舌钳夹持黏膜外翻法

显露瘤胃后，在切口上下角与周缘，用三角缝合针带 10 号丝线，通过瘤胃的浆膜层、浆肌层与邻近的皮肤创缘做六针纽孔状缝合（图 10-8），打结前应在瘤胃与腹腔之前，填入浸有温生理盐水的纱布。然后抽紧六针缝合线，使瘤胃壁紧贴在腹壁切口上。将胃壁固定后，在瘤胃壁和皮肤切口创缘之间，填以温生理盐水纱布，以便在胃壁切开、黏膜外翻时，使胃壁的浆膜面受到保护，减少对浆膜面的刺激。

（3）瘤胃四角吊线固定法

瘤胃四角路吊线固定法适用于瘤胃内容物较少、瘤胃壁易于向切口外牵引的病例。将瘤胃壁预定切口部分，牵引至腹壁切口外。在胃壁与腹壁切口间填塞大块灭菌纱布，并保证大纱布牢固地固定在局部。在瘤胃壁切口左、右上角，左、右下角，依次用丝线穿入胃壁浆膜层、浆肌层，做成预置缝线。每个预置缝合线相距 5～8cm。切开胃壁，由助手牵引预置缝合线使胃壁浆膜紧贴术部皮肤，并将其缝合固定于皮肤上（图 10-9）。

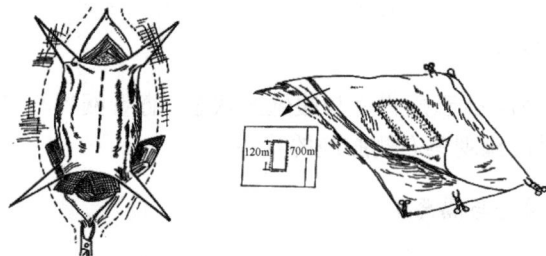

（a）瘤胃四角吊线固定法　　　（b）瘤胃缝合胶布固定法

图 10-9　瘤胃固定法

（4）瘤胃缝合橡胶洞巾固定法

显露瘤胃后，用 70cm、中央带有 6cm×15cm 长方形孔的塑料布或橡胶洞巾，将瘤胃壁浆膜层、浆肌层与中央孔的 4 个边连续缝合，使中央长方形孔缘紧贴在瘤胃壁上，形成一个隔离区。于瘤胃壁和洞巾下填塞大块生理盐水纱布，将橡胶洞巾 4 个角展平固定在切口周围，在长方形孔中央切开瘤胃（图 10-10）。

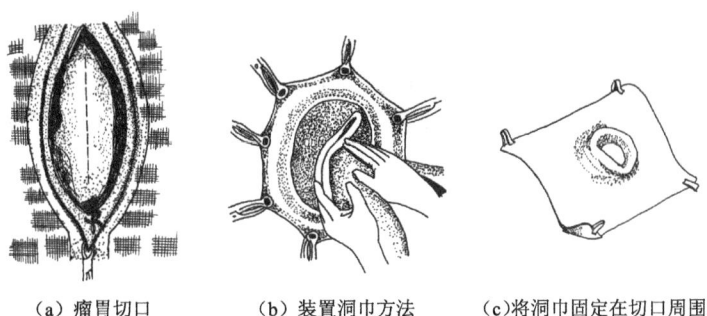

（a）瘤胃切口　　　　（b）装置洞巾方法　　　（c）将洞巾固定在切口周围

图 10-10　瘤胃缝合橡胶洞巾固定法

4. 切开瘤胃

胃壁切开的方法是先在瘤胃切开线的上 1/3 处，用手术刀刺透胃壁，并立即用两把舌钳夹住胃壁的创缘，向上向外拉起，然后用剪扩大瘤胃切口，并用舌钳固定提起胃壁创缘，将胃壁拉出腹壁切口并向外翻，随即用巾钳将舌钳柄夹住，固定在皮肤和创布上，以便胃内容物流出，最后套入橡胶洞巾。

5. 瘤胃腔内探查

在瘤胃切开后，即可对瘤胃、瘤网孔、网胃、网瓣孔、瓣胃及皱胃、贲门等部位进行探查，并对各种类型病区进行处理。在瘤胃积食时，取出胃内容物（总量的 1/2～2/3），向瘤胃内填入 3～5 斤（1 斤=500g）青干草，以刺激胃壁恢复收缩能力，促进反刍。对泡沫性瘤胃臌气病例，应在取出部分胃内容物后，用等渗温盐水灌注、冲洗胃腔。对饲料中毒病例，可取出有毒的胃内容物，在进行胃冲洗后投入相应的解毒药。取出网胃异物时，将右手伸入瘤胃内，向前通过瘤网孔进入网胃，触摸网胃前部及底部，当发现异物时，可沿刺入方向将异物拔出。为吸除胃底金属物，可采用磁铁。当瓣胃阻塞时，可用胶管通过网瓣孔插入瓣胃，反复注入大量生理盐水，以泡软内容物。

6. 瘤胃缝合

清理瘤胃切口与胃壁缝合病区，除去橡胶洞巾，用生理盐水冲净附着在瘤胃壁上的胃内容物和血凝块。拆除纽孔状缝合线，在瘤胃壁切口进行自下而上的全层连续缝合。再次冲洗胃壁浆膜上的血凝块，拆除瘤胃浆膜肌层与皮肤创缘的连续缝合线；同时，由助手用灭菌纱布抓持瘤胃壁并向腹壁切口外牵引，以防固定线拆除完后瘤胃壁向腹腔内陷落。再次冲洗瘤胃壁浆膜上的血凝块，除去遗留的缝合线头及其他异物后，准备对瘤胃壁的第二层伦勃特氏缝合，此阶段由污染手术转入无菌手术。施术者的助手重新洗手消毒，对瘤胃进行连续伦勃特氏或库兴氏缝合。对切口局部涂以抗生素软膏，向腹腔内注射普鲁卡因青霉素溶液。

7. 闭合腹壁切口

对腹膜连续缝合，分层连续缝合腹壁各肌层，每层缝合完毕后，撒布磺胺结晶粉；结节缝合皮肤，涂擦抗生素软膏，安装结系保护绷带。切口皮肤彻底愈合后，及时拆除皮肤上的缝合线。

8. 注意事项

在很多情况下，对皮肤、皮下组织、腹外斜肌、腹内斜肌做垂直地面的手术切口，对腹横肌进行钝性分离，这样可以得到宽大的手术通路。

牛的腹壁肌层较薄，因此在左肷部切口分离时，要注意区别腹膜与瘤胃壁，以免过早地切开胃壁，造成术部污染。

（七）术后治疗与护理

术后对动物禁食 36~48h，待瘤胃蠕动恢复出现反刍后，开始给予动物少量优质的饲草。术后 12h 即可对动物进行缓慢的牵遛运动，以促进胃肠机能的恢复。术后不限饮水。应根据动物脱水的情况进行静脉补液。术后 4~5d 内，每天使用抗生素。注意观察原发病消除情况，治疗术后并发症。

任务四　犬胃切开术

（一）适应证

犬胃切开术适用于取出胸部食道异物、胃内异物，摘除胃内肿瘤，急性胃扩张减压整复，慢性胃炎或食物过敏时胃壁活组织检查等疾病的治疗。

（二）术前准备

进行非紧急手术时，术前应对犬禁食 24h 以上。对急性胃扩张扭转患犬，术前应积极补充血容量和调整酸碱平衡。对已出现休克症状的犬，应纠正休克。进行快速静脉输液时，应在中心静脉压的监护下进行，静脉注射林格氏液与 5%葡萄糖或 5%葡萄糖生理盐水，剂量为 80~100mL/kg，同时静脉注射氢化可的松和地塞米松各 4~10mg/kg，氨苄西林钠 50mg/kg。在静脉快速补液的同时，经犬口插入胃管以导出胃内蓄积的气体、液体或食物，以减轻胃内压力。

（三）保定与麻醉

对动物仰卧保定，进行全身麻醉。在动物气管内插入气管导管，以保证呼吸道通畅，减少呼吸道无效腔和防止胃内容物逆流误咽。

（四）手术通路

在脐前腹中线切口。从剑突末端到脐之间做切口，但不可自剑突旁侧

犬胃切开术

切开。犬的膈肌在剑突旁切开时，极易同时开放两侧胸腔，造成气胸而引起致命危险。切口长度根据动物体型、年龄及动物品种、疾病性质而定。对幼犬、小型犬和猫，可在剑突到耻骨前缘之间切口；对胃扭转及胸廓深的犬，腹壁切口可延长到脐后 4～5cm 处。

（五）手术方法

对犬局部剃毛、消毒，沿腹白线切开腹壁和腹膜，显露腹腔。对镰状韧带予以切除，若不切除，则不仅影响和妨碍手术操作，还会在再次手术时因大片粘连而给手术带来困难。

在胃的腹面胃大弯与胃小弯之间的预定切开线两端，用艾利氏钳夹持胃壁的浆膜层、浆肌层，或者用 7 号丝线在预定切开线的两端，通过浆膜层、浆肌层缝合两根牵引线。用艾利氏钳或两根牵引线向后牵引胃壁，使胃壁显露在腹壁切口之外。用数块温生理盐水纱布垫填塞在胃和腹壁切口之间，以抬高胃壁并将胃壁与腹腔内其他器官隔离，避免胃切开时对腹腔和腹壁切口的污染。

胃的切口位于胃腹面的胃体部。在胃大弯和胃小弯之间的无血管区内纵向切开胃壁。先用外科手术刀在胃壁上向胃腔内戳一小口，然后退出手术刀，改用手术剪通过胃壁小切口扩大胃的切口。胃壁切口长度视需要而定。检查胃腔各部时的切口要足够大。将胃壁切开后，胃内容物流出，清除胃内容物后进行胃腔检查，检查应包括胃体部、胃底部、幽门、幽门窦及贲门部。检查有无异物、肿瘤、溃疡、炎症及胃壁是否坏死。若胃壁发生坏死，则应将坏死的胃壁切除。

胃壁切口的缝合，第一层用 3～0 号的铬制肠线或 1～4 号丝线进行康乃尔缝合，清除胃壁切口缘的血凝块及污物后，用 3～4 号丝线进行第二层的连续伦勃特氏缝合(图 10-11)。拆除胃壁上的牵引线或除去艾利氏钳，清理除去隔离的纱布垫后，用温生理盐水对胃壁进行冲洗。若术中胃内容物污染了腹腔，则用温生理盐水对腹腔进行灌洗，然后转入无菌手术操作，最后缝合腹壁切口，打结系腹绷带。

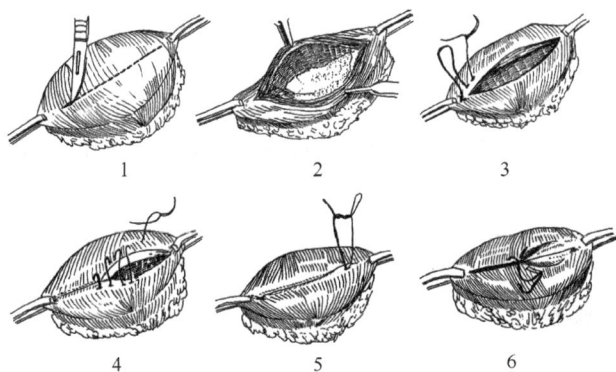

1—切开胃壁；2—取出阻塞物；3～5—连续缝合；6—内翻缝合。

图 10-11　犬胃壁的切开与缝合

（六）术后护理

术后 24h 内禁饲，不限饮水。24h 后给予动物少量肉汤或牛奶，术后 3d 可以给予动物软的易消化的食物，应少量多次喂给。在恢复期间，应注意动物水、电解质代谢是否发生紊乱及酸碱平衡是否失调，必要时应予以纠正。对动物静脉给药和补充营养物质，术后 5d 内每天定时给予动物抗生素，可首先选用氨苄西林钠 100mg/kg，每天两次肌内注射。7～10d 后拆线，手术后还应密切观察动物胃的解剖复位情况，特别是患胃扩张、扭转的患犬，经胃切开减压整复后，应注意犬的症状变化，一旦发现胃扩张、扭转复发，则应立即进行救治。

任务五　真胃移位复位术

一、真胃左方变位整复术

（一）适应证

动物的真胃通过瘤胃下方移到左侧腹腔，置于瘤胃和左侧腹壁之间，经倒卧滚转晃动整复和药物治疗无效时，须进行手术复位并固定。此手术成功率较高。

（二）术前准备

检查动物的全身情况，判定动物脱水程度，在术前和术中进行补液、强心和纠正酸中毒。

（三）保定与麻醉

将动物六柱栏内站立保定，对术部剃毛、清洗与消毒，于左侧用 3% 盐酸普鲁卡因溶液进行腰旁神经干传导麻醉，对术部配合局部浸润麻醉。

（四）手术通路

此手术采用左肷部前下切口，距最后肋骨 5～8cm，以最后肋骨与肋软骨结合部为中点，垂直切开 15～20cm，固定线穿出部位为右下腹壁的小切口。

（五）手术方法

1. 打开腹腔

对术部隔离，切开皮肤 15～20cm，切开皮下组织，对出血点钳夹止血、结扎止血。切开腹外斜肌、腹内斜肌，按肌纤维方向分离腹横肌。用镊子夹持腹膜，剪开腹膜显露腹腔。真胃位于切口的前下方，呈囊状，位于左侧腹壁和瘤胃之间。

2. 皱胃的显露与减压

常规开腹后，施术者将右手入腹腔，在切口的前方，瘤胃与左腹壁之间可触摸到变位的皱胃。用带长胶管的18～20号针头穿刺皱胃，排出皱胃内积气及部分积液。针头阻塞不通时，可用注射器向内推气或回抽，应用连接吸引器，加快放气、排液速度，以缩短手术时间。左方变位时，皱胃内多为气体，液体较少，对其穿刺放气、排液即可达到减压目的，无须切开皱胃。放气、排液后检查皱胃与周围组织器官有否粘连，若有粘连，则进行分离。然后将皱胃的大弯部连同大网膜牵引至切口处。

3. 皱胃的固定

施术者将手伸入腹腔内，用生理盐水纱布包在真胃壁上并用手抓住真胃壁轻轻向切口外牵引，以显露真胃大弯及大网膜浅层。用弯圆针系 10 号双股 1m 长的缝合线，在靠近大弯的大网膜浅层上做第一个水平纽扣预置缝合线，并在网膜上打结，将线尾暂时固定在创巾上。在第一个固定线后方3～5cm处的浅层网膜上，再做第二个水平纽扣预置缝合线，在第二个固定线后方3～5cm处的浅层网膜上，再做第三个水平纽扣预置缝合线。3 个预置缝合线系好后，把 3 条线尾拎起，按前、中、后顺序排好，用止血钳夹持在创巾上。

施术者将手伸入腹腔内，用手掌压住真胃，经瘤胃下方向右侧腹腔推挤真胃。有时复位后的真胃待手退回后会再度返回左侧腹腔，因此，施术者要有耐心，再进行整复，直至真胃复位后不再向左侧腹腔移位。

施术者将手推出腹腔，用手指掐持第一根预置固定线，经瘤胃下方进入右侧腹腔，探查确定该固定线在右侧腹壁的穿出部位，并指示助手在右侧腹底壁对应处剃毛、清洗、消毒和局部浸润麻醉，并做第一个长 1cm 的小切口。然后用止血钳经皮肤小切口向内戳透进入腹腔。与此同时，施术者用手掌在腹腔内隔离，防止止血钳钳端误伤内脏并指示助手张开止血钳。施术者把固定线尾送入止血钳嘴内，由助手夹持线尾缓缓拉出皮肤创口外。按相同的方法在右侧腹壁上第一条预置固定线的后方 5cm 处引出第二根和第三根固定线。

在皮肤小切口内放置 1cm 长的灭菌纱布压垫，在纱布压垫上缝线打结。打结完毕，剪去线尾，对皮肤小切口消毒后进行缝合。

4. 闭合左肷部切口

对腹膜、腹横肌连续缝合，连续缝合腹内、腹外斜肌，对皮肤创面消毒后进行间断缝合，打结系绷带。

（六）术后护理

1）术后使用抗生素 5～6d。

2）出现反刍后给予动物少量易消化饲草，逐日增多，待动物完全恢复正常后，再添加精料，并逐日增多，直至恢复正常的饲喂。

3）术后可让动物做自由活动或适当的牵遛运动。

二、真胃右方变位整复术

（一）适应证

真胃以顺时针方向，向后上方移位，呈现亚急性扩张、积液、积气、膨胀、腹痛和代谢性酸中毒、脱水、幽门阻塞综合征时，适用真胃右方变位整复术。该病用药物治疗多数无效，手术整复是治疗本病的唯一方法，治愈率很高。

（二）术前准备

术前对动物进行瘤胃减压，经口插入大口径胃导管进行导胃减压。术前补液，纠正代谢性酸中毒。

（三）保定与麻醉

将动物六柱栏内站立保定，采用右侧腰旁神经干传导麻醉，对术部配合局部浸润麻醉。

（四）手术通路

采用右肷部下方切口，切口靠近最后肋骨 4～5cm 处，距腰椎横突下方 15～20cm，便于显露真胃。

（五）手术方法

1. 打开腹腔

对动物常规剃毛、消毒、隔离术部，切开皮肤 15～20cm，对出血点进行止血，切开皮下组织。切开腹外斜肌、腹内斜肌，按肌纤维方向分离腹横肌。用镊子夹持腹膜形成一皱襞，切开腹膜，以防误切扩张、积液的真胃。

2. 显露皱胃

一般在开腹后即可见膨胀的皱胃显露于切口部，将手伸入腹腔向前探查，找到前方变位的皱胃，并将其轻轻引至切口处，牵引有困难时可穿刺放气、排液减压后再试行牵引。右方变位时，皱胃可膨得很大，且其内多为液体，气体较少，而整复的关键是皱胃减压，单纯用穿刺的方法难以达到减压的目的，须切开皱胃减压。

3. 真胃减压

拉出皱胃后，同瘤胃切开术一样，先将皱胃壁浆膜层、浆肌层与切口两侧腹壁连续缝合一周，隔离腹腔，以免污染。用弯圆针系 4 号丝线，在皱胃壁上做一不穿透胃壁的荷包缝合线，在荷包缝合线圈内，用手术刀刺透胃壁，迅速插入排液管并抽紧荷包缝合线，将排液管另一端放低，即可排空皱胃内积液。排液量 1～5L 不等，皱胃内积液呈污黑色，排液完毕，拔下排液管迅速抽紧荷包缝合线，以闭合皱胃小切口，并用生理盐水冲洗后，再做第二个荷包缝合，将第一个荷包缝合线圈包埋，再次用生理盐水冲洗，准备做皱胃的固定。

4. 皱胃的整复固定

排尽皱胃内容物后，缝合皱胃壁切口，拆除腹腔隔离线。重新清洗消毒后将手探入腹腔，探查排空缩小后的皱胃大小、位置及大弯部的朝向，以判定是哪种类型的变位，从而确定具体的整复方案。

后方变位时，一般是皱胃单纯扩张而无扭转，减压后可自行归位，归位后如同左方变位一样缝合固定；前方变位时，须将皱胃从膈的后方沿顺时针方向拽回至瓣胃的后下方，使大弯部抵于右腹底壁正常位置。然后牵引大网膜，检查十二指肠及幽门是否有扭转，若有，则将附着于大弯部的大网膜缝合固定在切口前下方腹壁的适当位置，具体如下。

将皱胃轻轻向腹壁切口外牵引，显露胃大弯及大网膜附着缘，用弯圆针系长 1m、10 号双股丝线，在靠近胃大弯的网膜上系皱胃固定线，在网膜上打结，线尾用止血钳暂时固定在创巾上，按相同的方法再在网膜上系第二、第三根固定线，并明确 3 根固定线的顺序。放松 3 根固定线，用生理盐水冲洗皱胃后将皱胃还纳回腹腔内。施术者用手掌下压皱胃，并按逆时针方向向前下方推压皱胃，使皱胃复位。有些病例皱胃下压复位后，手一旦放松对皱胃的压迫，皱胃即迅速上浮，在这种情况下，应仔细检查瓣胃的位置，瓣胃往往已按顺时针方向移向腹下。因此，只有将瓣胃按逆时针方向向背面上抬，再将皱胃按逆时针方向向前向腹下推压才能复位。有的病例在皱胃变位后，网胃也随之变位，造成瘤胃、网胃间变成一裂隙，只有在皱胃完全复位和瓣胃的移位被纠正后，网胃的移位才能被纠正。

5. 皱胃 3 根固定线的引出与打结

施术者提起固定线，明确 3 根固定线的排列顺序后，用左手抓住排列在最前面（即在腹下最前面）一根固定线线尾带入腹腔底部，探查确定固定线的穿出部位，并指示助手在该处剃毛、清洗与消毒，局部浸润麻醉。

做一个长 1cm 的皮肤小切口，施术者右手持止血钳经小切口戳入腹腔内，钳夹左手指端抓捏的固定线并缓缓拉出体外，由助手用手牵引线尾，按同样的方法再将第二、第三根固定线牵引体外。

3 根固定线暂不拉紧，等待施术者再次检查皱胃复位的情况。在确定皱胃完全复位并明确固定线与腹内脏器无缠结的情况下，指示助手将 3 根固定线拉紧打结。助手将长 1.5cm 的纱布压垫塞入皮肤小切口内，固定线打结在小纱布压垫上，并依次完成第二、第三根固定线的打结。剪断线尾，结节缝合皮肤小切口，打结系绷带。

6. 闭合右肷部腹壁切口的缝合

第一层连续缝合腹膜、腹横肌，第二层连续缝合腹内斜肌，连续缝合腹外斜肌，皮肤结节缝合，打结系绷带。

（六）术后护理

1）术后使用抗生素 5～6d，输液强心和纠正代谢性酸中毒。
2）术后可做自由活动或适当的牵遛运动。
3）出现反刍后可给予动物少量优质饲草，逐日增多。

任务六　肠切除与吻合术

（一）适应证

肠切除与吻合术适用于因各种类型肠变位而引起的肠坏死、肠梗阻、肠扭转、肠套叠、广泛性肠粘连、不宜修复的广泛性肠损伤或肠瘘，以及肠肿瘤的治疗。

**羊肠切除
与吻合术**

（二）术前准备

为了提高动物对手术的耐受性和手术成功率，术前应纠正水、电解质代谢紊乱和酸碱平衡失调及中毒性休克，进行导胃以减轻胃肠内压力。在非紧急情况下，对动物应在术前 24h 禁食、禁水，并给予其口服抗菌药物。

（三）保定与麻醉

将犬、猫全身麻醉仰卧保定；将牛羊左侧卧保定，采用腰旁神经干传导麻醉加局部浸润麻醉。

（四）手术通路

对犬、猫，可选耻骨前缘至脐部的腹中线上切口；对牛、羊，可选右肷窝正中切口或与右肋弓平行切口。

（五）手术方法

1. 肠管侧壁切开术

于腹中线中部切开腹壁，将其创缘用湿的纱布隔离，将病变肠管牵引至切口之外并用湿纱布隔离，由助手用两手的食指、中指或两把肠钳夹闭阻塞物两侧肠腔。施术者用手术刀在阻塞物远端健康肠管的对肠系膜侧纵向切开肠壁全层，切口长度以接近阻塞物的直径为宜。在切开时，连续抽吸肠内液体，以防其溢出污染术部。施术者轻轻挤压异物，使其从切口处滑入器皿内。在缝合前，用剪修剪外翻的肠黏膜，用青霉素生理盐水冲洗切口。多采用一层结节缝合法闭合肠管，距切缘2～3mm处全层穿过肠壁，针距3～4mm。也可采用一层库兴氏缝合（图10-12）。

2. 肠管切断与吻合术

（1）显露肠管

将腹壁切开后，用生理盐水纱布垫保护切口创缘，施术者将手经切口伸入腹腔内探查患病肠段。应重点探查扩张、积液、积气、内压增高的肠段，并将其牵引出腹壁切口外，以判定肠切除范围。若变位肠段范围较大，经腹部切口不能全部引出或因肠管高度扩张与积液，强行牵拉肠管有肠破裂危险，则可将部分肠管引出腹腔外，由助手扶持肠管进行小切口排液，施术者将手臂伸入腹腔内，将变位肠管近心端肠袢中的积液向腹腔切口外的肠段推移，使其经肠壁小切口排出，以排空肠管中的积液，将全部变位肠管引出腹腔外。

（2）肠管活力的判定及坏死肠管的处理

将变位肠管引出腹腔外后，用生理盐水纱布垫保护肠管，隔离术部，判定肠管生命力。在下列情况下，可判断肠管已经坏死：肠管呈暗紫色、黑红色或灰白色；肠壁变薄、变软、无弹性，肠管浆膜失去光泽；肠系膜血管搏动消失；肠管失去蠕动能力等。若判定可疑，则可用生理盐水温敷5～6min，肠管颜色和蠕动仍无改变，肠系膜血管仍无搏动者，可判定肠壁已经坏死。

肠部分切除范围：肠切除线应在病变部位两端5～10cm的健康肠管上，近端肠管切除范围应更大些。展开肠系膜，在肠管切除范围上对相应肠系膜做"V"字形或扇形预定切除线，在预定切除线两侧，将肠系膜血管进行双重结扎，然后在结扎线之间切断血管与肠系膜（图10-13）。应特别注意肠断端的肠系膜三角区出血的结扎（图10-13）。

（3）肠管吻合

肠管吻合方法有端端吻合、侧侧吻合与端侧吻合3种。端端吻合符合解剖学与生理学要求，在临床上常用。但肠管较细的动物，吻合后易出现肠腔狭窄，应特别注意。侧侧吻合适用于较细的肠管吻合，能解决肠腔狭

肠管侧壁切开术

犬肠阻塞肠管切开手术

肠切开与断端吻合手术

犬肠切除与吻合术（一）

犬肠切除与吻合术（二）

肠管切除
及吻合术

窄问题。端侧吻合在两肠管口径相差悬殊时使用。

1）端端吻合。助手扶持并拢两肠钳，使两肠断端对齐靠近，检查拟吻合的肠管有无扭转。首先在两断端肠系膜侧距肠断缘 0.5～1cm 处，用 1～2 号丝线对两肠壁浆膜层、浆肌层或全层做长 25cm 的牵引线。在对肠系膜侧用同样的方法做牵引线，紧张固定两肠断端以便于缝合。然后用直圆针自两肠断端的后壁在肠腔内由肠系膜一侧向肠系膜另一侧做连续全层缝合，接近肠系膜侧向前壁折转处，将缝合针自一侧肠腔黏膜向肠壁浆膜刺出，然后将缝合针从另一侧肠管前壁浆膜刺入，复从同侧肠腔内黏膜穿出（图 10-12）。用康乃尔法缝合缝合前壁，至对侧肠系膜与后壁连续缝合起始的线尾打结于肠腔内（图 10-12）。完成第一层缝合后，用生理盐水冲洗肠管，手术人员更换手套，更换手术巾与器械，转入无菌手术阶段。第二层采用伦勃特氏缝合缝合前后壁（图 10-12）。撤除肠钳，检查吻合口是否符合要求。最后间断缝合肠系膜游离缘。

犬、猫等肠腔细小，其端端吻合用简单间断缝合。

2）侧侧吻合。肠管吻合前，用两把止血钳分别将两肠管断端夹住，用连续全层缝合法缝合第一层（图 10-13），抽出止血钳，拉紧缝合线，紧接着用伦勃特氏缝合第二层。闭合两肠管断端后，开始进行侧侧吻合。先将远近两肠管盲端以相对方交错重叠接近，用两把肠钳各在近盲端处沿纵向钳夹盲端肠管。钳夹的水平位置要靠近肠系膜侧。检查两重叠肠管有无扭转，然后将两肠钳并列靠拢，交助手固定，用纱布垫隔离术部(图 10-13)。

靠肠系膜侧做间断或连续伦勃特氏缝合（图 10-13），缝合长度略超过切口长度。距缝线下方 1～1.5cm 处，位于两侧肠壁中央部，各做一个 4～6cm 切口，形成肠吻合口（图 10-13）。于吻合口后壁做连续全层缝合（图 10-13），缝至前、后壁折转处，按端端吻合方法转入前壁，施行康乃尔缝合（图 10-13）。缝至最后一针，将缝线与开始第一针线尾打结，检查薄弱点做加强补充缝合。在前壁浆膜上做间断或连续伦勃特氏缝合。撤去肠钳，对肠系膜游离缘做间断缝合（图 10-13）。

3）端侧吻合。切除病变肠管后，当两肠管管径不一致时，可先将一肠管断端做全层连续缝合，再将浆膜层、浆肌层用伦勃特氏缝合缝合成盲端。用肠钳沿肠管纵轴钳夹盲端，并在其上做一与另一断端大小基本一致的新吻合口，由助手将两肠钳靠拢，再按照肠管端端吻合法进行缝合。缝合完毕，检查吻合口，并缝合游离缘肠系膜。

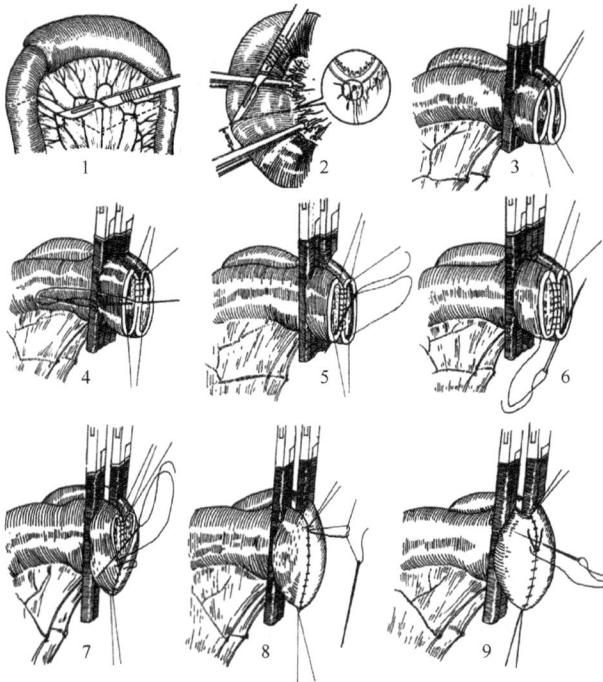

1—肠系膜血管双重结扎后的切除线；2—在预定切除肠管端装置无损伤肠钳；
3—在肠管两端装置牵引线；4—在肠后壁连续全层缝合；
5、6—由肠后壁缝至肠前壁的两种翻转运针方法；
7、8—用康乃尔法缝合肠前壁并打结；9—在肠前、后壁做连续伦勃特氏缝合。

图 10-12　肠切除与吻合术（端端吻合术）

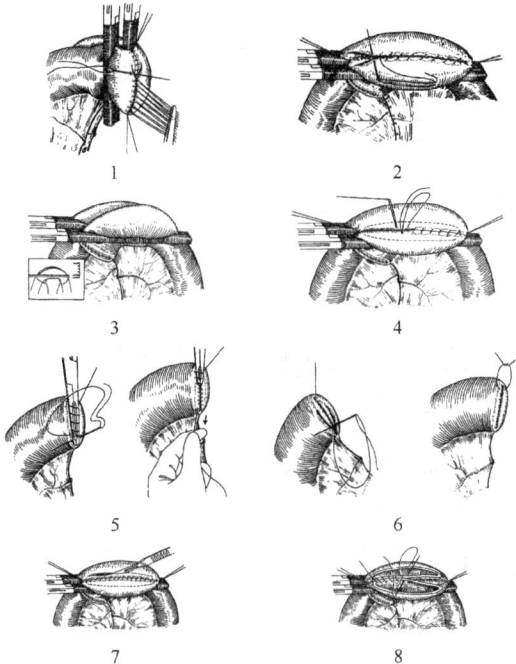

图 10-13　肠切除与吻合术（侧侧吻合术）

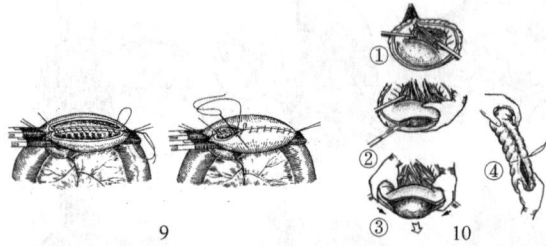

1—在肠前、后壁做间断伦巴特氏缝合；2—在肠前壁做连续伦勃特缝合，进行肠系膜间断缝合；
3—夹持两肠端，并拢肠钳，防止扭转；4—在近肠系膜侧做连续伦勃特缝合；
5—肠管侧侧吻合，在肠管断端做连续全层缝合；6—肠管侧侧吻合，在肠管断端做连续伦勃特缝合；
7—做吻合口；8—在肠后壁做连续缝合；9—由肠后壁转向前壁后做康乃尔法缝合；10—肠管侧壁切开术。

图 10-13 （续）

（六）术后护理

手术后 3d 内对动物禁食，不限制饮水。对动物全身应用抗生素 5～7d，静脉输液。纠正水、电解质平衡失调。当动物排粪、肠蠕动音恢复正常后，可饲喂流质食物，禁止喂粗硬草料，待动物大量排粪、身体状况恢复正常后，再喂以优质草料。于 7d 后拆线。

任务七　肠套叠整复术

（一）适应证

马、牛、犬等动物发生肠套叠后，在套叠部肠管尚未发生坏死前，可对其进行肠套叠整复术。若套叠部肠管已经坏死，则应进行坏死肠管切除吻合术。

（二）术前准备

马、牛、犬等动物肠套叠，多发生于空回肠段，或回肠与结肠（或盲肠）。肠套叠发生后，动物出现腹痛、出汗，以及套叠部肠管的渗出和套叠部前方肠管扩张引起的积液、呕吐等症状。当动物出现水、电解质代谢紊乱和酸碱平衡失调时，为提高肠套叠整复手术的成功率，术前应给以纠正。具体方法如下：静脉注射林格氏液、地塞米松和庆大霉素；用胃管导胃以减轻胃肠内压；使用镇痛、镇静剂以减轻动物的疼痛，同时进行药品、器械准备，进行紧急整复手术。

（三）麻醉与保定

对马属动物应进行全身麻醉；对反刍动物可采用局部麻醉并配合止痛、镇静药物；对犬应采用全身麻醉。对马属动物进行右侧卧保定；对反刍动物在六柱栏内站立保定或左侧侧卧保定；对犬进行仰卧保定。

（四）手术通路

采用左（马）右（牛）胁部中切口；对犬采用脐前腹中线切口。

（五）手术方法

1. 探查套叠部肠管

施术者将手经腹壁切口伸入腹腔内探查套叠部肠管。探查牛的肠套叠时，施术者用手在网膜上隐窝内进行探查，将套叠肠管经网膜上隐窝间口引出腹腔外。当无法引出时，可切开大网膜深浅二层，经网膜切口引出套叠部肠段。探查马的肠套叠时，应在左髂部和回盲部探查。大家畜套叠部肠管如手臂粗，触之有肉样感，表面光滑，套叠部前方肠管高度积液，套叠部后方肠管空虚塌瘪，牵动该段肠管时动物疼痛，骚动不安。犬的肠套叠亦多发生在空回肠交界处，有时套入回盲口处，套叠部肠管如火腿肠样硬度。

2. 将套叠部肠管引出腹腔外

肠套叠一般由 3 层肠壁组成，外层为鞘部，内层为套入部，套入部进入鞘部后可沿肠管向前行进，同时肠系膜也随之进入。肠管套叠越长，肠系膜进入越长，从而导致肠系膜血管受压，肠系膜紧张，小肠的游离性显著降低。从腹腔内向切口外牵引套叠部肠管时应十分仔细，缓慢向外牵引，切忌向切口外猛拉、用手指用力掐压和抓持套叠部，以防撕裂紧张的肠系膜或肠破裂。因套叠部前方肠管膨气、积液，套叠部后方肠管空虚塌瘪，从腹腔内向外牵引套叠部肠管时，应先显露套叠部远心端肠管，然后缓慢向外牵引套叠部肠管和套叠的近心端肠管，并用温生理盐水浸泡纱布隔离，判定肠套叠部是否坏死。对套叠部肠管仍有生命力者，应进行肠套叠整复术。

3. 肠套叠的整复方法

用手指在肠套叠的顶端将套入部缓慢逆行推挤复位（自远心端向近心端推），也可用左手牵引套叠部近心端肠管，用右手牵拉套叠部远心端肠管使之复位。操作时须耐心细致，推挤或牵拉的力量应均匀，不得从远、近两端猛拉，以防肠管破裂。若经过较长时间不能推挤复位，则可用手指插入肠套叠鞘内扩张紧缩环，一边扩张一边牵拉套入部，使之复位。若经过较长时间仍不能复位，则剪开肠套叠的鞘部和套入部的外层肠壁浆、肌层，必要时可以切透至肠腔，然后进行复位。对肠壁切口进行间断伦勃特氏缝合（图 10-14）。

套叠部肠管复位后，应仔细检查肠管和肠系膜是否存活，当肠系膜血管不搏动、肠系膜呈暗紫或黑红色、经温生理盐水浸泡纱布热敷后仍不改变时，可判定肠系膜发生了坏死，应将其套叠部肠管切除进行肠吻合术。

为了预防手术后肠套叠的复发，在套叠肠管手术复位后，从十二指肠结肠韧带到降结肠之间的肠管，用 0～4 号丝线，以 8～12cm 的针距对相邻肠管浆膜层、浆肌层进行间断缝合，对与腹膜壁层相接触的部分肠管的浆肌层与腹膜进行间断缝合，以促进肠管之间的粘连，从而有效地预防肠套叠的再度发生。

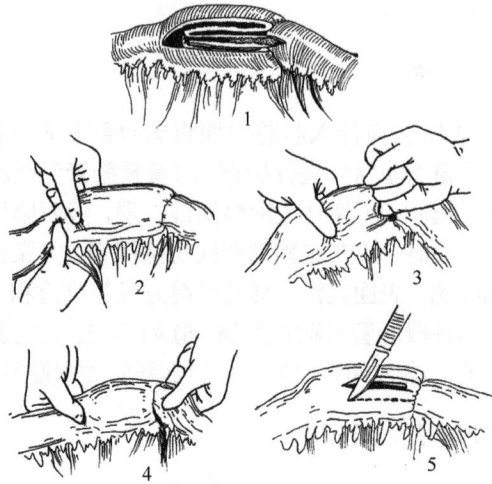

1—肠套叠模式图；2、3—用手自肠套叠的顶端将套入部自远而近地推挤复位；
4—用手指插入套叠鞘内扩张紧缩环；5—剪开鞘部与套入部外层。

图 10-14 肠套叠整复术

（六）术后护理

1）术后及时对动物静脉补充水、电解质，并注意酸碱平衡。补液量和补液速度应由中心静脉压监护。

2）术后一周内使用足量的抗生素和糖皮质激素类药物，以预防腹膜炎的发生。

3）手术后禁饲，只有当动物肠蠕动音恢复，排粪、排气正常，全身情况恢复后，才可给予其优质且易于消化的饲料，开始量小，逐日增大饲喂量至正常饲喂量。

4）在术后早期，牵遛运动对胃肠机能的恢复有帮助。

任务八　直肠脱整复固定术

（一）适应证

顽固性直肠脱经其他固定方法无效时，可采用腹腔内固定。脱出的肠管发生套叠而不能整复或伴有急性肠管感染及坏死时，必须采取直肠部分切除手术（图 10-15）。

肛门与直肠脱

图 10-15　直肠壁全层脱出

（二）手术器械

使用一般开腹手术器械、橡胶直肠导管。

（三）保定与麻醉

将动物右侧卧或仰卧保定（将其臀部垫高），进行全身麻醉或配合局部麻醉。

（四）手术通路

1）于左侧肷部，髋结节前下方 1～2cm 处，向下垂直切开腹壁 3～5cm（猪）。

2）自耻骨前缘至脐部的中点做白线切口（雌犬）或在白线旁 3～5cm 处做纵切口（雄犬）。

（五）手术方法

1. 整复法

整复是治疗直肠脱的首要任务，其目的是使脱出的肠管恢复原位，适用于发病初期或黏膜性脱垂的病例。整复应尽可能在直肠壁及肠周围蜂窝组织未发生水肿前施行。具体方法如下：先用 0.25%温热的高锰酸钾溶液或 1%明矾溶液清洗患部，除去污物或坏死黏膜，然后用手指谨慎地将脱出的肠管还纳原位。为了保证整复的顺利进行，对猪和犬等可将两后肢提起，对马、牛可使其躯体后部稍高。为了减轻疼痛和挣扎，应给动物施行荐尾硬膜外麻醉或直肠后神经传导麻醉。

2. 剪黏膜法

剪黏膜法是我国民间传统治疗家畜直肠脱的方法，适用于脱出时间较长、水肿严重、黏膜干裂或坏死的病例。具体操作方法如下：按洗、剪、擦、送、温敷 5 个步骤进行。先用温水洗净患部，用温防风汤（防风、荆芥、薄荷、苦参、黄柏各 12.0g，花椒 3.0g，加水适量煎两沸，去渣，候温待用）冲洗患部。然后用剪刀剪除或用手指剥除干裂坏死的黏膜，再用消毒纱布兜住肠管，撒上适量明矾粉末揉擦，挤出水肿液，用温生理盐水冲洗后，涂 1%～2%的碘石蜡油润滑，然后从肠腔口开始，谨慎地将脱出的肠管向内翻入肛门内。在送入肠管时，施术者应将手臂（猪、犬用手指）随之伸入肛门内，使直肠完全复位。最后在肛门外进行温敷。

3. 固定法

（1）肛门连续袋口缝合法

对整复后直肠仍继续脱出的病例，应考虑将肛门周围缝合，缩小肛门孔，防止再脱出。具体方法如下：距肛门孔 1～3cm 处，做一肛门周围的连续袋口缝合，收紧缝线，保留 1～2 指大小的排粪口（牛 2～3 指），打成活结，以便根据具体情况调整肛门口的松紧度。经 7～10d，若患畜不再努责，则将缝线拆除（图 10-16）。

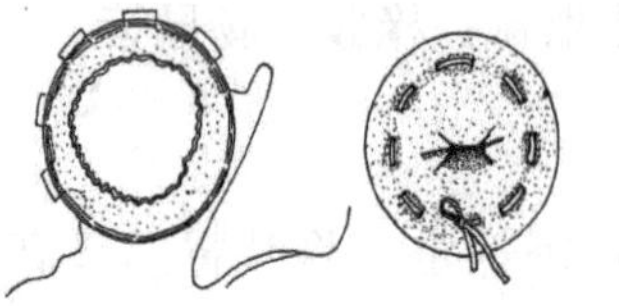

图 10-16　在肛门口做连续袋口缝合

（2）腹腔内直肠固定法

首先将脱出的直肠黏膜用生理盐水洗净后，整复还纳，并插入直肠导管。开腹后，用生理盐水浸泡纱布将小肠推向前方，显露直肠，将直肠左或右侧壁与骨盆腔侧壁结节缝合 2～3 针。此时应注意不要穿透肠黏膜，以免引起腹腔感染。缝合牢固后，拔出导管，闭合腹腔。

（六）术后护理

1）术后禁食 1～2d，静脉注射葡萄糖盐水，以后逐渐给予流食和易消化的食物。

2）应用抗生素防止感染。

任务九　直肠部分截除术

（一）适应证

直肠部分截除术适用于脱出过多、整复有困难、脱出的直肠坏死、穿孔或有套叠而不能复位的病例。

（二）麻醉与保定

施行荐尾间隙硬膜外麻醉或局部浸润麻醉。采用倒吊式保定或侧卧保定。

（三）手术方法

常用的手术方法有以下两种。

1. 直肠部分切除术

在充分清洗消毒脱出肠管的基础上，取两根灭菌的兽用麻醉针头或细编织针，紧贴肛门外交叉刺穿脱出的肠管将其固定。若是马、牛等大型动物，直肠管腔较粗大，则应先向直肠插入一根橡胶管或塑料管，然后用针交叉固定进行手术。对于仔猪和幼犬，可用带胶套的肠钳夹住脱出的肠管进行固定，且兼有止血作用。在固定针后方约 2cm 处，将直肠环形横切，充分止血后（应特别注意位于肠管背侧痔动脉的止血），用细丝线和圆针对肠管两层断端的浆膜和肌层做连续缝合，然后用连续缝合法缝合内外两层黏膜层。缝合结束后用 0.25%高锰酸钾溶液充分冲洗、蘸干切口，涂以碘甘油或抗生素药物（图 10-17）。

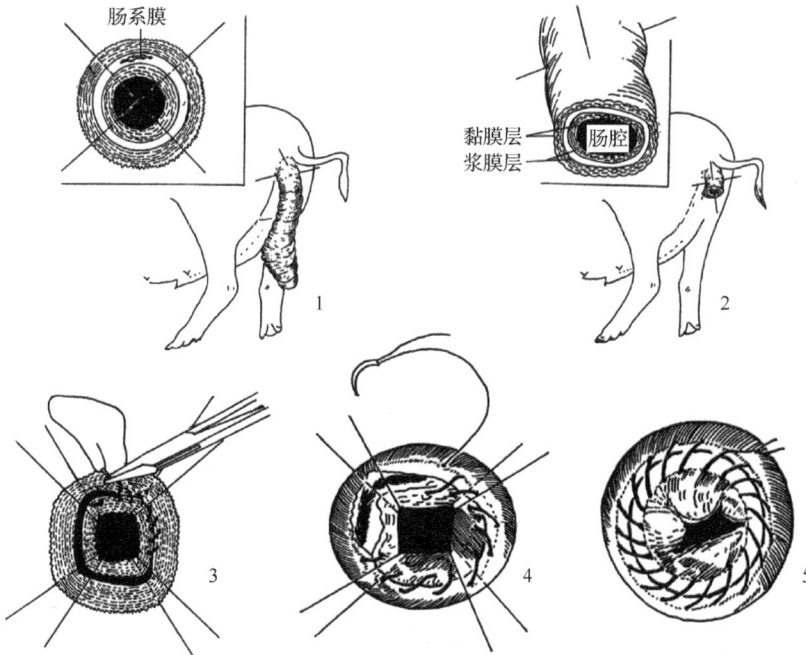

1—对脱出直肠做两条牵引线并确定切除部位；2—肠管切除；
3—将 2 根牵引线变为 4 根固定线，并连续缝合浆膜与肌膜；4、5—连续缝合黏膜。

图 10-17　直肠部分切除术

2. 黏膜下层切除术

黏膜下层切除术适用于单纯性直肠脱。在距肛门周缘约 1cm 处，环形切开至黏膜下层，向下剥离并翻转黏膜层，将其剪除，于顶端黏膜边缘与肛门周缘黏膜边缘用肠线做结节缝合。

整复直肠脱出部后，于肛门口做连续袋口缝合。当并发套叠性直肠脱时，用温水灌肠，以手将套叠部肠管挤回盆腔。若不成功，则切开脱出直肠外壁，用手指将套叠的肠管推回肛门内，或者开腹进行手术整复。为防止复发，应将动物肛门固定。

（四）术后护理

手术后对动物喂以麸皮、米粥和柔软的饲料，让其多饮温水，防止卧地。根据病情给予镇痛、消炎等对症疗法。

任务十　动物断尾术

动物断尾术

断尾术

犬断尾术

犬的断尾术根据断尾的年龄分为幼小犬断尾术和成年犬断尾术两种。

幼小犬断尾术的适宜日龄是出生后 7～10d，这时断尾出血和应激反应很小。断尾长度视不同品种及断尾方法而定。

（一）适应证

1）尾椎向下生长或呈螺旋尾，影响排粪，引起局部瘙痒、感染者。
2）患尾部肿瘤，尾部严重损伤、骨折，尾部皮肤撕脱及麻痹者。
3）某些品种犬的断尾是为了"美容"或防止狩猎损伤。

（二）器械

除一般手术器械外，还需要骨剪、止血带等。

（三）麻醉与保定

对幼犬断尾不须麻醉，将幼犬握于手掌内保定即可。对成年犬断尾须全身麻醉或硬膜外麻醉，采取胸卧位保定。

（四）手术方法

1.　幼小犬断尾术

对尾部清洗消毒。用止血带或纱布条扎紧尾根部。根据品种确定断尾的部位。施术者一手握住犬尾部（预断尾的前方）向前推移皮肤，另一手持骨剪剪断尾部。将手松开，使皮肤恢复原位。让上下皮肤创缘对合，包住尾椎断端，然后进行结节缝合。解除止血带，如果断端还出血，则再系上止血带维持一段时间。应用吸收性缝线间断缝合皮肤，这样能控制出血和防止治愈后出现无毛瘢痕，特别是短毛犬，更要注意使用吸收性缝线缝合。缝线一般可以在术后被吸收，有时可被犬舔掉。

2.　成年犬和猫的断尾术

对犬、猫进行全身麻醉或硬膜外麻醉。对尾部消毒，进行术部剪毛消毒，将尾根部扎紧止血带。预计截断的部位，用手指触及椎间隙。在截断处做背腹侧皮肤瓣切开，皮肤瓣的基部在预计截断的椎间隙处。结扎截断处的尾椎侧方和腹侧的血管。应用外科手术刀或骨剪横切断尾椎肌肉，从椎间隙截断尾椎。缝合截断断端上的皮肤瓣，覆盖尾的断端。为了防止断端形成血肿，在缝合时，首先应用吸收性缝线做 2～3 个皮下缝合，使之紧贴尾椎断端，防止无效腔形成。然后应用单丝非吸收性缝线（如金属缝线）做结节缝合。最后包扎尾根和解除止血带。

（五）术后护理

幼犬断尾后，应立即将其放回母犬处，术后 5d 拆除缝线；术后对成年犬应用抗生素 4～5d，常更换尾绷带和敷料，保持尾部清洁，术后 10d 拆除皮肤瓣缝线。

知识链接

项目小结

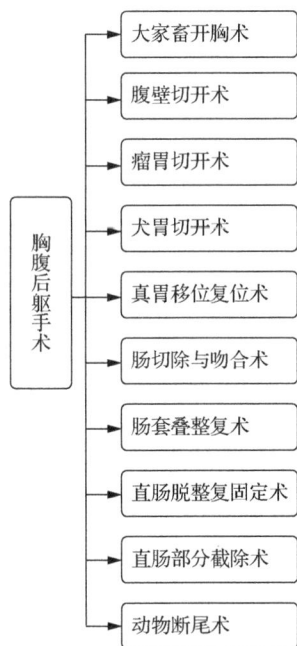

牛腹部的解剖生理

复习思考题

1．简答题

1）简述牛、羊瘤胃切开术的主要步骤。

2）简述确定患猪肠管发生坏死时的肠切除及断端吻合方法。

2．论述题

1）猪发生直肠脱后，应如何治疗？

2）如何选择剖腹术的切口部位？

3）如何制订牛真胃左方变位整复术的手术方案？

模块三

常见外科病诊治

项目 十一

开放性损伤诊治

项目简介

开放性损伤即创伤，是常见的外科损伤，严重者可引起全身反应，甚至危及生命。本项目主要介绍新鲜创、化脓创和肉芽创的诊断要点和治疗方法。

知识目标

了解创伤的组成；掌握创伤的分类及临床特征；熟练掌握新鲜创、化脓创和肉芽创的诊断要点和治疗方法。

技能目标

能正确区分创伤的种类；能对不同的创伤做出正确处理。

素质目标

在处理复杂性创伤时，一定要把保住动物性命作为头等大事。例如，大出血时先止血，失血过多时先输血；必须使用生理监护仪，对动物体温、呼吸数、脉搏数、血压、心电图、血氧饱和度等指标须随时监控掌握，有条不紊，步步到位，只有这样才能使动物转危为安。兽医的心理素质很重要，同时需要有强大的体魄支撑。

项目导入

创伤是常见的外科损伤，严重创伤可能导致大出血、休克、窒息及意识障碍等，正确诊断和及时治疗具有重要意义。因此，学生应在学习中学会运用相关知识结合临床实际，首先判断并排除有无危及生命的紧急情况（如大出血、通气功能不足），然后要系统检查创伤，判断创伤的种类，并采取相应的治疗措施。

开放性损伤根据伤口感染情况分为新鲜创、化脓创和肉芽创；其愈合的过程根据感染的严重程度分为第一期愈合、第二期愈合和痂皮下愈合。

损伤是指因各种外界因素作用于机体而引起组织或器官形态及机能破坏的创伤，常伴有不同程度的局部或全身反应。

造成损伤的因素包括机械性因素、物理性因素、化学性因素及生物性因素等。

机体受到锐性外力或强大的钝性外力作用，常引起开放性损伤。开放性损伤一般由创围、创缘、创壁、创底和创腔组成（图11-1）。

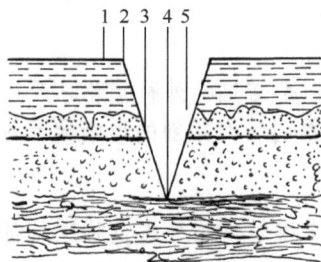

1—创围；2—创缘；3—创壁；4—创底；5—创腔。

图 11-1　开放性损伤各部分名称

任务一　新鲜创诊治

新鲜创是指手术创和8～24h以内的污染创。

一、诊断要点

（一）新鲜创的主要表现

1）出血。
2）创口裂开。
3）疼痛。
4）机能障碍。

（二）各种新鲜创的特征

1. 刺伤

刺伤由尖锐细长物体刺入组织所致。常见的致伤物有钉子、铁丝、耙齿、叉子、竹签等。刺伤的特点为创口小、创道长而狭窄，创口易被血污封闭，创道内留有血凝块及异物，极易感染化脓，且使动物易患破伤风。

2. 切割创

切割创由各种锐利物体所致，如刀具、薄金属片、玻璃片等。切割创的特点为创缘、创壁较平整，疼痛较轻，出血较多，创口明显，常常造成神经、血管等组织断裂。

3. 砍创

砍创由刀、斧、铡等砍击所致。由于致伤物体重、砍击力强，砍创的特点为伤口较大，疼痛剧烈，出血多，常伴有骨膜损伤。

4. 挫伤

挫伤由钝性外力（打击、冲撞、压挤、踢蹑、跌倒等）作用所致。挫伤的特点为创形不整，创面大，出血少，疼痛剧烈，创口内存有较多的挫灭组织及血凝块，且多被尘土、粪块、被毛等污染，极易感染化脓。

5. 裂伤

裂伤是钉子、钩子等尖锐物体导致皮肤等撕裂而造成的损伤。裂伤的特点为出血多，疼痛剧烈，创形不规则，创壁、创底凹凸不平，创口明显，被撕裂组织易发生坏死或感染。

6. 压创

压创由车轮碾压或重物挤压所致。压创的特点为出血较少，疼痛轻，创口内存有大量挫灭组织，造成皮肤缺损或粉碎性骨折，一般污染严重，易感染化脓。

7. 咬创

咬创由动物撕咬所致。咬创的特点接近刺伤、裂伤，出血较少，创口内常有挫灭组织，易感染并继发蜂窝织炎。

8. 缚创

缚创由粗糙的新绳捆绑所致。缚创的特点为易感染，常发生于动物系蹄部。

9. 毒创

毒创由毒蛇、毒蜂等咬蜇所致。毒创的特点为创部呈点状损伤，疼痛剧烈，肿胀迅速，继而出现组织坏死。毒素进入机体能引起迅速而严重的全身反应，严重者可因呼吸中枢和心血管系统的麻痹而死亡。

10. 复合创

复合创同时具备上述几种创伤的特征。常见的有挫刺创、挫裂创等，其特点为创缘不整齐，组织被严重撕裂、剥离。复合创常见于动物腕关节、膝关节、球关节、肩端部、前臀部等。

二、治疗方法

1. 及时止血

根据出血情况采用适当的止血方法。例如，用无菌纱布压迫止血；用肾上腺素、止血粉撒入创口进行压迫止血；用止血钳或可吸收缝线结扎止血等。

2. 清洁创围

对创口周围剃毛，先用 5%碘酊涂擦消毒，然后用 75%酒精棉脱碘；用生理盐水清洁创面和创腔，或用甲硝唑氯化钠溶液反复冲洗，清除创口内血凝块和异物。

3. 创内投药

在清洗干净后的创腔内撒布磺胺结晶粉、普鲁卡因青霉素油剂或速诺等消炎药。

4. 缝合创口

在新鲜创经以上步骤处理后，对皮肤进行密闭缝合，并用纱布绷带包扎。

5. 严重创伤的处理

对严重的创伤或不能第一期愈合的创伤，如咬伤，可进行部分缝合，在创伤的下部留 1～2 针位置不缝合或装置引流管，便于渗出物流出，并注射破伤风抗毒素；根据病情对症用药，可应用强心剂、止痛剂等。

任务二　化脓创诊治

化脓创是指创伤发生后经历了一段时间，发生了化脓性感染，在创内有大量脓汁存在的一种陈旧性创伤（图 11-2）。

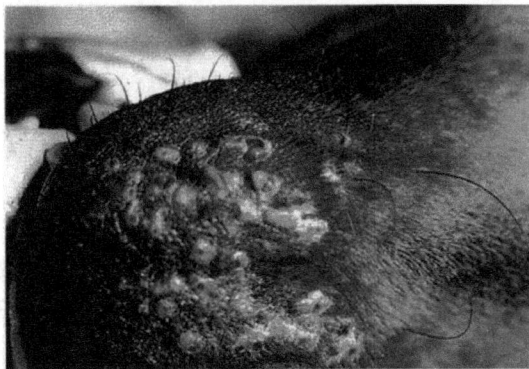

图 11-2　化脓创

一、诊断要点

1）创伤部肿胀、增温、疼痛。
2）创口内坏死组织液化，形成脓汁，从创口流出。

3）在创腔内、创缘及创围堆积大量脓汁，这是化脓创的重要临床特征。

4）严重的化脓创还会引起机体一定程度的全身性反应。

二、治疗方法

（一）清洁创围

用灭菌纱布覆盖创面，由创缘向外围方向剪除被毛。若被毛粘有血污，则可用 3%过氧化氢溶液或其他消毒剂浸湿、洗净后再剪毛，用 5%碘酊消毒创围，用 75%乙醇脱碘。

（二）清洁创腔

化脓创在化脓初期呈酸性反应，应用碱性药液冲洗创腔。可用生理盐水、2%碳酸氢钠溶液、0.1%～0.5%新洁尔灭溶液等冲洗。若为厌气菌、绿脓杆菌、大肠杆菌感染，则可用 0.1%～0.2%高锰酸钾溶液、2%～4%硼酸溶液或2%乳酸溶液等酸性药物冲洗创腔。

（三）清创手术

用器械除去创内异物、血凝块，切除挫灭组织，清除创囊及凹壁，适当扩创以利排液。化脓创的创囊过深时，可在低位做反对孔，以利排脓。

（四）用药

可用高渗盐溶液清洗创腔，常用药物有 8%～10%氯化钠溶液、10%～20%硫酸镁或硫酸钠溶液，以促进创伤的净化。

（五）引流

引流主要用于创道长而弯曲、创腔内潴留脓汁而不能排出的创伤。可经引流物将药物导入创腔内，同时使创腔内炎性物质及脓汁沿着引流物排到体外。

（六）全身疗法

对局部化脓症状剧烈的动物，除局部治疗外，还应减少炎性渗出及防止酸中毒，对大型动物可静脉注射 10%氯化钙注射液 150～200mL、5%碳酸氢钠注射液 300～500mL。连续应用抗生素或磺胺类药物 3～5d，并根据病情采取对症治疗。

任务三　肉芽创诊治

对肉芽创应检查肉芽组织的数量、颜色及生长情况，判定是健康的肉芽组织，还是病理性肉芽组织。健康的肉芽组织质地坚实，呈粉红色，粟粒大的颗粒状，表面有少量黏稠灰白色脓性物。病理性肉芽组织质地脆弱，颜色呈苍白或暗红色，颗粒不均，表面有大量脓汁。也可进行脓汁检查和创面按压标本的细胞学检查，以了解机体的防卫机能状态，判断创伤治疗措施的合理程度。

一、诊断要点

（一）脓汁检查

用玻璃吸管吸取创伤深部的脓汁一滴，如果脓汁较黏稠，则可加少量生理盐水稀释，做脓汁抹片 3～4 张，待干燥后，分别用革兰氏及吉姆萨染液染色、镜检。

创伤炎症加剧时，经镜检可看到大量处于崩解状态的嗜中性粒细胞及其他细胞，个别嗜中性粒细胞内含有未溶解的微生物。嗜酸性粒细胞及淋巴细胞较少。肉芽生长良好时，可见大量形态完整的嗜中性粒细胞，细胞内含有较多已被溶解的微生物，有较多的大淋巴细胞、单核细胞及巨噬细胞。

（二）创面按压标本检查

采用生理盐水浸泡棉球清除创面上的脓汁，取 3～4 张已脱脂、灭菌的载玻片，将玻片的平面依次直接触压创面，待按压片自然干燥后，放入甲醇中固定 15min。分别用革兰氏及吉姆萨染液染色、镜检。

创伤出现急性炎症时，可看到大量处于分解阶段的嗜中性粒细胞。当创伤愈合良好时，细菌全部被嗜中性粒细胞吞噬并溶解。当机体处在高度衰竭状态时，可看到大量细菌，但看不到嗜中性粒细胞的吞噬及溶解现象，嗜中性粒细胞完全崩解。

二、治疗方法

对创围剪毛、消毒后，清洁创腔。肉芽组织生长良好时，不可用强刺激性药物冲洗，可选用生理盐水、0.1%～0.2%高锰酸钾溶液洗。冲洗的次数不宜过多，压力不宜过大；对病理性肉芽组织可用硝酸银、硫酸铜等溶液将其腐蚀掉。病理性肉芽组织较大时，可在创面撒布高锰酸钾粉，用厚棉纱研磨，使其重新生长出健康的肉芽组织；对生长良好的肉芽创进行缝合，可加快创伤愈合，减少或避免瘢痕；是否包扎应根据创伤具体情况而定。当创内出现良好肉芽组织时，一般可不包扎，采取开放疗法。

═══ **项目小结** ═══════════════════════

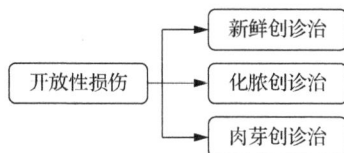

知识链接

═══ **复习思考题** ═════════════════════

1. 名词解释

创伤；新鲜创；化脓创；肉芽创

2. 简答题

1）简述新鲜创的诊断要点。
2）简述化脓创的治疗方法。

3. 论述题

试论述开放性损伤的治疗方法。

项目 十二

非开放性损伤诊治

项目简介

非开放性损伤与开放性损伤一样，均是常见的外科损伤。本项目就常见的非开放性损伤进行研究，主要介绍挫伤、血肿和淋巴外渗的诊断要点和治疗方法。

知识目标

了解非开放性损伤的成因；熟练掌握非开放性损伤的诊断和治疗方法。

技能目标

能正确区分非开放性损伤的类别；能对非开放性损伤做出合理的治疗。

素质目标

非开放性损伤由钝性物体撞击所致。较为常见的有犬、猫被汽车撞伤，表面上看皮肤无创口，感染概率较小，但是皮下出血、淤血、水肿，皮下软组织因受到挫伤而肿痛，剧烈的撞击可引起骨折，可造成内脏器官破裂大出血，可造成孕畜流产。因此，作为一名临床兽医，不能麻痹大意，要把病情向动物主人说明，让动物主人了解可能发生的各种并发症，并对动物做进一步的检查，或者住院观察。

项目导入

非开放性损伤的特点是皮肤没有裂口、感染概率小、伤情复杂和不能直视，非开放性损伤诊断治疗较为困难，其多在动物受到挫伤后的几小时内发生，因此，在学习和临床过程中要把握非开放性损伤的实质和并发症，并通过细致的实验室检查和影像学检查，做出正确处理。

强烈的钝性外力作用于机体，会使深部组织受损伤，即使皮肤或黏膜保持完整，也会产生与外界不相通的机械性损伤，常见的有挫伤、血肿和淋巴外渗。

任务一　挫伤诊治

挫伤是钝性外力直接作用于机体，引起软组织损伤的非开放性损伤。

一、诊断要点

（一）溢血

由于皮下组织内血管破裂，血液积聚于组织间隙。在皮肤色素少的部位溢血斑较明显，用手指压不褪色。

（二）肿胀

皮下组织受伤后，因溢血、炎性液体及淋巴液渗出，肌肉及组织纤维发生断裂而引起组织局部肿胀。

（三）疼痛

在组织受到挫伤的同时，神经末梢也受到挫伤，因炎性渗出物刺激或压迫神经末梢而引起疼痛反应。

（四）机能障碍

根据挫伤的发生部位及严重程度，动物机能障碍的表现程度有所不同。

二、治疗方法

（一）轻度挫伤

对动物患部剪毛后，用消毒药洗净，涂擦 2%碘酊或甲紫溶液。对四肢下部的挫伤，可用卷轴绷带包扎，向绷带上浸透 2%碘酊，2～3 次/d，连用 3～5d。

（二）重剧挫伤

在局部应用上述方法治疗的同时，对大型动物静脉注射 5%葡萄糖氯化钠注射液 500～1000mL、5%碳酸氢钠溶液 300～500mL，肌内注射 30%安乃近注射液 10～30mL，并及时应用全身抗生素或磺胺类药物以预防感染。若创伤局部化脓，则应按化脓创处理。

任务二　血肿诊治

血肿是指因各种外力作用导致血管破裂，溢出的血液分离周围组织，形成充满血液的腔洞。

一、诊断要点

血肿肿胀增大迅速，呈明显的波动感，使皮肤紧张有弹性；4～5d 后肿胀周围较坚实，触压有捻发音，而中央部波动明显，经穿刺可见血液流出；有时可见局部淋巴结肿大和体温升高等症状；较大的血肿难以被吸收，一旦发生感染可继发脓肿，此时可出现明显的全身症状。

二、治疗方法

（一）制止溢血

对患部剪毛消毒，于 24h 内应用冷却疗法并装着压迫绷带，同时可配合应用止血药，肌内注射维生素 K_3 注射液或 0.5%止血敏注射液，也可静脉注射 10%氯化钙注射液。

（二）排出积血

对较小的血肿，可经无菌穿刺抽出积血后，装着压迫绷带。对较大的血肿，于发病后的 4～5d，施行无菌切开。如果继续出血，则应及时结扎止血，并清除积血及挫灭的组织，用青霉素生理盐水冲洗清创后，施行密闭缝合，并装着压迫绷带。

（三）防止感染

输液消炎 3～5d。常用速诺、头孢噻呋、拜有利等抗生素。

任务三　淋巴外渗诊治

淋巴外渗是指在钝性外力作用下，淋巴管断裂，致使淋巴液聚积于组织内的一种非开放性损伤。淋巴外渗常发生于淋巴管较丰富的皮下结缔组织，如颈部、肩胛部、腹侧壁、臀部膝前、坐骨结节等部位，于筋膜下或肌间发生较少。

一、诊断要点

淋巴外渗发生缓慢，在受伤后的 3～4d 局部逐渐形成质地松软、具波动感的肿胀。皮肤不紧张，患部热、痛轻微。经穿刺可见橙黄色稍透明而不易凝结的液体，有的内混少量血液。

淋巴外渗病程稍长，可从淋巴液中析出纤维素块，使患部质地变硬。穿刺放出大量淋巴液后，经一段时间患部又会逐渐出现明显肿大。

二、治疗方法

（一）较小的淋巴外渗的治疗

1）使动物安静，以便于淋巴管断端的闭合。

2）可施行穿刺疗法。对患部剪毛消毒后，用无菌注射器穿刺抽出淋巴液，再注入95%乙醇或乙醇福尔马林溶液（95%乙醇100mL、福尔马林溶液1mL、碘酊数滴），30min后抽出创内药液，并装着压迫绷带，以期使淋巴液凝固堵塞淋巴管断端，从而达到制止淋巴液流出的目的。应用一次无效时，可施行第二次。

（二）较大的淋巴外渗的治疗

1）采用切开法。无菌切开患部，排出淋巴液及纤维素，用浸有乙醇福尔马林溶液的纱布块填塞于创腔内，对皮肤做假缝合，两天更换一次纱布块。当破裂的淋巴管完全闭塞后，可按创伤治疗。

2）治疗时应注意，长时间的冷敷可使皮肤发生坏死；而温热疗法、刺激剂疗法和按摩疗法，又可促进淋巴液流出和破坏已形成的淋巴栓塞，因此不宜应用。

══项目小结══

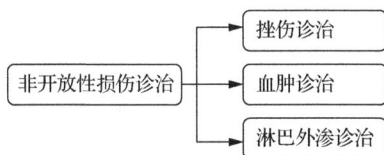

══复习思考题══

1. 名词解释

挫伤；血肿；淋巴外渗

2. 简答题

简述挫伤的诊断方法。

3. 论述题

如何区别血肿和淋巴外渗？分别采取何种治疗措施？

项目 十三

损伤并发症诊治

项目简介

动物发生损伤时常伴有并发症，本项目重点叙述早期并发症休克、晚期并发症溃疡和瘘管的诊断要点及治疗方法。

知识目标

了解休克发生的原因；掌握溃疡和瘘管的诊断要点和治疗方法；熟练掌握休克的诊断要点和治疗方法。

技能目标

能根据动物休克的临床表现做出正确诊断，并能采取适当的治疗措施；能正确治疗溃疡和瘘管。

素质目标

小的损伤如果处理不及时或处理不当，就会引起大的损伤；而大的损伤如果处理不当，就会引起溃疡、瘘管，甚至引起蜂窝组织炎、脓毒败血症而导致动物死亡。因此医学无小事，关乎生命健康。在处理创口时，要充分尊重动物，减少动物的痛苦，如单独隔离饲养，给予充足的营养，保持环境的干燥、通风和温暖，术前术后做好疼痛管理，做好抗菌消炎、强心输液等。这是作为一名兽医应有的职业操守。

项目导入

动物受到损伤，特别是严重损伤时，由于大出血和疼痛，很容易并发休克和贫血。临床上的外伤感染、吸收组织严重挫灭产生的毒素、机体抵抗力减弱和营养不良，以及治疗不当，常引发溃疡和瘘管等并发症，严重时甚至导致动物死亡。因此，要掌握损伤并发症的急救及处理方法。

任务一　休 克 诊 治

休克是由强烈的刺激因素作用于动物机体,引起机体微循环灌注量不足,导致动物组织细胞缺氧、代谢紊乱和器官损害的综合征。休克不是一种独立疾病,而是神经、内分泌、循环、代谢等发生严重障碍时在临床上表现的综合征。

一、诊断要点

根据临床症状,注意动物可视黏膜的颜色变化,做出诊断并不困难。要做出早期诊断,应配合应用血压、中心静脉压、心率、毛细血管再充盈时间(capillary refill time,CRT)和尿量等检查项目。

(一)初期

初期(休克代偿期或微循环缺血期),动物主要表现出兴奋,烦躁不安,可视黏膜发绀,皮温降低,四肢末梢发凉,脉搏、呼吸加快,出冷汗,大小便失禁等症状。这个过程短则几秒即消失,长则不超过 1h,因此在临床上常被忽视。

(二)中期

中期(休克失代偿期或微循环淤血期),动物表现出精神沉郁,饮食欲废绝,视觉、听觉、痛觉微弱或消失。脉搏细数,呼吸浅表不规则,肌肉张力下降,反射微弱,可视黏膜苍白,体温下降,四肢厥冷,运动时后躯摇摆,站立时四肢无力,肌肉颤抖等症状。

(三)晚期

晚期(休克期或微循环衰竭期),动物处于昏迷状态,体温下降明显,四肢厥冷,反射消失,肌肉张力极度下降,瞳孔散大,可视黏膜呈暗紫色,脉搏快而微弱,呼吸快而浅表,呈潮氏(陈-施呼吸)呼吸,无尿。此时若抢救不及时,则动物极有可能死亡。

二、治疗方法

(一)除去病因

辨明引起休克的原因,采取相应的措施除去病因。

(二)补充血容量,纠正酸中毒

补充血容量是抗休克的根本措施。早期休克可静脉注射生理盐水、林格氏液、乳酸林格氏液等,严重休克时常用葡萄糖溶液、全血和血浆(或血浆代用品，如右旋糖酐）等。确定严重休克伴有酸中毒时，可用 5%碳酸氢钠进行静脉输液治疗。

（三）改善心脏功能

心脏功能不全（中心静脉压高、血压低）时，应采用异丙肾上腺素和多巴胺。动物长期休克和心肌损伤时，可使用洋地黄增强心肌收缩。动物中毒性休克时，可使用皮质类固醇促进心肌收缩，改善微循环。

（四）预防或控制感染

外伤性休克常合并有感染，因此在休克前期或早期应用广谱抗菌药物。若同时应用皮质激素，则应加大抗菌药物用量。

（五）加强饲养管理

对发生休克的动物要加强管理，指定专人看管，使动物保持安静，要注意保温，但不能过热，保持通风良好，给予动物充分饮水，输液时液体温度同体温一致。

任务二　溃　疡　诊　治

溃疡是指皮肤或黏膜上经久未能愈合的病理性肉芽创。溃疡与一般创口的不同之处是愈合迟缓，上皮和瘢痕组织形成不良。

一、诊断要点

（一）单纯性溃疡

溃疡表面被覆少量黏稠、灰白色脓性分泌物，干涸后形成的痂皮易脱落，露出蔷薇红色、呈细颗粒状、表面平整的肉芽，上皮生长缓慢。溃疡周围皮肤及皮下组织肿胀，缺乏疼痛感。

（二）炎症性溃疡

炎症性溃疡临床较常见。溃疡表面被覆大量脓性分泌物，肉芽呈鲜红色或微黄色。溃疡局部温度升高，周围肿胀，有痛感。

（三）蕈状溃疡

蕈状溃疡肉芽高于皮肤表面，呈凹凸不平的蕈状，表面被覆少量脓性分泌物。蕈状溃疡肉芽颜色发绀，易出血。病灶周围肿胀，上皮生长缓慢。

（四）褥疮性溃疡

褥疮性溃疡多发生在动物体突出部位，因局部受到长期压迫而引起血液循环障碍，导致皮肤坏疽。坏死的皮肤剥离、脱落后，露出不易愈合的创面，其表面被覆少量脓汁。较重的褥疮性溃疡易继发败血症。

二、治疗方法

（一）单纯性溃疡

治疗时应以促进肉芽的正常生长和上皮的形成为主，禁止粗暴处置及使用强刺激性的防腐剂冲洗，可应用鱼肝油软膏等膏剂消炎药。

（二）炎症性溃疡

治疗时禁止使用强刺激防腐剂，可在溃疡周围用青霉素盐酸普鲁卡因溶液封闭。对溃疡面涂以磺胺乳剂或用浸有 20%硫酸镁溶液的纱布覆盖在创面上，以防止毒素被吸收。

（三）蕈状溃疡

治疗时可应用硝酸银棒等烧灼腐蚀剂除去赘生的肉芽组织，如赘生的蕈状肉芽组织超出表面很多，可切除或剪除，亦可削刮后进行烧烙止血。对溃疡面涂以膏剂消炎药。

（四）褥疮性溃疡

治疗时可每日涂擦 3%～5%甲紫溶液或 3%煌绿溶液，并可配合紫外线、红外线、激光或磁疗缩短治愈时间。

任务三 瘘 管 诊 治

瘘管是深部组织、器官或解剖腔与体表相通而不易愈合的病理性通道。

一、诊断要点

（一）排泄性瘘管

排泄性瘘管的特征为经瘘管向外排泄空腔器官的内容物（如尿或饲料、食糜、粪便等）。

（二）分泌性瘘管

分泌性瘘管的特征为经过瘘管分泌腺体器官的分泌物（如唾液、乳汁等）。动物采食或挤乳时，有大量唾液和乳汁呈滴状或线状从瘘管射出，这是患腮腺瘘或乳腺瘘的表现。

二、治疗方法

（一）排泄性瘘管

采用手术疗法，用纱布堵塞瘘管口，切开创口扩创，剥离粘连的组织，找出通向空腔器官的内口，除去堵塞物，检查内口状态，根据情况对内口进行修正、切除或部分切除，对切口密闭缝合，再对周围组织进行修复后缝合。

（二）分泌性瘘管

向瘘管内灌注 20%碘酊、10%硝酸银溶液等；或向瘘管内滴入几滴甘油，然后撒布高锰酸钾粉少许，用棉球轻轻按摩，利用其烧灼作用破坏瘘的管壁。一次不愈合时，可重复应用。对腮腺瘘管采用上述方法治疗无效时，可先用注射器在高压下向管内灌注溶解的石蜡，然后装着胶绷带；亦可先注入 5%～10%甲醛溶液或 20%硝酸银溶液 15～20mL，数日后在腮腺发生坏死时摘除。

知识链接

━━ 项目小结 ━━━━━━━━━━━━━━━━━━━━━━━━━━━━━━━

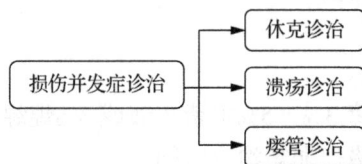

━━ 复习思考题 ━━━━━━━━━━━━━━━━━━━━━━━━━━━━━

1. 名词解释

休克；溃疡；瘘管

2. 简答题

1）简述临床上常见的几种溃疡的诊断要点。
2）简述瘘管的治疗措施。

3. 论述题

试论述休克时如何改善血液循环、补充血容量。

项目 十四

外科局部感染诊治

项目简介

外科局部感染主要包括疖、痈、脓肿和蜂窝织炎。本项目主要介绍疖、痈、脓肿和蜂窝织炎的诊断要点和治疗方法。

知识目标

了解外科感染的基本概念；了解外科局部感染的种类；掌握疖和痈的诊断要点和治疗方法；熟练掌握脓肿和蜂窝织炎的诊断要点和治疗方法。

技能目标

能正确鉴别脓肿和蜂窝织炎，并能采取合理的治疗措施。

素质目标

在诊治动物疾病时，一定要详细地进行问诊，做好医患之间的沟通。面对外科局部感染，要有针对性地询问动物皮肤损伤的病史、饲养环境的卫生状况和平时消毒情况；要马上联想到造成外科局部感染的病原微生物有哪些、是不是混合性感染。在治疗上，除了施行抗菌消炎，还要结合抗病毒、抗真菌药物治疗，为动物提供创口愈合所必需的蛋白质、B 族维生素、微量元素锌等。

项目导入

外科局部感染是在一定条件下致病微生物侵入机体后，在其生长、繁殖及分泌毒素的过程中所产生的机体局部和全身反应，是临床常见的外科疾病。外科局部感染，一般较局限化，通过合理、及时的治疗，可以较快被治愈。但是，如果对创口处理不及时或处理不当，或者动物机体抗病力差，营养不良，使细菌过度繁殖，就会导致伤口组织坏死。外科局部感染控制不及时会发生全身性感染，形成严重的难愈合创面；蛋白质摄取不足，会影响新生血管和细胞的增殖，降低细胞的免疫力；血糖过高，会导致自身血管被堵塞，使血管无法对创口输氧和输送养分；抗生素使用过度，会使细菌耐药性加强，普通方法难以彻底抑菌，致使创口难以愈合。

任务一 疖 诊 治

疖是指细菌经毛囊和汗腺侵入单个毛囊及其所属皮脂腺而引起的急性化脓性感染，只限于毛囊的感染被称为毛囊炎；连续发生且经久不愈的毛囊炎被称为疖病。

一、诊断要点

（一）局部症状

1）皮肤薄的部位发生感染。开始呈现温热且剧痛的圆形小结节，界限明显，较坚实；随后结节顶部形成明显的小脓肿，中心部有被毛竖立；不久后在结节中央形成具明显波动且突出皮肤的小脓肿。

2）皮肤厚的部位发生感染。初期肿胀不明显，较小，触诊时有剧烈疼痛；随后逐渐增大，不突出于皮肤表面，而是向周围和深部蔓延，并很快形成小脓肿。

（二）全身症状

患疖病的动物会出现全身症状，如体温升高、精神沉郁、食欲减退及生产力下降等。动物的疖或疖病，常发生在四肢、背、腰和臀部等处。

二、治疗方法

（一）局部疗法

1）对浅表炎症性的疖，可外涂 2.5%碘酊、鱼石脂软膏。

2）有脓液蓄积时，须局部消毒后切开排脓，然后局部涂擦 2%煌绿溶液、2%鱼肝油红汞溶液、5%高锰酸钾溶液及魏氏流膏等。

3）对浸润期的疖，可于病灶周围注射青霉素盐酸普鲁卡因溶液，也可涂擦鱼石脂软膏、5%碘软膏。

4）疖的顶部刚形成小脓肿时，可用消毒过的缝衣针挑破小脓肿并轻轻挤出脓液，再用 5%碘酊涂擦局部即可，通常疗效良好。

（二）全身疗法

1）当疖病大面积发生时，应局部和全身疗法并重，同时给予患病动物抗生素，提供富含维生素（特别是维生素 A、B 族维生素、维生素 C）的饲料或补充维生素。

2）对慢性疖病，可以进行自家血疗法，自患病动物颈静脉采血 40～50mL，并立即注入其颈部皮下，每隔 3～5d 注射一次，连用 3～5 次为一个疗程。

任务二　痈　诊　治

痈是由致病菌同时侵入多个相邻毛囊、皮脂腺或汗腺所引起的急性化脓性感染。有的痈是由疖或疖病发展而来的，是疖和疖病的扩大化。痈的发病范围可到达深筋膜。

一、诊断要点

痈是一个迅速增大并有剧痛的化脓性炎性浸润，使局部皮肤紧张，触诊坚硬，无明显界限。在炎性浸润的中央部分出现许多化脓点，破溃后呈蜂窝状，同时有些区域的皮肤、皮下组织发生坏死。随后，痈的整个中央部分发生坏死脱落，在其自行破溃或将其切开后形成大的脓腔。除局部症状外，痈还呈现明显的全身症状，严重者可引起动物全身化脓性感染，使白细胞明显增多。

二、治疗方法

在痈的初期，宜对动物全身应用抗生素类药物，如阿莫西林克拉维酸钾、乳糖酸红霉素类药物，并配合病灶周围普鲁卡因封闭疗法。对局部也可使用 50%硫酸镁溶液或金黄膏等外敷。若局部水肿范围较大，并出现全身症状，则可施行局部十字切开（一定要切至健康组织）。术后应用开放疗法。

任务三　脓　肿　诊　治

任何组织或器官中形成的外有脓肿膜包裹、内有脓汁潴留的局限性脓腔都被称为脓肿。若解剖腔（如胸腔、腹腔、膀胱、子宫、关节腔）中有脓汁潴留，则称为蓄脓。

一、诊断要点

（一）根据临床症状

1. 浅在急性脓肿

浅在急性脓肿初期局部肿胀，质地坚实，界限不清，局部增温，剧痛。随后，肿胀的界限逐渐清晰成局限性，形成坚实样的分界线；病灶中央部软化有波动感，并可自行破溃，排出脓汁。

2. 深在急性脓肿

深在急性脓肿局部症状不明显。患部皮下组织有微弱的炎性水肿，触诊有疼痛反应并留下压痕，病灶中央部无波动感。在压痛和水肿明显处穿刺，抽出脓汁即可确诊。有的深在急性脓肿治疗不及时，脓膜坏死，在脓汁的压力下导致皮肤破溃，排出脓汁；有的深在急性脓肿向深部发展，引起邻近组织器官感染，表现出明显的全身症状，严重的可继发败血症。

（二）穿刺检查

深在急性脓肿可经针头穿刺确诊。

（三）超声波检查

超声波检查既可确定脓肿是否存在，又可检查出脓肿的发生部位和大小。

（四）类症鉴别

进行脓肿诊断时，需要与外伤性血肿、淋巴外渗、挫伤和某些疝（如腹壁疝等）相区别。

二、治疗方法

（一）消炎、止痛及促进炎症产物吸收

1）初期可以局部涂擦鱼石脂樟脑软膏，也可以用冷却疗法（如复方醋酸铅溶液、鱼石脂乙醇溶液、栀子乙醇溶液冷敷），使疼痛减弱和炎性渗出减少。

2）后期应改用温热疗法以促进炎症产物的吸收。

3）对动物全身注射抗生素、磺胺类药物，采用对症疗法。

（二）促进脓肿的成熟

在脓肿的形成过程中，对患部涂鱼石脂软膏、鱼石脂樟脑软膏，或者采用温热疗法、超短波疗法等，可以促进脓肿的成熟。当患部出现明显波动时，应该及早进行手术治疗。

（三）手术疗法

脓肿成熟后，应及时施行手术切开、摘除或穿刺抽出脓汁。

任务四　蜂窝织炎诊治

蜂窝织炎是指发生于疏松结缔组织的急性、弥漫性、化脓性感染，其特征为病变不易局限，扩散迅速，与正常组织无明显界限，并伴有明显全身症状。蜂窝织炎常发生于皮下、筋膜下及肌间的疏松结缔组织内。

一、诊断要点

蜂窝织炎病程发展迅速，局部表现为动物组织大面积肿胀，局部增温，疼痛剧烈和机能障碍，全身症状主要表现为动物精神沉郁、体温升高、食欲不振及系统机能紊乱。

（一）四肢皮下蜂窝织炎

病症初期动物组织局部出现弥漫性渐进性肿胀，呈捏粉感，后期则变为稍坚实感。患部热、痛反应明显，皮肤紧张，无移动性。

（二）筋膜下蜂窝组织炎

患部热、痛反应剧烈，机能障碍明显，患部组织呈坚实性炎性浸润。

（三）肌间蜂窝组织炎

感染沿肌间和肌群间的大动脉及大神经干的径路蔓延。患部首先出现炎性水肿，然后形成化脓性浸润和化脓灶。患部肌肉肿胀、肥厚、坚实、界限不清，机能障碍明显，触诊局部紧张。动物主动或他动运动时疼痛剧烈。动物全身症状明显，表现为体温升高、食欲减退和精神沉郁，局部形成脓肿时，切开见灰色血样脓汁流出。

二、治疗方法

治疗原则为局部疗法和全身疗法并重。一般对早期浅在性蜂窝织炎应以局部治疗为主，而对深在性、蔓延迅速、全身症状明显的蜂窝织炎，应采取局部疗法和全身疗法并举的原则。

（一）局部疗法

局部疗法主要目的是控制炎性发展，促进炎症产物消散和吸收，必要时施行手术切开。

1. 控制炎性发展，促进炎症产物消散和吸收

动物发病1～2d的，可用10%鱼石脂乙醇溶液、90%乙醇和醋酸铅散等局部冷敷。对病灶周围，可用0.5%盐酸普鲁卡因溶液封闭。动物发病3～4d后，可用上述溶液温敷，也可用中草药治疗，如外敷雄黄散，内服连翘败毒散。雄黄散方药组成是：雄黄、大黄、白芷、天花粉各32g，川芎、天南星各16g，共为末，醋调之。连翘败毒散方药组成是：连翘、金银花、天花粉、紫花地丁、蒲公英、黄药子、白药子、黄芪各32g，牛蒡子、菊花、黄芩各26g，薄荷、荆芥各16g，甘草10g，共为细末，开水冲调，

候温灌服。

2. 手术疗法

一旦蜂窝织炎形成化脓性坏死，则应于早期广泛切开，切除坏死组织并尽快引流。为了保证渗出液的顺利排出，切口须有足够长度和深度，并用纱布引流。必要时可做几个切口。对切口止血后可先用防腐消毒液冲洗创腔，用纱布吸净创腔中的残留药液，再用中性盐高渗溶液或奥立夫柯夫氏液，浸透纱布条引流。

若经过上述外科处理的患病动物体温下降后又回升，局部肿胀加剧，全身症状恶化，则说明可能有新病灶形成，或者引流纱布干涸堵塞影响脓汁排出，或者引流不当，或者存有异物及脓窦。此时须迅速扩创，消除脓窦，清除异物，更换引流纱布，使渗出液或脓汁排出顺利。

（二）全身疗法

应及早使用抗生素、磺胺类药物治疗。为了增强机体防御机能，预防和治疗败血症，还应配合使用 5%碳酸氢钠注射液、40%乌洛托品注射液、葡萄糖注射液、樟酒糖注射液（精制樟脑 4g、精制乙醇 200mL、葡萄糖 60g、0.8%氯化钠注射液 700mL，混合灭菌，对马、牛每次可静脉注射 250～300mL）。

若蜂窝织炎已转化为慢性炎症，并出现"象皮病"症状，则应用物理疗法（如热石蜡疗法、超短波疗法、红外线疗法等）治疗，以改善局部血液循环，促进局部炎性产物的消散或吸收。

知识链接

━━ 项目小结 ━━━━━━━━━━━━━━━━━━━━━━━

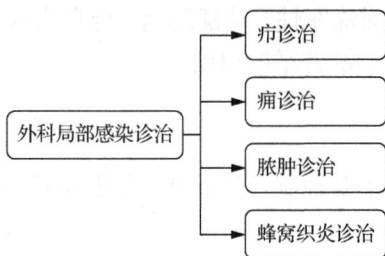

━━ 复习思考题 ━━━━━━━━━━━━━━━━━━━━

1. 名词解释

疖；痈；脓肿；蜂窝织炎

2. 简答题

简述脓肿和蜂窝织炎的诊断要点和治疗方法。

头部疾病诊治

项目简介

头部疾病包括内容较多，如眼、耳、鼻、口和牙齿等部位的疾病。本项目主要介绍临床中常见且重要的结膜炎、角膜炎、葡萄膜炎、白内障、青光眼、第三眼睑增生、中耳炎、耳血肿、鼻镜断裂和扁桃体炎的诊断要点和治疗方法。

知识目标

掌握结膜炎、角膜炎和扁桃体炎等的诊断要点和治疗方法。

技能目标

能对结膜炎和角膜炎等做出正确诊断，并对实际病例进行处理。

素质目标

头部是生命的高级中枢，包含眼、眉、口、鼻、耳等器官。因此，头部疾病无小事。急性结膜炎不及时治疗，会导致慢性结膜炎，慢性结膜炎不易治愈，长期慢性炎症会造成结膜杯状细胞损伤，进而引起一系列其他眼病，如干眼症、视觉疲劳等。急性结膜炎治疗不当，容易使炎症浸润到角膜造成角膜炎，角膜炎会给动物造成更大的痛苦。如果发生角膜溃疡，就会进一步引起视觉损伤，甚至使动物失明。因此作为一名兽医，责任重于泰山。

项目导入

视觉功能是动物机体重要的感觉功能之一，动物主要靠视觉从外界获取信息。在临床上，结膜炎和角膜炎是常见的眼病，但难以被及时发现，因此应该引起重视。扁桃体是动物机体的一个免疫器官，是上呼吸道感染的第一道防御门户，可抵御侵入机体的各种致病微生物。扁桃体炎一般危害不大，但严重时可引起各种并发症，因此应及时发现和治疗扁桃体炎。

任务一　结膜炎诊治

结膜炎是眼睑结膜和眼球结膜的表层或深层炎症。各种动物都可能发生此病。

一、诊断要点

（一）急性结膜炎

急性结膜炎初期结膜充血潮红，使动物畏光流泪。随着病情的发展，动物眼睑肿胀明显，重者眼睑闭合，结膜表面有出血斑，眼角有大量黏液性或脓性分泌物。如果不及时治疗，则可侵害角膜，使角膜变混浊，继发角膜炎。

（二）慢性结膜炎

慢性结膜炎结膜暗红、肥厚，呈丝绒状，不呈现畏光症状，分泌物浓稠，由于分泌物刺激，眼内角下方皮肤常发生湿疹、脱毛并伴有明显痒感。

根据患病动物眼结膜潮红、畏光流泪，眼睑肿胀、疼痛，眼内有大量黏液性或脓性分泌物等症状可以确诊。

二、治疗方法

犬猫鼻泪管阻塞
疏通法

（一）清除异物及分泌物

使用无刺激性的药液，如 2%～3%硼酸溶液、0.01%新洁尔灭溶液、0.1%利凡诺溶液或生理盐水冲洗患眼。若分泌物过多，则可用 0.3%硫酸锌溶液或 1%～2%明矾溶液、1%硫酸铜溶液冲洗患眼。如果异物不能被冲洗出，则用镊子小心夹出。

（二）消炎镇痛

用纱布浸 2%～3%硼酸溶液、0.01%新洁尔灭溶液敷在患眼上，装着眼绷带，每日更换 3 次。也可用氯霉素眼药水、妥布霉素地塞米松眼药水、氧氟沙星眼药水、润康（硫酸新霉素滴眼液）、辉瑞素高捷疗眼膏点眼。对疼痛较重者，可用 1%～2%盐酸利多卡因溶液点眼。

（三）治疗慢性结膜炎

首先用 0.5%～1%硝酸银溶液点眼或用硫酸铜棒涂擦眼结膜表面，然后立即用生理盐水冲洗并热敷。对慢性顽固性病例，可用自家血疗法或牛碱性成纤维细胞生长因子滴眼液治疗。

任务二 角膜炎诊治

角膜炎（图 15-1）是眼角膜组织发生炎症的总称，是临床上最常发生的眼病，分为浅在性角膜炎、深在性角膜炎和化脓性角膜炎。发病后，如果不及时治疗，则常由急性转为慢性，形成角膜翳，使角膜不透明，甚至导致失明。

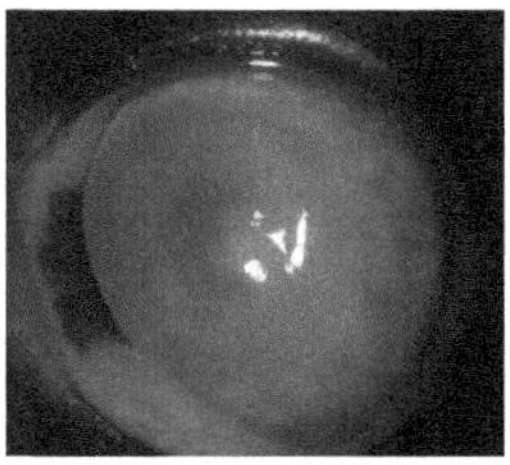

图 15-1 角膜炎

一、诊断要点

角膜炎初期动物呈现畏光流泪、疼痛、结膜潮红、眼睑闭合症状，随后出现角膜混浊、溃疡，有浆液或脓性眼分泌物，视力严重障碍等症状。

二、治疗方法

（一）消除炎症

首先用温生理盐水洗眼，除去异物和分泌物，用干棉球轻拭吸干。然后白天用眼药水或晚上用眼药膏治疗，3～6 次/d。

（二）促进混浊消散

施行温敷后，用塑料细管一端装甘汞与乳糖（或白糖）等量混合粉对准角膜用口吹管，使药撒于角膜上，再用手掌轻轻按摩眼睑 1min，2 次/d，连用 2～3d。也可用 1%～2%黄氧化汞（黄降汞）或氧化氨基汞（白降汞）涂于患眼内，轻轻按摩 1min，3 次/d，连用 2～3d。

为加速吸收，可于眼睑皮下注射动物自家血液，每次 2～3mL，隔 1～2d 注射一次，连用 2～3 次。也可用 0.5%盐酸普鲁卡因注射液 2mL，青霉素 10 万 IU，氢化可的松 2mg，于球结膜下注射或于眼睑皮下采用封闭疗法，每日或隔日 1 次。

出现角膜翳时，可采用中医疗法，采圆珠笔芯大小的柳树枝一支，切成长 10～15cm，去除树皮后备用。将牛站立保定并打开其口腔，将柳树枝全部插入眼角膜混浊对侧鼻腭孔（顺气穴）（即左眼角膜混浊，插入右侧鼻腭孔；右眼角膜混浊，插入左侧鼻腭孔），留置不用取出。

任务三　葡萄膜炎诊治

葡萄膜炎又称色素膜炎，是虹膜、睫状体及脉络膜组织炎症的总称。本病是眼科常见疾病，可引起一些严重并发症和后遗症，是动物主要的致盲原因之一。葡萄膜炎按发病部位可分为前葡萄膜炎、中葡萄膜炎及后葡萄膜炎；按临床表现可分为浆液性葡萄膜炎、纤维素性葡萄膜炎、化脓性葡萄膜炎及肉芽肿性葡萄膜炎。

一、诊断要点

根据临床表现和检查结果，可以做出诊断。

（一）前葡萄膜炎

1）急性前葡萄膜炎。常突发，症状明显，如疼痛、畏光、流泪、视力减退。

2）慢性前葡萄膜炎。发病缓慢，症状不明显。

检查可见虹膜和睫状体充血或混合充血；房水有闪辉、细胞；前房积脓、积血、纤维絮状渗出；角膜后有沉着物；虹膜水肿、粘连、结节、萎缩、膨隆、新生血管；瞳孔缩小、闭锁、膜闭；玻璃体混浊等。

（二）中间葡萄膜炎

中间葡萄膜炎发病隐袭，使动物眼前黑影飘动、视物模糊、视力减退。检查可见眼前段炎症较轻；玻璃体呈"雪球样"混浊；睫状体平坦部呈"雪堤样"渗出；周边见视网膜炎、血管周围炎。

（三）后葡萄膜炎

后葡萄膜炎症状为眼前黑影飘动，有闪光感，视物变形，暗点、视力减退。检查可见玻璃体混浊，眼底不同病期有不同表现，可呈局限性、播散性、弥漫性组织损伤。

二、治疗方法

目前葡萄膜炎治疗多采用以激素、免疫抑制剂为主的综合治疗方法，常规治疗包括使用散瞳药物和注射皮质激素。

（一）局部治疗

1）使用散瞳药物。阿托品或复方托品酰胺。
2）注射皮质激素。用地塞米松滴眼液结膜下注射治疗。

（二）全身治疗

1）口服皮质激素。口服泼尼松。

2）服用前列腺素抑制剂。服用吲哚美辛。

3）使用抗生素。对结核、梅毒和钩端螺旋体引起的葡萄膜炎进行相应对因治疗。

（三）并发症治疗

1）继发性青光眼治疗。先降眼压，控制炎症后，进行手术治疗。

2）并发性白内障治疗。施行白内障摘除及人工晶体植入术。

任务四　白内障诊治

老化、遗传、局部营养障碍、免疫与代谢异常、外伤、中毒、辐射等引起晶状体代谢紊乱，导致晶状体蛋白质变性而发生混浊的病症，被称为白内障（图 15-2）。此时光线被混浊晶状体阻挡而无法投射在视网膜上，导致视物模糊。白内障多见于老年动物，且随年龄增长而发病率提高，患糖尿病的犬、猫后期大都会继发白内障。

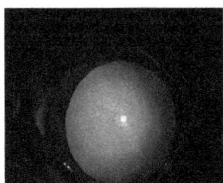

图 15-2　白内障

一、诊断要点

世界卫生组织从群体防盲、治盲角度出发，规定晶状体发生变性和混浊，变为不透明，以致影响视力，且矫正视力在 0.7 或以下者，方可被诊断为白内障。

二、治疗方法

（一）药物治疗

目前国内外对白内障的治疗处于探索研究阶段，一些早期白内障在临床用药以后病情会减慢发展，视力也稍有提高。白内障由早期发展至成熟是一个较漫长的过程，它有可能自然停止在某一发展阶段而不至于严重影响视力。治疗早期白内障可口服维生素 C、维生素 B_2、维生素 E 等，也可用一些药物延缓病情发展。一些中期白内障患者通常用药后视力和晶状体混浊程度可得到一定改善。但对成熟期的白内障患者，药物治疗无实际意义。

（二）手术治疗

1. 白内障超声乳化术

白内障超声乳化术为近年来国内外开展的新型白内障手术。具体方法如下：先使用超声波将晶状体核粉碎使其呈乳糜状，然后连同皮质一起吸出，术毕保留晶状体后囊膜，可同时植入房型人工晶状体。老年性白内障发展到视力低于 0.3 者，或者白内障的程度和位置显著影响或干扰视觉功能者，可施行白内障超声乳化术。白内障超声乳化术的优点是切口小，组织损伤少，手术时间短，视力恢复快。

2. 白内障囊外摘除术

白内障囊外摘除术切口较小，将混浊的晶状体核排出，吸出皮质，但留下晶状体后囊。后囊膜被保留，可同时植入后房型人工晶状体，术后可立即恢复视力功能。因此，白内障囊外摘除术已成为目前白内障医疗的常规手术方式。

任务五　青光眼诊治

青光眼是一组以视盘萎缩及凹陷、视野缺损及视力下降为共同特征的疾病，病理性眼压增高、视神经供血不足是其发病的原发危险因素。临床上根据病因、房角、眼压描记等情况将青光眼分为原发性、继发性两大类。

原发性青光眼是目前最常见的一种青光眼类型，一般是由先天发育异常造成的。在正常情况下，眼泪的房水是循环状态的，如果因发育异常造成房水引流通道异常，出现眼压升高，就会导致原发性青光眼的发生，如房角的狭窄、关闭、色素或者虹膜的膨隆，都有可能引起原发性青光眼。原发性青光眼具有品种易感性。目前已确定至少 13 种犬和两种猫易发生原发性青光眼（图 15-3、图 15-4）。

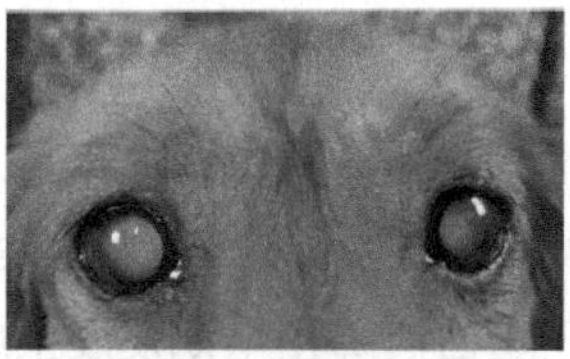

图 15-3　犬青光眼

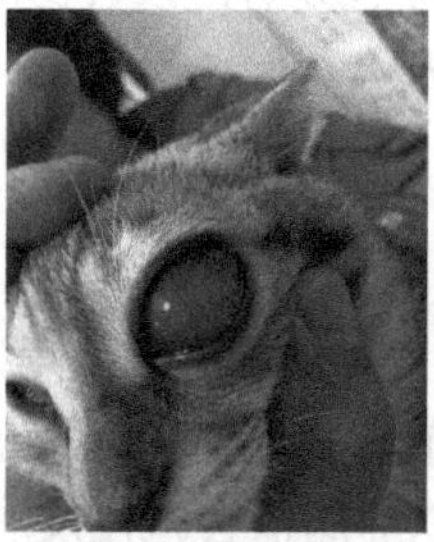

图 15-4　猫青光眼

继发性青光眼是由某些眼病或全身疾病干扰了正常的房水循环引起的，如眼外伤所致的青光眼、新生血管性青光眼、虹膜睫状体炎继发性青光眼、糖皮质激素性青光眼等，其致病原因均较为明确。

一、诊断要点

（一）急性闭角型青光眼

根据典型病史、症状和眼部体征，对其诊断多无困难，房角镜检查显示房角关闭是重要诊断依据。应注意与急性虹膜睫状体炎相鉴别。

（二）慢性闭角型青光眼

患慢性闭角型青光眼的动物经常有眼胀头痛、视疲劳、虹视雾视等症状，在傍晚或暗处、情绪波动时表现明显。检查可发现眼压中等度升高、周边前房浅、房角为中等狭窄，眼底有典型的青光眼性视盘凹陷，伴有不同程度的青光眼性视野缺损。

（三）原发性开角型青光眼

患原发性开角型青光眼的动物早期多无自觉症状，若眼科检查发现眼压增高、视盘损害、视野缺损3项中有两项以上为阳性，房角镜检查显示房角开放，则可初步做出诊断。

二、治疗方法

（一）治疗原则

青光眼是动物主要致盲原因之一，且青光眼引起的视功能损伤是不可逆的，后果极为严重。一般来说，青光眼是不能预防的，但早期发现、合理治疗，绝大多数患病动物可终生保持有用的视功能。因此，青光眼的防盲必须强调早期发现、早期诊断和早期治疗。青光眼的治疗目的主要是降低眼压，减少眼组织损害，保护视功能。

（二）治疗措施

1. 急性闭角型青光眼

急性闭角型青光眼发作时要局部频滴缩瞳剂，同时联合应用 β 肾上腺素受体阻滞剂点眼，口服碳酸酐酶抑制剂等以迅速降低眼压。待眼压降低、炎症反应控制后，进一步考虑做激光切除或其他抗青光眼手术。

2. 慢性闭角型青光眼

对慢性闭角型青光眼初期可用缩瞳剂或 β 肾上腺素受体阻滞剂局部治疗，若药物不能控制眼压或已有明显视神经损害，则须做滤过手术治疗。

3. 原发性开角型青光眼

可先试用药物治疗，局部滴用 1～2 种眼药控制眼压在安全水平，并定期复查。药物治疗不理想时，可用激光治疗，或者做滤过手术，目前常用的滤过手术是小梁切除术。

4. 先天性青光眼

治疗婴幼儿型先天性青光眼以手术为主，可通过房角切开术、小梁切开术治疗；治疗青少年型先天性青光眼在早期与开角型青光眼治疗方法相同，当药物治疗不能控制病情时，可做小梁切开术或小梁切除术。

5. 继发性青光眼

在治疗原发病的同时，进行降眼压治疗。若眼压控制不满意，则可针对继发原因做相应的抗青光眼手术治疗。

任务六　第三眼睑增生诊治

第三眼睑增生又称瞬膜腺突出，以北京犬、西施犬、沙皮犬、西藏狮子犬的发生率为高，多发生在内眼角或下眼角结膜的正中央，为椭圆形红色肿物，呈游离状，有包膜。本病又称"樱桃眼"。

一、诊断要点

第三眼睑增生病因复杂，以高蛋白的动物性饲料为主食的犬更易患病，有些病因尚未确定。第三眼睑增生一般为单侧性的（尤其是下眼角结膜处）（图15-5），有时间隔数天另一侧也会发生（图15-6）。症状为结膜充血潮红，眼分泌物增多，流泪，常引起继发感染，出现角膜炎甚至化脓。根据患眼的局部症状可以确诊。

图15-5　犬单侧瞬膜腺突出

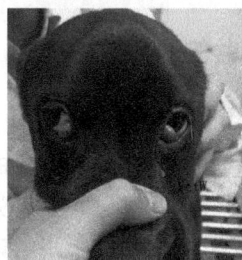

图15-6　犬双侧瞬膜腺突出

二、治疗方法

手术切除瞬膜腺增生，或者采用增生腺体包埋技术（内翻缝合，不摘除增生的腺体）。对动物全身麻醉，配合局部使用利多卡因点眼。对眼部消毒，用弯止血钳夹住增生物的底部下端，剪除瞬膜腺体，用小止血钳挂夹小血管止血。术后上眼药 4～7d。

任务七　中耳炎诊治

中耳炎是累及中耳（包括咽鼓管、鼓室、鼓窦及乳突气房）全部或部分结构的炎性病变，可分为非化脓性及化脓性两大类。非化脓性中耳炎包括分泌性中耳炎、气压损伤性中耳炎等，化脓性中耳炎有急性和慢性之分。特异性炎症很少见，如结核性中耳炎等（图15-7）。

图 15-7　犬中耳炎

一、诊断要点

（一）化脓性中耳炎

1）急性化脓性中耳炎是指由化脓性细菌感染引起的中耳炎症，其症状主要是耳痛、流脓。幼畜的全身症状比成年畜明显，可有发热、呕吐等症状。严重的并发症有颅内并发症，如脑膜炎、脑脓肿等。其他并发症有迷路炎、面神经麻痹等。

2）慢性化脓性中耳炎是指中耳黏膜、骨膜或深达骨质的慢性化脓性炎症。本病在临床上较为常见，常以耳痛、耳流脓、耳鸣、鼓膜穿孔、听力下降甚至耳聋为主要临床表现，严重时可出现全身症状。

（二）非化脓性中耳炎

非化脓性中耳炎多见于分泌性中耳炎。

非化脓性中耳炎的症状如下。

1）听力下降。

2）耳痛。

3）耳内闷胀感或闭塞感。

4）耳鸣。

5）经耳镜检查，患急性非化脓性中耳炎者鼓膜周边有放射状血管纹，鼓膜紧张部内陷，表现为光锥缩短、变形或消失；锤骨柄向后、上方移位；锤骨短突外突明显。鼓室积液时，鼓膜失去正常光泽，呈淡黄、橙红或琥珀色。患慢性非化脓性中耳炎者鼓膜呈乳白色或灰蓝色，不透明。若分泌物为浆液性，且未充满鼓室，则可透过鼓膜见到液平面，呈凹面向上的弧形线，透过鼓膜有时可见到气泡，经咽鼓管吹张后气泡增多；若鼓室内积液多，则鼓膜外突，鼓膜活动度受限。

二、治疗方法

犬猫耳道分泌物
采样与镜检

（一）积极治疗上呼吸道感染性疾病

积极治疗上呼吸道感染性疾病，如慢性鼻窦炎、慢性扁桃体炎。

（二）药物治疗

以局部用药为主，可用抗生素水溶液或抗生素与类固醇激素类药物混合液，如0.25%氯霉素液、氯霉素可的松液、氧氟沙星滴耳液等治疗中耳炎及外耳道炎等。

（三）局部用药注意事项

1）用药前，先清洗外耳道及中耳腔内脓液，可用3%过氧化氢或硼酸水清洗，用棉花签拭净或以吸引器吸尽脓液方可滴药。

2）脓量多时用水剂，量少时可用硼酸乙醇。

3）可先用维克耳漂将犬猫耳道清洗干净，然后在犬猫耳道内挤入耳肤灵，最后轻轻揉一揉犬、猫的耳郭，每天清洗一次，连用5～7d。

4）若鼓膜大穿孔影响听力，则可施行鼓膜修补术或鼓室成形术。

任务八　耳血肿诊治

犬耳血肿或淋巴
外渗手术

耳血肿是指在外力作用下耳部血管破裂，血液积聚于耳郭皮肤与耳软骨之间形成的肿胀。耳血肿多发生在耳郭内侧，偶尔也发生在外侧。犬、猫、猪多有发生（图15-8）。

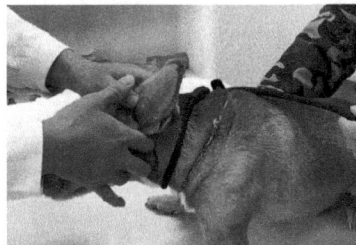

图15-8　犬耳血肿

一、诊断要点

（一）病因

1）机械性损伤，如动物之间打斗玩耍造成的损伤。

2）耳内寄生痒螨，因瘙痒剧烈而摇头甩耳、摩擦患耳，造成耳郭挫伤和耳郭内血管破裂。

（二）症状

1）血肿形成后，耳郭增厚数倍、下垂，按压有波动感并疼痛。

2）穿刺放血后常再发，多次穿刺容易使患部感染化脓。

二、治疗方法

耳血肿小的，一般不需治疗，待其自行吸收即可。耳血肿较大的，可在穿刺放血后，在耳郭内侧放适量棉花后装着压耳绷带，并保留 7～10d。若保守疗法无效，则可消毒后先在血肿一侧做 1～1.5cm 长纵向切口，排出积血及凝血块，然后做若干平行于切口的耳郭全层纽扣状缝合，以消除血肿腔（图 15-9）。术后可装着耳绷带，以适当施压制止出血和渗出。

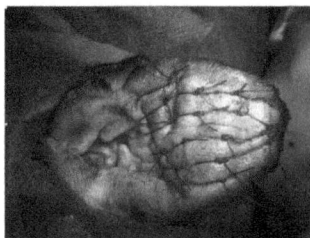

图 15-9　犬耳血肿的缝合

任务九　鼻镜断裂诊治

一、诊断要点

（一）病因

鼻镜断裂病因包括穿鼻环时位置选在鼻中隔过前即靠近鼻唇镜处；鼻环材料不良，如直接用尼龙绳或铅丝。此病多见于役用牛，在南方主要发生于水牛。

（二）症状

症状包括鼻镜被拉断，呈上、下两部分，鼻镜部流血不止。

二、治疗方法

采用鼻镜断裂修补术。

（一）保定

使动物站立，将头部确实保定。

牛鼻镜断裂
修补术

（二）麻醉

采用两侧眶下神经传导麻醉，用2%盐酸普鲁卡因溶液于每侧眶下孔注入20mL，必要时局部配合浸润麻醉。

（三）手术方法

1）一种手术方法是将上鼻端削成一个突出端，形成蘑菇状的新鲜创面即公榫；于下鼻端做一大小、长度、形状相合的凹陷即母榫。另一种手术方法是将上、下两鼻端都削平（容易引起鼻道狭窄）。

2）缝合。新鲜创面消毒后，将公榫与母榫相合，用8～10号丝线对相合的上下皮肤做两个减张圆枕缝合（或两个水平纽扣状缝合），再在皮肤上穿插3个结节缝合。

（四）注意事项

1）为防止术中出血过多，可在上、下两游离端用纱布条做一个临时结扎，或用肠钳钳住上、下两鼻部断端。

2）修补的创面要平整、干净，除去增生的肉芽组织和坏死组织。

3）一定要用两个减张圆枕缝合（或水平纽扣状缝合），再穿插3个结节缝合。

4）术后对创面要经常消毒，防止感染。

5）加强饲养管理，尽量保持创口干燥，并戴上笼头。

6）鼻镜断裂后缺损过大，修补后造成鼻孔狭窄者，不宜施术。

7）在炎症或感染化脓期者，不宜修补。

任务十　扁桃体炎诊治

扁桃体是咽、喉的淋巴器官。扁桃体炎是指扁桃体的急性炎症或慢性炎症。

一、诊断要点

（一）急性扁桃体炎

患急性扁桃体炎的动物表现为体温升高，流涎，精神沉郁，食欲减退或废绝。扁桃体表面潮红、肿胀。在病情严重时，扁桃体肥大、突出，可见出血或坏死斑点。动物颌下淋巴结肿胀，常伴发轻度咳嗽。

（二）慢性扁桃体炎

慢性扁桃体炎由急性扁桃体炎反复发作所致，多见于体质较差的动物。反复发作数次后，动物表现为衰弱，四肢无力，体重下降，被毛粗乱，时有呕吐、咳嗽等。扁桃体表面失去弹性，上皮组织增生。

二、治疗方法

（一）抗菌消炎

肌内注射速诺（阿莫西林克拉维酸钾）或头孢类药物，1次/d，连用5～7d。

（二）局部处理

对咽喉部热敷，同时用复方碘甘油涂抹扁桃体。

（三）支持疗法

对采食困难的动物，静脉滴注5%GNS（glucose ninger's solution，葡萄糖氯化钠注射液）、ATP（adenosine triphosphate，腺苷三磷酸）、COA（coenzyme A，辅酶A）；静注甲硝唑氯化钠溶液；肌注复合B族维生素、维生素C 2mL，2次/d。尽可能避免经口给药，减少刺激。

（四）手术治疗

当扁桃体肿胀过大而影响吞咽或反复发作时，应施行扁桃体摘除术。

犬扁桃体的摘除术具体如下：对犬全身麻醉，将其侧卧或仰卧保定，充分开口，用长柄止血钳夹住扁桃体基部，于其表面向里注射1∶5000肾上腺素溶液0.2mL，3min后在不损伤黏膜的情况下，于扁桃体周围切开并剥离，达其根部时用肠线结扎，除去扁桃体，用浸有肾上腺素的棉球压迫止血。

—— 项目小结 ——

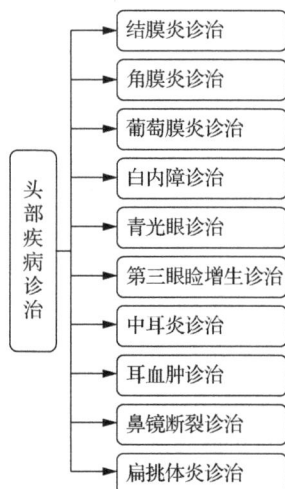

知识链接

眼球摘除术

━━复习思考题━━

1. 名词解释

结膜炎；角膜炎；青光眼；白内障；葡萄膜炎

2. 填空题

1）泪液检查常用于查_____病。

2）眼内压检查，用眼压计检查_____病眼内压升高。

3）荧光素钠检查法检测发现荧光处即角膜_____处。

4）用直接检眼镜能看到_____倍眼底_____像，用间接检眼镜能看到_____倍眼底_____像。

5）玻璃体与眼底检查前滴_____药物散瞳，主要观察眼底_____、_____、_____、_____等变化。

3. 简答题

1）简述角膜炎的诊断要点和治疗方法。

2）常用的眼科用药有哪些？

3）常用的治疗眼病的用药方法有哪些？

项目 十六

疝 诊 治

项目简介

疝是一种临床常见外科病，各种动物均可发生。疝根据向体表突出与否，可分为外疝（如脐疝）和内疝（如膈疝）。根据疝发生的部位不同，可分为腹股沟阴囊疝、脐疝、腹壁疝等。根据疝内容物能否还纳腹腔内，可分为可复性疝和嵌闭性疝。本项目主要介绍脐疝、阴囊疝、腹壁疝和会阴疝的诊断要点和治疗方法。

知识目标

了解疝的概念和发生原因；掌握疝的分类和特征；熟练掌握疝的诊断要点和治疗方法。

技能目标

对临床常见的疝能做出准确诊断；会对不同部位的疝进行治疗。

素质目标

疝的种类很多，除了向皮肤体表突出的疝，如脐疝、腹壁疝、会阴疝、腹股沟阴囊疝，还有向其他腔内突出的疝，如膈疝、脑疝。前者早发现、早诊断、早手术就能康复，一般无后遗症；后者造成的后果比较严重。膈疝会引起胸膜腔内压升高，导致心、肺受到压迫，不能充分得到舒张，会引起心肺功能障碍；脑疝，最常见的有小脑幕裂孔疝和枕骨大孔疝，是一种十分凶险的临床危重症，发生速度快，在极短时间内就可能造成生命体征严重紊乱，致死率、致残率均极高。因此，早发现、早诊断、早治疗是关键，临床检查和化验是必不可少的，请记住一句话，"病是检查出来的，而不是看出来的"。

项目导入

疝在动物临床上是一种常见病、多发病。除了脑疝、膈疝，其他疝病一般不会对动物生命造成威胁，但会严重危害动物健康。因此，我们应对疝的诊断和治疗给予足够重视。

疝又称赫尔尼亚，是腹腔脏器（小肠及其肠系膜）从自然孔道（如脐孔、腹股沟管）或病理性破孔脱至皮下或邻近解剖腔内的一种常见外科病。疝由疝轮（孔）、疝囊、疝内容物构成（图16-1）。

任务一 脐疝诊治

脐疝是指腹腔脏器经扩大的脐孔脱至皮下（图16-1）。各种动物均可发生脐疝，但多见于幼龄动物。脐疝多因脐孔发育不全、未闭锁而引起。

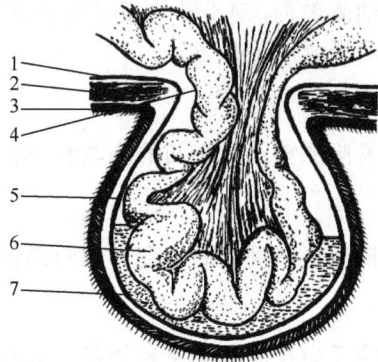

1—腹膜；2—肌肉；3—皮肤；4—疝轮；5—疝囊；6—疝内容物；7—疝液。

图16-1 疝模式图

一、诊断要点

脐疝症状为脐部呈现局限性球形肿胀，肿胀部位质地柔软或紧张，但无炎性反应。初期多数能在挤压疝囊或改变体位时，将疝内容物还纳腹腔，并可摸到疝轮。动物饱腹或挣扎时脐疝可增大，听诊时可听到肠蠕动音。猪的脐疝如图16-2所示。

图16-2 猪的脐疝

二、治疗方法

（一）保守疗法

对较小的脐疝，可系绷带压迫患部，使疝轮缩小，待组织增生后治愈。同时也可用95%乙醇、碘溶液或10%～15%氯化钠溶液在疝轮四周分点注射，每点注射3～5mL，促进疝轮愈合。

（二）手术疗法

手术疗法是本病最有效的治疗方法。

1. 可复性脐疝

术前对动物停食1～2次，施行术部局部皮下浸润麻醉或全身麻醉，将动物仰卧保定，对患部剪毛消毒。在疝囊基部靠近脐孔处纵向切开皮肤（不要切开腹膜），稍加分离，还纳内容物，在靠近脐孔处结扎腹膜，剪除多余的腹膜。对疝轮做纽孔状或袋口缝合，切除多余的皮肤并结节缝合。涂碘酊，装着保护绷带。对哺乳期仔猪可进行皮外疝轮缝合法。将疝内容物还纳腹腔，提起疝轮两侧肌肉及皮肤，用纽孔状缝合法闭锁脐孔。对病程较长、疝轮肥厚、光滑而大的脐疝，在闭锁疝轮时，应先用手术刀轻轻划破脐轮边缘肌膜，造成新创面再缝合。

2. 嵌闭性脐疝

先在患部皮肤上切一小口（勿伤内容物），用手指探查内容物种类及粘连、坏死等病变。用手术剪按所需长度剪开疝轮，显露疝内容物，若有粘连，则要仔细剥离后，涂布石蜡油，送回腹腔。如果肠管坏死，则做坏死肠管切除及吻合术，再将肠管送回腹腔并注入适量抗生素。用袋口或纽孔状缝合疝轮，结节缝合皮肤。

术后装着压迫绷带，对动物全身应用抗生素治疗，加强护理。7～14d后拆去皮肤结节缝合的线。

任务二　阴囊疝诊治

腹腔脏器通过腹股沟内口（内环）脱入鞘膜管内，被称为腹股沟疝（鞘膜管疝）。如果脱出的脏器进入总鞘膜腔内，则被称为阴囊疝（鞘膜内疝，图16-3）；如果脱出的脏器经腹股沟总鞘膜破裂孔脱入阴囊的皮下，则被称为鞘膜外阴囊疝（鞘膜外疝，图16-4）。临床上以鞘膜内疝为多见。公猪右侧腹股沟阴囊疝如图16-5所示，左侧腹股沟阴囊疝如图16-6所示。

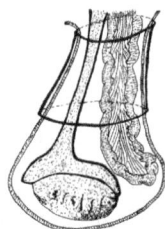

图16-3　鞘膜内阴囊疝

图16-4　鞘膜外阴囊疝

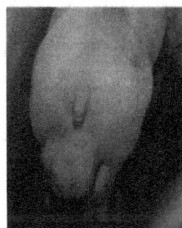

图16-5　公猪右侧腹股沟阴囊疝

图16-6　公猪左侧腹股沟阴囊疝

一、诊断要点

（一）可复性疝

可复性疝于仔猪、幼驹中多发，多为一侧性。动物患侧阴囊增大，皮肤紧张。触诊柔软有弹性，疼痛不明显。压迫时肿胀缩小，将内容物还纳腹腔，可摸到腹股沟外环，腹压增大时阴囊部膨大。如果肠管进入阴囊部，则此处可听见肠蠕动音。

（二）嵌闭性疝

动物患侧阴囊增大，阴囊皮肤紧张、水肿、发凉，摸不到睾丸。患病动物突然腹痛，运步时患侧后肢向外伸展，随着炎症的发展表现为全身症状，体温升高，脉搏及呼吸数增加。临床上常因诊断、治疗不及时而造成动物死亡。

二、治疗方法

手术疗法是阴囊疝的治疗方法。

（一）可复性疝

对术部进行处理，将动物保定、消毒及麻醉同阉割术。与阴囊缝平行将患侧的阴囊皮肤及肉膜切开，剥离总鞘膜至腹股沟外环处，并隔着总鞘膜将疝内容物还纳于腹腔内。将内容物还纳腹腔后，沿精索纵轴捻转睾丸与总鞘膜数周，在靠近腹股沟外环处贯穿结扎总鞘膜及精索，在结扎线下方1~2cm处将总鞘膜、精索和睾丸一并切除，将断端塞入腹股沟管内。用结扎剩余的两个线头缝合外环，使其密闭。清理创部，撒消炎粉，缝合皮肤，涂碘酊。为防止创液潴留，可在阴囊底部切一小口。

（二）嵌闭性疝

应尽早施行手术。将动物仰卧保定，消毒及麻醉同阉割术。在腹股沟外环部位，与阴囊基部平行将皮肤、肉膜切开约10cm，露出总鞘膜，将其剥离至腹股沟内环处，再将总鞘膜做一小切口，放出鞘膜腔积液。经鞘膜切口沿着精索插入手指，检查肠管被挤压部位，将球头外科手术刀插入腹股沟内轮向前外角扩大，切开腹股沟内轮后，肠嵌闭部即被解除。用生理盐水清洗肠管后，即可将肠管还纳腹腔。若嵌闭的肠管已发生坏死，则须将坏死部切除并施行肠管吻合术。若肠管有粘连，则要仔细剥离后，涂布石蜡油，送回腹腔。为了保留优良的种畜而要保留睾丸时，可先对腹股沟内轮施行几针结节缝合，以不发生肠脱出为度，然后分别缝合总鞘膜及皮肤切口，消毒后装结系绷带。

术后应对动物全身应用抗生素治疗，加强护理。7d后拆去皮肤缝线。

任务三　腹壁疝诊治

腹壁疝是腹壁肌肉或腱膜发生破裂,腹腔脏器脱至腹腔外的皮肤之下所致,是最常见的腹部外科病之一。可发生于腹壁的任何部位,多发于膝褶前或季肋部或下腹部。

一、诊断要点

初期腹壁受伤后突然出现局限性、柔软、富有弹性及热痛的肿胀。触诊时常可用手掌(指)将肿胀内容物还纳腹腔并可摸到疝轮。疝轮多为圆形、卵圆形,也有的呈裂隙状。若疝轮发生嵌闭,则出现疝痛。

二、治疗方法

本病的治疗方法为患部腹壁切开,还纳内容物,密闭疝轮,消炎镇痛,预防腹膜炎。

局部皮下浸润麻醉(0.5%盐酸普鲁卡因溶液或0.5%利多卡因溶液)或全身麻醉。切开疝囊,还纳内容物,闭锁疝轮。疝轮的缝合是疝修补术的关键。对大型动物先用肠线连续缝合腹膜,闭合腹膜前向腹腔内注入消炎药,然后结节缝合腹肌。疝轮也可用水平或垂直纽孔状缝合(图16-7)加袋口缝合或结节缝合,切除多余的皮肤,进行结节缝合加减张缝合闭合皮肤创口;用5%碘酊消毒后,装着压迫绷带。术后禁食3~5d,输液消炎,补充能量合剂。10d后拆去皮肤结节缝合

图16-7　疝轮缝合法

线,第十二天拆去减张缝合线,须注意的是,不能同时拆除两处缝合线。

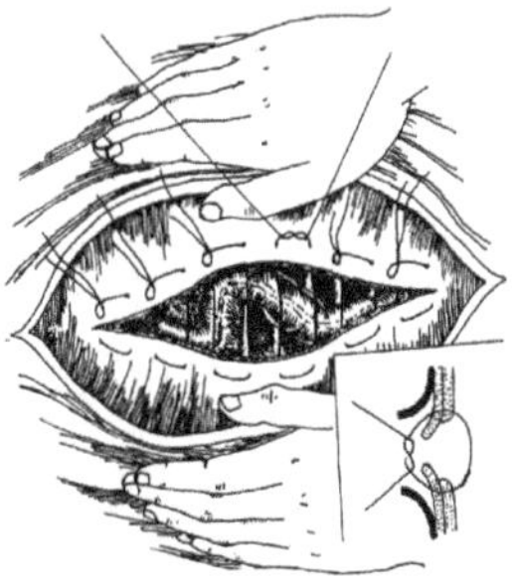

任务四　会阴疝诊治

会阴疝是指由于盆腔肌组织缺陷,腹膜及腹腔脏器向骨盆腔后结缔组织凹陷内突出,向会阴部皮下脱出。

一、诊断要点

会阴疝常为一侧性,在肛门、阴门近旁或其下方出现肿胀(图16-8),触诊柔软,且无热痛反应,肿胀对侧肌肉松弛。若疝内容物为膀胱,则挤压肿胀部可见尿喷出。患病动物频繁排尿,但尿量少或无尿。检查者用手由下向上挤压时,肿胀渐变小,且伴随被动性排尿,松手时又见逐渐增大。

图 16-8　会阴疝

若挤压肿胀部未见排尿，而疑似膀胱脱出，则可穿刺检查有无尿液存在。若动物肿胀部质硬并有腹痛，则多是嵌闭性会阴疝。

二、手术方法

术前禁食（小型动物 0.5～1d，大型动物 1～2d），温水灌肠，清除蓄积的粪便，人工导尿。将大型动物站立保定，施行尾椎脊髓麻醉。将小型动物倒立或仰卧保定，施行全身麻醉。于肛门外侧，自尾根外侧向下至坐骨结节内侧做一弧形切口，钝性分离打开疝囊，将疝内容物还纳原位。复位困难时，可将纱布夹于长钳抵住脏器将其还纳。为防止脏器再次脱出，可先用长止血钳夹住疝囊底，沿长轴捻转几圈，然后在深处打一外科结，并靠近疝囊部结扎，可保留其残余部分作为生物学栓塞。在漏斗状凹陷部，可利用括约肌来封闭凹陷窝。在漏斗状凹陷的上部，自尾肌到肛门括约肌上部做 2～3 针结节缝合。每缝合一次，均须用一把止血钳夹住发现末端放于一边，以免搞乱缝线。缝合结束后，先清洗并注射抗生素，然后打结。对疏松且多余的皮肤应做梭形切口，对皮肤施行结节缝合，覆以胶绷带。10～12d 后拆线。

知识链接

═══ 项目小结 ═══

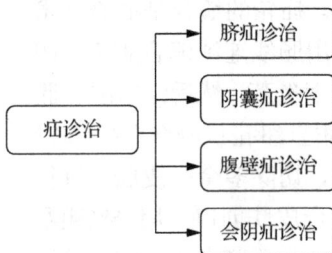

═══ 复习思考题 ═══

1. 名词解释

疝；脐疝；阴囊疝；腹壁疝；会阴疝

2. 简答题

1）简述疝的组成及特征性症状。

2）简述脐疝、阴囊疝、腹壁疝和会阴疝的疝内容物。

3. 论述题

1）试论述腹壁疝、蜂窝织炎和血肿的区别。

2）试论述阴囊疝的治疗方法。

3）一头黄牛走路时不慎摔倒，左侧腹壁皮肤局部被毛脱落，表面擦伤，且出现一拳头大小的肿胀物，试论述其处置方法。

风湿病诊治

项目简介

风湿病是一种反复发作的急性或慢性非化脓性炎症，以胶原纤维发生纤维素样变性为特征。目前，风湿病的发病原因和机理还不完全清楚，尚缺乏特异性诊断方法，也无特效的防治方法。本项目主要介绍风湿病的诊断要点和治疗方法。

知识目标

掌握风湿病的诊断要点；掌握风湿病的治疗方法。

技能目标

能识别风湿病的临床表现，并结合辅助诊断方法确诊风湿病；能对风湿病给予合理的治疗。

素质目标

中医认为风湿病是由风邪、湿邪、寒邪引起的，西医认为风湿病是一种变态反应性疾病，与 A 型溶血性链球菌的感染有关。中药调理全身，西医消炎抗菌，中西医结合治疗，可有效提高临床疗效。因此，我们要传承中医知识，用好中医，并结合西医，为预防动物疾病、减轻动物病痛、避免动物死亡、促进病畜康复做出贡献。

项目导入

风湿病是一种常见的外科疾病，该病会导致关节肌肉的疼痛，尤其天气变化时，其疼痛和机能障碍显得最为突出。风湿病在我国各地均有发生，但以寒冷地区发病率较高。该病各种动物均可发生，一般不会威胁患病动物生命，但风湿性心肌炎对动物危害严重。

风湿病主要累及全身结缔组织，骨骼肌、心肌、关节囊和蹄是最常见的发病部位。

一、诊断要点

检查动物是否有咽喉扁桃体炎症史，受风、寒、湿影响的病史，过劳史等。

1. 颈部风湿病

患部肌肉僵硬、疼痛。患病动物颈部两侧肌肉风湿，不能上下左右转动，低头困难。颈部一侧肌肉风湿，颈弯向一侧疼痛。

2. 四肢部风湿病

患部减负体重，呈前踏姿势。患病动物行走时患部举抬困难，运步缓慢，步幅缩短，跛行常随晴天而好转或消失，遇冷天又加重。两前肢同时发病时，患病动物头颈高举站立，两前肢前踏，以蹄踵着地。

3. 背腰部风湿病

腰背部肌肉僵硬，转弯时腰背不能随之弯曲。站立时腰背部拱起，凹腰反射减弱或消失。动物行走时后肢常以蹄尖拖地前进，转弯不灵活。起立与卧下都比较困难。

4. 臀股风湿病

两后肢运步缓慢而困难，关节常呈屈曲状态，不能充分伸展，有时跛行明显。患病肌群僵硬而疼痛。

二、治疗方法

1. 解热、镇痛及抗风湿疗法

药物包括水杨酸钠及阿司匹林等。水乌钙疗法如下：静脉注射10%水杨酸钠、40%乌洛托品、10%葡萄糖酸钙溶液。

保泰松及羟保泰松的抗炎及抗风湿作用较强，解热作用较差，临床上也常用于治疗风湿病。

2. 皮质激素疗法

皮质激素具有显著的消炎和抗变态反应作用，常用的有氢化可的松注射液、地塞米松注射液、泼尼松注射液、泼尼松龙注射液等，均可显著改善风湿性关节炎症状，但易复发。

3. 抗生素疗法

在风湿病急性发作期，为控制溶血性链球菌感染，须使用抗生素治疗。首选氨苄青霉素，肌内注射2～3次/d，一般应用10～14d。或头孢类抗生素。不主张使用磺胺类药物，磺胺类药物虽能抑制链球菌生长，却不能预防急性风湿病发生。

4. 碳酸氢钠、水杨酸钠和自家血液疗法

每日静脉注射 5%碳酸氢钠溶液、10%水杨酸钠溶液各 200mL。

自家血液疗法如下：对马、牛等大型动物，自家血液的注射量为第一天 80mL，第三天 100mL，第五天 120mL，第七天 140mL。7d 为一疗程。停用一周后，继续第二个疗程。该方法对急性肌肉风湿病疗效显著，可使慢性风湿病症状获得一定好转。

5. 中兽医疗法

根据不同发病部位，可选用不同穴位针灸，具有一定的治疗效果。醋酒灸法适用于腰背风湿病，但对瘦弱、衰老或怀孕的患病动物禁用此法。中药方面常用的方剂有通经活络散和独活寄生散。

6. 物理疗法

物理疗法对风湿病，特别是对慢性风湿病有较好的治疗效果。

（1）局部温热疗法

将乙醇加热至 40℃左右，或将麸皮与醋按 4∶3 比例混合炒热装于布袋内，置于患部热敷，1～2 次/d，连用 6～7 d。也可使用热石蜡及热泥疗法等。

（2）光疗法

可使用 TDP（thermal design power，热设计功耗）灯局部照射，30～45min/次，1～2 次/d，直到明显好转为止。

（3）激光疗法

激光治疗动物风湿病治疗效果较好，一般常用 6～8MW 的 He-Ne（氦-氖）激光做局部或穴位照射，20～30min/次，1 次/d，连用 10～14 次为一疗程，必要时可间隔 7～14d 施行第二个疗程。

7. 局部涂擦刺激剂

局部可应用水杨酸甲酯软膏（处方：水杨酸甲酯 15g、松节油 5mL、薄荷脑 7g、白色矿脂 15g）、水杨酸甲酯莨菪油擦剂（处方：水杨酸甲酯 25g、樟脑油 25mL、莨菪油 25mL），也可局部涂擦樟脑乙醇及氨擦剂等。

—— 项目小结 ——

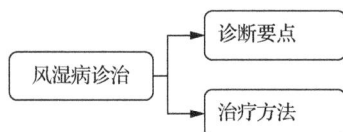

知识链接

——复习思考题——

1. 名词解释

风湿病

2. 简答题

如何诊断风湿病？

3. 论述题

试论述风湿病的治疗方法。

项目 十八

四肢病诊治

项目简介

四肢病包括骨病、关节疾病、肌肉疾病、腱和腱鞘疾病、黏液囊疾病和神经疾病等类型，会导致四肢机能障碍，使动物表现为跛行。本项目主要介绍动物常见四肢病的诊断要点和治疗方法。

知识目标

掌握跛行等四肢病的诊断要点。

技能目标

能确定患跛行动物的患肢；会对患跛行动物进行病史收集；能正确诊治常见四肢病。

素质目标

动物种类虽多，但四肢骨关节及软组织基本类似，因此应求同存异，掌握共性，融会贯通，熟能生巧。做动物的外科大夫，经常要诊治四肢病，如在城市里犬被汽车撞伤引起的骨折，猫因好奇心而从高空坠落造成骨折等，处理这些比较复杂的骨折，需要较强的心理素质、较高的外科素养、精益求精的专业操守、无微不至的术后护理，还需要团队协作的精神。

项目导入

四肢病的发生与不合理的饲养管理密切相关，有的四肢病容易诊断，但有的四肢病诊断较为困难，须应用各种方法收集动物病史，结合临床表现、其他检查手段、解剖学和生理学知识综合分析来确诊，并施行合理疗法。

任务一　跛　行　诊　治

跛行的临床诊
断技术-动画

跛行是四肢机能障碍的综合症状，是动物躯干或肢体发生结构性损伤或功能性障碍而引起的姿势或步态异常的总称。跛行不是一种独立疾病，可见于外科病，而某些内科病、产科病、传染病和寄生虫病同样也能引起动物运动机能障碍，使动物表现出跛行。

一、诊断要点

跛行诊断不能单纯注意局部病变，而应从整体出发对机体的全身状况加以检查，包括体格、营养、姿势、精神状态、被毛、饮食欲、排尿、排粪、呼吸、脉搏、体温等，以供判断病情时参考，同时要注意患病动物和外界环境的联系。

（一）病史调查

通过问诊向动物主人或饲养管理员了解有关患病动物的跛行情况。应根据具体情况有针对性地提出与疾病有关的问题，可重点了解饲养管理情况、群体情况、发病时间、缓急程度、发病部位、是否有打斗或跌伤史、有无经过治疗等。应对动物主人或饲养管理员提供的情况进行分析和判断。

（二）确定患肢

在问诊基础上，以视诊为主，观察动物站立或运动中所表现的异常状态，进而确定患肢。

1. 站立检查

使动物在平地上安静站立，从前、后、左、右对四肢的局部、负重状态、被毛和皮肤、肿胀和肌肉萎缩等，做全面的有比较的观察，尤其是对两前肢或两后肢同一部位进行比较。

2. 运动检查

轻度跛行只有通过运动检查才能发现异常，确定患肢。运动检查主要观察以下内容。

（1）举扬和负重状态

判定是前方短步还是后方短步，听蹄音，以确定跛行种类，找出患肢。

（2）点头运动

前肢发生支跛，健肢着地负重时，动物的头向健肢侧低下；患病前肢着地负重时，动物的头向患肢侧高举。此种随运步而上下摆动头部的现象，被称为点头运动，可概括为"点头行，前肢痛"，"低在健，抬在患"。

（3）臀部升降运动

一后肢发生支跛时，为使后躯重心移向对侧健肢，在健肢负重时动物的臀部显著下降，而患病后肢负重时臀部显著高举，这被称为臀部升降运动，可概括为"臀升降，后肢痛"，"降在健，升在患"。

（4）运动量对跛行程度的影响

当患病关节扭伤、蹄叶炎等疼痛性疾病时，动物跛行程度随运动量的增加而加剧。患风湿病等疾病时，动物跛行程度随运动的增加而逐渐减轻乃至消失。

（5）加重负荷促使跛行明显

1）上下坡运动。前肢支跛下坡时明显，后肢支跛上坡时明显；前、后肢悬跛上坡时均明显。

2）圆圈运动。支跛患肢在内圈时跛行明显，悬跛患肢在外圈时跛行明显。

3）急速回转运动。在快速直线运动中，动物突然向内急转，支跛患肢在回转内侧时跛行明显，而悬跛患肢在外侧时跛行加重。

4）软硬地运动。支跛患肢在硬地运动时跛行明显，而悬跛患肢在软地运动时跛行加重。

5）两前肢同时得病时，前肢的自然步样消失，患肢驻立时间缩短，前肢运步时提举不高，运步快。肩部强拘、头高扬、腰部弓起、后肢前踏、后肢提举较平时高。在高度跛行时，快速运动比较困难，甚至不能快速运动。

6）两后肢同时患病时，动物运步步幅缩短，肢迈出快，运步笨拙，举肢比平时运步较高，后退困难。头颈常低下，前肢后踏。

7）同侧的前后肢同时患病时，动物头部及腰部呈摇摆状态，患病前肢着地时头部高举，并偏向健侧，健后肢着地时尻部低下。反之，健前肢着地时头部低下，患病后肢着地时尻部举起。

8）一前肢和对侧后肢同时患病时，动物患肢着地时体躯举扬，健肢着地时头部及腰部均低下。

（三）寻找患部

确定患肢后，还须根据运动检查时所确定的跛行种类及程度，有步骤、有重点地进行肢蹄检查，以找出患病部位。检查过程中尤其要注意与对侧肢进行比较。

1. 蹄部检查

（1）外部检查

应注意蹄形有无变化；钉节位置；蹄底各部有无刺伤物及刺伤孔等。检查牛蹄时，应特别注意趾间韧带有无异常。

（2）蹄温检查

用手掌触摸蹄壁，以感知蹄温，并做对比检查。若蹄内有急性炎症，则蹄温显著升高。

（3）痛觉检查

先用检蹄钳敲打蹄壁、钉节和钉头，再钳压蹄匣各部。如果动物拒绝敲打和钳压或肢体上部肌肉呈现收缩反应或抽动患肢，则说明蹄内有带痛性炎症存在。

2. 肢体各部的检查

使患病动物自然站立，由冠关节开始逐渐向上触摸压迫各关节、屈膝、骨骼等部位，注意有无肿胀、增温、疼痛、变形等。

3. 被动运动检查

人为地使动物关节、腱及肌肉等做屈曲、伸展、内收、外转及旋转运动，观察其活动范围及患病情况、有无异常声响，进而发现患病部位。

4. 外周神经传导麻醉检查

对其他诊断方法不能确定的跛行，用2%～4%盐酸普鲁卡因溶液5～20mL注射于神经干周围，进行传导麻醉检查。若注射10～15min发生麻醉作用跛行消失，则说明病变部位在注射点的下方，反之病变部位在注射点的上方。怀疑有骨裂和韧带、腱部分断裂时，不能应用麻醉诊断。传导麻醉检查对肢体下部单纯痛性疾病引起的跛行有确诊意义。

（四）特殊诊断方法

1. X线检查

对四肢疾病用X线检查，可获得正确诊断。X线检查在兽医临床上广泛应用于四肢的骨和关节疾病诊断，如骨折、骨膜炎、骨炎、骨髓炎、骨质疏松等病及蹄内异物等的检查。

2. 热浴检查

当蹄部的骨、关节、腱和韧带有病患时，可用热浴做鉴别诊断。在水桶内放40℃的温水，将患肢热浴15～20min，如果为腱和韧带或其他软组织的炎症所引起的跛行，热浴以后，跛行可暂时消失或大为减轻；相反，如果为闭锁性骨折、籽骨和蹄骨坏死或骨关节疾病所引起的跛行，则应用热浴以后，跛行会加重。

3. 电刺激诊断

动物神经和肌肉麻痹时，其对电刺激应激性减弱，因而对两侧肢同一部位比较，可确定患部和麻痹的程度。

4. 斜板试验

斜板（楔木）试验主要用于确诊蹄骨、屈腱、远籽骨（舟状骨）、远籽骨滑膜囊炎及蹄关节的疾病。斜板为长 50cm、高 15cm、宽 30cm 的木板。检查时，先迫使动物患肢蹄前壁在上、蹄踵在下，站在斜板上，然后提举其健肢。此时，患肢的深屈腱非常紧张，上述器官有病时，动物由于疼痛加剧不肯在斜板上站立（图 18-1）。检查时，应和对侧肢进行比较。蹄骨和远籽骨有骨折可疑时，禁用斜板试验。

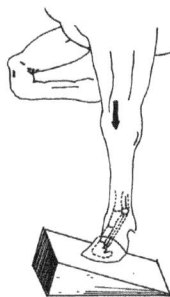

图 18-1　斜板试验

二、治疗方法

将检查所获得的丰富材料进行认真的对比分析，反复研究归纳总结，对疾病做出初步诊断，定出病名，确定治疗措施。

任务二　关节扭伤诊治

关节扭伤是指关节在突然受到间接机械外力作用下，超越了生理活动范围，瞬时过度伸展、屈曲或扭转而发生的关节损伤。本病是马、骡常见的关节病，最常发生于系关节和冠关节，其次是跗、膝关节。牛常发生于系关节、肩关节和髋关节。

一、诊断要点

关节扭伤在临床上表现为疼痛、跛行、肿胀、温热和骨质增生等症状。

（一）跛行

动物扭伤后立即出现跛行，上部关节扭伤时为混跛，下部关节扭伤时为支跛。

（二）肿胀

动物患部肿胀，但四肢上部关节扭伤时，因肌肉丰满而肿胀不明显。

（三）热痛

患部热痛，触诊被损伤的关节侧韧带有明显压痛点。

（四）骨质增生

关节扭伤转为慢性时，可继发骨化性骨膜炎，常在韧带、关节囊与骨的结合部受损伤时形成骨赘。

二、治疗方法

关节扭伤的治疗方法为制止出血和炎症发展，促进吸收，镇痛消炎，预防组织增生，恢复关节机能。

（一）制止溢血和渗出

急性炎症初期 1～2d 内，用压迫绷带配合冷敷疗法，如用饱和硫酸镁盐水或 10%～20%硫酸镁溶液及 2%醋酸铅溶液等。也可用冷醋泥贴敷（将黄土用醋调成泥，加 20%食盐）。必要时可静脉注射 10%氯化钙溶液或肌内注射维生素 K_3 等。

（二）促进吸收

当急性炎症缓解、渗出减轻后，应及时改用温热疗法，如温敷、温脚浴等，2～3 次/d，每次 1～2h。可用鱼石脂乙醇溶液、10%～20%硫酸镁溶液、热乙醇绷带等，也可涂抹中药"四三一合剂"（处方：大黄 4 份、雄黄 3 份、冰片 1 份，研成细末，蛋清调和）、扭伤散（膏）、鱼石脂软膏或用热醋泥疗法等。

如果关节内积血过多不能吸收，则可通过无菌关节腔穿刺排出，同时向腔内注入 0.5%氢化可的松溶液或 0.25%盐酸普鲁卡因溶液 2～4mL，加入青霉素 40 万 IU；而后进行温激，配合压迫绷带；若不穿刺排液，则可直接向关节腔内注入上述药液。

（三）镇痛消炎

局部疗法同时配合封闭疗法，用 0.25%～0.5%盐酸普鲁卡因溶液 30～40mL，加入青霉素 40 万～80 万 IU，在患肢上方穴位（前肢抢风、后肢巴山和汗沟等）注射；也可肌肉或穴位注射安痛定或安乃近 20～30mL。可内服跛行镇痛散或舒筋活血散。必要时，可用抗生素与磺胺疗法。

局部炎症转为慢性时，除继续使用上述疗法外，可涂擦刺激剂，加碘樟脑醚合剂（处方：碘片 20g、95%乙醇 100mL、乙醚 60mL、精制樟脑 20g、薄荷脑 3g、蓖麻油 25mL）、松节油、四三一合剂等，用毛刷在患部涂擦 5～10min。若能配合温敷，则效果良好。

韧带断裂时，可装着固定绷带。此外，采用红外线或 He-Ne 激光照射、碘离子透入及特定电磁波疗法等均有良好效果。

对慢性病例，可在患部涂擦碘樟脑醚合剂，每天涂擦 5～10min，在涂药同时进行按摩，连用 3～5d。

（四）装蹄疗法

如果肢势不良、蹄形不正，则在采用药物疗法的同时进行合理的削蹄或装蹄。在药物疗法的同时，可配合新针疗法或用 He-Ne 激光照射、二氧化碳激光扩焦照射。

任务三 关节挫伤诊治

关节挫伤是指致病的机械外力直接作用于关节,引起皮肤脱毛、擦伤,皮下组织溢血和挫灭。马、骡和牛经常发生关节挫伤,多发生于肘关节、腕关节和系关节,而其他缺乏肌肉覆盖的膝关节、跗关节也有发生。

一、诊断要点

(一)轻度挫伤

动物皮肤脱毛,皮下出血,局部稍肿。随着炎症发展,动物肿胀、疼痛症状明显,他动患病关节时有疼痛反应,轻度跛行。

(二)重度挫伤

患部肿胀,常有擦伤或明显伤痕,有热、痛反应,病后经 24～36h 肿胀达高峰。初期肿胀柔软,后变坚实。如果关节腔有血肿,则关节囊紧张膨胀,有波动,穿刺可见血液。软骨或骨骺损伤时,症状加重,体温轻度升高。患病动物站立时,以蹄尖轻着地或不能负重,运动时出现中度或重度跛行。损伤黏液囊或腱鞘时,并发黏液囊炎或腱鞘炎。

若皮肤有擦伤史,皮下肿胀,有热痛感及跛行,则一般可做出诊断。

二、治疗方法

治疗方法同关节扭伤,擦伤时,按创伤疗法处理。

任务四 关节创伤诊治

关节创伤是指外界因素作用于关节囊而致关节囊发生开放性损伤,有时并发软骨和骨的损伤。关节创伤多见于马、骡,多发于跗关节和腕关节,并多损伤关节的前面和外侧面,但也发生于肩关节和膝关节。

一、诊断要点

根据关节囊有无穿透,可将关节创伤分为关节非透创和关节透创。

(一)关节非透创

轻者关节皮肤破裂或缺损、出血、疼痛,轻度肿胀。重者皮肤创口下方形成创囊,内含挫灭坏死组织和异物,容易引起感染。关节非透创初期,动物一般跛行不明显,当腱和腱鞘损伤时,跛行显著。

（二）关节透创

患关节透创时，从创口流出黏稠透明、淡黄色的关节滑液，有时混有血液或由纤维素形成的絮状物。滑液流出状态与损伤关节的部位及创口大小有关，活动性较大的跗关节胫距囊有时因挫创损伤组织较重。当创口较大时，滑液持续流出；当关节组织因刺创而被轻度破坏时，关节囊伤口小，伤后组织肿胀压迫伤口，或纤维素块的堵塞，只有在自动或他动运动屈曲患病关节时，才流出滑液。一般关节透创初期动物无明显跛行，严重挫创时跛行明显。跛行常为悬跛或混合跛行。

如果伤后关节囊创口长期不闭合，滑液流出不止，抗感染力降低，则可能出现感染症状。临床常见的关节创伤感染为化脓性关节炎和急性腐败性关节炎。发生急性化脓性关节炎时，滑液带脓，疼痛剧烈，动物跛行明显，出现全身症状。发生急性腐败性关节炎时，滑液混有气泡、恶臭，组织坏死，动物全身症状明显。

二、治疗方法

（一）创口处理

对创伤周围皮肤剃毛，用防腐剂彻底消毒。对新创彻底清理创口，切除坏死组织、异物及游离软骨和骨片，排出创口内盲囊，用防腐剂穿刺洗净关节创，由创口的对侧向关节腔穿刺注入防腐剂，禁止由创口向关节腔冲洗，以防污染关节腔。涂碘酊，包扎伤口，对关节透创应包扎固定绷带。

1. 新鲜创

清理异物，排出盲囊，在关节腔对侧穿刺消毒，对创口包扎固定（自家血凝块填塞法）。具体方法如下：在无菌条件下取静脉血适量，放于 $3\sim6℃$ 处，待血凝后析出血清，取血凝块塞入关节囊创口，压迫阻止滑液流出，可迅速促进肉芽组织增生闭合伤口。还可以同时使用局部封闭疗法。

2. 陈旧伤

清除坏死组织及异物，对关节腔清洗消毒，包扎绷带，施行开放疗法。

（二）局部理疗

为改善局部的新陈代谢，促进创口早日愈合，可应用温热疗法，如温敷、石蜡疗法、紫外线疗法、红外线疗法和超短波疗法，以及激光疗法，用低功率 He-Ne 激光或二氧化碳激光扩焦局部照射等。

（三）全身疗法

为控制感染，应及早使用抗生素疗法、磺胺疗法、普鲁卡因封闭疗法

（腰封闭）、碳酸氢钠疗法。自家血液和输血疗法及钙疗法（处方：氯化钙 10g、葡萄糖 30g、苯甲酸钠咖啡因 1.5g、生理盐水溶液 500mL，灭菌）一次注射。或氯化钙乙醇疗法（处方：氯化钙 20g、蒸馏乙醇 40mL、0.9% 氯化钠溶液 500mL，灭菌），一次注射。

犬髌骨移位滑车沟
再造成形术

任务五　关节脱位诊治

脱位（脱臼）是指在外力作用下，关节骨端的正常位置改变，使关节头脱离关节窝，失去正常接触而出现移位。关节脱位多突然发生。本病多发生于牛、马的髋关节和膝关节，肩关节、肘关节、指关节也可发生。

一、诊断要点

关节脱位的共同症状表现为关节变形、异常固定、关节肿胀、肢势改变和机能障碍。

（一）关节变形

关节的骨端位置改变，使正常的关节部位出现隆起或凹陷。

（二）异常固定

关节的骨端离开原来的位置而被卡住，使相应的肌肉和韧带高度紧张，关节被固定不动或活动不灵活，他动运动后又恢复异常的固定状态，出现抵抗状态。

（三）关节肿胀

由于关节的异常变化，造成关节周围组织受到破坏而出血，形成血肿及比较剧烈的局部急性炎症反应，引起关节的肿胀。

（四）肢势改变

动物肢势呈现内收、外展、屈曲或伸张的状态。全脱臼时患肢缩短，不全脱臼时患肢延长。

（五）机能障碍

动物受伤后立即出现跛行。由于关节骨端变位和疼痛，患肢发生程度不同的运动障碍，甚至不能运动。

根据临床表现，一般可做出诊断。对于关节肿胀严重的病例，可结合 X 射线检查做出诊断。

二、治疗方法

关节脱位的治疗方法为整复、固定。

（一）整复

整复即复位，越早越好。在整复前，给动物肌内注射二甲苯胺噻唑或做传导麻醉，以减少由肌肉和韧带紧张、疼痛引起的动物抵抗，再灵活运用按、揣、揉、拉和抬等方法整复，使脱出的骨端复原，恢复关节的正常活动。在大型动物关节脱位整复时，常先用绳子将动物患肢反常固定的患病关节拉开，然后按照正常解剖位置，使脱位的关节骨端复位；复位时会有一种声响，随后患病关节恢复正常形态。

（二）固定

为达到整复效果，整复后应当让动物安静 1~2 周，限制其活动。为防止复发，对其四肢下部关节可用石膏或夹板绷带固定，3~4 周后去掉绷带。在固定期间配合用温热疗法效果更好。由于四肢上部关节不便用绷带固定，可以采用 5%的灭菌盐水 5~10mL 或 95%乙醇 5mL 或自家血液 20mL 向脱位关节的皮下做数点注射，引发关节周围组织炎症性肿胀，因组织紧张而起到生物绷带的作用。

实施整复时，用一只手按在被整复关节处，可较好地掌握关节骨的位置和用力方向。对犬、猫在麻醉状态下整复关节脱位比马、牛相对容易一些。整复后应当做 X 线检查。对于一般整复措施整复无效的病例，可以进行手术治疗。

任务六　髋部发育异常诊治

髋部发育异常是生长发育阶段的犬出现的一种髋关节病，患犬股骨头与髋臼错位，股骨头活动增多，临床上以髋关节发育不良和不稳定为特征，股骨头从关节窝半脱位到完全脱位，引起髋关节变性。本病多见于大型、快速生长的品种犬（如圣伯纳犬、德国牧羊犬等），但在小型犬（比格犬、博美犬）和猫中也有发生。

一、诊断要点

4~12 月龄的患犬常见活动减少、髋关节疼痛，几年以后出现变形性关节病症状。小型犬走路摇摆，运步不稳，后肢拖地，以前肢负重，后肢抬起困难，运动后病情加重。患犬股骨头外转时疼痛，髋关节松弛。负重时出现跛行，其髋关节活动范围受限制，后肢肌肉萎缩。

患犬髋关节受损，出现发炎、乏力等症状；骨关节炎加重，滑液增多，环状韧带水肿、变长并可能断裂；关节软骨被磨损、关节囊增厚、髋关节肌肉萎缩、无力。

经 X 线检查，轻度髋部发育不良变化不明显；中度以上髋部发育，可见髋臼变浅，股骨头半脱位到脱位（这是本病的特征），关节间隙消失，骨硬化，股骨头扁平，髋变形，有骨赘。须注意的是，X 线检查所见不一定与临床症状成正相关。

二、治疗方法

控制患病动物运动量，减轻其体重，给予其镇痛药，必要时采用手术疗法。手术治疗时，可用髋关节成形术，将患病动物耻骨肌切断，可减轻其疼痛。限制患病动物的生长速度和避免其食用高能量的食物是预防本病发生的基础。

任务七 肌 炎 诊 治

肌炎是指肌纤维发生变性、坏死，肌纤维之间的结缔组织、肌束膜和肌外膜发生病理变化，多发生于马，牛、猪也有发生。

一、诊断要点

（一）急性肌炎

急性肌炎多为突然发病，在患病肌肉的一定部位指压有疼痛感。患部有无增温、肿胀因部位而各有差异，但无论症状轻重，动物都有跛行症状，多数为悬跛，少数是支跛，悬跛之中有的动物兼有外展姿势。

（二）慢性肌炎

慢性肌炎多数由急性肌炎或致病因素反复刺激引起。患部肌纤维变性、萎缩，逐渐被结缔组织所取代。患部脱毛，皮肤肥厚，缺乏热、痛感觉和弹性，肌肉肥厚、变硬。患肢机能障碍。

（三）化脓性肌炎

除深在肌肉外，动物在炎症进行期有明显的热、痛、肿胀、机能障碍症状。随着脓肿的形成，局部出现软化、波动。深在病灶虽无明显波动，但可见弥漫性肿胀。采用穿刺检查，有时流出灰褐色浓汁。炎症自然溃开时，易行成窦道。

二、治疗方法

（一）急性肌炎

病初停止使役动物，先冷敷后温敷，控制炎症发展或促进吸收。用青霉素盐酸普鲁卡因封闭患病部位，涂刺激剂和软膏。为镇痛，可注射安替比林合剂、2%盐酸普鲁卡因溶液、维生素 B_1 等，也可使用安乃近、安痛定、水杨酸制剂及肾上腺糖皮质激素等。

（二）慢性肌炎

可应用针灸、按摩、涂强刺激剂、石蜡疗法、超短波和红外线疗法，对猪可向股部注射碘化乳剂（处方：鲜牛乳 5～10mL、10%碘酊 5～10 滴），同时注射青霉素。每隔 3d 用药一次，注意让动物适当运动。

（三）化脓性肌炎

前期应用抗生素或磺胺疗法，形成脓肿后，适时切开，根据病情采用全身疗法。对某些疾病除药物疗法外，还应配合进行装蹄疗法。

任务八　肌腱炎诊治

当超生理耐受范围负重时，使肌腱过度牵张，引起的炎症性病理过程被称为肌腱炎，是役用马、骡、驴和牛的常发疾病。肌腱在马、骡、驴的前肢运动中支持作用比较大，因而前肢发生肌腱炎比较多。牛则相反，后肢肌腱炎发病率较高。

一般屈腱比伸腱发病多，指深屈肌腱比指浅屈肌腱发病多（图 18-2）。

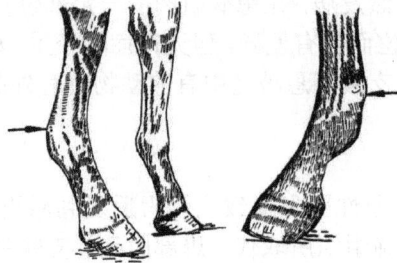

图 18-2　指浅屈肌腱炎

一、诊断要点

一般根据局部炎症（增温、肿胀、疼痛，化脓性腱炎发生坏死、化脓）和机能障碍（疼痛性跛行、腱挛缩性跛行、腱性关节挛缩引起的跛行）可做出诊断。

（一）急性无菌性肌腱炎

急性无菌性肌腱炎会引起突发程度不同的跛行，使动物患部增温，肿胀疼痛。如果病因不除或治疗不当，则易转为慢性炎症。腱变粗而硬固，弹性降低乃至消失，出现腱的机械障碍。抑或因损伤部位的肉芽组织机化形成瘢痕组织，使腱短缩，甚至与之有关的关节活动均受到限制。

（二）慢性纤维性肌腱炎

慢性纤维性肌腱炎多由经常反复的损伤所引起，其临床特征为患部硬固、疼痛、肿胀。患病动物每当运动时，表现出严重跛行，随运动跛行减轻或消失。休息之后，慢性炎症的患部迅速出现淤血，疼痛反应加剧。

（三）化脓性肌腱炎

化脓性肌腱炎的临床症状比无菌性炎症剧烈，常发于腱束间的结缔组织，因而经常并发局限性蜂窝织炎，最终引起腱坏死。

二、治疗方法

（一）急性肌腱炎

首先使患病动物安静，对肢势不正或护蹄、装蹄不当所致病例，须在药物治疗的同时进行矫形装蹄（装厚尾蹄铁或橡胶垫）和削蹄，以防腱束继续断裂和炎症发展。在急性炎症初期，为控制炎症发展和减少渗出，可用冷疗法。于发病后 1～2d 内进行冷疗，也可使用冰袋、雪袋、凉醋、明矾水和醋酸铅溶液冷敷，或用凉醋泥贴敷。

急性炎症减轻后，为了消炎和促进吸收，使用乙醇热绷带、鱼石脂乙醇溶液温敷，或涂擦复方醋酸铅散加鱼石脂等。或使用中药消炎散（处方：乳香、没药、血竭、大黄、花粉、白芷各 100g，白芨 300g，碾细加醋调成糊状）贴在患部，包扎绷带，在药干时可浇以温醋。

采用封闭疗法，将盐酸普鲁卡因溶液注于炎症患部，效果较好。

（二）亚急性和转为慢性经过的肌腱炎

使用热疗法，如电疗、离子透入疗法、热石蜡疗法，或使用可的松 3～5mL 加等量 0.5%盐酸普鲁卡因溶液在患肢两侧皮下进行点注，每点间隔 2～3cm，每点注入 0.5～1mL，每 4～6d 一次，3～4 次为一个疗程。

（三）慢性经过时间较久的肌腱炎

可涂擦碘汞软膏（处方：水银软膏 30g、纯碘 4g）2～3 次，用至患部皮肤出现结痂为止，每次涂药后，应包扎厚绷带。也可涂擦强刺激性的红色碘化汞软膏（处方：红色碘化汞 1g、矿脂 5g），为保护系凹部，应在用药同时涂以矿脂，包扎保温绷带，用药后注意护理，预防动物咬舔患部。在治疗过程中，应保持患病动物的适当运动。

（四）化脓性肌腱炎

可按脓肿诊治方法治疗化脓性肌腱炎。

任务九　黏液囊炎诊治

黏液囊炎是指黏液囊因机械作用而引起的浆液性、浆液纤维素性及化脓性炎症。临床上四肢的皮下黏液囊炎较多见，其中以马、骡和犬的肘结节皮下黏液囊炎，牛腕前皮下黏液囊炎为多发，并常为慢性经过；肉鸡常见有龙骨黏液囊炎。

一、诊断要点

诊断时结合临床表现、患部特定的解剖部位（结节间滑液囊炎，臂二头肌腱质部；肘头皮下黏液囊炎，肘头部位；腕前皮下黏液囊炎，腕关节前面略下方；跟骨头皮下黏液囊炎，跟骨头顶端）、穿刺检查（正常为透明黏胶状滑液，有炎症时会表现为混浊）和麻醉诊断（囊内注射3%盐酸普鲁卡因溶液，直至症状减轻或消失），基本可确诊。

（一）黏液囊炎的共同症状

急性经过时，黏液囊紧张，体积增大，伴有热痛，具有波动性，出现机能障碍。

（二）皮下黏液囊炎

肿胀轻微，界限不清，常无波动，机能障碍明显。若为慢性炎症，则患部呈无热无痛的局限性肿胀，机能障碍不明显。若为浆液性炎症，则黏液囊显著增大，波动明显，皮肤可移动；若为浆液纤维素性炎，则肿胀大小不等，在肿胀明显处有波动，有的部位坚实微有弹性；若纤维组织增多，则囊腔变小，囊壁明显肥厚，触诊硬固坚实，皮肤肥厚，甚至形成胼胝或骨化。

（三）肘结节皮下黏液囊炎

肘结节皮下黏液囊炎又被称为肘肿或肘头瘤。马及大型犬多发此病，多为慢性经过，肿胀大小不等，无痛，无跛行。但在急性或化脓性炎症时，肘头部热痛明显，呈弥漫性肿胀。动物运步时避免屈曲肘关节，悬跛明显。化脓性炎症继续发展可形成脓疡，不断向外排脓，易形成瘘管。

（四）腕前皮下黏液囊炎

腕前皮下黏液囊炎又被称为膝瘤或冠膝。牛、马多发此病（图18-3），患部呈渐进性无痛肿胀，肿胀可达排球大，有的极坚硬，有的柔软有波动，动物一般无跛行，但肿胀过大或成胼胝时出现跛行。

图18-3　牛双侧腕前皮下黏液囊炎

二、治疗方法

（一）镇痛消炎

对急性或慢性病例，先无菌抽出渗出液，再用 0.5%氢化可的松 2.5～5mL 加青霉素 20 万 IU，注射前以 0.5%盐酸普鲁卡因溶液做 1∶1 稀释，施行关节腔内或关节周围分点皮下注射，隔日一次，连注 3～4 次。注射后装着压迫绷带，可提高疗效。

（二）穿刺排液

若肿胀过大，渗出不易消除，则可穿刺抽出，注入 10%碘酊或 5%硫酸铜溶液或 5%硝酸银溶液等进行腐蚀。

（三）手术切除

若囊壁肥厚硬结，则可施行手术摘除。

（四）切开排脓

对化脓性黏液囊炎，应在早期切开，彻底排脓后，按化脓创处理。

治疗过后平时应加强饲养管理，防止局部压迫和摩擦。地面与厩床要平整，多铺褥草。畜舍、畜栏要宽敞。

任务十　骨膜炎诊治

骨膜的炎症被称为骨膜炎。临床上可分为非化脓性骨膜炎与化脓性骨膜炎、急性骨膜炎与慢性骨膜炎。大型动物中马、骡多发此病，小型动物中犬的骨膜炎发病率最高。

一、诊断要点

（一）非化脓性骨膜炎

1. 急性骨膜炎

患病初期以骨膜的急性浆液性浸润为特征。患部充血、渗出，出现局限性、硬固的热、痛性扁平肿胀，皮下组织呈现不同程度的水肿。触诊有痛感，指压留痕。患四肢骨膜炎时，动物跛行明显，且随运动而加重。若一肢患病，则动物站立时患肢常屈曲，以蹄尖着地减负体重；若两肢同时患病，则动物常交互负重。严重患病动物喜卧而不愿站立，患腰部骨膜炎的病犬出现弓腰症状，触诊时躲闪。一般无全身症状，经 10～15d 炎症渐平息。

2. 慢性骨膜炎

慢性骨膜炎由急性骨膜炎转变而来，或因骨膜长期受到反复刺激而发生，有纤维性骨膜炎和骨化型骨膜炎两种病理过程。

（1）纤维性骨膜炎

纤维性骨膜炎以骨膜的表层和表、深层之间的结缔组织增生为特征（图18-4）。患部出现坚实而有弹性的局限性肿胀，触诊有轻微热、痛。肿胀紧贴于骨面上，患部皮肤仍有可动性，大多数病例无机能障碍。

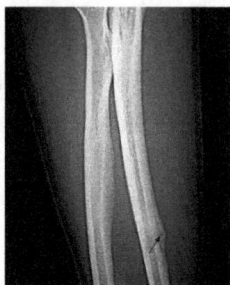

图 18-4　骨膜增生

（2）骨化性骨膜炎

骨化性骨膜炎的病理过程是由骨膜的表层向深层蔓延。视诊可见患部呈明显界限、突出于骨面的肿胀。触诊硬固坚实，无疼痛，表面呈凹凸不平的结节状，或呈显著突出的骨隆起，大小不定，可由拇指到核桃大或更大。大多数患病动物仅造成外貌上的损伤而无机能障碍，只有当骨赘发生于关节的韧带部或肌腱的附着点时，才会发生跛行。

（二）化脓性骨膜炎

患病初期局部出现弥漫性、热性肿胀，有剧痛，皮肤紧张，可动性变小或消失。随着皮下组织内脓肿的形成和破溃，成为化脓性窦道，流出混有骨屑的黄色脓液。探诊时，可感知骨表面不平或有腐骨片。局部淋巴结肿大，触诊疼痛。患四肢化脓性骨膜炎时，动物跛行显著，患肢不能负重。患病初期动物体温升高，精神沉郁，饮食欲废绝。严重的可继发败血症。

二、治疗方法

（一）非化脓性骨膜炎

1. 急性浆液性骨膜炎

急性浆液性骨膜炎的治疗方法为抑制渗出，促进吸收，限制动物关节活动。

1）抑制渗出。发病 24h 以内，可用冷疗法。

2）促进吸收。发病 24h 后改用温热疗法和消炎剂，如外敷用醋或酒精调制的复方醋酸铅散、10%碘酊或碘软膏、10%～20%鱼石脂软膏等。

用盐酸普鲁卡因溶液加皮质激素制剂局部封闭，可获良好效果。

3）限制关节活动。保持动物安静，局部可装着压迫绷带。

2. 纤维性骨膜炎和骨化性骨膜炎

纤维性骨膜炎和骨化性骨膜炎的治疗方法为消除跛行以达到机能恢复目的。

早期可用温热疗法及按摩。对跛行较重的病例可应用刺激剂。对马可涂擦 20%碘酊，10min/次，2 次/d，共 3 次；10%碘化汞软膏，水杨酸碘化汞软膏（处方：碘化汞软膏 95g、水杨酸 5g），每 5～7d 用一次；碘乙醇溶液（处方：碘酊 1g、70%乙醇和蒸馏水各 15mL），一次皮下注射。对牛可用 10%重铬酸钾软膏，2 次/d。对陈旧的病例，可在点状烧烙后，再涂布刺激剂，通常须反复治疗几次，多数病例 3～4 周后跛行可消失。对犬的腰部骨膜炎可配合中药治疗，有良好的临床效果。

（二）化脓性骨膜炎

化脓性骨膜炎的治疗方法为局部封闭，排出积脓，去除死骨，防止感染。

使患病动物安静。患病初期局部应用乙醇热绷带，以盐酸普鲁卡因溶液封闭患病部位，对动物全身应用抗生素。待软化灶出现，及时切开脓肿，形成窦道时要扩创，充分排出脓液，用锐匙刮净骨损伤表面的死骨，导入中性盐类高渗液引流及装着吸收绷带。急性化脓期过后，改用 10%磺胺鱼肝油、青霉素鱼肝油等纱布引流条。密切注意动物全身变化，防止败血症发生。

任务十一 骨 折 诊 治

在外力的作用下，骨的完整性或连续性被破坏，出现裂、断、碎现象，被称为骨折，包括横骨折、斜骨折、螺旋形骨折、粉碎性可复骨折、粉碎性不可复骨折（图 18-5）。

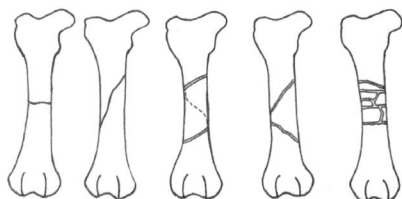

1—横骨折；2—斜骨折；3—螺旋形骨折；4—粉碎性可复骨折；5—粉碎性不可复。

图 18-5 骨折

一、诊断要点

（一）骨折的特有症状

1. 异常活动

肢体全骨折时，动物呈屈曲、旋转等异常活动。但肋骨、椎骨、蹄骨等部位骨折时，异常活动不明显。

2. 肢体变形

完全骨折时，因骨折断端移位，骨折部位外形或解剖位置发生改变，患肢呈弯曲、缩短、延长等异常姿势。

3. 骨摩擦音

骨折两端互相触碰时，听到骨断端的摩擦音或感知骨摩擦感。但在不全骨折、内折部肌肉丰厚、局部肿胀严重或断端嵌入组织时，通常听不到骨摩擦音。

（二）骨折的局部一般症状

1. 疼痛

骨折发生后疼痛剧烈，肌肉颤抖，出汗，自动或被动运动时表现更加不安和躲闪。触诊有明显疼痛部位。骨裂时，指压患部呈线状疼痛区，被称为骨折压痛线，依此可判定骨折部位。

2. 肿胀

因出血及渗出，骨折部呈明显肿胀。

3. 机能障碍

肢体骨折时，动物患肢突然发生重度跛行，表现为不能屈伸或负重，动物呈三肢跳跃前进，（不全骨折跛行较轻）。肋骨骨折时，动物呼吸困难，脊椎骨折时可发生神经麻痹及肢体瘫痪。

开放性骨折时，创口裂开，骨折断端外露，常并发感染。

（三）全身症状

轻度骨折时一般全身症状不明显。严重的骨折伴有内出血、肢体肿胀或内脏损伤，可并发急性大失血和休克等一系列综合症状；闭合性骨折使动物于损伤2～3d后体温轻度升高，食欲不振。

结合病史、临床表现，必要时配合 X 线检查，一般可确诊。

二、治疗方法

（一）骨折发生后的急救措施

首先使动物安静，避免其运动，防止断端活动和严重并发症，可用镇静剂和镇痛剂，再用简易夹板临时固定包扎骨折部，注意止血和预防休克。对开放性骨折的创伤内进行消毒止血、撒布抗菌药物后，固定包扎骨折部创口，以防感染。处理结束后尽快送动物至医院治疗。

（二）具体治疗措施

1. 正确整复，合理固定

1）闭合性整复与外固定。将动物侧卧保定，施行全身浅麻醉或局部浸润麻醉，必要时同时使用肌肉松弛剂，按"欲合先离，离而复合"的原则，先轻后重，沿着肢体纵轴做对抗牵引，使骨折的远端凑合到侧端，采用旋转或屈伸及提、按、捏、压断端的方法，使两端正确对接，恢复正常的解剖学位置。整复时，施术者手持近侧骨折段，由助手纵轴牵引远侧段，保持一定的对抗牵引力，使骨断端对合复位。有条件者，可在 X 线透视监视下进行整复。完成整复后立即进行外固定。常用夹板绷带、石膏绷带、金属支架等固定患部。对固定部位剪毛、衬垫棉花。固定范围一般应包括骨折部上、下两个关节。

2）开放性整复与内固定。在发生开发性骨折和某些复杂的闭合性骨折（如粉碎性骨折、嵌入骨折等）时，通过手术方法对暴露骨折段进行复位。根据骨折性质和不同骨折部位，选用髓内针、骨螺钉、接骨板、金属丝等材料进行内固定（图 18-6、图 18-7）。为加强固定，在内固定之后，配合做外固定（图 18-8）。新鲜开放性骨折或周全性骨折进行开放性处理时，要有良好的麻醉条件，及时彻底清除创内完全游离并失去血液供应的小碎骨片及凝血块等；将大块的游离骨片在彻底清除污染后重新植入，以免造成大块骨缺损而影响愈合。对陈旧性开放性骨折，应按感染创处理，清除坏死组织和死骨，撒布大量抗菌药物，如青霉素鱼肝油等，按骨折具体情况做暂时外固定，可加用内固定，要保留开放的创口，便于术后的清洗处理。

犬左后肢胫骨骨折内固定手术

股骨骨折内固定术

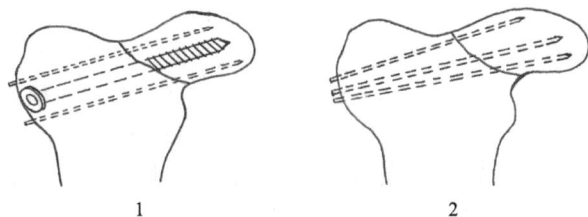

1
2

1—在两根基尔希讷（氏）针之间用一个加压螺钉进行固定；
2—使用基尔希讷（氏）针采用三角形固定的方式进行固定。

图 18-6　内固定

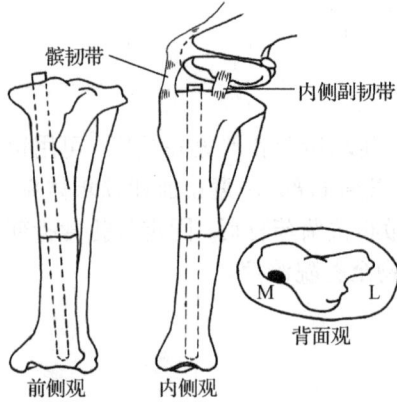

图 18-7　髓内针在胫骨的正确安置　　图 18-8　股骨干骨折图

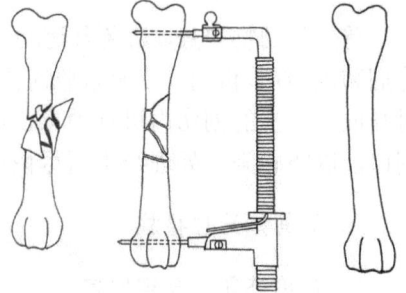

前侧观　　内侧观　　背面观

2. 药物疗法和物理疗法

整复固定后，可注射抗菌、镇痛、消炎药物，在开放性骨折的治疗中，必须全身连续应用足量（常规量的一倍）敏感抗菌药物 2 周以上。补充钙制剂，补充维生素 A、维生素 D 或鱼肝油，配合内服中药接骨散，外敷有关中草药。为防止肌肉萎缩、关节僵硬等后遗症，可进行局部按摩、搓擦，增加功能锻炼，同时配合物理疗法、温热疗法及紫外线疗法等，以促进恢复。

任务十二　蹄叶炎诊治

发生于蹄壁真皮的局限性或弥散性、无败血性炎症被称为蹄叶炎。

一、诊断要点

（一）急性蹄叶炎

急性蹄叶炎发病突然，症状明显。

1. 肢势变化

若动物的两前蹄患病，则两前肢前伸，以蹄踵负重，蹄尖翘起，头高抬，两后肢伸至腹下，呈蹲坐姿势，站立过久时，常想卧地；若两后蹄患病，则站立时头颈低下，两前肢后踏，两后肢诸关节屈曲稍前伸，以蹄踵负重，腹部卷缩；若四蹄同时患病，则初期四肢前伸，而后四肢频频交换负重，肢势常变化，终因站立困难而卧倒。强迫运动时，动物呈急速短促的紧张步样，肌肉震颤。

2. 局部变化

可见患蹄指（趾）动脉亢进，蹄温增高（特别是靠近蹄管处），敲打或钳压蹄壁有明显疼痛反应，尤以蹄尖壁的疼痛显著。

3. 全身变化

由于剧烈疼痛，常引起动物肌肉颤抖、体温升高、脉搏增数、呼吸迫促、食欲减退及反刍停止等全身症状。

（二）慢性蹄叶炎

患蹄热、痛症状减轻，蹄形改变，蹄轮不规则，呈轻度跛行。病久呈芜蹄，患病动物消瘦，生产性能下降。

二、治疗方法

（一）放血疗法

为改善血液循环，在发病后 36～48h 内，可颈静脉放血 1000～2000mL（体弱者禁用），静脉注入等量糖盐水，内加 0.1%盐酸肾上腺素溶液 1～2mL 或 10%氯化钙注射液 100～150mL。放蹄头血也可。

（二）冷敷及温敷疗法

患病初期 2～3d 内，可施行冷敷、冷蹄浴或浇注冷水，2～3 次/d，每次 30～60min，以后改为温敷或温蹄浴。

（三）封闭疗法

用 0.5%盐酸普鲁卡因溶液 30～60mL 分别注射于系部皮下指（趾）深屈肌腱内外侧，隔日 1 次，连用 3～4 次。静脉或患肢上方穴位封闭也可。

（四）脱敏疗法

患病初期可对动物试用抗组织胺药物，如内服盐酸苯海拉明 0.5～1g，1～2 次/d；或用 10%氯化钙注射液 100～150mL。10%维生素 C 注射液 10～20mL 分别静脉注射，或皮下注射 0.1%盐酸肾上腺素溶液 3～5mL，1 次/d。

（五）清肠排毒

为清理肠道和排出毒物，可应用缓泻剂。静脉注射高渗氯化钠、高渗葡萄糖溶液 300～500mL，或皮下注射盐酸毛果芸香碱等均有良好作用。静脉注射乳酸钠、碳酸氢钠，也可获得满意效果。

（六）护蹄

治疗慢性蹄叶炎，可注意修整蹄形，防止芜蹄。对已成芜蹄者，配合矫正蹄铁矫正。

任务十三 蹄底创伤诊治

蹄底创伤即尖锐物体造成的蹄真皮的损伤，包括蹄钉伤及蹄底刺创。

一、诊断要点

（一）蹄钉伤

1. 直接钉伤

在装蹄时发生直接蹄钉伤，患病动物立即呈疼痛不安状，患肢挛缩；拔出蹄钉后，可从钉孔流出血液，有时钉尖带血。

2. 间接钉伤

间接钉伤常在装蹄后 2～3d（有时可长达月余）内发生，动物患肢站立时蹄尖着地，系部直立，有时表现挛缩，运动时呈中度支跛，蹄温升高用检蹄钳敲打或钳压患蹄的钉头、钉节时，患肢疼痛挛缩，有时可压出污秽黑色液体。

（二）蹄底刺创

动物常在运动中突然发生支跛，检查蹄底及蹄叉可发现刺入的异物或刺入孔（有时经削蹄后方能发现）。钳压患部会使动物剧痛并可流出污黑液体。

若蹄底创伤继发化脓感染，则动物呈重度支跛，站立时患肢挛缩，蹄温增高。钳压、敲打患部时，动物疼痛剧烈，肌肉颤抖或挛缩。若脓汁蓄积而排出困难，则常延至蹄冠缘或蹄踵部，破溃排脓，可继发蹄冠蜂窝织炎。有时从钉孔、刺入孔流出灰黑色腐臭的稀薄脓汁。病症重者可有体温升高、食欲减退、精神不振等症状。

通过病史调查，根据症状即可确诊。

二、治疗方法

（一）除去蹄铁及刺伤物，防止感染

1）清洗蹄部，除去蹄铁及刺伤物体，再用 1%～3%煤酚皂溶液或 0.1%高锰酸钾溶液彻底洗刷蹄底。

2）对于直接钉伤，应拔出蹄钉后，向钉孔内注入碘酊。再次装蹄时，应避开此孔。

3）间接钉伤及蹄底刺伤，经上述处理后，先用蹄刀稍加扩大创口，并灌入 3%过氧化氢溶液冲洗，再注入碘酊，拭干，最后以石蜡密封创口，用帆布片包扎，保持干燥，防止感染，每隔 2～3d 换药一次。

（二）彻底排脓清创

若创口化脓，则先用 2%～3%煤酚皂溶液、3%过氧化氢溶液或 0.1% 高锰酸钾溶液彻底冲洗后，再以浸 0.1%雷夫奴尔溶液或磺胺乳剂的纱布块充填，亦可撒布碘仿、碘仿磺胺粉（1：9），最后按前述方法密封包扎，3～5d 换药一次，至化脓停止。

（三）全身抗菌消炎

可配合应用安痛定或封闭疗法。若动物体温升高、全身症状明显，则应对症治疗并给予抗生素。

任务十四　蹄叉腐烂诊治

蹄叉腐烂是蹄叉真皮的慢性化脓性炎症，伴发蹄叉角质的腐败分解。该病是马属动物特有的疾病，多为一蹄发病，有时两三蹄发病，甚至四蹄同时发病。后蹄多发此病。

一、诊断要点

（一）前期症状

蹄叉腐烂可发生于蹄叉中沟和侧沟，患病动物通常在侧沟处有污黑色的恶臭分泌物，无机能障碍，蹄叉角质腐败分解，没有伤及真皮。

（二）后期症状

真皮被侵害时，动物立即出现跛行，在松软地面或沙地行走时跛行特别明显。运步时以蹄尖着地，严重时呈三脚跳。对蹄底检查时，可见蹄叉萎缩，甚至整个蹄叉被腐败分解，蹄叉侧沟有恶臭污黑色分泌物。当从蹄叉侧沟或中沟向深层探诊时，患病动物表现为高度疼痛。用检蹄器压诊时，动物也表现疼痛。因蹄踵壁的蹄缘向回折转而与蹄叉相连，炎症也可蔓延至蹄缘生发层，从而破坏角质生长，引起局部发生病态蹄轮（图18-9）。蹄叉被破坏，蹄踵壁向外扩张的作用消失，可继发狭窄蹄。

图 18-9　蹄叉腐烂的不正蹄轮

若患病动物呈支跛，则进行蹄底检查即可确诊。

二、治疗方法

（一）除去病因，改善蹄部卫生

1）保持患病动物畜舍内干燥，保持蹄部干燥、清洁。

2）用 0.1%升汞液或 2%漂白粉液或 1%高锰酸钾液清洗蹄部。

（二）彻底消除腐烂角质，防腐消炎

1）首先彻底削除腐败的角质，然后用上述药液清洗腐烂部，再注入 2%～3%福尔马林乙醇溶液。

2）用麻丝浸松馏油塞入腐烂部，隔日换药，效果良好。

（三）可用装蹄疗法协助治疗

为使蹄叉负重，可适当削蹄踵负缘。为增强蹄叉活动，可充分削开角质部。当急性炎症消失以后，可给马装蹄，以使患蹄更完全着地。为加强蹄叉活动，可装以浸有松馏油的麻丝垫的连尾蹄铁。

（四）应逐步矫正变形蹄

对引起蹄叉腐烂的变形蹄应逐步矫正。

任务十五　牛、羊腐蹄病诊治

牛、羊或猪的蹄间发生的一种主要表现为皮肤炎症，具有腐败恶臭、疼痛剧烈特征的疾病，被称为腐蹄病，又被称为蹄间腐烂或指（趾）腐烂。在潮湿季节，本病极易流行。

一、诊断要点

患病初期动物蹄间发生急性皮炎，表现为皮肤潮红、肿胀、知觉过敏，动物频频举肢，呈现以支跛为主的跛行。炎症逐渐波及蹄球与蹄冠部，严重化脓而形成溃疡、腐烂，并有恶臭脓液。患病动物精神沉郁，食欲不振，泌乳量下降。随后蹄匣角质开始剥离，往往并发骨、腱、韧带坏死，致使动物体温升高。动物跛行严重，有时蹄匣脱落。

二、治疗方法

（一）蹄部消毒

应用饱和硫酸铜或高锰酸钾溶液消毒患部，除去坏死组织。

（二）患部用药

对患部消毒后撒布高锰酸钾粉、硫酸铜粉或磺胺粉，或涂抹青霉素鱼肝油乳剂（青霉素 20 万 IU、蒸馏水 5mL、鱼肝油 50mL，混合搅拌成乳剂）。

（三）全身疗法

对动物全身应用抗生素或磺胺类药物。

（四）群体预防

群发时，可设消毒槽，槽中放入 10%硫酸铜溶液，使患病动物每天通过 2～3 次，对圈舍进行消毒。

知识链接

项目小结

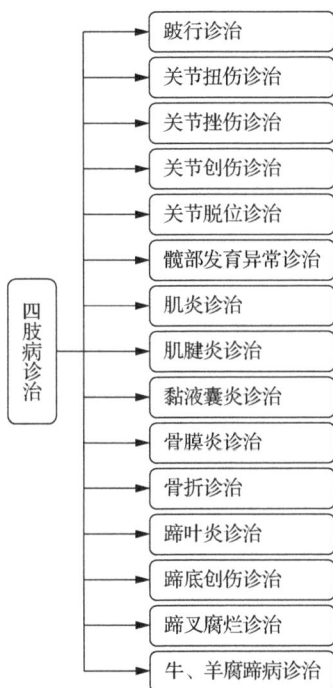

跛行的临床
诊断技术

复习思考题

1．名词解释

跛行；骨折；腐蹄病；蹄叶炎；肌腱炎

2．简答题

1）简述如何进行跛行诊断。

2）简述骨折的应急处理方法。

3）简述蹄叶炎的诊断要点。

3．论述题

一头奶牛精神沉郁，食欲下降，反刍停止，泌乳下降，喜卧，强迫站立时两后肢伸入腹下。试论述该奶牛患何种疾病，应如何治疗。

模块四
常见产科病诊治

妊娠期疾病诊治 🖑

项目简介

本项目重点介绍母畜妊娠期常见疾病如流产、产前截瘫、阴道脱、孕畜浮肿、围产期胎儿死亡及牛、羊妊娠毒血症的诊断要点和治疗方法。

知识目标

了解孕畜浮肿的诊断要点和治疗方法；掌握流产及阴道脱的种类、特点和治疗方法；掌握产前截瘫治疗方法；掌握牛、羊妊娠毒血症的诊断要点和治疗方法。

技能目标

能诊断不同的流产种类，并进行治疗；能识别不同的阴道脱，并采取相应的治疗措施。

素质目标

兽医要树立良好的职业道德，提高工作责任心。平时要细心观察母畜性行为，做好发情鉴定和适时配种，提高母畜受孕率和产仔数；树立无菌操作意识，防止人工授精时引起产道感染；对怀孕母畜要精心饲养管理，防止流产发生；临床用药要谨慎，要预防母畜药物性流产。

项目导入

妊娠是哺乳动物所特有的一种生理现象，是母畜自受精后至胎儿娩出之间的生理过程。母畜在妊娠至分娩的这一段时间，常因营养性因素、环境性因素、管理性因素及疾病因素等发病，轻则破坏胎儿与母体的正常生理关系，重则造成胎儿发育不良，损害母体健康，更严重时可能导致胎儿死亡，导致母畜不孕、不育，甚至危及母畜生命。因此，应充分认识妊娠期疾病诊治的重要性。

在妊娠期的重点工作是做好饲养管理，保持环境的通风、温暖和干燥，提供全价饲料，保证母畜有充足的营养，尤其是满足母畜怀孕后期对钙、磷、维生素 D 的需求。在这个阶段，不要用化学药品，尤其是能促进子宫收缩的药物，如催产素、缩宫素、前列腺素、孕马血清、地塞米松、拟胆碱药、高渗盐水、活血化瘀类中药；禁用链霉素、庆大霉素、卡那霉素、新霉素、万古霉素、喹诺酮类、四环素、多黏菌素、黏杆菌素、两性霉素 B、灰黄霉素、氯霉素、乙胺嘧啶、利福平、磺胺类药物、呋喃妥因等毒副作用比较大的抗菌药物；预防或发生炎症时，可以选用青霉素类、头孢类抗生素。

妊娠期疾病包括流产、产前截瘫、阴道脱、孕畜浮肿、围产期胎儿死亡及牛、羊妊娠毒血症。

任务一　流　产　诊　治

流产是指胎儿或母体的生理过程发生紊乱，或它们之间的正常关系受到破坏而导致的妊娠中断。流产可发生于母畜妊娠的各阶段，但以妊娠早期多见。

流产是哺乳动物妊娠期的一种常见产科疾病，不仅会导致胎儿发育受到影响或死亡，还会影响母畜的繁殖性能和生产性能，严重时甚至危及母畜生命。

流产

一、诊断要点

一般而言，怀孕母畜发生流产时表现为不同程度的腹痛不安、拱腰、频频做排尿动作，从阴道中流出大量黏液或污秽不洁的分泌物或血液。由于流产发生的原因、时期及孕畜反应能力不同，流产的临床表现各异，但基本可归纳为以下4种。

（一）隐性流产

隐性流产（胎儿消失）即妊娠初期，胚胎的大部分或全部组织被母体吸收。隐性流产常无明显的临床表现，只是表现为配种后诊断为怀孕的母畜，经一段时间（牛40～60d，马2～3个月，猪1.5～2.5个月）却再次发情，并从阴门中流出较多的分泌物（图19-1、图19-2）。

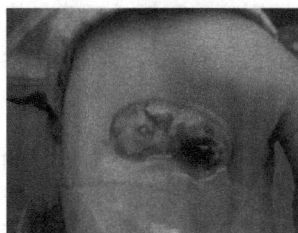

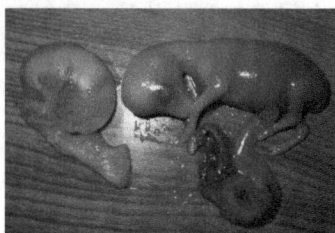

图 19-1　早期胚胎　　　　　　　　图 19-2　流产的胎儿

（二）早产

早产即流产的预兆和过程与正常分娩类似，胎儿是活的，但未经足月即产出。早产的产前预兆不像正常分娩预兆那样明显，往往仅在流产发生前2～3d出现乳房突然胀大、阴唇轻度肿胀、乳房内可挤出清亮液体等类分娩预兆。若早产胎儿有吮吸反射，则可进行人工哺养，使其存活。

（三）小产

小产（半产）即提前产出死亡而未经变化的胎儿，这是最常见的流产类型。妊娠前半期的小产，母畜流产前常无预兆或预兆轻微，排出胎儿时不易发现，有时可能被误认为隐性流产；妊娠后半期的小产，其流产预兆和早产相同。在胎儿未排出前，直肠检查摸不到胎动，妊娠脉搏变弱。阴道检查发现母畜子宫颈口开张，黏液稀薄。

小产时，若胎儿排出顺利，则预后良好，一般对母体繁殖性能影响不大。若子宫颈口开张不好，胎儿不能顺利排出，则应该及时采取助产措施，否则可导致胎儿腐败，引起母畜子宫内膜炎或继发败血症并表现出全身症状。

（四）延期流产（死胎停滞）

胎儿死亡后由于阵缩微弱，母畜子宫颈不开张或开张不大，死亡胎儿长期停留于子宫内，这被称为延期流产。延期流产可表现为胎儿干尸化和胎儿浸溶两种形式。

1. 胎儿干尸化

胎儿死亡后未被排出，其组织中的水分及胎水被母体吸收，胎儿体积缩小，变为棕黑色样的干尸，这被称为胎儿干尸化。胎儿干尸化常见于牛、羊、猪。干尸化胎儿可于子宫中停留相当长时间。母牛一般是在妊娠期满后数周，在黄体作用消失后，将胎儿排出。排出胎儿也可发生于妊娠期满以前，个别干尸化胎儿长久停留于子宫内而不被排出。母畜表现为发情停止，随妊娠时间延长腹部并不继续增大。直肠检查不感胎动，子宫内无胎水，但有硬固物，子宫中动脉不变粗，且无妊娠样搏动，一侧卵巢有十分明显的黄体。干尸化胎儿有时伴随母畜发情被排出。

2. 胎儿浸溶

妊娠中断后，死亡胎儿的软组织被分解、液化，形成暗褐色黏稠的液体流出，而骨骼则因子宫颈开张不够而滞留于子宫内，这被称为胎儿浸溶（图 19-3）。胎儿浸溶现象比胎儿干尸化少见，有时见于牛、羊，猪也可发生。发生胎儿浸溶时，母畜表现为精神沉郁、食欲减退、体温升高、腹泻、体重减轻；随努责可见红褐色或黄棕色腐臭黏液及脓液排出，且常混有小的骨片；尾部和后躯被黏液污染，干后成为黑痂。阴道检查，可发现子宫颈开张，阴道及子宫发炎，在子宫颈或阴道内可摸到胎骨；直肠检查，可在子宫内摸到残留的胎儿骨片（图 19-4）。

图 19-3　胎儿浸溶

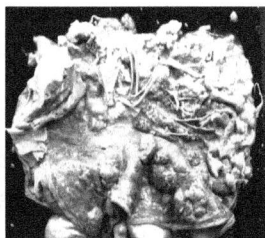

图 19-4　胎儿腐败分解

我们主要根据临床症状、直肠检查及阴道检查来进行流产诊断。母畜配种后被诊断为怀孕，但经过一段时间后再次发情，这是隐性流产的主要临床诊断依据。预产期未到而孕畜出现腹痛不安、拱腰、努责、呼吸和脉搏加快，从阴道中排出大量分泌物或血液、污秽恶臭的液体，这是一般性流产的主要临床诊断依据。对延期流产，可借助直肠检查或阴道检查进行确诊。

二、治疗方法

针对不同类型的流产，采取不同的措施。

（一）安胎

1）对有流产征兆、子宫颈口尚未开张、胎儿仍存活且未被排出的母畜，应使用抑制子宫收缩的药物，以安胎、保胎为治疗原则，以防流产。可肌内注射孕酮、盐酸氯丙嗪或硫酸阿托品。

2）对有流产征兆、子宫颈口已开张、胎囊或胎儿已进入产道、流产难以避免的母畜，应以促进子宫内容物排出为治疗原则，以免胎儿腐败引起子宫内膜炎，影响日后受孕。

3）如果子宫颈口开张足够，则可用手将胎儿拉出；如果胎儿位置及姿势异常，且胎儿已死亡，则可施行截胎术。

4）如果子宫颈口开张不够，则应及时进行助产，也可肌内注射催产素以促进胎儿排出，或肌内注射前列腺素类药物以促进子宫颈口进一步开张。

（二）人工引产

1）当发生延期流产时，如果分娩机制仍未启动，则要进行人工引产。对母畜肌内注射氯前列腺烯醇，也可用地塞米松、三合激素等药物进行单独或配合引产。

2）取出干尸化及浸溶胎儿后，须用 0.1%高锰酸钾溶液或 5%～10%盐水等冲洗子宫，并注射子宫收缩药，以促进子宫中胎儿分解物的排出。

3）对于胎儿浸溶腐败的治疗，除按子宫内膜炎处理外，还应根据母畜全身状况配合必要的全身治疗。

任务二　产前截瘫诊治

产前截瘫是妊娠末期母畜既无导致瘫痪的局部因素（如腰、臀部及后肢损伤），又无明显的全身症状，但后肢不能站立的一种疾病。该病可发生于各种家畜中，但以牛和猪发病率较高，马也可发生此病。

一、诊断要点

（一）牛一般于分娩前 1 个月左右逐渐出现运动障碍

患牛发病初期表现为站立不稳，两后肢交替负重；行走时，后躯摇摆，步态不稳；卧地后，起立困难或不愿起立。发病后期表现为不能站立，卧地不起。经临床检查，后躯无可见的病变，触诊无热、痛反应。患牛通常无全身症状，但有时心跳快而弱。卧地时间较长时，患牛可能发生褥疮或患肢肌肉萎缩，有时也可能伴发阴道脱。

（二）猪多于产前几天至数周发病

患猪发病初期表现为卧地不起，站立时四肢强直，系部直立，行走困难，一前肢最先出现跛行，随后波及四肢。触诊掌（跖）骨有疼痛反应，表面凹凸不平。患猪不愿站立，驱之不敢迈步，疼痛嚎叫，甚至两前腿跪地爬行。此外，患猪常表现出异食癖、消化紊乱及粪便干燥症状。

（三）病史调查和实验室诊断

结合妊娠母畜产前饲养管理状况，尤其是钙、磷、维生素 D 等缺乏或不足等饲养管理情况，以及实验室血钙、血磷检查，进行诊断。

（四）鉴别诊断

必要时，应注意结合胎水过多、子宫捻转、损伤性胃炎、风湿症、酮血病、骨盆骨折、后肢韧带及肌腱断裂等进行鉴别诊断。

二、治疗方法

（一）补钙和维生素 D

对于由缺钙引起的产前截瘫，可对患畜静脉注射钙制剂进行治疗。对牛可静脉注射 10%葡萄糖酸钙 200～500mL 及 5%葡萄糖 500mL，隔日一次，也可静脉注射 10%氯化钙 100～300mL 及 5%葡萄糖 500mL，隔日一次；对猪可静脉注射 10%氯化钙 20～30mL 及 5%葡萄糖 500mL，隔日一次。为促进钙盐吸收，可肌内注射维生素 AD，牛 10mL（1mL 含维生素 A 5 万 IU，维生素 D 5000IU），猪、羊 3mL，隔 2d 一次；也可肌内注射骨化醇（维生素 D_2），牛 10～15mL（1mL 含维生素 D_2 4 万 IU）。对猪可肌内注射维丁胶性钙 1～4mL，隔日 1 次，2～5d 后运动障碍即得到改善。

（二）补磷

对缺磷的患畜，可静脉注射磷酸二氢钠。

（三）对重症患畜进行人工引产

发病时间距分娩期较近且病情较轻者，经适当治疗，产后多能很快恢复。对已近分娩期，且出现全身感染的病情危重患畜，须进行人工引产，以挽救患畜和胎儿的生命。

（四）加强患畜的护理

对病因复杂的患畜，在进行对症治疗的同时，要耐心做好护理工作，并给予富含蛋白质、矿物质及维生素的易消化饲料。给不能站立的患畜多垫褥草，每日将其翻转数次，并对其腰荐关节及后肢加以适当按摩，以促进后肢的血液循环。对有可能站立的病畜，每日应将其抬起数次。可结合针灸、电针等中医疗法进行治疗，也可采用后躯肌内注射或百会穴注射脊髓兴奋药物（如硝酸士的宁）的方法进行治疗。

任务三　阴道脱诊治

阴道脱是指阴道底壁、侧壁和上壁一部分组织肌肉松弛扩张连带子宫和子宫颈向后移，使松弛的阴道壁形成折襞嵌堵于阴门之内（又称阴道内翻）或突出于阴门之外（又称阴道外翻）（图 19-5）。阴道脱常发生于妊娠末期，可为部分阴道脱出，也可为全部阴道脱出。本病多发生于牛，其次是羊、猪，少见发生于马。短头品种犬发情时常发生本病。

图 19-5　阴道脱模拟图

一、诊断要点

（一）单纯阴道脱

单纯阴道脱主要发生于产前。在发病初期，仅当患畜卧地时，前庭及阴道下壁（有时为上壁）形成皮球大、粉红湿润并有光泽的瘤状物，堵在阴门之内或露出于阴门之外。待患畜站立后，脱出部分可自行回缩。

（二）中度阴道脱

阴道脱伴有膀胱和肠道脱入骨盆腔内时，被称为中度阴道脱。可见患畜阴门外有囊状物脱出，在其起立后，脱出的阴道壁难以自行回缩。当组织发生水肿、充血时，患畜频频努责，使阴道脱出更多，由粉红色转为暗红色，甚至黑色，表面干燥或溃疡，严重时发生坏死及穿孔。

（三）重度阴道脱

重度阴道脱指子宫和子宫颈后移，子宫颈脱出阴门外。

阴道的脱出部分长期不能回缩，其黏膜淤血、水肿，因受地面摩擦和粪尿污染而使脱出的阴道黏膜破裂、发炎、糜烂或坏死。严重时可继发全身感染，甚至导致患畜死亡。久病患畜表现为精神沉郁、食欲减退、脉搏快而弱，常继发瘤胃臌气。一般根据临床症状即可做出诊断。

二、治疗方法

根据患病动物种类、病情和妊娠阶段等，选择治疗方法。

（一）单纯阴道脱

患畜起立后阴道脱出部分可自行回缩，一般不须整复，但应防止其复发。使患畜取前低后高的姿势站立，以防止脱出部分继续增大，避免脱出部分损伤和感染。同时适当增加患畜自由运动量，加强营养，使其减少卧地，给予易消化饲料，多能治愈。对便秘、腹泻及瘤胃弛缓等疾病，应及时治疗，保持患畜后躯尤其是外阴部的清洁卫生，防止尾及其他刺激物对脱出阴道黏膜的刺激。必要时，对阴道脱出的部分涂以抗生素油膏或软膏。

（二）中度和重度阴道脱

对患畜站立时，阴道脱出部分不能自行回缩者，应立即整复并加以固定，同时配以药物治疗。

1. 保持前低后高姿势

在整复时，将患畜以前低后高体位保定，若患畜努责强烈，则施行荐尾或尾椎间歇的轻度硬膜外麻醉。对小型动物可提起其后肢，以减少骨盆腔内的压力。

2. 清洗脱出的阴道并消肿

裹扎尾巴并将其拉向体侧，选用2%明矾溶液、1%氯化钠溶液、0.1%高锰酸钾溶液、0.1%利丹诺溶液清洗阴道脱出部及其周围，除去坏死组织。若创口大，则可进行缝合。水肿严重时，可先用毛巾浸以2%明矾冷敷，并适当压迫15~30min；或划刺以使水肿液流出；涂以3%~5%明矾，可减轻水肿。

3. 进行阴道整复

在脱出的阴道黏膜上涂以抗生素油膏或碘甘油，用灭菌纱布包裹拳头，抵于脱出部末端，当患畜不甚努责时，乘势将脱出的阴道还纳复位；也可用灭菌纱布包裹脱出的阴道，用手掌将其托送复位。为防止阴道再次脱出，可于阴道内放置阴道托。在阴道内注入消毒液或在阴门两旁注入抗生素，热敷阴门，以消炎、减轻努责。若患畜努责强烈，则可在阴道内注入2%利多卡因溶液10~20mL，或施行荐尾硬膜外麻醉，注射肌肉松弛剂等。

4. 阴门固定

对复发阴道脱的患畜，通过缝合阴门固定，尤其是对妊娠最后 2～3 周的母牛，用粗缝线在阴门上做 2～3 道间断褥式缝合或圆枕缝合、双内翻缝合（图 19-6）。对阴门下 1/3 部分不缝合，以免影响排尿。缝合后定期消毒，以防感染。拆线不宜过早，应先拆掉下方一个线结，无再脱出现象时，于第二天再拆除余下线结。但对邻近分娩的患畜，一旦出现临产征兆，就应立即拆线。

图 19-6 阴门双内翻缝合

（三）顽固性阴道脱

对顽固性阴道脱或阴道黏膜广泛水肿、坏死的患畜，可进行阴道黏膜下层部分切除术。术前施行硬膜外麻醉，对阴道黏膜用 0.25%普鲁卡因溶液局部浸润麻醉。在子宫后部至尿道外口的阴道段，将病变的黏膜切除，用 3～4 号肠线缝合黏膜切口，一般是切除一段缝合一段，以减少出血。但应注意的是，对膀胱扩张并突入阴道、离分娩期 3～4 周或有流产迹象的患畜，不可应用此法。

对阴道轻度脱出的孕牛，可肌内注射孕酮 50～100mg，1 次/d，至分娩前 20d 左右停止用药。对由卵泡囊肿引起阴道脱的患畜，在整复后，首先要治疗原发病，将卵泡囊肿治愈后阴道则不再脱出。

补中益气汤对各种原因引起的阴道脱均能奏效。枳朴益母散对各种原因引起的牛阴道脱也有较好疗效。

任务四 孕畜浮肿诊治

孕畜浮肿即妊娠浮肿，是妊娠末期孕畜腹下及后肢等处发生的水肿。浮肿面积小、症状轻者，是妊娠末期的一种正常生理现象；浮肿面积大、症状严重者，属于病理状况。妊娠浮肿多发生于马，有时也见于牛，特别是乳牛。孕畜一般于分娩前 1 月左右出现浮肿，产前 10d 浮肿明显，分娩后 2 周左右自行消退。

一、诊断要点

一般根据病因及临床症状即可做出诊断。

1）浮肿一般从腹下及乳房开始，随后逐渐蔓延至前胸、后肢（甚至到跗关节或球节）及阴门。

2）浮肿一般呈扁平状，左右对称。

3）触诊其质地如生面团，指压留痕，皮温稍低，触压无痛，皮肤紧张而光亮。

4）通常全身症状不明显，但孕畜泌乳性能会明显下降。当浮肿严重时，可出现食欲减退、步态强直等现象。

二、治疗方法

（一）轻症病例

浮肿轻者，不必用药。

（二）重症病例

1）10%葡萄糖酸钙 300mL、25%葡萄糖 1500mL、10%咖啡碱注射液 10mL，一次静脉注射（牛、马），1 次/d，连用 3～5d。

2）肌内注射呋塞米（0.5mg/kg），1 次/d，连用 2～4d。

3）对浮肿部位涂以用常醋调成泥膏剂的复方醋酸铅散，或涂樟脑乙醇，有较好的疗效。

4）对浮肿较严重的孕畜，可内服苯甲酸钠咖啡因 5～10g，或注射 20% 苯甲酸钠咖啡因溶液 20mL，1～2 次/d，连用 3～4d。

5）加强饲养管理，治疗时，给予孕畜富含蛋白质、矿物质及维生素的饲料，限制其饮水，减少饲喂多汁饲料及食盐。

6）犬、猫可静脉注射白蛋白、羟乙基淀粉（高分子替血白蛋白）或氨基酸溶液。

任务五　围产期胎儿死亡诊治

围产期胎儿死亡是指产出过程中及其前后不久（产前后不超过 1d）胎儿所发生的死亡。出生时即已死亡者被称为死胎，这种胎儿的肺脏放在水中下沉。围产期胎儿死亡主要见于猪及牛。猪随着胎次的增多（3 胎以后）及胎儿的过多或过少，在 100 头小猪中有 2～6 头死亡；牛胎儿围产期死亡率可达 5%～15%，并常见于头胎及雄性胎儿。

一、诊断要点

（一）传染性疾病引起

传染性疾病引起的胎儿死亡，因患畜的症状及诊断方法随原发病而异。

（二）非传染性疾病引起

若胎儿死亡是因非传染性疾病而引起的，则必须调查病因（如营养缺乏、中毒病、机械性损伤、饲草中雌激素含量过高等）。

（三）出生过程中死亡

出生过程中死亡的胎儿是由于 CO_2 分压升高、O_2 分压降低，而缺氧窒息。宫内窒息可诱发肠蠕动和肛门括约肌松弛，因而将胎粪排入胎水中，且可导致胎儿吸入羊水。因此，在羊水中和呼吸道内发现胎粪，是胎儿窒息的一种标志。未死的幸免仔猪或其他仔畜，其生活能力降低，肌肉松弛，有的不能站起，没有吮乳反射，有的昏迷不醒，最终死亡。

二、治疗方法

（一）传染性疾病引起

对因传染病引起的胎儿死亡，须根据所患疾病对母畜进行防治。

（二）非传染性疾病引起

对因非传染性疾病引起的胎儿死亡，应按病因改善母畜的饲养管理和营养，对可救活的胎儿应进行及早抢救。为了防止胎儿死亡，可以采取引产措施。

任务六　牛、羊妊娠毒血症诊治

牛、羊妊娠毒血症是牛、羊在妊娠末期因碳水化合物和脂肪酸代谢障碍而发生的一种以低血糖、酮血症、酮尿症、虚弱和失明为主要特征的亚急性代谢病。牛急性妊娠毒血症多于分娩期间或分娩后 3d 发生。

一、诊断要点

牛、羊妊娠毒血症的主要临床表现为患畜精神沉郁、食欲减退、运动失调、呆滞凝视、卧地不起甚至昏睡等。

血液检查可发现低血糖和高血酮，血液总蛋白减少，血浆游离脂肪酸增多，尿丙酮呈强阳性反应，嗜酸性粒细胞减少。在疾病后期，患畜有时可出现高血糖，肝脏有颗粒变性及坏死，肾脏亦有类似病变，肾上腺肿大，皮质变脆，呈土黄色。

根据临床症状、营养状况、饲养管理方式、妊娠阶段、血尿检验及尸体剖验可做出诊断。

二、治疗方法

（一）牛妊娠毒血症

牛妊娠毒血症的治疗方法为抑制脂肪分解，减少脂肪酸在肝中的积存，加速脂肪的利用，防止并发酮病，解毒，保肝，补糖。同时加强管理，为患畜供应平衡日粮，定期补糖、补钙，建立酮体监测制度，及时配种。

1. 加强饲养管理

1）50%葡萄糖液：500～1000mL，静脉注射。

2）50%右旋糖酐：初次用量1500mL，一次静脉注射，以后改为500mL，2～3次/d。

3）烟酰胺：12～15g，一次内服，连服3～5d，其作用是抗解脂和抑制酮体的生成。

4）氯化胆碱或硫酸钴：100g，内服。

5）丙二醇：170～342g，分两次口服，连服10d，喂前静脉注射50%右旋糖酐500mL，效果更好。

2. 防止酸中毒和继发感染

1）防止酸中毒，用5%碳酸氢钠500～1000mL，一次静脉注射。

2）防止继发感染，可使用广谱抗生素、金霉素或四环素治疗。

（二）羊妊娠毒血症

为了保护肝脏机能和供给机体所必需的糖原，可用10%葡萄糖150～200mL，加入维生素C 0.5g，从静脉输入，同时还可肌肉注射大剂量的维生素 B_1。用糖和皮质类激素治疗时，宜用小剂量多次注射，若一次性大剂量注射，则可能导致患畜早产或流产。出现酸中毒症状时，可静脉注射5%碳酸氢钠溶液30～50mL。此外，还可使用促进脂肪代谢的药物，如肌醇注射液，也可同时注射维生素C。

无论应用哪种方法治疗，如果治疗效果不显著，则建议施行剖宫产或人工引产；娩出胎儿后，患畜症状多随之减轻。但已卧地不起的病羊即使引产，也预后不良。在母畜患病早期，治疗的同时应改善饲养管理，防止病情进一步发展，甚至能使病情迅速缓解。增加碳水化合物饲料的数量，如块根饲料、优质青干草，并给以葡萄糖、蔗糖或甘油等含糖物质，对治疗此病有良好的辅助作用。

项目小结

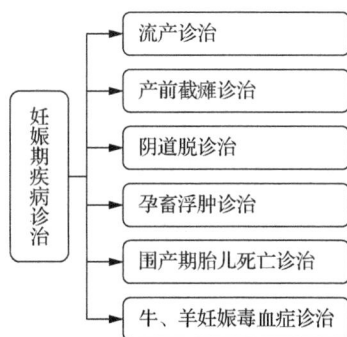

知识链接

——**复习思考题**————————————————

1. 名词解释

流产；早产；小产；延期流产；阴道脱；围产期胎儿死亡

2. 简答题

1）简述流产的类型及特点。
2）简述孕畜浮肿的治疗方法。

3. 论述题

1）试论述阴道脱的治疗方法。
2）某牛干奶期达 3 个多月，与其他泌乳牛混养，精料一直未减，较肥，产后第三天开始食欲减退，反刍停止，听诊瘤胃蠕动音微弱，体温为 39℃，有磨牙、呻吟、兴奋不安症状，眼球深陷，排稀软灰色粪便，恶臭，身体有丙酮气味。试对该患牛做出诊断，并提出合理的治疗措施。

项目 二十

分娩期疾病诊治

项目简介

分娩是指妊娠末期，胎儿发育成熟，母体将胎儿及其附属物从子宫内排出体外的生理现象。本项目主要介绍分娩期间常见的疾病如胎衣不下、产后瘫痪和难产的诊断要点和治疗方法。

知识目标

掌握胎衣不下的特点和治疗方法；掌握产后瘫痪的诊断要点和治疗方法；了解难产的原因；掌握难产的诊断和助产方法。

技能目标

能对出现胎衣不下的母畜实施治疗；能对产后瘫痪母畜做出正确诊断，并实施治疗；能针对不同原因引起的难产采取正确的助产措施。

素质目标

作为临床兽医，要树立高尚的职业道德，急畜主之所急，想畜主之所想，不辞辛苦进行救治。一名兽医必须熟练掌握接产、助产、剖宫产等技能，必须始终贯彻无菌操作的原则，防止助产或剖宫产手术过程中的细菌感染。

项目导入

在分娩时，母畜和胎儿会面临许多危险。分娩期疾病常给母畜和胎儿带来不同程度的损害，也给养殖业造成严重的经济损失。在临床工作中，我们应保证母畜顺利完成分娩，在减少生产并发症的同时，提高母畜和胎儿的生存质量。分娩期常见的疾病有胎衣不下、产后瘫痪和难产。对这3种疾病，要及时有效处理，否则后果不堪设想。

任务一　胎衣不下诊治

胎衣不下也被称为胎衣滞留，是指母畜产出胎儿后，胎衣在正常时间范围内未能自行排出。各种动物产后排出胎衣的正常时间不同，牛 12h，羊 4h，猪 1h，马 1～1.5h。各种动物均可发生胎衣不下，但牛发病率最高，高达 20%～50%，马的发病率一般为 4%，猪和犬很少发生单一的胎衣不下。

胎衣不下

一、诊断要点

1）胎衣全部不下：整个胎衣滞留于子宫内，外观仅有少量胎膜垂于阴门外，或看不见胎衣。

2）胎衣部分不下：胎衣大部分垂于阴门外，少部分与母体胎盘粘连而未排出；也有大部分脱落，仅有少部分滞留于子宫内者，这种情况只有通过检查脱出的胎衣缺损才能发现。

3）发生胎衣不下时，患病母畜初期一般表现为拱背、努责，从阴道中排出污红色恶臭液体，卧下时排出量增加，其中含有胎衣碎片。随着胎衣不下时间延长，患病母畜可发生急性子宫内膜炎，机体吸收胎衣腐败产物后会出现全身症状。

4）各种动物对胎衣不下的耐受性有差异。牛和山羊对胎衣不下不很敏感，全身反应出现得较晚或较轻；马和犬对此病很敏感，一般产后超过半天会出现全身症状，而且病程发展很快，临床症状表现严重；猪的胎衣不下多为胎衣部分不下，发生胎衣不下时患猪表现为不安、体温升高、食欲降低、饮欲增加、恶露增多。

二、治疗方法

（一）药物疗法

1. 子宫内投药

为防止胎衣腐败、延缓腐败物被溶解吸收，可向子宫内直接投注抗生素。对于牛或马，可取土霉素 2g 或金霉素 1g 溶于 250mL 生理盐水中，一次灌注，隔日一次；对羊和猪药量减半；对犬、猫可一次注入相应药物 30mL。也可用其他抗生素或选用市售的治疗子宫内膜炎的专用药物进行子宫内投药治疗。

为促进胎盘绒毛脱水收缩、促进母体胎盘和胎儿胎盘分离，还可向子宫内灌注 10%氯化钠溶液，对牛一次用量为 1000～1500mL，对猪、羊等中小型动物用量酌减。

2. 注射促进子宫收缩药物

为加强子宫收缩，促进母体胎盘和胎儿胎盘分离，促进胎衣排出，可在产后早期注射促进子宫收缩的药物进行治疗，如皮下或肌内注射催产素，牛 50～100IU，猪、羊 5～20IU，马 40～50IU，犬、猫 5～30IU，2h后重复一次。此外，还可选用浓盐水、氯前列烯醇等进行治疗。

3. 注射抗生素

肌内注射抗生素类药物是发生胎衣不下时防止子宫感染的一种常用措施。当患畜出现全身症状时，可将肌内注射改为静脉注射，并配合相应的支持疗法。对马和小型动物来说，这种治疗方法尤为有效。

（二）手术剥离胎衣

手术剥离胎衣主要适用于大型动物。手术剥离的原则如下：易剥离者则剥，不易剥离者不要硬剥；剥离过程中严禁损伤子宫黏膜；母畜患急性子宫内膜炎和体温升高时，不宜进行剥离；剥离完胎衣后要向子宫内灌注抗生素。

1. 剥离前的准备

将动物站立保定，使其保持头高臀低姿势，用尾绷带固定其尾巴，对后躯及外露胎衣用消毒液进行清洗消毒。施术者要戴上长臂手套做好自身保护。为了便于剥离，可向子宫中灌注适量浓盐水，对牛灌注量为 10%浓盐水 1000～1500mL。

2. 剥离方法

（1）牛

将胎衣的外露部分捻转几圈，用左手将其拉紧，将右手伸入子宫，由浅及深、螺旋式深入，寻找胎盘进行剥离，剥离时不可强行撕扯，应该依其结构特点，用食指和拇指将母体胎盘和胎儿胎盘分离，剥离完一侧子宫角再剥离另一侧子宫角。

（2）马

在子宫颈内口，找到绒毛膜的破口边缘，把手伸入子宫黏膜与绒毛膜之间，轻轻用力向前移行，即可将胎衣从子宫黏膜上分离下来。也可拧紧外露的胎衣，用另一只手伸入子宫，找到脐带根部，握住后轻轻扭动、拉动，使绒毛膜脱离。

（3）犬

当怀疑犬发生胎衣不下时，可将手指伸入阴道中进行探查，找到脐带后轻轻向外牵拉；也可用纱布包住镊子在阴道中旋转，将胎衣缠住拉出。对小型犬可用正立提起（抱起）、按摩腹壁的方法促进胎衣排出，对重复几次仍无法排出者，可进行剖腹手术。

3. 冲洗

剥离完胎衣后，因子宫内尚存有胎盘碎片及腐败液体，可用 0.1%高锰酸钾、0.1%新洁尔灭溶液冲洗。冲洗方法是将粗橡胶管（也可用胃管、子宫洗涤管）一端插至子宫前下部，将管外端接漏斗，倒入冲洗液 1~2L。待漏斗中冲洗液快流完时，迅速把漏斗放低，借虹吸作用使子宫内液体自行排出。此时患病动物常有努责，能促使子宫内液体充分排出，反复冲洗 2~3 次，至流出的液体与注入的液体颜色基本一致为止。

4. 全身抗菌消炎

术后数天内须检查患病动物有无子宫炎，并注意治疗。

任务二　产后瘫痪诊治

产后瘫痪又称生产瘫痪、乳热症、产后低血钙症和产后癫痫，是母畜分娩后突然发生的一种严重代谢性疾病，本病的特征是低血钙、全身肌肉无力、四肢瘫痪及知觉丧失或抑制。各种动物都可发生此病。

生产瘫痪

一、诊断要点

根据发病时间（分娩后不久）、出现特征的瘫痪姿势、两后肢痛觉丧失、血钙降低（一般在 0.08mg/mL 以下），以及应用钙剂及乳房送风疗法有良好疗效，可做出诊断。

二、治疗方法

（一）钙剂疗法

常用的钙剂疗法是硼酸葡萄糖酸钙溶液（在葡萄糖酸钙溶液中加入4%硼酸，以提高葡萄糖酸钙的溶解度和稳定性）、10%葡萄糖酸钙注射液、5%~10%氯化钙注射液静脉注射，同时配合肌注维丁胶性钙或果酸钙。

（二）乳房送风疗法

乳房送风疗法的目的是使乳房膨胀，内压增高，减少乳房血供，限制泌乳，减少钙、磷从乳中排出。乳房送风疗法适用于奶牛和奶山羊生产瘫痪的治疗。

操作步骤如下：先逐个挤净乳房中的积奶并对乳头用 75%酒精棉消毒，然后将消毒过且在尖端涂有少许润滑剂的乳导管针（通乳针）插入乳头管内，注入头孢噻呋钠 0.2g 溶解于 20~40mL 生理盐水中。连接乳房送风器（图20-1），分别将 4 个乳区打满空气，用绷带系住乳头，防止气体逸出。

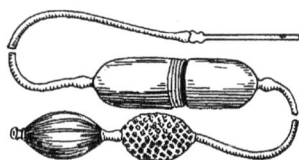

图 20-1　乳房送风器

向乳房中打气时，应逐一进行，打入的气体量以乳房皮肤紧张、乳区界限明显、轻敲乳房呈现鼓音为宜。打入的气体量不足，会影响疗效；打入的气体过多，易引起乳腺腺泡损伤。将系乳头的绷带在 1h 左右解除。

（三）其他疗法

治疗产生瘫痪时可适量补充磷、镁及糖皮质激素等，同时配合高渗葡萄糖和 2%～5% 碳酸氢钠注射液。

（四）护理要点

对患病动物要有专人护理，多加垫草，天冷时应注意保温。若患牛侧卧的时间过长，则要设法使其转为伏卧或将牛翻转，防止发生褥疮及反刍时引起异物性肺炎。当患病动物初次起立仍有困难，或者站立不稳时，必须注意加以扶持，避免其跌倒引起骨骼及乳腺损伤。在患牛痊愈后 1～2d 内，挤出的奶量以够喂乳牛为度，以后再逐渐将奶挤净。

任务三　难产诊治

分娩是母畜的一种生理过程，这一过程能否正常进行，取决于产力、产道和胎儿 3 个因素。正常情况下，三者总是相互协调的，从而使分娩能顺利地进行。如果其中任何一种因素发生异常，胎儿的产出过程就会发生延迟或受阻，造成难产。

难产

根据难产的原因，将其分为产力性难产、产道性难产和胎儿性难产。

产力是将胎儿从子宫中逼出的力量，包括子宫肌收缩力量、腹肌的阵缩力量。如果产力发生异常，则可造成产力性难产，主要是阵缩及努责微弱。产道性难产主要是由产道狭窄引起的，包括硬产道狭窄和软产道狭窄。产道性难产多发生于牛和猪，少见于其他家畜。胎儿性难产是指母畜的骨盆及软产道正常，但胎儿发育相对过大，或胎位、胎向及胎势异常，使胎儿不能顺利通过产道。

正常的胎位是上位（图 20-2），下位（图 20-3）和侧位（图 20-4）都是异常；正常的胎向是纵向，横向和竖向都是异常；正常的胎势是头部朝向阴门（头前置），头颈部伸直，两前肢向前伸直，夹住头部（正生时）或两后肢伸直并拢朝向阴门（倒生时）。

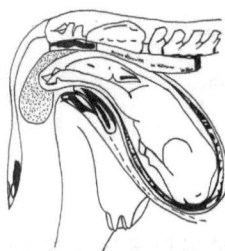

图 20-2　正生纵向上位（正常）　　　图 20-3　正生纵向下位（异常）

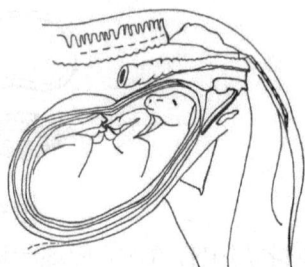

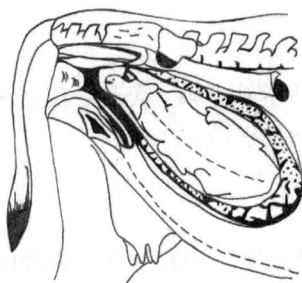

图 20-4　正生纵向侧位（异常）

一、诊断要点

1. 产力性难产

母畜妊娠期已满，分娩条件具备，分娩预兆已出现，但阵缩力量微弱，努责次数减少，力量不足，长久不能将胎儿排出。

2. 产道性难产

母畜阵缩及努责正常，但长时间不见胎膜及胎儿的排出。产道检查可发现子宫颈口稍开张，子宫颈口松软不够或盆腔狭小变形。

3. 胎儿性难产

（1）胎儿过大

母畜的骨盆及软产道正常，胎位、胎向及胎势也正常，但胎儿发育相对过大，不能顺利通过产道。

（2）双胎难产

母畜分娩时，两个胎儿同时进入产道，或者同时楔入骨盆腔入口处，都不能产出。也可能发生在两个胎儿一个正生、另一个倒生，两个胎儿肢体各一部分同时进入产道时。检查时可以发现正生胎儿的头和两前肢及另一个胎儿的两后肢，或一个胎儿的头及一前肢和另一个胎儿的两后肢同时进入产道等多种情况，但检查时须排除双胎畸形和竖向腹部前置胎儿的情况。

（3）胎儿姿势不正

1）胎儿头颈姿势不正。分娩时胎儿两前肢虽已进入产道，但是胎头发生异常。例如，胎头侧转、后仰、下弯及头颈扭转等，其中以胎头侧转、下弯较为常见。胎头侧转时，可见由阴门伸出一长一短的两前肢，在骨盆前缘可摸到转向一侧的胎头或颈部，通常头是转向伸出较短前肢的一侧。胎头下弯时，在阴门处可见两蹄尖，在骨盆前缘胎儿头向下弯于两前肢之间，可摸到胎头下弯的颈部。

2）胎儿前肢姿势不正。有腕关节屈曲、肩关节屈曲和肘关节屈曲，或两前肢压在胎头之上等。临床上常见的为一前肢或两前肢腕关节屈曲，其他异常姿势较少见。一侧腕关节屈曲时，从产道伸出一前肢，两侧腕关节屈曲时，则两前肢均不见伸出产道。产道检查时，可摸到正常的胎头和弯曲的腕关节。肩关节屈曲时，前肢伸入胎儿腹侧或腹下，检查时可摸到胎头和屈曲的肩关节。有时胎头进入产道或露出阴门，而不见前肢或蹄部。

3）胎儿后肢姿势不正。在胎儿倒生时，有跗关节屈曲和髋关节屈曲两种，临床上以一后肢或两后肢的跗关节屈曲较为多见。两侧跗关节屈曲时，产道检查可摸到胎儿屈曲的两个跗关节、尾巴及肛门，其位置可能在耻骨前缘，或者与臀部一起挤入产道内。一侧跗关节屈曲时，常由产道伸出胎儿一蹄底向上的后肢。产道检查可摸到胎儿另一后肢的屈曲跗关节，并可摸到尾巴及肛门。

4）胎位不正。胎位不正有下位和侧位两种。下位有正生下位和倒生下位两种。正生下位时，阴门露出两个蹄底向上的蹄，产道检查时可摸到胎儿腕关节、口、唇及颈部。倒生下位时，阴门露出两个蹄底向下的蹄。产道检查时可摸到胎儿跗关节、尾巴，甚至脐带。侧位有正生和倒生两种。正生侧胎位时，胎儿两前肢以上下的位置伸出阴门外，产道检查时可摸到胎儿侧位的头和颈；倒生时，胎儿两后肢以上下的位置伸出阴门外，产道检查时可摸到胎儿的臀部、肛门及尾部。

5）胎向不正。胎向不正是指胎儿身体的纵轴与母畜的纵轴不呈平行状态。胎儿腹部前置的横向和腹部前置的竖向，即胎儿腹部朝向产道，呈横卧或犬坐姿势。分娩时，胎儿两前肢或两后肢伸入产道，或四肢同时进入产道。胎儿背部前置横向和背部前置竖向，即胎儿的背部朝向产道，胎儿呈横卧或犬坐姿势。分娩时无任何肢体露出，产道检查时在骨盆入口处可摸到胎儿背部或头颈部。

二、治疗方法

（一）手术助产原则

1. 难产助产应及早进行

难产助产应及早进行，否则胎儿楔入产道，子宫壁紧裹胎儿，造成胎水流失及产道水肿，将妨碍矫正胎儿姿势及强行拉出胎儿。

犬剖宫产术

2. 使母畜保持前低后高姿势

手术助产时，将母畜置于前低后高姿势，整复时尽量将胎儿推回子宫内，以便有较大的活动空间。只有在努责间隙期，才能进行推进或整复，在努责时拉出胎儿。

3. 润滑产道

如果产道干燥，则应预先向产道内注入液体石蜡等润滑剂，以便于操作及拉出胎儿。

4. 避免产道损伤

使用尖锐器械时，必须将尖锐部分用手保护好，以防在操作过程中损伤产道。

5. 做好防腐消炎工作

为预防手术后感染，术后应用 0.1%高锰酸钾溶液或 0.1%利丹诺溶液冲洗产道及子宫，排出冲洗液后放入抗生素或磺胺类药物。

（二）手术助产前的准备

根据对母畜及胎儿检查的结果，及时做出助产计划及实施方案，并做好手术助产前的准备工作，以确保助产工作的顺利进行。

1. 保定

难产时对母畜保定的好坏，是手术助产能否顺利进行的关键。以站立保定为宜，取前低后高姿势，以便于将胎儿向前推入子宫，不使其楔入骨盆腔内妨碍操作。如果母畜不能站立，则可使其侧卧，至于侧卧于哪一侧，以便于操作为原则。如果胎儿头颈位于左侧，则母畜须右侧卧，反之则取左侧卧姿势。侧卧保定时，应将母畜后躯垫高。

2. 麻醉

为抑制母畜努责、便于操作，可给予母畜镇静剂或硬膜外麻醉。

3. 消毒

为预防感染，助产必须对产房、场地、产畜外阴部、胎儿外露部分、助产所用器械和施术者手臂进行严格消毒，其消毒方法按外科手术常规消毒方法进行。

4. 润滑产道

为便于推回、矫正和拉出胎儿，尤其当胎水流尽、产道干燥、胎衣及子宫壁紧包着胎儿时，必须向产道及子宫内灌注温肥皂水或润滑油。如果强行推、拉矫正胎儿，则可能造成子宫脱出或产道破裂。

（三）各种助产适应证及助产注意事项

救治难产时，可选用的助产方法很多，但大致可分为两类：一类适用于胎儿，主要有牵引术、矫正术和截胎术；一类适用于母体，主要有剖宫产术。

1. 胎儿牵引术

胎儿牵引术适用于胎儿过大、母畜阵缩和努责微弱、产道扩张不全等情况。牵拉之前，必须尽可能矫正胎儿的方向、位置及姿势。在牵拉过程中，应根据顺利与否，验证胎儿的异常是否已经完全矫正。参加牵拉人员一般为2~3人，若牵拉费力，则说明未完全矫正胎儿或其他方面存在问题，须进一步矫正或检查，且牵拉时不可用力过猛。对产道内必须灌入大量润滑剂，拉出胎儿应配合母畜的努责，既省力又符合阵缩的生理要求。拉出胎儿时，应防止活胎儿受损，要考虑骨盆构造特点，并沿着骨盆轴拉，防止产道受损。

2. 胎儿矫正术

胎儿矫正术适应于活胎儿或胎儿死亡不久，胎水流失少，产道完全扩张，可以用手术矫正并能拉出胎儿的情况，主要用于治疗胎势、胎位、胎向异常造成的难产。胎儿矫正术必须在子宫内进行，且在子宫松弛时易于操作。为抑制母畜努责，并使子宫肌松弛以免将胎儿裹住影响操作，须施行硬膜外麻醉，或肌内注射二甲苯胺噻唑。矫正前必须在子宫内灌入大量石蜡油、植物油或软肥皂水等润滑剂，以润滑胎儿体表，利于推、拉或转动，同时减少对产道的刺激。

3. 截胎术

截胎术是为了缩小胎儿体积而肢解或除去胎儿身体某部分的手术。难产时如果无法矫正胎儿，且不能或不宜施行剖宫产，则可将胎儿某些部分截断，分别取出，或把胎儿的体积缩小后拉出。截头术适用于胎头侧转，胎儿发育过大，产道狭窄及胎儿前肢姿势不正等情况。前肢截断术适用于胎儿前肢各关节屈曲而无法矫正或肩围过大难于产出的难产。后肢截断术适用于倒生分娩时，胎儿过大及后肢姿势不正等情况。骨盆围缩小术适用于正生分娩时，胎儿骨盆发育过大或畸形而造成的难产。胎儿内脏摘除术适用于因水肿或气肿胎而造成的难产。胎儿半截术适用背部前置的横胎向及竖胎向且不能整复的难产。如果矫正术遇到很大困难，且胎儿已经死亡，则必须及时考虑截胎术，以免因继续矫正而刺激阴道水肿，使子宫进一步缩小，妨碍操作，并加重子宫及阴道炎症。截胎术应在母畜站立情况下进行，以便于操作，且器械不易被污染。操作时，应防止损伤子宫及产道，并注意消毒工作，同时在手臂上涂擦润滑剂。在截胎时，对胎体上的骨质断端应留短些，且拉出胎儿时对骨骼断端必须用皮肤、大块纱布或手护住。

4. 剖腹产术

剖腹产术适应证主要包括骨盆发育不全（交配过早）或骨盆变形（骨软症、骨折）而使骨盆过小；羊等小型动物体格小，手不能伸入产道；产道极度肿胀或狭窄，手不易伸入；子宫颈狭窄，且胎囊破裂，胎水流失，子宫颈口没有继续扩张的迹象，或者子宫颈口发生闭锁；子宫捻转，矫正无效；胎儿过大或水肿；胎向、胎位或胎势严重异常，无法矫正；胎儿畸形，难于施行截胎术；子宫破裂；子宫弛缓，催产或助产无效；干尸化胎儿很大，用药物不能使其排出；胎儿严重气肿，难以被矫正或截除；妊娠期满母畜因患其他疾病而生命垂危，须剖腹抢救仔畜；双胎性难产；用于胎儿的手术难以救治的任何难产；需要保全胎儿生命而其他手术方法难以奏效时；用于研究目的，如在奶山羊需要获得无菌羔羊或无关节炎、脑膜炎、脑炎的羔羊时；为培养 SPF（specific pathogen free，无特定病原体）仔（幼）畜，直接由剖宫产术取得胎儿。

剖宫产

上述情况下，如果无法拉出胎儿或无条件进行截胎，尤其在胎儿还活着时，可以考虑及时施行剖宫产。但如果难产时间已久，胎儿腐败，子宫已经发生炎症及母畜全身状况不佳时，则施行剖宫产时须十分谨慎。

（四）常见难产的助产

1. 产力性难产的助产

对于大型动物原发性阵缩和努责微弱，早期可对其使用催产药物，如垂体后叶素、麦角等。在产道完全松软、子宫颈口已张开的情况下，实施牵引术即可。胎位、胎向、胎势异常者经整复后强行拉出，否则实行剖宫产手术。对中、小型动物可应用垂体后叶素 10 万～80 万 IU 或己烯雌酚 1～2mg，皮下或肌内注射，否则可借助产科器械拉出胎儿。强行拉出胎儿后，注射子宫收缩药，并向子宫内注入抗生素药物。

2. 产道性难产的助产

硬产道狭窄及子宫颈有疤痕时，一般不能从产道分娩，应及早实行剖宫产术取出胎儿。对于轻度的子宫开张不全，可慢慢地牵拉胎儿，机械地扩张子宫颈，拉出胎儿。

3. 胎儿性难产的助产

（1）胎儿过大
助产方法同胎儿牵引术，人工强行拉出胎儿。强行拉出胎儿时须注意等到子宫颈完全开张后进行；必须配合母畜努责，用力要缓和，边拉边扩

张产道，边拉边上下、左右摆动或略微旋转胎儿。在助手配合下交替牵拉胎儿前肢，使胎儿肩围、骨盆围呈斜向通过骨盆腔狭窄部。强行拉出确有困难且胎儿还活着的，应及时施行剖宫产术；如果胎儿已死亡，则可施行截胎术。

（2）双胎难产

在双胎难产助产时，要将后面一个胎儿推回子宫，牵拉外面的一个，即可拉出。将手伸入产道将一个胎儿推入子宫角，将另一个再导入子宫颈即可拉出。但在操作过程中要分清胎儿肢体的所属关系，用附有不同标记的产科绳各自捆住两个胎儿的适当部位，避免推拉时发生混乱。在拉出胎儿时，应先拉进入产道较深的或在上面的胎儿，然后拉出另一个胎儿。

（3）胎儿姿势不正

胎儿头颈姿势不正时，采用徒手矫正法（图 20-5）或器械矫正法（图 20-6）。徒手矫正法适用于病程短、侧转程度不大的病例。矫正前施术者先用产科绳拴住胎儿两前肢，然后将手伸入产道，用拇指和中指握住胎儿两眼眶或鼻端，也可用绳套住下颌将胎儿头拉成鼻端朝向产道，如果是头顶向下或偏向一侧，则把胎头矫正拉入产道即可。徒手矫正有困难者，可借助器械矫正。用绳导把产科绳双股引过胎儿颈部拉出，与绳的另一端穿成单滑结，将其中一绳环绕过头顶推向鼻梁，将另一绳环推到耳后由助手将绳拉紧，施术者用手护住胎儿鼻端，由助手按施术者示意向外拉。施术者将胎头拉向产道。在马、牛等大型动物胎头高度侧转时，用手往往摸不到胎头，须用双孔榫协助，先把产科绳的一端固定在双孔榫的一个孔上，将另一端用绳导带入产道。绕过胎儿头颈屈曲部带出产道，取下绳导，把绳穿过双孔榫的另一孔。施术者用手将产科榫推入产道，沿胎儿颈椎推至耳后，由助手在外把绳拉紧并固定在榫柄上，施术者手握胎儿鼻端，在助手配合下将胎头矫正后强行拉出。无法矫正时，实施截头术，分别取出胎儿头及躯体。胎头下弯时，先捆住胎儿两前肢，然后用手握住胎儿下颌向上提并向后拉。也可用拇指向前顶压胎头，并用其他四指向后拉胎儿下颌，最后将胎头拉正。

图 20-5　徒手校正胎头侧弯　　　图 20-6　用产科榫矫正胎头侧弯

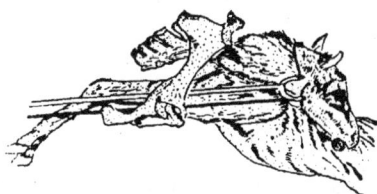

胎儿前肢姿势不正、腕关节屈曲时，先将胎儿推回子宫，在推的同时施术者用手握住屈曲的胎儿肢体掌部，往里推的同时往上抬，再趁势下滑握住蹄部，在趁势上抬的同时，将蹄部拉入产道（图20-7）。另外，也可用产科绳捆住胎儿屈曲前肢的系部，再用手握住掌部，在向内推的同时，由助手牵拉产科绳，拉至一定程度，施术者转手拉蹄子，协助矫正拉出（图20-8）。如果胎儿已死亡，则可实施腕关节截断术。胎儿肩关节屈曲，有时不进行矫正也可被拉出，如果拉出有困难，则可先拉前臂下端，尽力上抬，使其变成腕关节屈曲，然后按腕关节屈曲的方法进行矫正。如果仍无法拉出，且胎儿已死亡，则可实施前肢截除术，拉出胎儿。

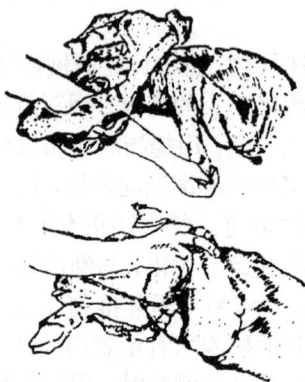

图 20-7　腕关节屈曲徒手矫正法　　　图 20-8　用产科绳矫正腕关节屈曲

胎儿后肢姿势不正助产，先用产科绳捆住胎儿后肢跗部，然后施术者用手压住胎儿臀部，同时用产科柾顶在胎儿尾根与坐骨弓之间的凹陷内，往里推，同时让助手用力将绳子向上、向后拉，施术者顺次握住系部乃至蹄部，尽力向上举，使其伸入产道，最后用力将胎儿后肢拉出（图20-9）。如果跗关节挤入骨盆腔较深，无法矫正且胎儿过大，则可把跗关节推回子宫内，使其变为髋关节屈曲（坐骨前置），此时可以用产科绳分别系于胎儿两股基部，将绳子扭在一起，并向产道注入大量滑润剂，强行拉出胎儿（图20-10）。如果此法无效或胎儿已死亡，则施行截胎术，拉出胎儿。

图 20-9　跗关节屈曲矫正法　　　　图 20-10　髋关节屈曲矫正法

（4）胎位不正

对于正生下位和倒生下位（图20-11）分娩，均须将胎儿先纵轴做180°的旋转，使其变为上位或轻度侧位，再强行拉出胎儿，或由施术者先固定胎儿，然后翻转母畜，使下位变为上位，不过这样矫正难度较大。如果矫正无效，则应及时施行剖宫产术。在倒生侧位分娩时，胎儿两髋结节之间的距离较母畜骨盆入口的垂直径短，因此胎儿的骨盆进入母畜骨盆腔并无困难，或稍加辅助，即可将侧位胎儿变为上位而拉出。但正生侧位（图 20-12）分娩时，胎儿常因胎头妨碍而难以通过骨盆腔，须矫正胎头，通常是推回胎儿，握住眼眶，将胎头扭正拉入骨盆入口，拉出胎儿。

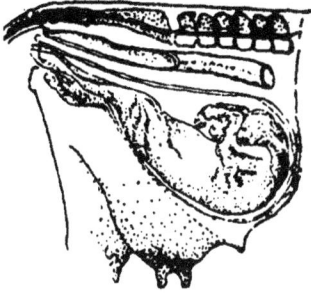

图 20-11　倒生下位　　　　　　　图 20-12　正生侧位

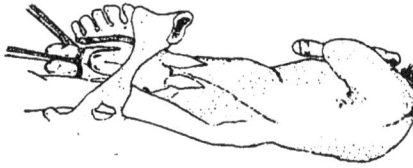

（5）胎向不正

对腹部前置的横向（图 20-13）和腹部前置的竖向（图 20-14）助产时，先用产科绳拴住胎儿两前肢往外拉，同时将胎儿后肢及后躯推回子宫，使其变为正常胎位，然后强行拉出。对背部前置的横向（图 20-15）和背部前置的竖向（图 20-16）助产时，先将产科绳拴住胎儿头部往外拉，同时将后躯向里推，或将胎儿后躯往外拉，将胎儿前躯向里推，使其变为正生下位或倒生下位，再矫正拉出。胎向不正一般较少发生，一旦发生，矫正和助产就很困难，应及早施行剖宫产手术。

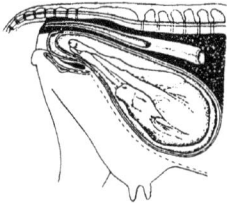

图 20-13　腹部前置的横向　　　　图 20-14　腹部前置的竖向

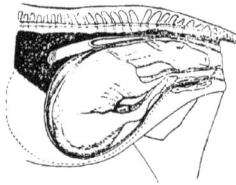

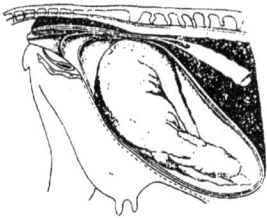

图 20-15　背部前置的横向　　　　图 20-16　背部前置的竖向

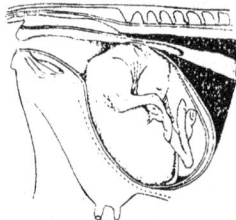

（五）犬难产的助产

1. 对阵缩及努责微弱引起的母畜，应用药物助产

可通过促进子宫收缩，应用药物催产助产。先用垂体后叶素 2～15IU、催产素（缩宫素）5～10IU，皮下或肌内注射。注射后 3～5min，子宫开始收缩，可持续 30min，再注射一次，同时配合按压腹壁，以促进胎儿产出。

2. 对子宫颈无法完全扩张的母畜，应用催产药物

对子宫颈扩张不全，可使用己烯雌酚，提高母畜对垂体后叶素的敏感性，促进子宫收缩和子宫颈再扩张。使用催产药物必须剂量适宜，剂量过大往往引起子宫强直性收缩。特别是垂体后叶素剂量大时，能引起子宫颈收缩，对胎儿排出更不利。

3. 对难产母畜，可补充能量物质

如果因产程过长而使母畜体质衰弱，则可静脉注射葡萄糖液，以增强母畜体力，增加其腹壁肌肉的收缩力。

4. 对无法矫正的母畜，尽早施行剖宫产

对产道或胎儿异常引起的难产，可施行牵引术及矫正术。如果经一般助产无效，则可施行剖宫产手术。

知识链接

——项目小结——

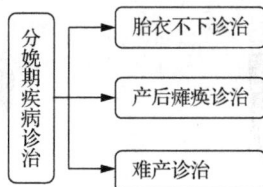

——复习思考题——

1. 名词解释

胎衣不下；产后瘫痪；难产

2. 简答题

1）简述难产时手术助产的原则。
2）简述难产时助产的方法。
3）简述胎衣不下的处理方法。
4）简述产后瘫痪的诊断要点。

3．论述题

1）胎位不正导致的难产该如何实施助产措施？

2）一头奶牛已怀孕278d，表现为盆韧带和荐坐韧带松弛，有努责表现，羊水也排出，但未见胎儿排出。在场兽医随即注射脑垂体后叶激素160IU，15min后，奶牛努责加剧，20min后突然停止，表现安静，但仍未见胎儿排出。第二天奶牛无生产表现，也未见胎儿排出。请对该牛做进一步检查，并进行分析。

项目 二十一

卵巢、子宫及乳房疾病诊治

项目简介

卵巢、子官和乳房疾病的发病率一直比较高，不仅影响动物健康，还给养殖业造成严重经济损失。本项目主要介绍卵巢机能减退、卵泡囊肿、黄体囊肿、子官内膜炎及乳房炎的诊断要点和治疗方法。

知识目标

了解卵巢机能减退的特征；掌握卵巢机能减退的治疗方法；掌握卵泡囊肿和黄体囊肿的特征；掌握子官内膜炎的诊断要点和治疗方法；掌握乳房炎的治疗方法。

技能目标

能对卵巢机能减退的母畜做出正确诊断；能鉴别卵泡囊肿和黄体囊肿；能对隐性乳房炎做出正确诊断，并采取合理的治疗措施；能准确诊断慢性子官内膜炎，并实施合理的治疗措施。

素质目标

作为一名产科兽医，应该树立"防重于治"的思想，在母畜产前一周，对产房要彻底消毒，接产助产时无菌操作，动作轻柔，以免损伤产道；发现产道或乳房有损伤时，应尽早使用广谱抗生素，把炎症控制在急性期，防止其转化成慢性；另外，针对乳腺炎用药期，要严格遵守 28d 弃奶期，这是关乎人类食品安全的大事。

项目导入

卵巢和子官是雌性动物的生殖器官，一旦发生疾病，就会严重影响其生育能力。乳腺疾病也是母畜的多发性疾病，是危害雌性动物健康的主要疾病之一，同时也给养殖业造成严重的经济损失。治疗卵巢、子官和乳腺疾病的关键环节是早发现、早诊断、早治疗，临床上应予以足够重视。

卵巢、子官和乳房疾病包括卵巢机能减退、卵泡囊肿、黄体囊肿、子官内膜炎和乳房炎。对卵巢疾病主要用激素疗法。对子官内膜炎和乳房炎主要用抗生素疗法。

任务一　卵巢机能减退诊治

卵巢机能减退是指卵巢机能暂时性或长久性地衰退，致使家畜无性周期或性周期停止，从而表现出不发情或发情停止的疾病。本病发生于各种家畜，而且比较常见，衰老家畜尤其容易发生本病。

一、诊断要点

（一）卵巢机能减退的特征

卵巢机能减退时，母畜发情周期延长或长期不发情或发情的外表征象不明显，或表现发情征候但不排卵。体检时，发现母畜外阴及整个躯体都正常。直肠检查发现卵巢的形状和质地无明显变化，也摸不到卵泡或黄体，有时只可在一侧卵巢上感觉到有很少的黄体残迹。

（二）卵巢发育不全

卵巢发育不全时，母畜性成熟后不见发情，卵巢小且无卵泡发育。

（三）卵巢萎缩

卵巢萎缩时，母畜不发情，其卵巢往往变硬，体积显著缩小，母牛的卵巢仅如豌豆一样大，母马的卵巢如鸽蛋一样大，卵巢中既无黄体又无卵泡。如果间隔一周左右，经过几次检查，卵巢仍无变化，则可做出诊断。由于卵巢萎缩，子宫的体积往往缩小。

（四）卵巢静止

卵巢静止时，母畜在分娩后仅出现一两次发情，长期不再发情。卵巢的体积较正常，无卵泡发育，卵巢质地较硬，表面有时不规则，多伴有黄体残迹。

（五）卵巢硬化

卵巢硬化时，母畜长期不见发情，卵巢硬如木质，无卵泡发育。这多为卵巢炎的后遗症。另外，卵巢囊肿也可使卵巢变硬。

（六）直肠检查

直肠检查是对大型动物诊断本病的主要手段，可间隔 5～6d 检查一次，并结合上述症状，即可确诊。

（七）B 超检查

对小型动物，尤其是犬、猫比较常用 B 超检查。

二、治疗方法

对卵巢机能减退的母畜进行治疗，必须了解母畜的全身状况及其生活条件，进行全面分析，找出主要原因。只有按照母畜的具体情况，采取适当的治疗措施，才能取得满意的疗效。

（一）加强饲养管理

改善饲料质量，增加日粮中的蛋白质、维生素和矿物质的含量，注意饲料比例的搭配；增加放牧和日照时间，规定足够的运动，减少使役和泌乳。在草原（或草地）优良的牧场上放牧，补饲富有维生素和微量元素的饲料，往往可以使母畜得到恢复和增强其卵巢机能。

（二）先治疗原发疾病

对患生殖器官或其他疾病（全身性疾病、传染病及寄生虫病）而伴发卵巢机能减退的母畜，必须先治疗原发疾病。

（三）采取刺激或增强母畜卵巢机能的方法

1. 公畜催情法

公畜对于母畜的生殖机能来说，是一种天然的刺激。公畜的影响可以促进母畜发情或使母畜发情的征候增强，而且可以加速母畜排卵。此法不仅能通过母畜的视觉、听觉、嗅觉及触觉发生影响，还能通过交配，借助附属生殖腺分泌物对母畜生殖器官发生生物化学刺激，并作用于母畜的神经系统。因此，除了患生殖器官疾病或神经内分泌系统机能扰乱的母畜，对与公畜不经常接触、分开饲养的母畜，利用公畜催情法通常可以获得不错的效果。

催情公畜可利用正常公畜；为节省优良种畜精力，也可将没有种用价值的公畜，施行输精管结扎或阴茎移位术后，混放于母畜群中，作为催情之用。

2. 激素疗法

（1）促卵泡激素

对牛肌内注射 100～200IU 促卵泡激素（follicle-stimulating hormone，FSH），对马肌肉注射 200～300IU 促卵泡激素，每日或隔日一次。每注射一次后须做检查，注意观察母畜是否发情，如果一次无效，则可连续应用 3～4 次，直至出现发情征象为止。

（2）人绒毛膜促性腺激素

对马、牛静脉注射 2500～5000IU 或肌内注射 10000～20000IU 人绒毛膜促性腺激素（human chorionic gonadotrophin，HCG）；对猪、羊肌内注射 500～1000IU 人绒毛膜促性腺激素。必要时，间隔 1～2d 重复一次。

在少数病例，特别是重复注射时，可能出现过敏反应，应加以注意。

（3）孕马血清促性腺激素或孕马全血

怀孕 40～90d 的母马血液或血清中含有大量马绒毛膜促性腺激素（equine chorionic gonadotrophin），其主要作用类似促卵泡激素，因而可用于催情。

孕马血清粉剂的剂量按 IU 计算，对马、牛肌内注射 1000～2000IU，对猪、羊肌肉注射 200～1000IU。注意：对牛重复应用有时会产生过敏反应。

孕马全血的制备：取 500mL 玻璃瓶，加入 10g 硼砂、5g 硫代硫酸钠及 30mL 蒸馏水，高压灭菌，冷却备用。选怀孕 50～90d 健康母马，最好是轻型马，由颈静脉采血 500mL。采血过程中要摇动瓶子，以防血液凝固。后用灭菌翻口橡皮塞密封，放阴凉处备用。在普通冰箱中可保存一年以上。

孕马血清促性腺激素的制备：由上述怀孕马采血于灭菌、干燥的筒状容器内，于室温中使血液凝固，加压，析出血清。吸出血清，加入 0.5% 苯酚，保存于冷暗处，有效期可达一年左右。

（4）雌激素

雌激素对中枢神经及生殖道有直接兴奋作用，可使母畜表现出明显的外表发情征象，但对卵巢无刺激作用，不能引起卵泡发育及排卵。对驴应用之后，奏效迅速，80%以上的母驴在注射后半天即出现性欲和发情征象，但经直肠检查未查出有卵泡发育。给猪注射后也可以迅速引起发情的外表征候。即使如此，这类药品仍不失其实用价值，应用激素之后能使生殖器官出现血管增生、血液供给旺盛、机能增加，从而摆脱生物学上的相对静止状态，使正常的发情周期得以恢复。因此，虽然用后头一次发情时不排卵（可不必配种），但在以后的发情周期中可以正常发情排卵。

目前常用的雌激素制剂及其剂量为：苯甲酸雌二醇（或丙酸雌二醇），肌内注射，马、牛 4～10mg，羊 1～2mg，猪 2～8mg；己烯雌酚，肌内注射，马、牛 20～25mg，羊 1～2mg，猪 4～10mg；己烷雌酚，剂量照己烯雌酚加倍；甲基己烯雌酚，作用较己烯雌酚及己烷雌酚弱，但维持时间可达一周以上，剂量照己烯雌酚增加 1～1.5 倍。

注意：对牛大剂量或长期应用雌激素可以引起卵巢囊肿或慕雄狂，有时可以引起卵巢萎缩和发情周期停止，甚至使骨盆韧带及其周围组织松弛，导致阴道或直肠脱出。

3. 物理疗法

（1）子宫热浴

对大家畜可用生理盐水、1%～2%碳酸氢钠溶液，加温至 40℃，向子宫内灌注，停留 10～20min 后排出。通过热浴，可促进子宫和卵巢的血液循环，加快代谢，改善营养。此法对卵巢发育不全、萎缩及硬化较适用。

（2）卵巢按摩

卵巢按摩适用于牛、马等大家畜。将手伸入直肠内，隔肠壁按摩卵巢，以激发卵巢的机能。此法适用于卵巢发育不全、萎缩及硬化，可连日或隔日进行，每次持续 3～5min。例如，在发情季节内按摩驴的子宫颈，往往当时就出现发情的明显征象（拌嘴、拱背、伸颈及耳向后竖起等）。但此法与雌激素一样，所引起的只是性欲和发情现象，不能促进卵泡发育及排卵，因而不能有效地使母畜配种受孕。虽然如此，由于此法简便，在没有条件采用其他方法时仍然可以试用。另外，可人工刺激生殖器官，如用开膛器视诊阴道子宫颈、触诊或按摩子宫颈、于子宫颈及阴道涂擦刺激性药物（稀碘酊、复方碘注液）等，都可能很快引起母畜表现外表发情现象。

4. 中草药疗法

母畜卵巢机能减退，宜补血活血、补气理气、温宫散寒。

方药 1：黄芪 30g、党参 24g、白术 12g、当归 24g、熟地 24g、香附 24g、黄精 21g、大云 12g、砂仁 15g、枸杞 21g、五味子 15g、淫羊藿 15g、丹参 30g、川断 45g、故纸 21g、川芎 12g、白芍 24g、艾叶 9g，黄酒、猪卵巢或公鸡睾丸 1 对做引。将上述药物研末，用开水冲，待温灌服，隔日 1 剂，连服 3～5 剂。对马、牛一次灌服。

方药 2：当归 47g，红花 25g，白术、川芎各 31g，淫羊藿、神曲各 63g。将以上药物水煎，以适量白酒（常用 250mL）为引，对牛、马一天一剂灌服，连用 3d；对猪一剂分 2d 灌服，1 次/d，连用 4 次。

任务二　卵泡囊肿诊治

卵泡囊肿是指卵巢上有卵泡状结构，其直径超过 2.5cm，存在时间在 10d 以上，同时卵巢上无正常黄体结构的一种病理状态。本病主要发生于马、牛、猪，特别是奶牛产后 1.5 个月多发。

一、诊断要点

（一）患卵泡囊肿的母牛的临床症状

发情表现反常，如发情周期变短，发情期延长，以致发展到持续表现强烈的发情行为，而成为慕雄狂。有的母牛则不发情。这种情况多见于产后 2 个月内。患卵泡囊肿的马、驴不表现慕雄狂的症状，仅发情周期延长，有的则不发情。

（二）母牛慕雄狂的临床症状

极度不安，大声哞叫、咆哮、拒食，频繁排尿、排粪；经常追逐和爬跨其他母牛；奶产量降低，有的乳汁带苦咸味，煮沸时发生凝固。因为患牛经常处于兴奋状态，过度消耗体力，且食欲减退，所以往往身体消瘦，被毛失去光泽。患慕雄狂的母牛性情凶恶，不听使唤，并且有时攻击人畜。

（三）患卵泡囊肿时间较长的母牛，呈现出慕雄狂临床症状

母牛颈部肌肉逐渐发达增厚，状似公牛，荐坐韧带松弛，臀部肌肉塌陷，并且出现特征的尾根抬高，尾根与肛门之间出现一个深的凹陷；阴唇肿胀、增大，阴门中常排出黏液。长期表现慕雄狂的母牛，部分明显消瘦，体力严重下降，久而不治可衰竭致死；部分发生骨骼严重脱钙，在反常爬跨期间可能发生骨盆或四肢骨折。

（四）直肠检查临床症状

直肠检查可发现卵巢上有数个或一个紧张而有波动的囊泡，直径在牛一般超过 2cm，大于正常卵泡，有的达到 3～5cm，甚至有的达 5～7cm，有时为许多小的囊肿；直径为 7～10cm，发情表现明显。用指腹触压，囊肿紧张而似又有波动。稍用力按压囊肿部位，如母畜表现为回头观望、后肢踏地或移动不定，则说明痛感明显，隔 2～3d 检查，如果症状如初，则可做出诊断。

如果囊肿的大小与正常卵泡相同，则为了鉴别诊断可隔 2～3d（牛）或 5～10d（马）再检查一次，正常卵泡届时会消失。给牛进行多次直肠检查，可发现囊肿交替发生和萎缩，但不排卵，囊壁比正常卵泡厚；子宫角松软，不收缩。

马、驴的卵泡囊肿多发生在卵泡发育的 2～3 期。直肠触诊感觉囊壁变厚，缺乏弹性，但波动明显，按压没有疼痛反应，卵巢质地硬实。

二、治疗方法

首先应当改善饲养管理及使役条件，这样可以使患畜的单囊肿不经治疗就自行消失；如果不改善饲养管理方法，则即使治愈之后，也易复发。对舍饲的高产母牛，可以增加其运动量，减少挤奶量。

（一）激素疗法

应用激素治疗卵泡囊肿，直接促使囊肿黄体化。

1. 促黄体生成素制剂

人绒毛膜促性腺激素和猪、羊垂体抽提物是常用于治疗卵泡囊肿的外源性促黄体素的两种。人绒毛膜促性腺激素用于牛、马的剂量是静脉注射5000IU 或肌内注射 10 000IU；猪、羊垂体抽提物用于牛的剂量为 100～200IU，马的剂量为 200～400IU。

促黄体生成素（luteinizing hormone，LH）制剂治疗卵巢囊肿的成功率平均为 75%。产生效应的患牛经常在治疗后 20～30d 之内出现发情周期循环，因而，除非患牛持续表现强烈慕雄狂征候，在治疗后 3～4 周之内一般不需要重复用药。

促黄体生成素是蛋白质激素，给患畜重复注射可引起过敏反应；应用多次之后，由于产生抗体而疗效降低，使用时应当注意。

人绒毛膜促性腺激素也可用于腹腔或囊肿内注射，而且用量较小（1000~2000IU），比较经济，但操作复杂，且有副作用。牛用后双胎或三胎的比率可提高到1/2，并可引起胎膜和胎儿水肿、肝和肾脏变性。

2. 促性腺激素释放激素类似物

将促性腺激素释放激素（gonadotropin-releasing hormone，GnRH）用于治疗卵巢囊肿效果显著，对牛、马肌肉注射0.5~1.0mg。治疗后产生效应的母牛大多数在18~23d发情。患牛的治愈率、从治疗至第一次发情的间隔时间及受胎率与应用人绒毛膜促性腺激素的效果相似；重复应用发生过敏反应者极少，也不会降低疗效。GnRH还有预防作用，产后第12~14d给母牛注射，可制止卵巢囊肿的发生。

3. 孕酮

对牛每次肌内注射50~100mg，每日或隔日一次，连用2~7次，总量为200~700mg。

4. 前列腺素F2a及其类似物

前列腺素F2a对卵巢囊肿无直接治疗作用，继GnRH之后应用可提高效果，缩短从治疗至第一次发情的间隔时间。应用GnRH后第9d注射前列腺素F2a，患病动物治疗后开始发情的时间可从18~23d缩短到平均12d。前列腺素F2a的用法及用量，一般牛、马肌内注射2~8mg/头（匹），猪、羊1~2mg/头（只）。

5. 地塞米松（氟美松）

牛肌内注射10~20mg/头地塞米松（氟美松）。对多次应用其他激素治疗无效的病例，可能产生效果。

6. 黄体酮

马肌内注射黄体酮50~100mg/次，隔日1次，连用3~4次。

7. 在能鉴别卵泡囊肿与黄体囊肿的情况下，可采取针对性治疗

首选绒毛膜促性腺激素10 000~20 000IU，肌内注射，1次/d，连用3d。孕激素治疗卵泡囊肿效果也较理想，对大家畜一次肌内注射50~150mg，连日或隔日进行，连续7次为一疗程。对奶牛卵泡囊肿，也可用垂体促黄体素一次肌内注射200~400IU，一般3~6d后囊肿症状消失，形成黄体，15~20d恢复正常发情。如果用药一周后仍未见好转，则可第二次用药，剂量比第一次稍增加。

（二）中药疗法

兽医学上，对母畜阴亏、胎热不孕（卵泡囊肿、多卵泡、排卵困难等），采用养阴凉胎，促进卵泡成熟、排卵。

方药1：山药30g、芋肉15g、茯苓24g、生地30g、白术15g、酒柏30g、当归45g、酒芩30g、白芍18g、秦艽24g、菟丝子80g、覆盆子30g、首乌21g、紫石英15g、甘草15g，以姜枣做引，研末，开水冲调，候温灌服。从母畜发情后第一天开始，连服2剂，于第四天配种。

方药2：益母草65g、淫羊藿30g、鸡冠花60g、红花30g，用非铁制容器水煎，灌服（亦可拌在精料中，连药渣一同食入），连用3d。

方药3："麦芽川归散"，大麦芽120g，川芎、当归、公丁、广木香各45g，益母草、淫羊藿各40g，月季花根、阳雀花根、醋香附、神曲各30g，硫黄10g，八月瓜根120g，鸡蛋10枚，白酒60～100mL。此方药除白酒、鸡蛋外，余药炕焦碾细为末备用。将药末加适量温水，调成糊状后加入白酒鸡蛋灌服（猪可停食一餐，按上法拌成的药剂，再拌少量精料，让其自食），中等体重的母畜，每剂分1次服，1次/d，连服2剂为1疗程（猪的用量为此方1/2量，为1剂），服药后，在一个情期不发情，再服第三剂。在实践中，可根据畜体情况酌情增减药量。

方药4：三棱30g、苍术30g、香附30g、藿香30g、青皮25g、陈皮25g、桂枝25g、益智仁25g、肉桂15g、甘草10g，共为细末，开水冲调，候温灌服。

（三）中成药治疗

应用促孕一剂灵进行治疗，奶牛、水牛450g，黄牛、肉牛、马、驴300g，猪、羊200g或1～1.5g/kg，用开水冲调为粥状候温灌服。用药后经18～20d见母畜发情，还须重复给药一次即可进行配种。

卵巢囊肿如果伴有子宫疾病，则应同时加以治疗，才能达到预期效果，否则易复发。对患有子宫炎的母猪，在应用抗生素治疗的同时，配合应用40℃的生理盐水冲洗子宫，冲洗后往子宫内注射抗生素或磺胺类药物，有利于局部炎症的尽快消除。

（四）穿刺疗法

对母牛卵巢囊肿可进行穿刺疗法。施术者一手在直肠内固定卵巢，另一手（或助手）用长针头从体外胘部刺入囊肿，用注射器抽出囊肿液后，同时注入绒毛膜促性腺激素2000～5000IU、青霉素80万IU和地塞米松10mg于囊肿腔内。

有条件的情况下，采取B超引导下的卵泡穿刺术治疗更准确安全。

任务三　黄体囊肿诊治

黄体囊肿是指卵巢上的黄体，其直径超过 2.5cm，存在时间在 10d 以上，同时卵巢无正常卵泡结构的一种病理状态，主要发生于马、牛、猪，特别是奶牛产后 1.5 个月多发本病。

一、诊断要点

1）动物长期不发情。

2）容态检查：患畜精神、营养状态均良好，食欲旺盛，体重增加。

2）大型动物直肠检查，触诊卵巢上的黄体增大，持续时间很长。

3）用内分泌测定仪，测定血清中的孕酮含量明显升高。

二、治疗方法

1）首选前列腺素 F2a 或氯前列腺烯醇，一般牛、马 2～8mg，猪、羊 1～2mg，肌内注射。

2）结合 PMSG、雌二醇、己烯雌酚催情，注射 FSH 以促进卵泡的发育与成熟。

任务四　子宫内膜炎诊治

子宫内膜炎即子宫黏膜或黏膜下层的浆液性、黏液性或化脓性炎症。本病是引起动物不育的重要原因之一，有急性和慢性之分。

一、诊断要点

（一）急性子宫内膜炎

1）发病时间短。

2）全身症状明显：患畜精神沉郁，体温升高，呼吸数增加，脉搏加快，食欲下降，产奶量下降。

3）从阴门流出较多的黏液性或脓性分泌物，尤其是卧地时。

4）母畜发情周期正常或不正常，但屡配不孕。

5）阴道抹片，染色镜检：可见大量脱落的阴道上皮细胞、嗜中性粒细胞，嗜中性粒细胞中吞噬了大量的细胞。

6）直肠检查：适用于大型动物，可见一侧或两侧子宫角膨大，有波动感。

7）血常规检查：白细胞、中性粒细胞、中性粒细胞百分比均升高，说明机体有炎症。

8）X 线检查：可见子宫腔增大，子宫内膜不光滑，子宫内充满中等密度的内容物。

9）B 超检查：可见子宫腔增大，子宫内有中等强度的回声，子宫内膜不光滑。

（二）慢性子宫内膜炎

慢性子宫内膜炎可根据临床症状、发情时分泌物的性状、阴道检查、直肠检查和实验室检查的结果进行诊断。临床症状不很明显，但发情时可见排出的黏液中有絮状脓液，黏液呈云雾状或乳白色。阴道抹片镜检有大量的白细胞，有时同时存在子宫颈炎。慢性子宫内膜炎按症状可分为 4 种类型。

1. 隐性子宫内膜炎

患畜不表现临床症状，直肠检查及阴道检查也查不出明显异常变化，发情期正常，但屡配不孕。发情时，动物子宫排出的分泌物较多，有时分泌物略微混浊。

2. 慢性卡他性子宫内膜炎

从子宫及阴道中常排出一些黏稠混浊的黏液，子宫黏膜松软肥厚，有时甚至发生溃疡和结缔组织增生，而且个别的子宫腺可形成小的囊肿。患这种子宫内膜炎的母畜一般不表现全身症状，有时体温稍微升高，食欲及产乳量略微降低。患病母畜的发情周期正常，有时也可受到破坏，有时发情周期虽然正常，但屡配不孕，或者发生早期胚胎死亡。

3. 慢性卡他性脓性子宫内膜炎

患病母畜往往表现为精神不振、食欲减少、逐渐消瘦、体温略高等轻微的全身症状，发情周期不正常，阴门中经常排出灰白色或黄褐色的稀薄脓液或黏稠脓性分泌物。

4. 慢性脓性子宫内膜炎

患病母畜阴门中经常排出脓性分泌物，在卧下时排出较多。排出物污染动物尾根及后躯，形成干痂。患病母畜可能消瘦和贫血。

二、治疗方法

（一）子宫冲洗疗法

在子宫颈开张的情况下，可应用温热（42℃）消毒液，如 0.9%生理盐水、0.1%高锰酸钾溶液、0.1%利凡诺溶液、0.1%洗必泰溶液等冲洗子宫，利用虹吸作用将子宫内冲洗液排出。如此反复冲洗几次，将子宫腔内容物冲洗干净（冲洗至排出液体透明为止）。

（二）子宫内给药

由于子宫内膜炎的病原非常复杂，且多为混合感染，宜选用抗菌范围广的药物直接注入或投放，常用头孢菌素、氧氟沙星等。

（三）激素疗法

在患慢性子宫内膜炎时，使用前列腺素 F2a 及其类似物，可促进炎症产物的排出和子宫功能的恢复。在子宫内有积液时，可用雌激素、催产素等治疗。小型动物患慢性子宫内膜炎时，很难将药液注入其子宫，可注射雌二醇 2～4mg，4～6h 后注射催产素 10～20IU，可促进炎症产物排出，配合应用抗生素治疗可收到较好疗效。

（四）其他疗法

1. 乳酸杆菌或人阴道杆菌培养物注入子宫

将乳酸杆菌或人阴道杆菌接种于 1% 葡萄糖肝汁肉汤培养基，37～38℃培养 72h，使每毫升培养物中含菌 40 亿～50 亿。对每头患畜子宫注入 4～5mL，经 10～14d 可见临床症状消失，20d 后恢复正常发情和配种。

2. 人工诱导泌乳

对患子宫内膜炎而不泌乳的奶牛，采用人工诱导泌乳可使子宫颈口开张，使子宫收缩增强，促进子宫炎症产物的清除和子宫机能的恢复。对病程在一年以上的患慢性子宫内膜炎的患畜，在人工诱导泌乳后 2.5～6 个月内，绝大部分可恢复配种受胎能力。

3. 自体血浆注入子宫

制备自体血浆 100mL 注入子宫，1 次/d，连续 4 次，发情后配种，提高受胎率。

任务五　乳房炎诊治

奶牛乳房炎

乳房炎是乳房因各种致病因素作用而引起的炎症。根据乳房和乳汁有无肉眼变化，可将乳房炎分为急性乳房炎、慢性乳房炎和隐性乳房炎 3 种。本病是奶牛、奶山羊的多发病，可造成严重经济损失，降低乳的品质，危害人类的健康。

一、诊断要点

乳房炎的主要特点是乳汁发生理化性质及细菌学变化,乳腺组织发生病理学变化。

（一）急性乳房炎的诊断

1）乳房视诊和触诊检查,可见患部乳房有红、肿、热、痛,泌乳量减少及乳汁的性状异常（稀薄如水、带血、带脓或豆腐渣样坏死物）等症状。

2）乳汁的实验室检查：CMT（california mastitis test,加利福尼亚州乳房炎检测法）检查呈阳性或强阳性。

3）CBC 检查：WBC、Gran、Gran%均升高,说明乳房有细菌性感染。

4）乳房 B 超检查：可见乳腺小叶增生,B 超回声不均匀。

（二）隐性乳房炎的诊断

隐性乳房炎根据乳汁在理化性质、细菌学上发生的变化可被确诊。

1. 物理检查

物理检查主要检查牛乳中有无沉淀物或乳凝块。常用杯滤法,即在杯上安装金属筛网,通过过滤,若发现有乳块、絮状物或纤维丝等沉淀,则可确诊为乳房炎。也可用乳房炎检测仪进行测定,若电导率上升,则可诊断为隐性乳房炎。

2. 间接检查法

向乳汁加入烷基丙烯基磺（硫）酸盐,根据是否出现凝块来判断母畜是否患有乳房炎。

3. 乳汁体细胞计数

通过显微镜计数法、电子计数法直接计算母畜乳中的体细胞数,来判断其是否患有乳房炎。一般认为,奶牛乳中体细胞高于 50 万/mL,奶山羊超过 100 万/mL,绵羊超过 30 万个/mL 体细胞,可认为其患有乳房炎。

4. 化学检验法

（1）过氧化氢玻片法（过氧化氢酶试验法）

大多数活细胞包括白细胞都含有过氧化氢酶,能分解过氧化氢（H_2O_2）而产生氧。但正常乳中的白细胞很少,过氧化氢酶很少;患乳房炎时,母畜乳中白细胞增多,过氧化氢酶增多,释放的氧也增多。以此推断白细胞的含量。

将载玻片置于白色衬垫物上,滴被检乳 3 滴,再加 6%～9%过氧化氢试剂［将 30%过氧化氢和中性蒸馏水按 1：（2.33～4）的比例混合均匀］1 滴,均匀混合,静置 2min 后观察。判定标准如表 21-1 所示。

表 21-1　过氧化氢玻片法判定标准

被检乳	反应现象	判定结果
正常乳	液面中心无气泡或有针尖大小的气泡聚积	−
可疑乳	液面中心有少量大如粟粒的气泡聚积	±
感染乳	液面中心布满或有大量的粟粒大小的气泡聚积	+

（2）氢氧化钠凝乳检验法

正常乳加入氢氧化钠后无变化，有乳房炎的乳加入氢氧化钠混合后会变黏稠或有絮片产生，但此法不适用于对初乳或末期乳的检验。

将载玻片置于黑色衬垫物上，先滴加被检乳 5 滴，再加 4%氢氧化钠溶液 2 滴，用细玻璃棒或火柴杆迅速将其扩展成直径 2.5cm 的圆形，并继续搅拌 20～25s，观察。判定标准如表 21-2 所示。

表 21-2　氢氧化钠凝乳检验法判定标准

被检乳	乳汁反应	判定符号	推算细胞总数/mL
阴性	无变化，无凝乳现象	−	<50 万
可疑	出现细小凝乳块	±	50 万～100 万
弱阳性	有较大凝乳块，乳汁略透明	+	100 万～200 万
阳性	凝乳块较大，搅拌时有丝状凝结物形成，全乳略呈透明	++	200 万～500 万
强阳性	大凝乳块，有时全部形成凝块，完全透明	+++	500 万～600 万

（3）溴麝香草酚蓝检验法

溴麝香草酚蓝（bromothymol blue，B.T.B）检验法是一种较简单常用的方法，可测定乳汁的 pH 变化。健康牛乳呈弱酸性，pH 为 6.0～6.5；乳房炎乳为碱性，其 pH 增高的程度依炎症轻重而有所不同。

首先在 10mL 试管中加入 B.T.B 试剂（7.4%乙醇 500mL 加 B.T.B 1g，再加 5%氢氧化钠溶液 1.3～1.5mL，将三者混合均匀，试剂呈微绿色。用碳酸氢钠和盐酸校正 pH 为中性）1mL，再加入被检乳 5mL，混合均匀静置 1min 后观察。或者先在试管中加入被检乳 5mL，然后用 2mL 吸管吸取 B.T.B 试剂 1mL，沿试管壁缓慢滴入被检乳中，观察被检乳与试剂接触液面的变化，以上可被称为试管法。也可用玻片法检查，即将载玻片置于白色衬垫物上，滴被检乳 1 滴，再加 B.T.B 试剂 1 滴，混合后观察。判定标准如表 21-3 所示。

表 21-3　溴麝香草酚蓝（B.T.B）检验法判定标准

被检乳	颜色反应	pH	判定符号
正常乳	黄绿色	6～6.5	−
可疑乳	绿色	6.6	±
感染乳	蓝至青绿色	>6.6	+

（4）CMT 试验法

CMT 试验法（烷基硫酸盐检验法）是通过检测 DNA 的量估测乳中白细胞数的方法，其试剂是一种阳离子表面活性剂（烷基硫酸钠）和一种指示剂（溴甲酚紫）。此法对初乳和末期的乳不适用。

先将被检乳 2mL 置于乳房炎检验盘中，再加入试剂（氢氧化钠 15g，烷基硫酸钠 30～50g{烷基硫酸钾、烷基丙烯硫酸钠、烷基丙烯硫酸钾也可}，溴甲酚紫 0.1g，蒸馏水 1000mL，混合）2mL，缓慢做同心圆搅拌 15s，观察结果。判定标准如表 21-4 所示。

表 21-4 CMT 试验法判定标准

被检乳	乳汁反应	判定符号
阴性	液状无变化	－
可疑	有微量沉淀物，但不久即消失	±
弱阳性	部分形成凝胶状沉淀物	+
阳性	全部形成凝胶状，回转搅动时向中心集中，停止搅动时凝块呈凸凹状附着于皿底	++
强阳性	全部形成凝胶状，回转搅动时向中心集中，停止搅动则恢复原状，并附着于皿底	+++
酸性乳	由于乳糖分解，乳汁变为黄色	pH<2.5，酸性乳
碱性乳	乳汁呈深黄色，为接近干乳期或感染乳房炎，泌乳量下降	碱性乳

（5）乳中细胞分类计数检查法

镜检乳汁中嗜中性粒细胞、淋巴细胞的数量及其相互间的比例来判定是否为乳房炎乳。

取被检乳 10～15mL，以 2000r/min 离心 10min，仔细除去上清液及管壁上的脂肪，将剩余的量及沉渣混合，按血片制作方法涂片，自然干燥，放入二甲苯中脱脂 2min，水洗，自然干燥，再用甲醇或 95%乙醇固定 2～5min，水洗。用吉姆萨染液或瑞特氏染液染色，镜检。嗜中性分叶核粒细胞数量在 12%以下为健康乳；在 12%～20%为可疑乳；在 20%以上为乳房炎乳。如果乳中嗜中性分叶核粒细胞数量与淋巴细胞的比例大于或等于 1，则可判定为乳房炎。

（6）化学检验法注意事项

应保持奶样新鲜，如果采集时间已久，那么即使冷藏也可能因变质而影响检验结果。特别是 B.T.B 检验法对奶样的新鲜要求更加严格，若乳汁 pH 发生变化，则判定的结果可能不准确。配制试剂的各种药品均应为化学纯，所用的各种器皿（试管、吸管、塑料皿等）用前须用中性蒸馏水冲洗干净，否则会影响判定的准确性。

二、治疗方法

对乳房炎的治疗，应根据炎症类型、性质及病情等，分别采取相应的治疗措施。

（一）改善饲养管理

为了减少对发病乳房的刺激，应提高母畜机体的抵抗力，要保持厩舍清洁、干燥，注意母畜乳房卫生。为了减轻乳房的内压，应限制泌乳过程，增加挤乳次数，及时排出乳房内容物。减少多汁饲料及精料的饲喂量，限制动物饮水量。每次挤乳时按摩乳房 15～20min。根据炎症的不同，分别采用不同的按摩手法，对浆液性乳房炎，应自下而上按摩；对卡他性与化脓性乳房炎采取自上而下按摩。对纤维素性乳房炎、乳房脓肿、乳房蜂窝织炎及出血性乳房炎等，禁用按摩方法。

（二）乳房内注入药物疗法

常采用向乳房内注入抗生素溶液的方法治疗乳房炎，其方法是先挤净患病乳房内的乳汁及分泌物，用 75%酒精棉擦洗乳头，将乳头导管插入乳房，然后慢慢将药液注入。注射完毕，用双手从乳头基部向上顺次按摩，使药液扩散于整个乳腺内，1～3 次/d。常用第三代头孢菌素（如头孢噻呋）或第三代喹诺酮类药物（如环丙沙星、氧氟沙星）等，稀释于 100mL 蒸馏水中做乳房注射。

（三）乳房封闭疗法

1. 静脉封闭

静脉注射 0.25%～0.5%普鲁卡因溶液 200～300mL。

2. 会阴神经封闭

于阴唇下联合即坐骨弓上方正中的凹陷处，局部消毒后，用左手拇指按压在凹陷处，用右手持封闭针头向患侧刺入 1.5～2cm，注入 0.25%盐酸普鲁卡因溶液 10～20mL（内含青霉素 80 万 IU）。如果两侧乳房患病，则应依法向两侧注射。此法不但对临床型乳房炎有效，而且对隐性乳房炎有良好效果。

3. 乳房基部封闭

为封闭前 1/4 乳区，可在乳房间沟侧方，沿腹壁向前、向对侧膝关节刺入 8～10cm；为封闭后 1/4 乳区，可在距乳房中线与乳房基部后缘相距 2cm 处刺入，沿腹壁向前，对着同侧腕关节进针 8～15cm。对每个乳叶注入 0.25%～0.5%盐酸普鲁卡因溶液 100～200mL，加入 40 万～80 万 IU 青霉素可提高疗效。

4. 冷敷、热敷疗法

在炎症初期进行冷敷，制止渗出。2～3d 后可行热敷，促进吸收，消散炎症。

5. 全身应用抗生素疗法

使用青霉素、链霉素混合肌内注射,磺胺类药物及其他抗菌药物静脉注射等治疗。

知识链接

项目小结

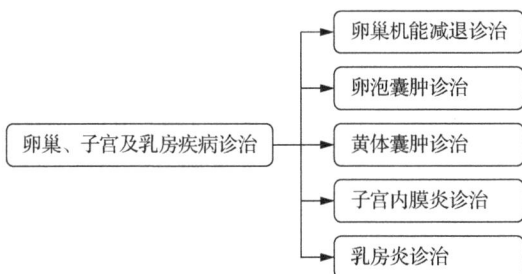

复习思考题

1. 名词解释

卵巢机能减退;卵泡囊肿;黄体囊肿;子宫内膜炎;乳房炎

2. 简答题

1)简述卵巢机能减退的诊断要点。

2)简述卵泡囊肿的治疗方法。

3)简述慢性子宫内膜炎的种类及其诊断要点。

4)简述隐性乳房炎的诊断要点。

3. 论述题

试述乳房炎的治疗方法。

项目 二十二

新生仔畜疾病诊治

项目简介

新生仔畜各组织器官的生理机能尚未发育完全，抗病能力差，易受外界因素影响而发病。如果不及时治疗，则易导致仔畜死亡。本项目主要介绍新生仔畜窒息、新生仔畜胎便停滞、新生仔畜脐炎、新生仔畜低血糖症及新生仔畜溶血病等仔畜疾病的诊断要点和治疗方法。

知识目标

了解新生仔畜常见疾病；掌握新生仔畜窒息、新生仔畜胎便停滞、新生仔畜脐炎、新生仔畜低血糖症和新生仔畜溶血病的诊断要点和治疗方法。

技能目标

能正确防治新生仔畜窒息、新生仔畜胎便停滞和新生仔畜脐炎；能正确诊断新生仔畜低血糖症和新生仔畜溶血病，并能进行相应的治疗。

素质目标

良好的护理对新生仔畜的生长发育很重要。作为一名兽医，在母畜生产时要坚守岗位，因为母畜生产多在后半夜或凌晨进行，所以要加强值班制、责任制、绩效考核制的监督执行，发生母畜难产时要及时有效助产，该做剖宫产的就做剖宫产，不要犹豫不决，以免仔畜在产道内过久窒息死亡；对刚出生的仔畜，要熟练地按操作流程处理，对有假死症状的新生仔畜果断实施重症监护和心肺复苏；对发生新生仔畜溶血病的仔畜，果断从其母亲身边移走，实行寄养或人工饲喂。总而言之，作为一名兽医，办事要果断，思路要清晰，决不能优柔寡断。

项目导入

新生仔畜出生后，由母体内稳定的生活环境转变为外界变化的生活环境，其生理状况也随之发生变化。新生仔畜体温调节机能不完善，缺乏先天免疫力，易发病。新生仔畜发病后，病症发展速度快，因此治疗必须及时，措施要得当。仔畜疾病包括新生仔畜窒息、新生仔畜胎便滞留、新生仔畜脐炎、新生仔畜低血糖症、新生仔畜溶血病，这些疾病只要及时发现，处理得当，就容易治疗。

任务一　新生仔畜窒息诊治

新生仔畜窒息又称假死，若仔畜出生后，呼吸发生障碍或完全停止呼吸，而心脏尚在跳动，则必须及时救治，否则往往导致其死亡。本病常见于马和猪的仔畜。

一、诊断要点

新生仔畜窒息因窒息的程度不同，分为轻度窒息和重度窒息两种。

（一）轻度窒息

轻度窒息（又称青色窒息）表现为仔畜呼吸微弱而短促，吸气时张口并强烈扩张胸壁，两次呼吸间隔延长，结膜发绀，舌脱垂直于口外，口鼻内充满黏液，听诊肺部有湿性啰音，心跳及脉搏快而无力，四肢活动能力很弱，但角膜反射存在。

（二）重度窒息

重度窒息（又称白色窒息）表现为仔畜呼吸停止，呈假死状态，黏膜苍白，全身松软，反射消失，心跳微弱，脉不感手。

二、治疗方法

治疗方法有两种：一是使仔畜呼吸道畅通；二是使仔畜呼吸中枢兴奋，使其表现自主呼吸。通常采用以下方法。

（一）保持呼吸道畅通

用布擦净仔畜鼻孔及口腔内的羊水，将浸有氨溶液的棉球放于仔畜鼻孔旁边，或刺激其鼻腔黏膜；可倒提仔畜抖动、甩动，或拍击其颈部及臀部；用冷水突然喷击仔畜头部；将其头以下部分浸泡于45℃左右温水中；徐徐从其鼻吹入空气；针刺其山根、蹄头、耳尖及尾根等穴位，有刺激呼吸反射而诱发呼吸的作用。

（二）人工呼吸

在仔畜呼吸道畅通后，立即对其做人工呼吸。具体方法如下：有节律地按压仔畜腹部；从两侧捏住其肋部，交替地扩张和压迫胸壁，同时由助手在扩张胸壁时将仔畜舌适度拉出口外，在压迫胸壁时将舌送回口内；握住仔畜两前肢，前后拉动，以交替扩展和压迫胸壁。用人工呼吸使仔畜呼吸恢复后，常在短时间内又复停止。因此，人工呼吸应坚持一段时间，直至仔畜出现正常呼吸。

（三）可选用刺激呼吸中枢药

例如，尼可刹米、山梗菜碱、肾上腺素、咖啡因等，从脐血管注射疗效较好。

任务二　新生仔畜胎便停滞诊治

新生仔畜胎便停滞，主要是指仔畜出生一日后因秘结而不排胎粪，并伴有腹痛症状。本病多见于幼驹、犊牛或羔羊。新生仔畜的胎粪常秘结于直肠或小肠部位。

一、诊断要点

新生仔畜胎便停滞的病症是仔畜出生后一日以上仍不排粪，具体表现为精神不好、拱背、摇尾、努责、倾做排便姿势而无便排出；有时踢腹、卧地，并回顾腹部，偶尔腹痛剧烈，出现用前肢抱头打滚等腹痛症状；仔畜吃奶次数减少，听诊肠音减弱或消失；仔畜精神沉郁，不吃奶，结膜潮红带黄色，呼吸心跳加快、脉搏加快，全身无力；仔畜卧地不起，逐渐全身衰竭，呈现自体中毒症状。有的羔羊排粪时大声咩叫，由于粪块堵塞肛门，继发肠臌气。

如果用手指进行直肠检查，则触到硬固的粪块即可确诊。在羔羊，则为很黏的稠粪或硬粪块。有的病驹特别是公驹，在骨盆入口处常有较大的硬粪块阻塞。

二、治疗方法

治疗新生仔畜胎便停滞的原则是滑润肠道和促进肠道蠕动。

用温肥皂水深部灌肠或给予轻泻剂。可给犊牛服用石蜡油 100～250mL（羔羊 5～15mL），但不宜给予峻泻剂，以免引起顽固性腹泻。可用油胶管插入患病仔畜直肠内 30～50cm，进行直肠深部灌肠，必要时经2～3h 后再灌一次，也可灌入开塞露 20mL，或者让患病仔畜内服适量硫酸钠或露露通胶囊，同时配合按摩腹部促使粪便排出。在骨盆入口处有较大的硬粪块阻塞而无法灌肠时，可试将粪块拉出后再灌肠。若上述方法无效，则可施行剖腹术，挤压肠壁使粪便排出，或切开肠壁取出粪块。

在采用上述方法的同时，要根据患病仔畜的机体状况做出治疗，如果仔畜有自体中毒症状，则必须及时采取补液、强心、解毒及抗感染等治疗措施。

任务三　新生仔畜脐炎诊治

脐炎是指新生仔畜脐血管及其周围组织因细菌感染而发炎。本病常见于各种仔畜,但主要见于犊牛和幼驹。

一、诊断要点

患病初期仔畜脐孔周围发热、充血、肿胀和疼痛,仔畜表现为拱背,不愿行走。处理不当,可使仔畜形成脓肿或溃疡。有脐带坏疽时,脐带残段呈污红色,有恶臭味。除掉脐带残段后,脐孔处肉芽赘生,形成溃疡,常附有脓性分泌物。如果化脓菌及其毒素由血液侵入肝、肺、肾及其他器官,则可引起败血症或脓毒败血症。有时也可继发破伤风。

二、治疗方法

治疗时可在仔畜脐孔周围皮下注射青霉素溶液,并局部涂抹等量的松节油与5%碘酊合剂。如果形成脓肿,则按化脓创进行处理。如果发生坏疽,则必须切除脐带残段,除去坏死组织,用消毒药清洗后,涂抹防腐药或5%碘酊。形成瘘管时,用消毒药液洗净其脓汁,并涂注消毒防腐药液。为防止炎症扩散,应对仔畜全身应用抗生素。

任务四　新生仔畜低血糖症诊治

新生仔畜低血糖症是指因新生仔畜吮乳不足而导致仔畜血糖急剧降低的一种代谢性疾病,临床上以明显的神经症状表现为特征,多发生于新生仔猪,新生羔羊也时有发生。

一、诊断要点

仔猪多在出生后1~4d发病,患病初期仔畜精神沉郁、食欲减少,走路摇晃,步态不稳,运动失调,颈下、胸腹下及后肢等处有明显水肿,很快卧地不起。严重时,仔畜表现为神经症状,如肌肉震颤、强制性痉挛、角弓反张、昏迷不醒、意识丧失等,痛觉降低或丧失,皮肤苍白,被毛蓬乱、缺乏光泽,体温降低。整个病程短暂,一般不超过24h即造成仔畜死亡。

依据出生后吮乳不足及患病仔畜均在一周龄以内的病史、明显的神经症状、血糖含量显著降低,以及用葡萄糖治疗疗效显著,可确定诊断。

二、治疗方法

本病的治疗关键在于早期确诊,尽快补糖。可用 5%~10%葡萄糖溶液 20～40mL，腹腔注射或皮下分点注射，对羔羊可静脉注射，每隔 3～4h 一次，连用 2～3d；同时配合应用维生素 B_1、维生素 B_2、维生素 B_{12} 和维生素 C。也可内服 25%葡萄糖溶液 10～20mL，频繁灌服。期间注意圈舍的保温，防止仔畜受寒。

任务五　新生仔畜溶血病诊治

新生仔畜溶血病又称新生仔畜溶血性黄疸，是指新生仔畜红细胞抗原与母体血清抗体不相合而引起的一种同种免疫性溶血性疾病。多种新生仔畜均可发病，但以仔猪、幼犬和幼驹较为多见，犊牛偶有发生。

一、诊断要点

新生仔畜出生后正常，但吸吮初乳后 0.5～2d 发病，5～7d 达到高峰。患病仔畜精神沉郁，反应迟钝，食欲减退或废绝，严重者卧地不起，心跳增速，呼吸困难，体温变化不大。有的表现受惊症状，如震颤、惊厥、肢体强直，尿液呈红色或红褐色。可视黏膜初期苍白，后期则表现黄染，严重者皮肤也表现黄染现象。仔畜血液稀薄，红细胞数量减少且形态不规则。

根据贫血、黄疸等临床表现可做出初步诊断，结合血液稀薄减少、血红蛋白尿、仔畜红细胞与母畜红细胞的初乳或血清出现凝集反应等可确定诊断。

二、治疗方法

本病病程较急，致死率也较高，如果能采取及时治疗措施，则多数预后良好。

应立即停止喂食仔畜母乳，实行代乳代养或人工哺乳喂养。结合配血试验，对患病仔畜实行输血疗法。也可配合实施补糖、强心、注射糖皮质激素等辅助疗法。

知识链接

═══ 项目小结 ═══

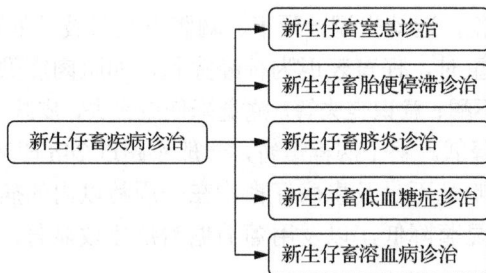

══ **复习思考题** ══

1. 名词解释

新生仔畜窒息；新生仔畜胎便停滞；新生仔畜低血糖症；新生仔畜溶血病

2. 简答题

1）简述新生仔畜窒息的治疗方法。

2）简述新生仔畜脐炎的治疗方法。

3）简述新生仔畜低血糖症的诊断要点。

4）简述新生仔畜溶血病的治疗方法。

3. 论述题

如何鉴别新生仔畜重度窒息和死亡？

模块五

常见内科病诊治

消化系统疾病诊治

项目简介

在兽医临床中，消化系统疾病是发病率最高的疾病之一，本项目主要介绍消化系统疾病的诊断要点和治疗方法。

知识目标

了解动物消化系统疾病的发生、发展规律；熟悉动物常见消化系统疾病的诊断要点；重点掌握反刍动物前胃疾病、皱胃变位和犬、猫胃肠炎的诊断要点和治疗方法。

技能目标

能对不同的消化系统疾病做出正确的诊断及治疗；运用相关知识结合临床实际，判断并排除有无危及动物生命的紧急情况，要从整体、系统检查出发，判断消化系统疾病的种类，并采取相应的治疗措施。

素质目标

在消化系统疾病的诊治过程中，往往会遇到由牙结石、口腔溃疡等引起的口臭，因食物消化不良而发酵产生酸臭味，胃肠道出血性炎症使大便稀且带腥臭味，对大肠便秘动物进行灌肠时大便从肛门里喷出来等情况，还要进猪圈、牛舍、羊棚进行直肠测温，治疗大型动物还要将手伸入直肠内进行直肠检查。因此，要求兽医具备不怕苦、不怕脏、不怕被咬、不怕被踢的精神，检查和治疗前进行确切牢靠的保定。在检查和治疗时动作要规范轻柔；掌握动物的脾气和性格，确保自己的人身安全。

项目导入

消化系统疾病的综合征有食欲减退、食欲废绝、饮欲增加、反刍减少、反刍消失、嗳气障碍、咀嚼障碍、吞咽障碍、胃肠蠕动增强、胃肠蠕动减弱、胃积食、胃胀气、胃肠扭转、胃肠变位、肠套叠、便秘、呕吐、腹泻、脱水、酸中毒等。

消化系统疾病的常用检查方法有视诊、触诊、听诊、叩诊、嗅诊和探诊。常用的仪器诊断法有用咽喉镜进行口腔检查；用内窥镜检查食道、胃、十二指肠和直肠；用 X 射线检查食道、胃肠是否有阻塞物或胃肠扭转、肠套叠；用 B 超检查胃、肠、肝、脾、胰腺等消化器官是否有病变；必要时进行钡餐造影、气腹造影；在宠物临床中，经常通过血常规检查发现炎症和贫血情况，通过血生化检查肝、肾、胰腺特征性指标和全身功能指标有无异常，通过血气检查可判断血液酸碱度、电解质是否紊乱。

治疗消化系统疾病常用的药物有止血敏、巴曲亭、维生素 K；氨苄西林钠、头孢噻呋、拜有利、阿米卡星、庆大霉素；甲硝唑、替硝唑；5%碳酸氢钠溶液；LR(lactated ringer's solution，乳酸林格氏液)、RS（Ringer's solution，林格氏液或复方氯化钠溶液）、0.9%氯化钠注射液、ORS（oral rehydration salt，口服补盐液）；咖啡碱、三磷酸腺苷二钠、辅酶 A、维生素 C、维生素 B_6、维生素 B_1、维生素 B_{12}、复合维生素 B、水溶性维生素；科特壮；胃复安、止吐宁；大黄苏打片、健胃消食片、酵母片；活性炭、蒙脱石散、次碳（硝）酸铋；犬肠乐宝、猫肠乐宝、妈咪爱、益生菌；阿托品、山莨菪碱；奥美拉唑、雷尼替丁、西咪替丁；奥曲肽、乌司他丁、加贝酯；甘草酸单铵、甘草酸双铵、谷胱甘肽、茵栀黄；开塞露、乳果糖口服液等。

任务一　口腔炎诊治

口腔炎是口腔黏膜炎症的总称，包括口炎、脸颊炎、唇炎、上（下）腭炎、舌炎、牙龈炎、扁桃体炎、咽炎等。

一、诊断要点

1）黏膜潮红、有水疱或溃疡。

2）动物采食、咀嚼、吞咽时表现疼痛。

3）鉴别诊断。

① 牛、马传染性水疱性口腔炎是病毒性疾病，使动物口腔黏膜发生水疱。呈地方流行时，动物蹄肢之间也有水疱形成。

② 口蹄疫多发生于牛、猪等偶蹄动物，是病毒性疾病，常见动物口腔黏膜、舌背和蹄爪间发生水疱，使动物大量流涎、高热、食欲不良，并迅速传播蔓延。

口腔检查与治疗

二、治疗方法

1）在口腔炎发病初期，可用 1%食盐水或 0.1%高锰酸钾溶液冲洗动物口腔。

2）动物发生卡他性和水泡性口炎，不断流涎时，宜用 1%明矾溶液、0.1%黄色素溶液、2%硼酸溶液等收敛剂或消毒剂进行冲洗。

犬超声波洗牙技术

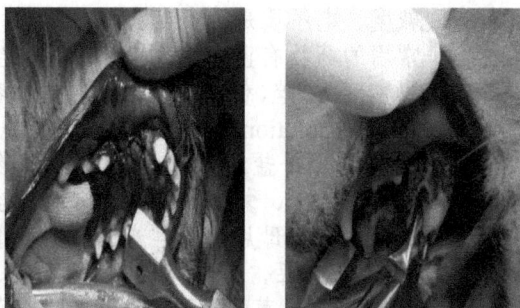

3）对溃疡性或真菌性口炎，先用生理盐水充分冲洗，再用 1∶9 碘配甘油，或 0.2%甲紫溶液涂布患处。

4）动物患溃疡性口炎口有恶臭时，可用 0.3%高锰酸钾溶液冲洗。

5）继发感染时，必须及时应用抗生素、甲硝唑和维生素 B_2 进行治疗。

6）对传染性口炎，应及时做好隔离。

7）对咽炎的治疗方式同口炎，其治疗方法是加强护理、抗菌消炎、清热解毒。

8）对牙龈炎（图 23-1）的治疗方法参考口炎，在牙龈化脓时可进行拔牙术。

图 23-1　牙龈化脓引起皮瘘和口鼻瘘

任务二　食管阻塞诊治

食管阻塞是由食块或异物阻塞食管所致，常引起动物吞咽障碍和苦闷不安现象。本病主要发生于牛、马、犬和猪。

内窥镜消化道
检查

一、诊断要点

1）动物突然发生吞咽困难和胃部胀气。

2）本病临床上多呈急性发生，患畜突然停止采食、头颈伸展，呈现极力吞咽动作，张口伸舌，大量流涎，涎水甚至从鼻孔逆出（图23-2），并因食道和颈部肌肉收缩，引起反射性咳嗽，可从口、鼻流出大量唾液，呼吸急促，惊恐不安。

3）在颈部食道阻塞时，可触诊到堵塞的块状食物。

4）对胸部食管阻塞，应用胃管探诊，或用X线透视以做出正确诊断（图23-3）。

图 23-2　食道阻塞导致奶牛大量流涎　　　图 23-3　胸部食道异物阻塞

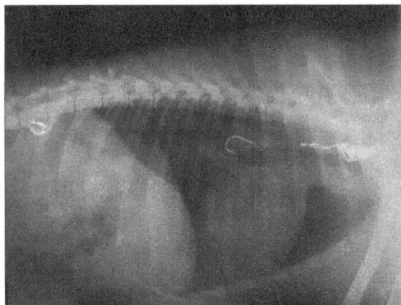

二、治疗方法

除去食管内的阻塞物，动物即可康复。如果大家畜咽后食管起始部阻塞，则给大家畜装上开口器，可将手伸入口腔排出阻塞物，但对颈部和胸部的食管阻塞，应根据阻塞物的性状及阻塞的程度，采取必要的治疗措施。

1. 疏导法

皮下注射新斯的明等拟胆碱药，借助食道运动对食管进行疏导，可治愈多数病例。

2. 打气法

应用疏导法经1～2h不见效时，可插入胃管，装上胶皮球，吸出食管内的唾液和食糜，并灌入少量温水。先将患畜保定，再将打气管连接在胃

食管阻塞
案例分析

管上，使患畜头尽量降低，适量打气，并趁势推动胃管，将阻塞物导入胃内。但不能推动过猛，以免食管破裂。

3. 挤压法

在牛、马采食马铃薯、甘薯、胡萝卜等块根饲料，颈部食管发生阻塞时，对其治疗可参照疏导法。先灌入少量解痉剂和润滑剂，再将患畜横卧保定，控制其头部和前肢，用平板或砖垫在其颈部食管阻塞部位，然后用手掌抵住阻塞物的下端，朝向咽部挤压到口腔，以排出阻塞物。

4. 手术疗法

切开食管，取出阻塞物。牛、羊食管阻塞，常常继发瘤胃臌胀，容易引起窒息，应及时施行瘤胃穿刺放气，并向瘤胃注入防腐消毒剂，然后采取必要的治疗措施进行急救。

任务三　前胃弛缓诊治

前胃弛缓是因前胃兴奋性降低，胃壁收缩力减弱，胃内容物后运缓慢、腐败发酵、菌群失调而引起消化机能障碍及全身机能紊乱的一种疾病，在中医上被称为脾胃虚弱。

一、诊断要点

前胃弛缓
案例分析

（一）原发性前胃弛缓

1）饲料过于单纯、草料质量低劣、长期饲喂过细的粉状料易引发本病。

2）不按时饲喂，使动物饥饱无常；或因精料过多而饲草不足，影响动物消化功能易引发本病。

3）长途运输、严寒、酷暑、饥饿、疲劳、断乳、离群、恐惧、感染与中毒等应激因素易使动物发生本病。

（二）继发性前胃弛缓

继发性前胃弛缓可继发于牛的胃肠疾病、口炎、舌炎、齿病、某些营养代谢性疾病、牛产后血红蛋白尿病、某些中毒性疾病、牛肺疫、牛流行热等。

（三）治疗用药不当

动物长期大量地应用抗生素，瘤胃内菌群共生关系受到破坏，可导致前胃弛缓。

（四）临床特征

根据临床"三少一弱一低"，即食欲减少，反刍减少，前胃蠕动次数减少，胃壁收缩力减弱，触诊瘤胃壁紧张性降低，可做出初步诊断。

（五）鉴别诊断

1. 创伤性网胃腹膜炎

患畜姿势异常，体温中等程度升高，网胃区触诊有疼痛反应，嗜中性粒细胞增多，淋巴细胞减少，血常规异常。

2. 迷走神经性消化不良

患畜无热症，瘤胃蠕动减弱或增强，腹部膨胀，厌食，消化机能障碍，排泄糊状粪。

3. 瘤胃积食

患畜过食，瘤胃急性扩张，内容物充满坚硬，瘤胃运动与消化机能障碍，有脱水和毒血症现象。

4. 皱胃变位

患畜采食反刍减少，但在其左腹或右腹胁下部叩诊结合听诊有较清脆的钢管音，并于左侧或右侧第 9～12 肋间的下 1/3 处穿刺，穿刺液的 pH 在 1～4，确定为皱胃液。

5. 奶牛酮病及妊娠毒血症

本病常见于产后 1～3 周内的奶牛，表现为尿中酮体升高，呼出气体有烂苹果味。

二、治疗方法

1. 除去病因，加强护理

对原发性前胃弛缓，在患病初期对患畜禁食 1～2d 后，饲喂适量富有营养、容易消化的优质干草或放牧，并进行适当的牵遛，以增进消化机能。对继发性前胃弛缓，应积极治疗原发病。

2. 兴奋瘤胃

可用拟胆碱药物，如卡巴胆碱、新斯的明、毛果芸香碱皮下注射。但对病情危急、心脏衰弱、处于妊娠期的母牛，禁止应用这些药物，以防止其流产。

3. 防腐止酵，清理胃肠

用鱼石脂、乙醇加水内服，或用大蒜酊、龙胆酊，加水适量灌服治疗。也可就地取材，用大蒜、食盐，捣成蒜泥，加水适量内服，具有消炎、健胃、防腐、止酵的功效。同时，使用泻剂促进瘤胃及肠道中的腐败内容物尽快排出，以减少机体对腐败物质的吸收。

4. 补液、保肝、缓解酸中毒

根据机体脱水情况进行补液，同时使用维生素 C、葡萄糖醛酸钠保肝，静脉注射 5%碳酸氢钠或口服小苏打片或大黄苏打片，以缓解酸中毒，起到恢复患畜体质、促进康复的作用。

5. 促进反刍

可使用促反刍液，即 10%氯化钠注射液、10%葡萄糖酸钙注射液、10%苯甲酸钠咖啡因注射液，同时配合使用维生素 B_1 肌内注射，以增强前胃神经兴奋性，提高患畜食欲和增加反刍。

6. 恢复瘤胃微生物活性

当瘤胃液的 pH 低于 5.5 时，可一次内服碳酸氢钠片；在 pH 高于 7.5 时可用稀醋酸，或适量内服常醋，以调节瘤胃内环境，恢复其中纤毛虫群系共生关系，增强前胃消化功能。必要时采取健康牛胃液，即先用胃管给健康牛灌服生理盐水，然后以虹吸引流的方法取出瘤胃液，给患畜灌服接种。

7. 中医治疗

按照中兽医辨证施治的原则，对脾胃虚弱、水草细迟、消化不良的患畜，着重健脾和胃、补中益气，宜用四君子汤、补中益气汤或健脾理气散。

任务四　瘤胃积食诊治

一、诊断要点

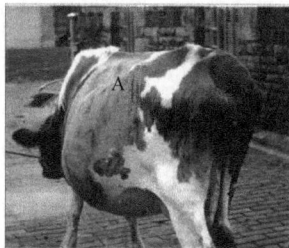

图 23-4　牛瘤胃积食，后视呈梨状

1）患畜因采食大量的难以消化吸收的藤类饲料或未经粉碎的玉米、稻谷、大豆等颗粒而致病。

患畜腹围增大，尤其左腹部膨大，后视呈梨状（图 23-4）。

2）触诊左肷部呈硬实感；叩诊呈浊音；听诊瘤胃蠕动音减弱甚至消失。

3）患畜食欲、反刍停止。

4）患畜腹痛，精神沉郁。

二、治疗方法

1. 禁食按摩

病初先禁食，实行瘤胃按摩，每次 5～10min，每隔 30min 一次。或先灌服大量温水，然后按摩，促进瘤胃内容物运转。若效果较好，则可用酵母粉，2 次/d 内服，具有消食化积功效。

2. 清理胃肠

可用硫酸镁或硫酸钠、液体石蜡或植物油、鱼石脂、75%乙醇、自来水混合一次内服。应用泻剂后，也可用毛果芸香碱或新斯的明皮下注射，兴奋前胃神经,促进瘤胃内容物运转与排出，但心脏功能不全的患畜或孕畜忌用。

瘤胃积食
案例分析

3. 促进食欲和反刍

对牛可用 10%氯化钠溶液，静脉注射，或按虹吸引流方法，用 1%食盐水洗胃，连续灌洗，再用 10%葡萄糖酸钙溶液、10%氯化钠溶液、20%咖啡碱注射液，静脉注射，改善中枢神经系统调节功能，促进反刍，解除自体中毒现象。对羊上述药物用量酌减。

瘤胃酸中毒
案例分析

4. 对症治疗

治疗措施包括补液、强心、保肝和缓解酸中毒。

5. 手术治疗

对保守治疗无效时，应尽快实施瘤胃切开术，取出胃内容物，并用1%温食盐水洗涤。必要时，接种健康牛瘤胃液，加强饲养和护理，促进康复过程。术后按常规抗菌消炎和护理。

任务五　瘤胃臌气诊治

瘤胃臌气是反刍动物采食了大量容易发酵产气的饲料，使瘤胃和网胃急剧膨胀，使膈与胸腔脏器受到压迫，引起呼吸与血液循环障碍，甚至发生窒息现象的一种疾病。

一、诊断要点

1）患畜采食大量容易发酵的饲料，如精料、幼嫩的青饲料或糟粕料。
2）患畜腹部膨胀，左肷部突出，后视呈苹果状。
3）叩诊患畜左肷部呈鼓音，触诊腹壁弹性好。
4）患畜腹痛呻吟，心跳加快，呼吸困难。

泡沫型瘤胃臌气
与非泡沫型瘤胃
臌气

瘤胃臌气
案例分析

5）瘤胃穿刺能放出大量的气体。

6）慢性瘤胃膨气多由继发性因素引起，病情发展缓慢，时胀时消，使患畜食欲、反刍减退。

二、治疗方法

（一）排气减压

在患病初期，使患畜头颈抬举或将其置于前高后低的坡上，适度按摩其腹部，促进瘤胃内的气体排出。同时应用松节油、鱼石脂、乙醇，加适量温水内服，具有防腐消胀作用。

当严重病例有发生窒息的危险时，应用套管针进行瘤胃穿刺放气，避免发生窒息（图23-5）。

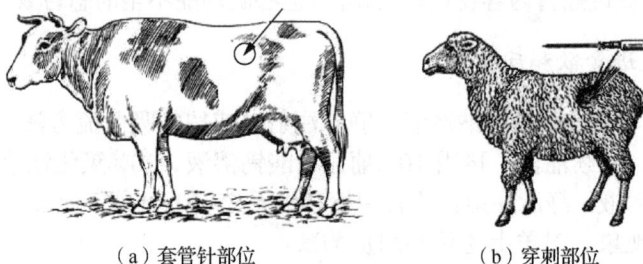

（a）套管针部位　（b）穿刺部位

图23-5　瘤胃穿刺术

（二）综合治疗

用 2%～3%的碳酸氢钠溶液进行瘤胃冲洗，调节瘤胃内容物 pH。对因采食紫云英而引起的瘤胃臌气，可用加食盐的自来水内服，具有止酵消胀作用。为了排出瘤胃内容物及其酵解物质，可用盐类或油类泻剂或用毛果芸香碱或新斯的明皮下注射，兴奋副交感神经，促进瘤胃蠕动，以利于反刍和嗳气。

在治疗过程中，应注意患畜全身机能状态，及时强心补液，增进治疗效果。

接种瘤胃液。在排出瘤胃气体或进行手术后，采用健康牛（羊）瘤胃液，灌入瘤胃内，以促进瘤胃功能快速恢复。

瘤胃穿刺

任务六　创伤性网胃腹膜炎诊治

创伤性网胃腹膜炎是指金属异物（针、钉、碎铁丝）混杂在饲料内，被家畜采食吞咽落入网胃，刺伤网胃、膈、腹膜或心脏，引起网胃炎、横膈膜炎、腹膜炎或心包炎（图23-6）。

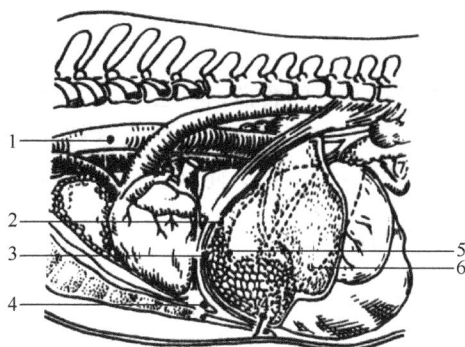

1—经食道出口腔；2—刺入肺脏；3—刺入心包及心肌；4—刺入胸壁；5—刺入脾脏（脾脏覆于瘤胃之上，以虚线表示）；6—刺入肝脏（肝脏偏于右腹，以虚线表示）。

图 23-6　铁钉在网胃中的转移方向

一、诊断要点

（一）病因

1）家畜误食金属异物。

2）牛以舌卷方式采食，粗略咀嚼，以唾液裹成食团即吞咽，往往将随同饲料的金属异物吞咽入瘤胃，并随其中内容物的运转而进入网胃。进入网胃的金属异物，在腹压增高的情况下刺伤网胃。

3）腹内压升高。在瘤胃积食或臌胀、重剧劳役、妊娠、分娩及奔跑、跳沟、滑倒、手术保定等过程中，家畜腹内压升高而导致本病的发生和发展。

（二）临床特征

1. 姿态异常

患畜站立时，常采取前高后低的姿势，头颈伸展，两眼半闭，肘关节外展，拱背，不愿走动。

2. 运动异常

牵遛患畜时，发现其嫌忌下坡、跨沟或急转弯，在砖石或水泥路面上止步不前。

3. 起卧异常

患畜起立时，先起前腿；卧下时，先卧后腿。这与正常的起卧姿势相反。当卧地、起立时，患畜因感疼痛而极为谨慎，肘部肌肉颤动，甚至呻吟和磨牙。

4. 排粪异常

由于网胃区疼痛，患畜不敢努责，排粪时间延长。

创伤性网胃炎
案例分析

创伤性网胃炎
发病机理

心包炎
案例分析

5. 采食饮水异常

有的患畜在采食时有一定的食欲,但吃入少量饲料、饲草后引起瘤胃、网胃蠕动增强,疼痛加剧,停止采食而离槽,这被称为"退槽现象",并在采食或饮水时表现吞咽痛苦,缩头伸颈,很不自然。

6. 网胃疼痛试验阳性

如果用拳头叩击患畜网胃区或触诊剑状软骨区,或者用一根木棍通过剑状软骨区的腹底部猛然抬举,给网胃施加强大压力,患畜就会表现敏感不安。

7. 血常规检查

白细胞总数增多,其中嗜中性粒细胞增多,淋巴细胞减少,细胞核左移。

8. DR 诊断

DR（design rule,数字化 X 射线）检查可发现患畜网胃内有高密度的金属或非金属异物。

9. 金属探测仪诊断

使用金属探测仪检查网胃区,当金属探测器发出警报声时,说明网胃内有金属异物。

二、治疗方法

1. 手术疗法

对创伤性网胃腹膜炎,在早期如无并发症,可采取手术疗法,施行瘤胃切开术,从网胃壁上摘除金属异物,同时加强护理措施,治愈率可达90%以上。

2. 保守疗法

1）站台疗法。使患畜立于斜坡上或斜台上,保持前躯高、后躯低的姿势,减轻腹腔脏器对网胃的压力,促使异物退出网胃壁。

2）注射大量抗生素。应用大剂量抗生素,如青霉素与链霉素,分别肌内注射,连用 5~7d,治愈率可达 70%。

3）辅助治疗。适当应用防腐止酵剂、高渗葡萄糖或葡萄糖酸钙溶液,静脉注射,增进治疗效果。

4）也可用特制磁铁经口投入网胃中,吸取胃中金属异物。

5）如果心脏听诊有心包拍水音和心包摩擦音（绒毛心）,则对患畜进行淘汰处理。

3. 手术疗法

采用瘤胃切开术，经瘤网孔拔出穿刺在网胃内的异物。

三、预防措施

防止饲草中混入尖锐的金属或非金属异物，定期投喂圆形或椭圆形永久磁铁，并定期取出。

任务七　瓣胃阻塞诊治

一、诊断要点

1. 病因

反刍动物前胃疾病的鉴别诊断

患畜过食不容易消化吸收的饲料，如藤类饲料、含泥沙多的饲料、过细的粉料，加上运动不足、饮水不足，引发瓣胃阻塞。

2. 症状

1）鼻镜干燥，甚至龟裂。

2）呈现前胃弛缓症状，如空口咀嚼，磨牙，食欲减退或废绝，反刍减少或消失。

3）大便少、黑、干、硬，甚至几天都不拉大便。

4）瓣胃听诊蠕动音减弱甚至消失，瘤胃蠕动音也减弱。

5）瓣胃区穿刺试验呈阳性。在右侧肩关节水平线与第 7～9 肋间的交点，先用手术刀尖在皮肤上划一小口，然后用 15～20cm 长的 18～20 号穿刺针对准左肘头方向刺入瓣胃内，套上 50mL 抽满生理盐水的金属注射器，向瓣胃内推注生理盐水时感觉阻力很大，回抽时液体变混浊，注射器里有较长的未消化的粗纤维。

二、治疗方法

1）应对患畜先停食 1～2d，然后充足供水和多次少量饲喂柔软多汁的饲草饲料。

2）对症状轻微的患畜可用液态石蜡油 1000～1500mL 或硫酸镁 500～800g，加 40℃左右的温水 3000～5000mL 一次灌服。

3）对用药后无效或症状较为严重的患畜可进行瓣胃注射用药，用 10% 硫酸钠溶液 2000～3000mL、液态石蜡油 500mL、普鲁卡因 2g、盐酸土霉素粉 5g 混合后一次注入瓣胃。

4）在患畜好转后，应加强饲养管理工作，减少粉状饲料、劣质饲料喂量，增加青绿多汁饲料喂量，供应充足清洁的温水，并定期给患畜喂服健胃药物。

任务八　皱胃阻塞诊治

皱胃阻塞也被称为皱胃积食，主要是指由于迷走神经调节机能紊乱，皱胃内容物积滞，胃壁扩张、体积增大形成阻塞，引起消化机能障碍、瘤胃积液，继发瓣胃秘结、自体中毒和脱水的严重病理过程。本病常常导致动物死亡。本病多发生于 2～8 岁的黄牛，在水牛中少见。

一、诊断要点

1. 病因

皱胃阻塞一般是饲养管理不当而引起的，如饲养失宜、饮水不足、劳役过度和神情紧张等。

2. 症状

1）患畜右腹部肋弓下第 9～11 肋间（皱胃区）局限性膨隆。

2）患畜触诊坚硬，在臌隆处穿刺，穿刺液 pH 为 2～4，呈强酸性。

3）患畜大便减少甚至几天不排便。

3. CBC（血常规）检查

经血常规检查可见：血沉缓慢，WBC（white blood cell，白细胞总数）升高，尤其是嗜中性粒细胞增多，有核左移，说明皱胃有炎症。

二、治疗方法

1. 清理胃内容物

用泻剂+制酵药：硫酸钠、石蜡油、鱼石脂、乙醇配合内服。

2. 补液、强心、缓解自体中毒

用 10%氯化钠注射液、20%咖啡碱注射液、维生素 C、5%葡萄糖生理盐水静脉注射。

3. 抗菌消炎

当患畜体温升高、WBC 升高时，适当地应用抗生素，防止继发感染。

4. 手术治疗

施行真胃切开术。将患畜左侧卧保定，在右侧肋弓下第 9～11 肋间，与右肋弓切线平行腹壁切开，掏出皱胃内容物，按术后常规方法进行治疗和护理。值得注意的是，在皱胃阻塞时多继发瓣胃秘结，因此，在手术中当皱胃内容物清理完成后，应检查瓣胃内容物是否阻塞，必要时要清理瓣胃阻塞物，以达到完全疏通的目的，提高手术成功率。

任务九　皱胃变位诊治

皱胃正常解剖学位置的改变被称为皱胃变位，主要发生于成年高产奶牛，以消化机能障碍、叩诊结合听诊检查变位区出现钢管音为特征，并伴发低血钙、低血钾、妊娠毒血症或酮病。

一、诊断要点

1. 多发对象

皱胃变位多发于产后的奶牛。

2. 与妊娠和分娩有关

分娩是皱胃变位最为常见的促进因素，高产奶牛皱胃左方变位，约有65%的病例于分娩后 8d 内发生，原因是奶牛在妊娠期间，庞大的子宫从腹腔底部把瘤胃推向上方，皱胃在瘤胃下方被压挤到左前方。奶牛分娩后子宫回缩，瘤胃快速下沉，若皱胃弛缓不能迅速复原，则被压挤在瘤胃与左腹壁中间，从而导致皱胃左方变位（图 23-7）。

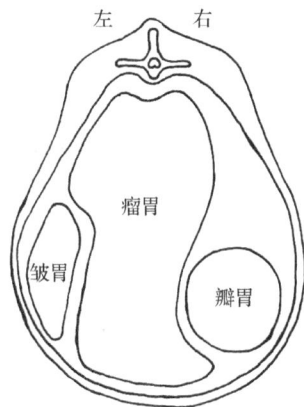

真胃左方变位与真胃右方变位的鉴别诊断

图 23-7　左方变位皱胃位于左侧腹壁与瘤胃之间

3. 与饲养管理不当有关

对高产奶牛饲喂大量精料或饲料含有泥沙沉积于皱胃内，引起皱胃溃疡和弛缓，从而引起皱胃变位；高产奶牛运动不足，卫生不良，以及离群、环境突变，受到异常刺激，呈现应激状态，可造成胃肠道弛缓，也可导致皱胃变位；高产奶牛代谢机能扰乱，发生低血钙、生产瘫痪、酮血症、脂肪肝及代谢性碱中毒等也可引起皱胃变位。

4. 临床症状

1）本病常见于分娩后 5 周以内的高产奶牛。

2）奶牛发生皱胃变位后，无论左方变位还是右方变位，都可表现出食欲减退或废绝、前胃弛缓、瘤胃收缩力减弱、蠕动音低沉或消失、排粪量少、间或发生剧烈下痢、泌乳量迅速下降等症状。奶牛一般无体温升高症状，随着病情发展，机体出现脱水，倦怠无力，体质衰竭。皱胃右方变位往往病程发展迅速，如果不及时进行手术，则奶牛死亡率较皱胃左方变位高得多。

3）叩诊与听诊相结合进行检查。采用叩诊和听诊相结合的方法，于奶牛左（右）侧第 9～12 肋间听到皱胃内有高朗的钢管音，结合病情，可以做出正确的诊断。

二、治疗方法

1. 翻滚疗法

先使患畜禁食 1～2d，并限制饮水量，然后运用滚转法，即让患畜左侧卧地，继而转为仰卧，以背部为轴心，迅速使其向左右来回滚转约 3min，立即停止，仍使其左侧卧地，再转为俯卧姿势，然后让其起立，检查皱胃情况。如果未复位，则可反复进行。也可使患畜右侧卧地，立即改为仰卧，用双拳从患畜左旁腰窝部开始，沿最后肋骨向脐的方向用力按摩。如此反复操作 2～3 次，并将其向右侧急促翻转，再骤然停止，促进皱胃复位。翻滚疗法往往效果不够确切。

2. 手术疗法

在翻滚治疗无效或右方变位或变位已久，特别是皱胃和腹壁或瘤胃发生粘连时，必须及时采取手术治疗。对皱胃左方变位一般采取左侧腹壁切开；对皱胃右方变位一般采取右侧腹壁切开。

任务十　胃肠炎诊治

子任务一　胃炎诊治

胃炎是胃黏膜表层及深层的炎症。

一、诊断要点

（一）原发性病因

1）饲料品质不良。

2）动物消化机能不良。

（二）继发性病因

胃炎可继发于犬瘟热、犬细小病毒病、犬传染性肝炎等传染病，也可继发于华支睾吸虫、犬钩虫、蛔虫等寄生虫病（图23-8）。另外，肠炎、慢性肾炎及某些中毒病也可继发胃炎。

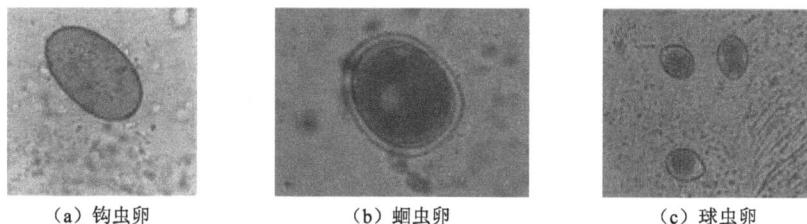

（a）钩虫卵　　　　　　（b）蛔虫卵　　　　　　（c）球虫卵

图 23-8　肠道内的各种寄生虫卵

（三）急性胃炎症状

急性胃炎主要表现为患畜食欲减退、口臭较重、舌苔增厚、胃区疼痛、呕吐。

（四）慢性胃炎症状

慢性胃炎主要表现为患畜食欲不定，有时呕吐，逐渐消瘦，贫血，发育不良，有的可出现异食癖。

二、治疗方法

1. 减轻胃负担

在患畜发病后应立即禁水、禁食，一般要求禁水 12h，禁食 24h。禁食 24h 后，给患畜饲喂易消化且刺激性小的食物。

2. 抗菌消炎

可注射拜有利、庆大霉素、甲硝唑氯化钠溶液。

3. 防止脱水

对呕吐脱水严重的患畜可用乳酸林格氏液配合 5%葡萄糖注射液、5%碳酸氢钠溶液静脉注射。对呕吐严重的患畜，还可注射胃复安和维生素 B_6。

4. 保护胃黏膜

可让患畜内服次硝酸铋或次碳酸铋；注射雷尼替丁、西咪替丁等抗胃肠道溃疡药。

5. 恢复消化功能

让患畜口服适量泻剂，如硫酸镁、硫酸钠、蓖麻油等，排出胃内过多的酸及毒素；可让患畜内服龙胆酊、大黄酊、人工盐等健胃药；补充复合B族维生素、稀盐酸、胃蛋白酶、干酵母、益生菌。

子任务二　肠炎诊治

肠炎是指肠道表层黏膜及深层组织发生的重剧炎症。

一、诊断要点

1. 饲料品质不良

对动物长期单一饲喂坚硬、品质低劣、过于粗硬难消化或腐败变质的饲料，以及对有毒植物和刺激性药物使用不当等都可引起肠炎。

2. 消化机能紊乱

饲喂不规律，突然变换饲料，惊吓、运输等强刺激，都可引起动物机体的应激反应，导致动物消化功能紊乱、消化液分泌失衡。

3. 临床症状

肠炎在临床上以患病动物消瘦、剧烈腹泻、粪便腥臭、腹痛、脱水、酸中毒为特征。

二、治疗方法

1. 除去病因，加强护理

首先查明病因，去除病因，并保证患病动物充分休息，使之处于适宜的环境，在冬季要保暖，在夏季要防暑，以利于动物康复。随着病情逐渐好转，再给予动物适口性好、容易消化的食物。

2. 清理胃肠内容物

当动物大便多、腥臭带血、有肠黏膜脱落时，可让动物内服缓泻剂及防腐止酵剂。在患病初期，可用人工盐、液体石蜡、植物油、大黄、枳实等缓泻药，以清除动物肠内粪便和毒素。

3. 抗菌消炎

常用的抗生素有氨苄西林钠、头孢噻呋、阿米卡星、恩诺沙星等；如果是病毒引起的肠炎，则可同时使用抗病毒药如利巴韦林等；对球虫引起的肠炎，须使用抗球虫药如氨丙林、百球清等，以消除胃肠黏膜感染。

胃炎与肠炎、小肠炎与大肠炎的鉴别诊断

犬猫粪便检查

4. 补液、缓解酸中毒

常用 5%葡萄糖氯化钠、乳酸盐林格氏溶液、乳酸菌素片、5%碳酸氢钠注射液、10%氯化钾溶液等进行治疗。

5. 适时止泻

在患畜发生腹泻，胃肠内容物已排出或基本排出，粪便臭味不大但仍剧泻不止时，可使用止泻药，如功能性止泻药阿托品、山莨菪碱（654-2）等；内服吸附药如药用炭、矽碳银等；保护性止泻药如鞣酸蛋白、次硝酸铋等，以减少机体水分和电解质的进一步丧失。

6. 对症治疗

在患病动物体温升高时可适当使用退烧药，如氨基比林、安乃近；治疗出血性胃肠炎时要使用止血药，如止血敏、维生素 K、立止血等；当患病动物体质衰竭、体温下降时，可采取强心补能的方法，如静脉注射 10%咖啡碱、腺苷三磷酸、辅酶 A、50%葡萄糖等，以提高治愈率。

任务十一　犬胃扩张-扭转综合征诊治

胃扩张是胃的分泌物、食物或气体聚积导致胃扩张的疾病。胃扭转是胃幽门部从右侧转向左侧，被挤压于肝脏、食管的末端和胃底之间，并导致贲门不通的疾病。胃扭转后很快发生胃扩张（胃内蓄积的气体和液体既不能通过食管逆流，也不能通过十二指肠后送），因此被称为胃扩张-扭转综合征。本病多见于胸部深而狭小的犬（如赛犬属的犬）。

一、诊断要点

1. 病因

1）第一型（缓发型）。犬胃肠道内有寄生虫，采食增加和胰液分泌减少。

2）第二型（速发型）。犬采食大量干燥难消化或易发酵食物，加之剧烈运动并饮大量冷水。

3）肠梗阻、便秘等机械阻塞也可引起胃扩张。

2. 症状

1）患犬突然出现剧烈腹痛，呼吸困难，甚至躺卧于地，口吐白沫。

2）患犬腹部迅速扩大，腹壁紧张，叩诊呈鼓音或金属音。

3）患犬触压敏感，大量流涎，干呕，呼吸浅而快，心跳加快，脉硬。

4）不及时治疗，患犬多于1～2d内死亡。

5）X射线检查：可见患犬胃容积扩大，胃内有高密度的影像区（食物）和黑色区块（发酵气体）（图23-9）。

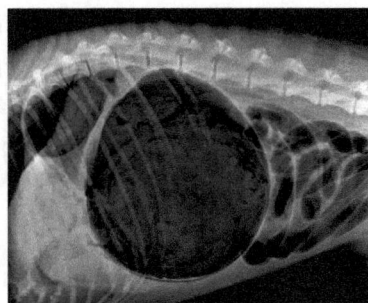

(a) 腹围膨大　　　　　　　　(b) X射线检查可见胃肠道显著胀气

图23-9　犬急性胃扩张

6）B超检查：可见患犬胃容积扩大，胃内充满不同程度回声的固体、液体和气体。

二、治疗方法

1. 止痛

如果患犬腹痛明显，则可皮下注射痛立定，也可选用哌替啶肌内注射。

2. 促进胃内容物排出

先从患犬口腔插入胃管进行放气，然后用温水反复洗胃；让患犬内服油类泻剂，配合食用醋，促进胃排空；对患犬用阿扑吗啡皮下注射，或口服3%过氧化氢，以吐出胃内容物。

3. 对症治疗

对严重脱水的患犬，应及时给予静脉补液、解除酸中毒。

4. 手术疗法

在保守疗法无效时，可在患犬脐前腹中线切开腹壁和胃壁，取出胃内容物，整复胃扭转。术后24h内禁食，3d内吃流质料，禁止剧烈运动，以后逐渐喂正常料。

任务十二　肠变位诊治

肠变位是肠管的自然位置发生变化,并使肠腔发生机械性闭塞和肠壁局部发生循环障碍的重剧性疝痛的总称。肠变位病势急、发展快、病期短,虽然发病率较低,但死亡率较高。

一、诊断要点

1. 临床症状

肠变位以腹痛、脱水、脉搏加快、呼吸困难为突出症状。

2. 血液检查

经血液检查可见患病动物血沉明显变慢,红细胞数、血红蛋白含量增加,嗜中性粒细胞增多,患病初期嗜酸性粒细胞消失。

3. 肠变位的类型

（1）肠阻塞

肠阻塞又称肠便秘、肠秘结、肠内容物停滞,是马属动物最常见的腹痛性疾病,老年牛,各种年龄的猪、犬也有发生。临床上以患病动物食欲减退或废绝、口干舌燥、肠蠕动音低沉或消失、排粪减少或停止、伴发腹痛等为特征（图 23-10～图 23-12）。

（2）肠扭转

肠管沿其纵轴或以肠系膜基部为轴发生程度不同的扭转。肠管也可沿横轴发生折转,被称为折叠。例如,马左侧大结肠呈 180°～360° 或更严重的扭转、小肠系膜根部的扭转、盲肠扭转或折叠、左侧大结肠沿横轴向前方折转等,肠扭转较为常见（图 23-13、图 23-14）。

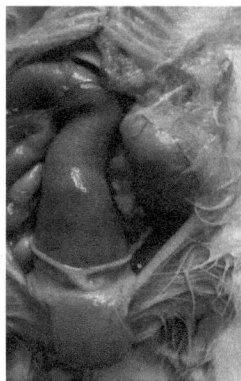

图 23-10　肠阻塞

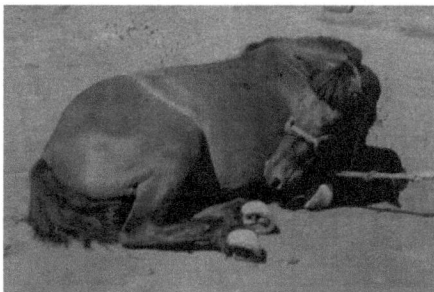

图 23-11　马疝痛回头顾腹

图 23-12　马疝痛前肢刨地

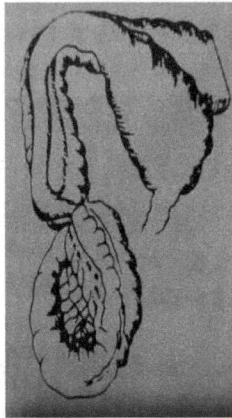

图 23-13　肠系膜基部扭转

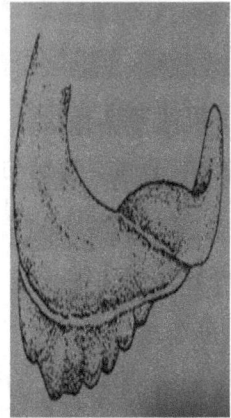

图 23-14　大结肠扭转

（3）肠缠结

肠缠结是指一段肠管与另一段肠管及其系膜缠在一起，引起肠管闭塞不通，多发生在空肠（图 23-15）。

（4）肠绞窄和肠嵌闭

小肠和小结肠被腹腔某些韧带（肝镰状韧带、肾脾韧带）、结缔组织条索、带蒂的瘤体所绞结，使肠腔闭塞不通、血液循环紊乱，被称为肠绞窄。一段肠管坠入与腹腔相通的先天性孔穴或病理性破裂孔内，并卡在其中使肠腔闭塞不通，引起血液循环紊乱，被称为肠嵌闭。例如，小肠或小结肠坠入腹股沟管、大网膜孔、肠系膜和膈肌破裂孔内等。

（5）肠套叠

肠套叠是一段肠管套入与其相连的另一段肠腔之中，相互套入的肠段发生血液循环障碍、血液渗出等过程，致使肠管粘连、肠腔闭塞不通的疾病，如空肠套入回肠、回肠套入盲肠等。在特殊情况下，可出现盲肠尖部套入盲肠体部，马盲肠套入右下结肠，或十二指肠因逆蠕动而套入胃内，小结肠套入胃状膨大部等情况（图 23-16、图 23-17）。

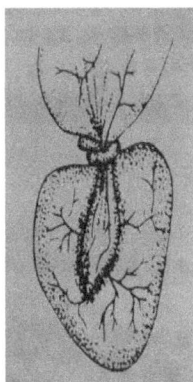

图 23-15　肠缠结

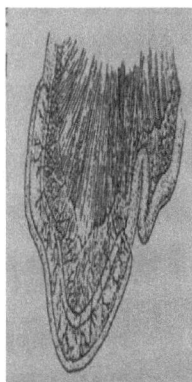

图 23-16　肠套叠

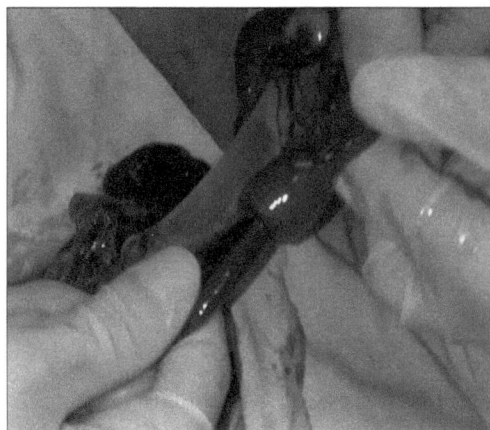

图 23-17　犬肠套叠

二、治疗方法

1）及时应用镇痛剂减轻疼痛刺激，如口服普维康、贝安可，注射痛立定、曲马多等。

2）及时调整酸碱平衡和脱水状态，以维持血容量和血液循环功能，防止患病动物发生休克,如静脉注射 5%葡萄糖氯化钠加 5%碳酸氢钠溶液。

3）手术疗法。发病早期采取剖腹探查手术，整复变位的肠管或剖腹切除坏死的肠段，做肠断端吻合术。

任务十三　急性实质性肝炎诊治

急性实质性肝炎是由传染性和中毒性因素侵害肝实质细胞所引起的肝细胞发炎、变性和坏死，发生黄疸、消化机能障碍和一定的神经症状的疾病。马、牛、猪、羊及各种家禽都可发生本病。本病危害性很大，应当引起重视。

一、诊断要点

1) 患病动物出现黄疸、消化不良、便秘或下痢、腹痛、神经症状、浮肿、出血性素质等症状。

2) 触诊患病动物右侧季肋部肝区疼痛，肝脏肿大，叩诊肝浊音区扩大。

3) 严重病例由于肝脏解毒机能降低，发生自体中毒，出现极度兴奋、共济失调、抽搐或痉挛等神经症状。

4) 血常规检查，可见白细胞数量增加、嗜中性粒细胞数量减少，淋巴细胞或单核细胞数量增加。

5) 血生化检查，可见血清总胆红素、谷丙转氨酶、谷草转氨酶含量升高。

6) 尿常规检查，可见尿色发暗，有时似油状；多项尿液化学指标异常。

二、治疗方法

1. 排除病因

排除传染病、中毒病等因素。

2. 限饲疗法

限制饲喂高蛋白质饲料，禁止饲喂高脂肪食物。

3. 保肝利胆

可用 2%葡醛内酯片溶液、甘草酸单胺（解毒灵）、甘草酸双铵、谷胱甘肽、5%～10%葡萄糖溶液、大剂量维生素 C 等保肝解毒药；用小剂量卡巴胆碱或毛果芸香碱皮下注射，促进胆汁分泌与排泄。

4. 清肠止酵

可用硫酸钠或硫酸镁，配成 5%浓度的溶液，加鱼石脂内服，以下泻止酵。

5. 促进消化机能

给予患病动物复合维生素 B、酵母片内服，以改善新陈代谢，增进消化机能。

6. 加强护理

用 ATP、辅酶 A、乳酸盐林格氏溶液、氯化钠注射液、葡萄糖注射液、甲硝唑氯化钠溶液等静脉输液。

任务十四　胰腺炎诊治

胰腺炎包括急性胰腺炎和慢性胰腺炎两种类型。急性胰腺炎是在致病因素作用下，使胰腺分泌的消化酶被激活而发生的自身及周围组织的消化现象。慢性胰腺炎是胰腺实质慢性渐进性坏死与纤维化，使其分泌功能减退的疾病。犬和猫易患本病。

一、诊断要点

（一）临床症状

1. 急性胰腺炎

1）急性胰腺炎特点是发病急、病情重、并发症多。

2）患病动物出现明显的腹痛、呕吐症状，粪便含有血液。

3）若溢出的活性胰酶累及肝脏和胆囊，则可并发黄疸。

4）胰岛素的突然释放，可引起低血糖；钙与腹腔中被消化的坏死脂肪组织结合，可引起低血钙，甚至休克。

2. 慢性胰腺炎

1）慢性胰腺炎临床上以反复发作性腹痛、呕吐为特征。

2）引起消化吸收障碍，较常见的症状是动物经常排出大量橙黄或黏土色有酸败臭味的粪便，其中含有未消化的食物。

3）引发糖尿病。动物因吸收不良、并发糖尿病而表现为贪食。

（二）实验室检查

1）血常规检查。可见白细胞总数和嗜中性粒细胞数量增多。

2）血生化检查。可见血清中淀粉酶及脂肪酶的浓度升高（达正常的两倍），但血清淀粉酶浓度多于动物发病 2～3d 后恢复正常。

3）出现低血钙、一时性的高血糖症和谷丙转氨酶升高。

4）禁食时的高脂血症，可作为急性胰腺炎的诊断依据。

5）严重胰腺炎病例因胰腺和附近器官发炎引起液体渗出而有腹水，腹水中含有的淀粉酶浓度具有诊断意义。

6）用犬或猫胰腺炎快速检测试剂板（图 23-18）检测，血浆、血清中胰脂肪酶呈阳性。

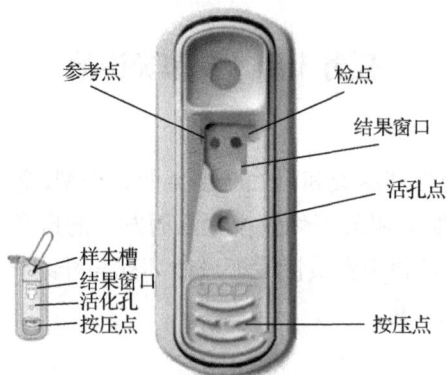

当混合液出现至活化孔时，立刻压下按压点，并开始计时 10min。

图 23-18　犬胰腺炎快速检测试剂板

二、治疗方法

（一）急性胰腺炎

1）应对患病动物禁食，以减少胰液的分泌，并对其静脉输液供给营养物质。

2）尽早治疗，用哌替啶镇痛效果好（不宜用吗啡因），口服或肌内注射。

3）奥曲肽、乌司他丁、加贝酯、阿托品对胰腺分泌有阻抑作用，对较轻病例可限制炎症的蔓延。

4）静脉输入能量合剂、电解质溶液，使降低的血容量、血压和肾功能恢复正常。

5）应用抗生素（多西环素、氨苄青霉素为首选）制止坏死组织的继发感染。

（二）慢性胰腺炎

1）应饲喂高蛋白、高碳水化合物、低脂肪的饲料，并混入胰酶颗粒，维持粪便正常。

2）将缩聚山梨醇油酸酯加入饲料中，可增进动物对脂肪的吸收。

3）长期应用氯化胆碱可预防脂肪肝的发生。

4）如果患病动物不发生糖尿病，则预后良好。

5）在胰腺内分泌机能减退时，必须用胰岛素治疗。这种病例预后不良。

任务十五　腹膜炎诊治

腹膜炎是腹膜各种炎症的总称。按发病的范围，将其分为弥漫性腹膜炎和局限性腹膜炎；按病程经过，将其分为急性腹膜炎和慢性腹膜炎；按病因，将其分为原发性腹膜炎和继发性腹膜炎；按渗出物的性质，将其分为浆液性腹膜炎、纤维蛋白性腹膜炎、出血性腹膜炎、化脓性腹膜炎及腐败性腹膜炎。各种家畜、犬、猫都可发生本病。

一、诊断要点

1. 病因

（1）原发性腹膜炎

原发性腹膜炎通常因受寒、感冒、过劳或某些理化因素使机体防卫机能降低，抵抗力减弱，易受到大肠杆菌、沙门氏杆菌、化脓杆菌、链球菌、葡萄球菌等条件致病菌的侵害时发生。猫可发生特有的传染性腹膜炎。

（2）继发性腹膜炎

继发性腹膜炎主要由腹腔和盆腔器官感染性炎症的蔓延或转移引起；由腹腔和盆腔器官的破裂或穿孔，胃肠道和生殖道中的异物和微生物直接侵入腹膜引起；由腹壁的创伤、腹腔的手术或穿刺造成感染引起；也可能成为某些疾病的症状或继发症，如猪瘟、猪丹毒、棘球蚴病、肝片吸虫病等。

2. 临床症状

（1）急性腹膜炎

急性腹膜炎主要表现为患病动物产生剧烈的持续性腹痛，体温升高，呈弓背姿势，精神沉郁，食欲不振，反射性呕吐，呈胸式呼吸。触诊腹壁紧张卷缩，压痛明显处有温热感。在腹腔积液时，下腹部向两侧对称性膨大，叩诊呈水平浊音，浊音区上方呈鼓音。

（2）慢性腹膜炎

慢性腹膜炎常因发生肠管粘连而妨碍肠蠕动，表现为消化不良和腹痛。

犬猫腹部内脏器官 B 超检查

3. 腹腔穿刺

腹腔穿刺可发现大量黄色或淡黄色的渗出液，腹水冷却后易凝固；李凡特试验为阳性（即将穿刺液 1 滴和醋酸 1 滴，滴在玻片上，使两液接触，如果发生混浊，则为阳性；如果不混浊，则为阴性。穿刺液为漏出液，故与炎性渗出液不同）。

4. 血常规检查

血常规检查可见白细胞、中性粒细胞、中性粒细胞百分化升高，说明腹膜有炎症发生。

5. 血生化检查

血生化检查可见总蛋白、白蛋白下降，说明血清白蛋白流失到腹水中；球蛋白升高则说明腹膜有炎症。

二、治疗方法

1. 禁食

患病初期 2d 内应对动物禁食，经静脉给予营养药物，随病情的好转，可喂给适量的流质饲料或青草，常用 5%葡萄糖注射液、乳酸盐林格氏溶液、腺嘌呤核苷三磷酸、辅酶 A、维生素 B、维生素 C、科特壮等药物。

2. 消炎止痛

选择广谱抗生素，如头孢噻呋、拜有利、速诺等。

3. 防止炎性渗出，促进炎性渗出物的吸收

常用 10%葡萄糖酸钙、10%～20%葡萄糖静注；注射强效利尿剂呋塞米。

4. 保护心脏功能，增强病畜抵抗力

当心脏衰竭时，可选用咖啡碱、樟脑磺酸钠等强心剂静脉注射或肌内注射。

5. 开腹修复术，冲洗腹腔

对腹壁疝、腹腔脏器穿孔或破裂引起的腹膜炎，应及时进行开腹修补术和腹腔反复冲洗。

知识链接

—— 项目小结 ——

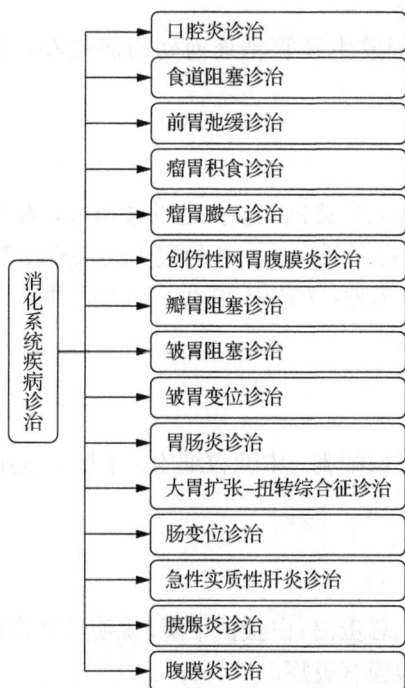

——复习思考题——

1. 名词解释

前胃弛缓；皱胃右方变位；皱胃左方变位；肠扭转；肠套叠

2. 简答题

1）反刍动物前胃弛缓的发病原因有哪些？临床症状表现有哪些特点？

2）临床治疗前胃弛缓的方法有哪些？治疗原则是什么？

3）创伤性网胃炎的诊断要点有哪些？

4）奶牛皱胃变位手术治疗的要点有哪些？

5）如何诊断和治疗腹膜炎？

3. 论述题

1）试述奶牛前胃疾病（前胃弛缓、瘤胃积食、瘤胃臌气、创伤性网胃炎、瓣胃阻塞）的鉴别诊断和治疗要点。

2）试述奶牛皱胃左方变位和右方变位的鉴别诊断与治疗措施。

3）试述犬急性腹痛性疾病（肠扩张、肠阻塞、肠扭转、肠套叠）的鉴别诊断与急救措施。

项目 二十四

呼吸系统疾病诊治

项目简介

在兽医内科疾病中，呼吸系统疾病是一种常见病、多发病，也是发病率较高的一类疾病。本项目主要介绍呼吸系统感染、非炎症性呼吸系统疾病的诊断要点和治疗方法。

知识目标

了解呼吸系统疾病的发病特点；掌握常见呼吸系统疾病的发病原因及诊疗技术；掌握常见呼吸系统疾病的诊断及治疗原则。

技能目标

会正确诊断畜禽感冒、支气管炎、肺炎、胸膜炎等炎性疾病和肺充血、肺水肿、肺气肿等非炎性疾病；能在做出诊断的同时设计治疗思路；掌握呼吸系统疾病的重症护理技术。

素质目标

在看病时，要很好地与畜主进行沟通，详细记录患病动物病史。在呼吸系统疾病诊断中，经常要进行心肺的听诊和叩诊，这就要求保持就医环境安静，医生情绪稳定、全神贯注。针对呼吸高度困难、心肺功能衰竭的重症病畜，医生在抢救时，首先要神情镇定，保持清醒，迅速果断进行输氧、输血、输液、心肺复苏，注射强心剂和呼吸中枢兴奋剂。在急救前一定要与畜主说明病情的严重性，并且签署重大疾病协议书，以防止医患纠纷的发生。

项目导入

呼吸系统疾病的综合征有鼻塞、流鼻涕、打喷嚏、咳嗽、气喘、呼吸困难、干啰音、湿啰音、黏膜发绀等；呼吸系统疾病常用的检查方法是视诊、听诊、叩诊、触诊、嗅诊。

常用的仪器检查法如下：通过 X 射线检查鼻腔、鼻窦、咽喉、气管、支气管、肺部和胸膜腔的病变；通过内窥镜检查气管、支气管的病变；通过血常规检查发现机体炎症程度和贫血情况；通过血气检查可判断血液 pH，诊断是呼吸性酸中毒还是呼吸性碱中毒。

呼吸系统疾病的治疗原则是抗菌消炎和止咳化痰。抗菌消炎药常用青霉素、氨苄青霉素、阿莫西林克拉维酸钾、头孢菌素（头孢氨苄、头孢唑啉、头孢曲松、头孢哌酮、头孢噻肟）、喹诺酮类（环丙沙星、恩诺沙星、氧氟沙星）、林可胺类药物（林可霉素、克林霉素）。四环素类药物（多西环素、长效土霉素、金霉素）、氟苯尼考、磺胺类药物（复方磺胺嘧啶、复方磺胺对甲氧嘧啶、复方磺胺间甲氧嘧啶）。常用于治疗呼吸系统疾病的中药有鱼腥草、清开灵、板蓝根、双黄连、麻杏石甘汤。急症重症抢救时，常用氨茶碱、尼可刹米、咖啡碱、樟脑磺酸钠等药物。

治疗呼吸系统疾病的用药途径除了口服、皮下注射、肌内注射、静脉注射，还有气管注射、雾化吸入。

任务一　呼吸系统感染诊治

子任务一　呼吸道感染诊治

呼吸道感染包括上呼吸道感染、下呼吸道感染和胸膜炎。感冒是受寒冷的影响，机体防御机能降低，引起以上呼吸道黏膜炎症为主症的急性全身性疾病；气管炎、支气管炎是各种畜禽易患的常见病，是气管、支气管黏膜及黏膜下深层组织的炎症，常以剧烈咳嗽及呼吸困难为特征；肺炎是肺实质的炎症。

一、诊断要点

呼吸系统感染可通过病因、临床症状做出诊断。

（一）病因

1. 原发性因素

原发性因素主要是管理因素，突然遭受寒冷刺激是本病最常见的原因（如圈舍条件差，防寒保暖能力差，受贼风侵袭，潮湿阴冷，垫草长久不换，运动后被雨淋风吹等）；长途运输，过度劳累，营养不良等造成机体抵抗力下降，可引发本病。

2. 继发性因素

继发性因素主要是继发其他疾病。病原感染（如流感、副流感猪支原体肺炎、犬Ⅱ型腺病毒、犬瘟热病毒、呼肠孤病毒、支气管败血波氏杆菌）可导致支气管炎；畜禽机体抵抗力下降，微生物入侵，也可导致支气管炎。

3. 变态反应原

多种变态反应原（过敏原）均可引起鼻的变态反应。犬和猫常年发生的鼻炎可能与房舍尘土及霉菌有关。季节性发生的鼻炎与花粉有关，如牛和绵羊的"夏季鼻塞"综合征常见于春、夏季牧草开花时，是一种原因不明的变应性鼻炎。

（二）临床症状

支气管炎患畜表现出频繁咳嗽，流大量鼻液，啰音，不定型热。对肺部叩诊一般无变化，可初步诊断。

感冒诊断依据是患畜受寒冷作用后突然发病，呈现体温升高、咳嗽及流鼻液等上呼吸道轻度炎症症状。

发生急性鼻炎的患畜体温、呼吸、脉搏及食欲一般无明显变化，主要

呼吸系统感染的
鉴别诊断

支气管炎
案例分析

小叶性肺炎
案例分析

大叶性肺炎
案例分析

表现为打喷嚏，流鼻液，摇头，轻度咳嗽，鼻黏膜充血、肿胀，鼻腔变窄，呼吸困难，流浆液性、黏液性、脓性鼻液。鼻孔被排泄物、结痂物阻塞时，犬、猫常摩擦鼻部、抓挠面部，伴有结膜炎时，可见畏光、流泪。

发生急性支气管炎时，依据咳嗽、鼻腔分泌物、胸部病理学检查、热型，做出确诊不难。X 线检查一般不见异常，检查细支气管炎时，可见肺纹理增强，肺野模糊，肺浊音界扩大。应注意大支气管炎与细支气管炎的鉴别。根据体温、全身症状轻重、胸部检查结果，容易区别二者。

支气管肺炎主要依据咳嗽的变化，肺部听诊有干、湿啰音，X 线检查肺部有较粗纹理的支气管阴影，叩诊肺部有局灶性浊音区等临床症状确诊（图 24-1）。

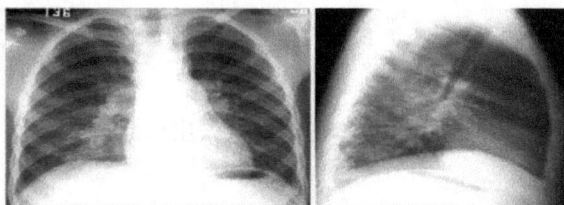

图 24-1　支气管肺炎，右下野心缘旁肺纹理增粗模糊，并可见散在小斑片状阴影

大叶性肺炎根据流铁锈色鼻液、咳嗽、严重呼吸困难、高热稽留、肺泡呼吸音减弱或消失、叩诊肺部有大面积浊音区及 X 线检查有大片阴影来确诊。

二、治疗方法

（一）抗菌消炎

常采用抗生素、磺胺类药物。青霉素、链霉素合用，有较好疗效。必要时，可选用红霉素、盐酸多西环素、头孢菌素、阿奇霉素、多西环素。

（二）止咳祛痰

当动物分泌物黏稠、咳嗽严重时，可应用止咳祛痰剂，如口服氯化铵、复方甘草齐、止咳糖浆。

（三）对症疗法

要针对心脏功能减弱及呼吸困难采取相应措施。强心剂常用咖啡因类、樟脑类，必要时可用洋地黄类和毒毛旋花子苷 K。当动物缺氧明显时，宜采用输氧疗法，可用氧气袋鼻腔输给或静脉注射双氧水。

子任务二　胸膜炎诊治

胸膜炎是致病因素刺激胸膜所致的胸膜炎症，并伴有胸膜的纤维蛋白沉着或胸腔内积聚炎性渗出物。本病见于马、牛、猪、犬等动物。

一、诊断要点

通过病因、症状结合临床检查可做出判断。

（一）病因

1. 急性原发性胸膜炎

急性原发性胸膜炎比较少见。胸壁创伤或穿孔、肋骨或胸骨骨折、食道破裂、胸腔肿瘤、剧烈运动、长途运输、外科手术及麻醉、寒冷侵袭及呼吸道病毒感染等应激因素都可成为发病的诱因。

2. 继发或伴发胸膜炎

胸膜炎常继发或伴发于传染病经过中，各种肺炎、肺脓肿、胸部食管穿孔、肋骨骨折、脓毒败血症等过程中，炎症蔓延或感染常可引起胸膜炎。在某些传染病，如结核病、传染性胸膜炎、传染性鼻气管炎、传染性肝炎、钩端螺旋体病等经过中，也常继发胸膜炎。

（二）症状

在本病的早期，动物精神沉郁，体温升高，常达 40℃ 以上。呼吸浅表而快速，表情痛苦。呼吸运动以腹式为主，胸壁运动受到抑制而呈断续性呼吸。患病动物站立，两肘外展，特别是马匹，一般不卧下。

在患病初期听诊时出现胸膜摩擦音，随呼吸运动而反复出现，如果同时有肺炎存在，则可听到啰音或捻发音。如果炎症波及心包外膜及胸膜脏层，则可随心跳和呼吸的节律在心肺交界处听到心包胸膜摩擦音。触诊胸壁常有痛性反应。叩诊或触压胸壁，可引起反射性弱痛咳。

（三）临床检查

1）胸腔穿刺（马第 6~7 肋间；牛第 6~8 肋间；猪第 7~8 肋间；犬第 5~8 肋间）对确诊极有帮助。

2）血液检查，可见白细胞数增多，中性粒细胞百分比增高，核左移，淋巴细胞相对减少。

3）超声探查，渗出性胸膜炎可出现液平段，液平段的长短与积液量成正比。

4）X 线检查可发现积液阴影。

二、治疗方法

（一）抗菌消炎

应用青霉素类或头孢菌素进行胸腔内注射，可收到良好效果。为促进炎症产物吸收，可使用水乌钙疗法、葡萄糖酸钙、乌洛托品、水杨酸钠混合静脉注射。

（二）促进渗出液排出

动物因渗出液积聚过多而呼吸窘迫时，可对其进行胸腔穿刺排液，这一措施必须与减少渗出、促进渗出液吸收的疗法相配合。每次放液不宜过多，排放速度也不宜过快。可将抗生素直接注入动物胸腔。如果穿刺针头或套管被纤维蛋白堵塞，则可用注射器缓慢抽取。治疗化脓性胸膜炎，在穿刺排出积液后，可先用 0.1%利凡诺溶液，2%～4%硼酸溶液反复冲洗胸腔，至排出较透明的冲洗液后，再向胸腔内注入青霉素、链霉素等抗生素。

（三）制止渗出

可对动物肌内注射强心剂（咖啡碱）、利尿剂（呋塞米），静脉注射 5%氯化钙溶液或 10%葡萄糖酸钙溶液。

任务二　非炎症性呼吸系统疾病诊治

子任务一　肺充血与肺水肿诊治

肺充血是指肺毛细血管内血液过度充满，分为主动性充血（动脉性充血）和被动性充血（静脉性充血）两种。前者是指流入肺内的血液量增加，流出量正常；后者是指流入肺内的血液量正常或增加，流出量减少。肺水肿是因肺充血持续时间延长，血液的液体成分渗漏到肺泡、细支气管和肺间质而形成的。

支气管炎与肺水肿的鉴别诊断

一、诊断要点

1）肺充血和肺水肿可发生于各种动物，多见于马和犬。主动性肺充血常因沉重而紧张的工作而发生，如炎热季节动物过度奔跑，剧烈使役，在长途运输过程中吸入热空气或刺激性气体等；被动性肺充血主要因代偿机能减退期的心脏疾病（左心衰竭）、心包炎及肠臌气、急性胃扩张、瘤胃臌气等使胸腔内负压减低而发生。

2）肺充血和肺水肿的临床表现症状类似，患畜常呈进行性呼吸困难，静脉怒张，黏膜发绀，鼻孔流含有粉红色泡沫状鼻液，体温升高，脉搏加快。

3）对肺部叩诊，肺充血时正常，仅在肺的下部稍呈浊音；肺水肿时呈半浊音。

4）对肺部听诊，肺充血时肺泡音微弱或粗厉；肺水肿时肺泡音先微弱后消失。

5）经 X 线检查，肺视野的阴影加深，肺门血管的纹理显著。

二、治疗方法

本病治疗原则是保持患畜安静，减轻其心脏负担，增进血液循环，制止液体渗出和缓解呼吸困难。

1）从颈静脉放血 1000～2000mL，对急性呈现呼吸困难的患畜有效。

2）10%氯化钙注射液 100～150mL，1 次缓慢静脉注射，1～2 次/d。

3）10%葡萄糖酸钙注射液 300～500mL，1 次静脉注射，1～2 次/d。

4）25%甘露醇注射液 500～1000mL，1 次静脉滴注。

5）20%苯甲酸钠咖啡因注射液 10～20mL，1 次肌内注射（用于加强心脏机能，但不可用肾上腺素）。

6）吸入氧气 100L 或皮下注射氧气 8～10L。

7）青霉素 160 万～320 万 IU，硫酸链霉素 1～2g，肌内注射，2 次/d，可用于防止继发感染。

子任务二　肺气肿诊治

肺气肿是指肺泡终末细支气管远端的气道弹性减退、过度膨胀、充气和肺容积增大或同时伴有气道壁破坏的病理状态。按发病原因，肺气肿有如下几种类型：老年性肺气肿、代偿性肺气肿、间质性肺气肿、灶性肺气肿、旁间隔性肺气肿、阻塞性肺气肿。

一、诊断要点

根据病史、体检结果、X 线检查和肺功能测定可以明确诊断。经 X 射线检查，肺气肿表现为胸腔前后径增大，胸骨外突，横膈后移，肺纹理减少，肺野透光度增加，心脏绝对浊音区缩小，相对浊音区扩大。经肺功能测定，肺气肿表现为残气，肺总量增加，残气与肺总量比值增高，（图 24-2）。

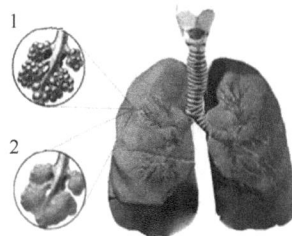

1—正常肺泡；2—患病肺泡。

图 24-2　肺气肿

二、治疗方法

1）适当应用舒张支气管药物，如氨茶碱、β_2 受体兴奋剂（沙丁胺醇、硫酸特布他林、沙美特罗等气雾剂）。病情需要时，可适当选用糖皮质激素。

2）根据病原菌或经验应用有效抗生素，如青霉素类、氨基糖苷类、喹诺酮类及头孢菌素类等。

3）呼吸功能锻炼。做腹式呼吸，缩唇深慢呼气，以加强呼吸肌的活动，增强膈肌活动能力。

4）家庭氧疗。每天给氧 12～15h 能延长动物寿命，若每天 24h 持续氧疗，则效果更好。

═══ 项目小结 ═══

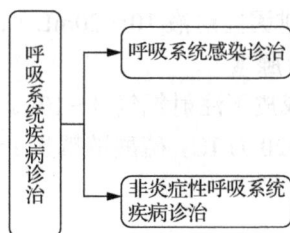

═══ 复习思考题 ═══

1. 名词解释

小叶性肺炎；大叶性肺炎；肺水肿；肺气肿

2. 简答题

1）呼吸器官疾病的临床表现主要有哪些？

2）如何救治呼吸衰竭的动物？

3）上呼吸道感染的治疗原则和用药方法是什么？

4）急性支气管炎的发病原因和治疗原则是什么？

5）肺炎有几种类型？如何进行鉴别诊断？

6）如何进行胸膜炎的诊断和治疗？

3. 论述题

1）如何对支气管炎、小叶性肺炎、大叶性肺炎进行鉴别诊断？

2）如何鉴别诊断肺水肿、肺气肿？

项目 二十五

心血管系统与血液系统疾病诊治

项目简介

心血管系统、血液系统与全身各器官系统的联系非常紧密。本项目主要介绍心血管系统及血液系统疾病的诊断要点及治疗方法。

知识目标

了解心血管系统与血液系统疾病的发病原因、发病特点、常见疾病及临床症状；掌握常见心血管系统疾病的诊断方法与治疗原则；掌握治疗心血管系统疾病常用药物的临床应用方法。

技能目标

能正确诊断和治疗犬、牛、羊、马等动物的心力衰竭、贫血；具备心血管系统危重症的现场救治能力和技术。

素质目标

兽医在做检查时，必须注意检查血液循环的状态，及时发现异常，采取预防和治疗措施，避免造成动物死亡和经济损失。心血管系统疾病在宠物门诊中越来越常见，相关诊断技术和治疗方法越来越精细，因此要求兽医树立终身学习、敢于实践的理念，对新知识、新疾病、新仪器、新药物要善于学习和掌握。

项目导入

心血管系统疾病的综合征有心搏动增强（心音增强）、心搏动减弱（心音减弱）、黏膜苍白（贫血）、黏膜发绀（缺氧）、心律不齐（心跳快慢不一、强弱不一）、心杂音（心内性杂音和心外性杂音）、血压升高（高血压）、血压下降（低血压）、心跳停止等。

心血管系统疾病常用的检查方法是用听诊器听诊心音的次数、强弱、快慢、节律及有无杂音。心电图在临床中应用非常广泛，可通过心电图波形、心电图 T 波波形的改变判断心律失常类疾病（心动过速、心动过缓、心律不齐、早搏、室速、房颤、室颤）、结构性心脏病（心肌扩张、心肌肥厚）、心肌缺血（心梗）、电解质异常（钾、钙偏高或偏低）、急危重症（如肺栓塞）。

对心血管系统与血液系统疾病常用血压计测定血压，在手术或重症监护过程中，常用生理监护仪对收缩压、舒张压、心跳次数、血氧饱和度等指标进行跟踪观察； BNP（B 型利尿钠肽）的测定结果可作为无症状心力衰竭及早期心力衰竭的筛查指标。

可通过血常规检查获得血液里的红细胞数、血红蛋白含量、红细胞压积等指标，这 3 项指标偏低说明贫血，反之可能是机体因脱水导致血液浓缩而偏高；血浆里的总蛋白、白蛋白、球蛋白、血糖、血钙（Ca）等营养指标可通过血液生化检测出来；血液的酸碱度、钾离子（K^+）、钠离子（Na^+）、碳酸氢根离子（HCO_3^-）等电解质和酸碱平衡指标可通过血气检查获得。

随着动物的年龄越来越大，患心脏病的概率会越来越高。目前，治疗心血管系统疾病的药物主要有勃欣定®（强心药，可舒张血管，改善心脏功能，用于治疗充血性心衰）、优心乐、贝心安、贝心康（盐酸贝拉普利片）、匹莫苯丹、辅酶 Q_{10}、卫仕卵磷脂粉（降低胆固醇）、呋塞米（利尿剂，可消除水肿）。

任务一　心力衰竭诊治

心力衰竭
案例分析

心力衰竭是因心肌收缩力减弱、心脏排血量减少、动脉系统供血不足、静脉回流受阻而呈现全身血液循环障碍的一种临床综合征。按病程可将其分为急性心力衰竭和慢性心力衰竭；按病因可将其分为原发性心力衰竭和继发性心力衰竭；按发生部位可将其分为左心衰竭、右心衰竭和全心衰竭。各种动物均可发生本病，以马和犬发病居多。

一、诊断要点

诊断心力衰竭首先要掌握心脏的结构和功能（图25-1），根据动物发病年龄、发病原因、临床症状做出初步诊断。我们要通过心脏彩超检查、X射线检查、心电图检查、心脏功能检查确诊心力衰竭。

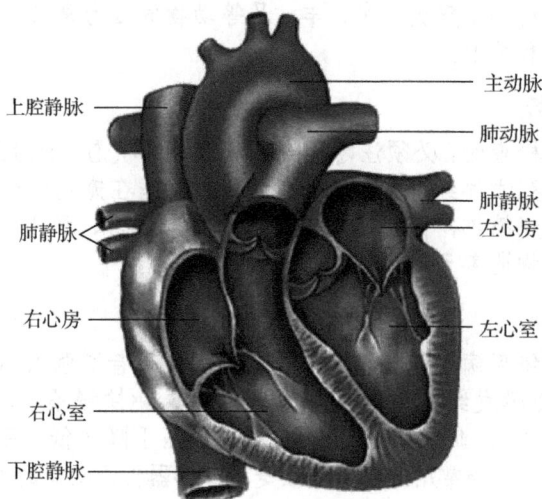

图25-1　心脏结构剖面

（一）病因

急性心力衰竭主要发生于使役不当或过重的役畜，尤其是饱食逸居的家畜突然进行重剧劳役，长期舍饲的育肥牛或猪被长途驱赶等。在本病治疗过程中，应避免以下情况发生：静脉输液量过多；注射钙制剂和砷制剂等药物时速度过快；麻醉意外；雷击、电击、心肌脓肿、肺动脉主干栓塞。心力衰竭还常继发于急性传染病（犬瘟热、犬细小病毒感染、传染性贫血、马传染性胸膜肺炎、口蹄疫、猪瘟等）、寄生虫病（犬恶丝虫病、弓形体病等）及肠便秘、胃肠炎、日射病等经过中。未成年的犬（德牧、比特犬）开始被调教时，由于环境突变、惩戒过严和训练量过大，易发生心力衰竭。

慢性心力衰竭多因长期重剧使役造成，也常继发于多种亚急性和慢性感染、心脏本身的疾病（心包炎、心肌炎、心肌变性、心脏扩张和肥大、心瓣膜病、先天性心脏缺陷等）、中毒病（棉籽饼中毒、霉败饲料中毒、含强心苷的植物中毒等）、甲状腺功能亢进、幼畜白肌病，慢性肺泡气肿、慢性肾炎。

（二）临床症状

急性心力衰竭多突然发生。患畜多表现为高度呼吸困难、眼球突出、步态不稳、突然倒地、阵发性抽搐，常在出现症状后数秒到数分钟内死亡。病程较长者，精神极度沉郁，卧地不起，食欲废绝，结膜发绀，浅表静脉怒张，全身出汗，高度呼吸困难，出现肺水肿，肺区听诊有广泛性水泡音，两侧鼻孔流出大量含细小泡沫的鼻液。患畜心动疾速，第一心音增强，呈金属音；第二心音弱，脉律不整，脉性细弱，常在 12～24h 内死亡。

慢性心力衰竭可使患畜精神沉郁，食欲减退，不愿运动，使役能力降低，易疲劳和出汗。患畜运动后呼吸和脉搏频率恢复正常状态所需的时间延长。随着病情的发展，患畜体重减轻，心率加快（牛在休息时可达 130 次/min），第一心音增强，第二心音减弱，有时出现相对闭锁不全性收缩期杂音，心律失常。心区叩诊时，心浊音区增大。左心衰竭时，患畜左心室和左心房淤血，肺静脉压升高，肺循环淤血，易发生肺水肿。患畜出现咳嗽和呼吸困难。对胸部听诊发现肺泡呼吸音粗厉，常出现湿啰音。右心衰竭时，患畜右心室和右心房淤血，静脉血液回流受阻，发生全身性静脉淤血和体腔积液、如胸腔积液，腹腔积液等。患畜全身浅表静脉充盈，是静脉淤血的早期症状。患畜胃肠淤血，出现长期消化障碍，排粪迟滞或腹泻，逐渐消瘦。肝、脾肿大是全身静脉压长期升高的结果。患畜常出现各实质器官（胃、肠、肝、脾、肾、脑等）淤血症状。

（三）临床实验室检查

心脏区 X 线检查和 M 型超声心动图检查，常常可发现心脏增大、心室肌增厚或心室腔扩大。

二、治疗方法

（一）加强饲养管理

首先应将患畜置于安静厩舍休息，给予柔软易消化的饲料，以减少机体对心脏排血量的要求，减轻心脏负担。

（二）静脉放血

对于有严重呼吸困难的患畜，可采取静脉放血作为紧急治疗措施。放血后呼吸困难迅即解除，此时缓慢静脉注射 20%～25%葡萄糖溶液有改善心肌营养、增强心脏机能之功效。

（三）利尿

为消除水肿和钠、水滞留，最大限度地减轻心室容量负荷，应限制患畜钠盐摄入，给予利尿剂，常用药物是呋塞米（速尿）。

（四）强心

强心常用洋地黄类药物，但应注意，长期应用洋地黄类药物易蓄积中毒，成年反刍动物不宜内服。有心肌发炎损害引起的心力衰竭症状的患畜禁用该类药物。

（五）减慢心率

对马、牛等大家畜，肌内注射复方奎宁注射液；犬内服普萘洛尔有良好效果。

（六）辅助治疗

针对出现的症状，给予患畜健胃、缓泻、镇静等制剂，还可使用 ATP、辅酶 A、细胞色素 C、维生素 B_6 和葡萄糖等营养合剂，作为辅助治疗。

任务二　贫 血 诊 治

单位容积血液中红细胞数、红细胞压积容量和血红蛋白含量低于正常值下限的综合征被统称为贫血。贫血不是独立的疾病，而是各种动物均能发生的一种临床综合征，其主要临床表现是皮肤和可视黏膜苍白及各组织器官因缺氧而产生的一系列症状。

一、诊断要点

根据病史、黏膜苍白的临床体征及血液学检查结果不难做出贫血的诊断。临床病理学资料有助于区分贫血的类型。

贫血案例分析

（一）临床症状

可视黏膜苍白是贫血最突出的临床症状，轻度的贫血虽然临床上还没有可见到的皮肤和黏膜的颜色变化，但已经造成动物生产性能下降。患病动物表现为可视黏膜苍白、肌肉无力、精神沉郁和厌食。在代偿期，患病动物心率中度加快，脉搏洪大，心音增强，后期出现严重的心动过速，心音强度减弱，脉搏微弱。患贫血尤其是慢性病贫血时，因血液稀薄及心扩张和右房室孔环扩大而产生贫血性心杂音，其特征为在心收缩期出现杂音，时强时弱，在吸气顶峰时最强。患贫血时，动物呼吸困难一般不明显。病至后期，即使是严重的呼吸窘迫，也仅是呼吸深度增加。此外，贫血还伴有黏膜的点状或斑状出血、水肿、黄疸和血红蛋白尿等症状。

（二）贫血的类型

1. 出血性贫血

出血性贫血多见于创伤、手术、肝脾破裂等急性出血之后，或由胃肠道寄生虫病、胃溃疡、肾与膀胱结石或赘生物引起的血尿等慢性失血，也见于草木樨中毒、蕨中毒、敌鼠钠中毒等中毒性疾病，凝血因子缺陷性疾病，以及体腔与组织的出血性肿瘤等。

2. 溶血性贫血

溶血性贫血主要见于感染和中毒，如焦虫病、锥虫病、附红细胞体病、巴尔通氏体病等血液寄生虫病，钩端螺旋体病、马传染性贫血、细菌性血红蛋白尿等传染病，汞、铅、砷、铜等矿物元素中毒，毛茛、野洋葱、甘蓝、栎树叶等有毒植物中毒，蛇咬伤等，也见于新生仔畜自体免疫性溶血性贫血、犊牛水中毒、牛产后血红蛋白尿症等。

3. 营养不良性贫血

营养不良性贫血主要见于铁、钴、铜等微量元素缺乏，也见于吡哆醇、叶酸、维生素 B_{12} 缺乏及慢性消耗性疾病和饥饿（图 25-2）。

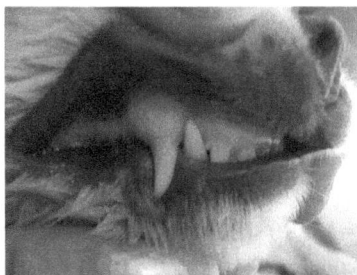

图 25-2　缺铁性营养不良性贫血，导致口腔黏膜苍白

4. 再生障碍性贫血

放射病、骨髓肿瘤、长期使用对造血机能有抑制作用的药物（如氯霉素、环磷酰胺、氨甲蝶呤、长春新碱等）是再生障碍性贫血的主要病因。经三氯乙烯处理的豆饼中毒、牛蕨中毒和有机磷、有机汞、有机砷中毒等中毒性疾病及马传染性贫血、牛结核病、副结核病、焦虫病、猫白血病病毒感染、猫泛白细胞减少症、犬埃里希氏体病、慢性间质性肾炎等也可引发本病。

二、治疗方法

除积极治疗原发病外，还应根据贫血类型采取迅速止血、恢复血容量、补充造血物质、刺激骨髓造血机能及对犬、猫进行输血等措施。

（一）迅速止血

对于外出血，常用结扎血管、填塞及绷带压迫等外科方法止血，也可在出血部位贴上明胶海绵、止血棉止血，或在出血部位喷洒 0.01%～0.1% 肾上腺素溶液，使血管收缩而达到止血的目的。如果效果不佳，则可进行电热烧烙止血。对内出血，可选用全身性止血药，如止血敏、安络血、V_k。

（二）补充血容量

为补充血容量，可立即对动物静脉注射 5% 葡萄糖生理盐水，或使用血液代用品右旋糖酐进行静脉注射。有条件时可输注新鲜全血或血浆，输血前必须进行交叉试验，以免产生输血危险。

（三）补充造血物质

为补充造血物质，可给予动物右旋糖酐铁钴针、牲血素等补血剂。

（四）刺激骨髓造血机能

为刺激骨髓造血机能，可对动物使用苯丙酸诺龙、促红细胞生成素等。

（五）对犬、猫进行输血

输血的目的是提高 PCV（packed cell volume，红细胞体积）（每升血液中红细胞所占的容积），使受血犬的 PCV 提高到 20%～30%。

输血量的计算公式为

输血量=体重(kg)×90×(希望要达到的 PCV-受血犬的 PCV)÷供血犬的 PCV

例如，15kg 的患犬的 PCV 为 10%，预想使受血犬的 PCV 达到 25%，供血犬的 PCV 为 40%，则

$$输血量=15×90×(25-10)÷40 = 506.25（mL）$$

因此，需要全血 500mL，平均输 2mL/kg 全血可以使 PCV 上升 1%。

知识链接

═══ **项目小结** ═══

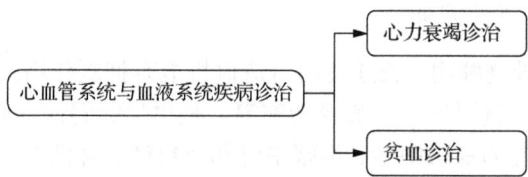

═══ **复习思考题** ═══

1. 名词解释

心力衰竭；贫血

2. 简答题

1）简述各类贫血的治疗方法。

2）简述溶血性贫血的治疗原则。

3）简述再生障碍性贫血的治疗方法。

3. 论述题

1）如何鉴别诊断营养不良性贫血、失血性贫血、溶血性贫血、再生障碍性贫血？

2）如何鉴别诊断急性心力衰竭和慢性心力衰竭？

项目 二十六

泌尿系统疾病诊治

项目简介

泌尿系统由肾脏、输尿管、膀胱、尿道及有关的血管神经组成，是机体的重要排泄系统。本项目主要介绍泌尿道感染、泌尿道阻塞、肾功能衰竭的诊断要点及治疗方法。

知识目标

了解动物泌尿系统疾病的发生、发展规律；熟悉动物常见泌尿系统疾病的诊断要点；掌握动物肾炎、膀胱炎、尿道炎和尿道结石等疾病的发病原因、发病机制、临床症状、治疗方法及预防措施。

技能目标

掌握尿液的检查方法及正确诊断和治疗泌尿系统疾病的技术。

素质目标

泌尿系统各器官在生理功能上密切联系，泌尿器官的疾病多可互相继发。此外，泌尿器官和机体其他内脏器官之间也具有密切的机能联系。因此，我们要了解动物机体各器官之间是相互依存、相互制约的关系，在看病时要树立整体观念和辨证论治的思想。

项目导入

泌尿系统疾病的综合征有：排尿困难，尿不出，尿频，尿不尽，尿中带血、有结晶，腹水，胸水，少尿，无尿，多尿，频尿，尿急，尿痛，尿淋漓，尿失禁等。尿常规检查是判断尿液理化指标是否正常的常用方法。尿物理指标变化有：尿比重升高（少尿时）或下降（多尿时）、尿色变深（少尿时）、尿色变淡（多尿时）、尿色呈灰白色（化脓性炎症）、尿色呈红色（血尿或血红蛋白尿）。尿液的化学指标变化有：尿液 pH 升高（代谢性碱中毒）或 pH 下降（代谢性酸中毒）、尿酮体升高（患酮病时），肾脏指标（尿素氮、肌酐、无机磷）1～3 项指标偏高（肾衰时）。肾衰分为肾前性肾衰（贫血，肾供血不足）、肾性肾衰（肾盂肾炎）和肾后性肾衰（尿道结石引起排尿不畅）。肝脏是解毒器官，肾脏是排毒器官，两者之间关系最密切，功能上相辅相成。肝病可引起肾病，肾病也可引起肝病。外源性或内源性毒素中毒是造成肝、肾功能衰竭的主要因素。肝功能是否正常可经生化检查，观察总胆红素、碱性磷酸酶、丙氨酸氨基转移酶等指标来分析。

对肾脏、输尿管、膀胱、尿道的病变，还可以通过 B 超和 X 线检查。对小型犬和猫可通过腹部两侧双手触诊法进行诊断。尿道和膀胱颈口是否有结石阻塞可通过导尿管探诊并进行高压疏通。膀胱积尿时，可通过膀胱穿刺无菌采集尿样进行尿常规分析或细菌培养。

治疗泌尿系统疾病的常用药物分西药和中药两种。西药有青霉素类、头孢类、喹诺酮类抗生素，呋塞米，40%乌洛托品溶液（尿路消毒剂）；中药一般采用清热利湿类药物，如木通、通草、黄连、黄芩、黄柏、海金沙、金钱草、淡竹叶等，代表性中成药方为加减秦艽散、排石冲剂。

任务一　尿道感染诊治

尿道感染包括肾炎、膀胱炎及尿道炎。肾炎通常是指肾小球、肾小管或肾间质组织发生炎症性病理变化的统称；膀胱炎是指膀胱黏膜及其黏膜下层的炎症，在临床上以疼痛性频尿和尿中出现较多的膀胱上皮细胞、炎性细胞、血液和磷酸铵镁结晶为特征；尿道炎是指尿道黏膜的炎症，在临床上以尿频为特征。

一、诊断要点

通过病史调查、临床症状结合实验室检查不难做出判断。但对以上 3 种疾病，应注意鉴别诊断。

（一）肾炎病因

目前对肾炎发病原因尚不十分清楚，学者多认为肾炎的发生与感染、毒物刺激和变态反应等因素有关。

肾炎案例分析

1. 感染因素

肾炎多继发于某些传染病，如传染性胸膜肺炎、猪和羊的败血性链球菌病、猪瘟、猪丹毒、牛病毒性腹泻及禽肾型传染性支气管炎等。此外，肾炎可由邻近器官的炎症感染引发，如化脓性膀胱炎、化脓性子宫内膜炎。

2. 毒物刺激因素

毒物刺激主要有外源性毒物刺激和内源性毒物刺激两种。外源性毒物主要包括有毒植物，霉败变质的饲料与被农药和重金属（如砷、汞、铅、镉等）污染的饲料，被误食的有强烈刺激性的药物（如斑蝥、苯酚、松节油等）及化学物质（砷、汞、磷等）；内源性毒物主要包括胃肠道炎症、代谢性疾病、大面积烧伤等疾病中所产生的毒素、代谢产物或组织分解产物。

3. 诱发因素

动物机体遭受风、寒、湿的侵害（如受寒、感冒）、营养不良及过劳等，均为肾炎的诱发因素。特别是当家畜感冒时，由于机体遭受寒冷的刺激，全身血管发生反射性收缩，尤其是肾小球毛细血管的痉挛性收缩，导致肾血液循环及其营养平衡发生障碍，造成肾脏防御机能降低，致使病原微生物侵入，引起肾脏发病。

（二）膀胱炎病因

膀胱炎主要由病原微生物的感染，邻近器官炎症的蔓延和膀胱黏膜的机械性、化学性刺激或损伤引起，如创伤、尿潴留、难产、导尿、膀胱结石等。

（三）尿道炎病因

尿道炎多因导尿时导尿管消毒不彻底、无菌操作不规范或操作粗暴引起细菌感染或黏膜损伤而发生，还可因尿道结石的机械刺激及刺激性药物的化学刺激损伤尿道黏膜，继发细菌感染而发生。此外，膀胱炎、包皮炎、子宫内膜炎等邻近器官炎症的蔓延，也可导致尿道炎。

（四）肾炎症状

肾炎分急性肾炎和慢性肾炎两种。急性肾炎使患病动物食欲减退、体温升高、精神沉郁、消化不良、反刍紊乱（反刍动物）。由于肾区敏感、疼痛，患病动物不愿行动，站立时腰背拱起，后肢叉开或齐收腹下。强迫其行走时背腰僵硬，运步困难，步态强直，小步前进。严重时，患病动物的后肢因不能充分提举而拖曳前进，尤其向侧转弯困难。患病动物频频排尿，但每次尿量较少（少尿），严重者无尿。患病动物尿色浓暗，甚至出现血尿。由于血管痉挛，患病动物眼结膜呈淡白色，动脉血压可高达 29.26kPa（正常时为 15.96～18.62kPa），主动脉第二心音增高，脉搏强硬。

肾区触诊或直肠触摸，可见患病动物有痛感反应，手感其肾脏肿大，压之敏感性增高。患病动物表现为站立不安、拱腰、躲避或抗拒检查。

水肿并不一定经常出现，有时在患病后期可见眼睑、下颌、胸腹下、阴囊部及垂皮处发生水肿。严重病例可伴发喉水肿、肺水肿或体腔积水。

病症严重或处于患病后期的动物血中非蛋白氮含量增高，呈现尿毒症症状。此时患病动物体力急剧下降，衰弱无力，嗜睡，意识障碍或昏迷，全身肌肉呈发作性痉挛，并伴有严重的腹泻，呼吸困难。

尿液蛋白质检查呈阳性，尿沉渣镜检可见管型白细胞、红细胞及大量的肾上皮细胞。血液检查可见血浆蛋白含量下降，血液非蛋白氮含量明显增高。有资料显示，马的肾炎血液非蛋白氮可达 1.785mmol/L 以上（正常值为 1.428～1.785mmol/L）。

慢性肾炎多由急性肾炎发展而来，表现为热痛症状不明显，病程长，多尿，肾脏质地变硬、苍白。

（五）膀胱炎症状

膀胱炎的特征性症状是排尿频繁和疼痛。由于膀胱黏膜敏感性增高，患病动物频频排尿或呈排尿姿势，但每次排出尿量较少或呈点滴状流出。排尿时患病动物疼痛不安。严重者由于膀胱（颈部）黏膜肿胀或膀胱括约肌痉挛收缩，引起尿闭。此时，患病动物表现极度疼痛不安（肾性腹痛），呻吟，公畜阴茎频频勃起，母畜摇摆后躯，阴门频频开张。

（六）尿道炎症状

患病动物频频排尿，排出的尿呈断续状，有疼痛表现，公畜阴茎勃起，母畜阴唇不断开张，严重时可见黏液性或脓性分泌物和血液不时自尿道口流出。尿液混浊，混有黏液、血液或脓液，甚至混有坏死和脱落的尿道黏膜。做导尿管探诊时，手感紧张，甚至难以插入导尿管。

患尿道炎的动物的排尿姿势很像患膀胱炎，但采集尿液进行检查，镜检尿液中无膀胱上皮细胞。在临床鉴别诊断中，膀胱炎与肾盂肾炎、尿道炎有相似之处。

二、治疗方法

（一）消除炎症、控制感染

一般选用青霉素类或头孢类药物，进行肌内注射。另外，与链霉素、喹诺酮类（环丙沙星、恩诺沙星、氧氟沙星）合并使用也可提高疗效。

（二）利尿消肿

可选用利尿剂，如双氢克尿噻，加适量水给动物内服，也可注射呋塞米。

（三）对症治疗

肾炎：当动物心脏衰弱时，可应用强心剂，如咖啡碱或洋地黄制剂。当动物患尿毒症时，可应用5%碳酸氢钠注射液或11.2%乳酸钠溶液，静脉注射。当动物有大量蛋白尿时，为补充机体蛋白，可应用蛋白合成药物，如苯丙酸诺龙或丙酸睾丸素。当动物出现血尿时，可应用止血剂。

膀胱炎：抑菌消炎与肾炎的治疗基本相同。

尿道炎：治疗以控制感染和冲洗尿道为主。

任务二　尿道阻塞诊治

尿道阻塞是指尿路中盐类结晶的凝结物刺激尿路黏膜而引起出血、炎症和阻塞的一种泌尿器官疾病。本病在临床上以腹痛、排尿障碍和血尿为特征。根据结石部位不同，可将尿道阻塞分为肾结石、膀胱结石和尿道结石。

在临床上，膀胱结石和尿道结石最常见，肾结石只占相关病例的2%~8%，尿道结石的化学成分因动物种类不同而不同。犬和猫的尿道结石成分是钙、镁、磷酸铵及尿酸铵；猪的尿道结石成分是磷酸铵镁、钙、碳酸镁或草酸镁；马的尿道结石是碳酸钙、磷酸镁和碳酸镁；而牛、羊的尿道结石成分是碳酸钙和磷酸铵镁。97%小于1岁的患尿道结石的雄犬和所有患尿道结石的雌犬的尿道结石，主要由磷酸铵镁（鸟粪石）构成。患尿道结石的成年雄犬的尿道结石只有23%～60%主要由磷酸铵镁构成，其他尿道结石由尿酸盐、胱氨酸、草酸盐和硅酸盐（多见于大型犬）等构成。多数尿道结石是以某一成分为主，还有不等的其他成分。尿道结石常伴有尿路感染。

一、诊断要点

根据病因，临床上出现的频尿，排尿困难，血尿，膀胱敏感、疼痛，膀胱硬实、膨胀等症状可做出初步诊断。

尿道结石案例分析

（一）病因

对尿道结石的成因尚不十分清楚，目前普遍认为尿道结石的形成是多种因素的综合作用，但主要与饲料及饮水的数量和质量、机体矿物质代谢状态，以及泌尿器官特别是肾脏的机能活动有密切关系。

（二）临床症状

1. 刺激症状

患病动物排尿困难，频频做排尿姿势，叉腿，拱背，缩腹，不断举尾，反复踢腹，努责，嘶鸣，排出线状或点滴状混有脓汁和血凝块的红色尿液。

2. 阻塞症状

当结石阻塞尿路时，患病动物排出的尿流变细、淋漓或无尿排出而发生尿潴留。阻塞部位和阻塞程度不同，尿道阻塞的临床症状也有一定差异。

（1）肾结石

肾结石临床比较少见。结石一般在肾盂部分，多呈肾盂肾炎症状，有血尿。结石小时，患病动物常无明显症状；结石大时，患病动物往往并发肾炎、肾盂肾炎、膀胱炎等。尿道阻塞严重时，患病动物有肾盂积水，肾区疼痛，运步强直，步态紧张。

（2）输尿管结石

当结石移行至输尿管刺激黏膜并发生阻塞时，患病动物表现为剧烈腹痛，后转为精神沉郁，发热，腹部触诊有压痛，行走时弓背，有痛苦表情。尿道被完全阻塞时，无尿进入膀胱。单侧输尿管被阻塞时，不见有尿闭现象。输尿管被不全阻塞时，常见血尿、脓尿和蛋白尿。两侧输尿管被部分或完全阻塞，将导致不同程度的肾盂积水。进行直肠触诊，可触摸到其阻塞部的近肾端的输尿管显著紧张、膨胀，远肾端呈正常柔软状态。

（3）膀胱结石

发生膀胱结石时，大多数动物可出现尿频、血尿、排尿疼痛、排尿时

呻吟、腹壁抽缩、膀胱敏感性增高等症状。当膀胱不太充满、结石较大时，对小型动物膀胱触诊可触到结石（图 26-1、图 26-2）。

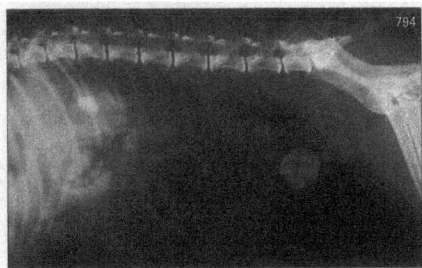

图 26-1　犬膀胱结石（一）

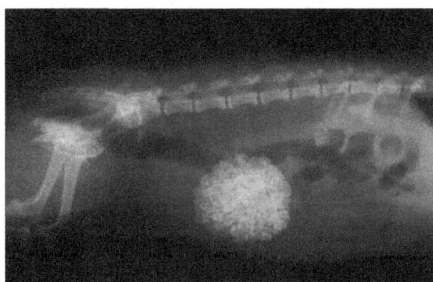

图 26-2　犬膀胱结石（二）

（4）尿道结石

尿道结石多发生于公马尿道的骨盆中部、公牛乙状弯曲或会阴部。当尿道被不完全阻塞时，患病动物排尿痛苦且排尿时间延长，排出的尿液呈滴状或线状，有时排出血尿。当尿道被完全阻塞时，患病动物出现尿闭或肾性腹痛现象，后肢屈曲叉开，拱背缩腹，频频举尾，屡做排尿动作，但无尿排出。尿路探诊可触及尿石所在部位，进行尿道外部触诊时患病动物有疼痛感。

二、治疗方法

当有泌尿道结石症可疑时，可改善饲养，对患病动物给以流体饲料和大量饮水，必要时可给予利尿剂，以期形成大量稀释尿，冲淡尿液晶体浓度，减少析出并防止沉淀，冲洗尿路以使体积细小的结石随尿排出。

1. 用利尿剂

使用利尿剂治疗本病，如利尿素、醋酸钾等。利尿剂疗法对磷酸铵镁结石尤为有效。乙酰羟氨酸可成功抑制犬由脲酶细菌引起的磷酸铵镁结石的形成和复发。

2. 用消毒液冲洗

对导尿管消毒，涂擦润滑剂，缓慢插入患病动物尿道或膀胱，注入消毒液体或生理盐水，反复冲洗。此法适用于粉末状或沙粒状尿石的治疗。

3. 用尿道肌肉松弛药

当结石严重时，可使用 2.5% 的氯丙嗪溶液进行肌内注射。

4. 手术治疗

对结石阻塞在膀胱或尿道的病例，可施行手术治疗，将结石取出。

5. 控制尿路感染

尿道结石常因细菌感染而继发严重的尿道或膀胱炎症，甚至引起肾盂肾炎、肾衰竭和败血症。因此，在治疗尿道结石的同时，必须配合局部和全身抗生素治疗，另外，酸化尿液、增加尿量，有助于缓解尿道感染。

任务三　肾功能衰竭诊治

肾功能衰竭是指各种慢性肾脏疾病发展到后期引起的肾功能部分或全部丧失的一种病理状态。

一、诊断要点

1. 病因

（1）急性肾功能衰竭

急性肾功能衰竭通常是由肾脏血流供应不足（如外伤或烧伤）、肾脏阻塞造成肾功能受损或受到毒物的伤害引起的。

（2）慢性肾功能衰竭

长期的肾脏病变，随着时间及疾病的发展，造成肾脏功能逐渐下降，引发慢性肾功能衰竭。

2. 症状

（1）少尿期

少尿期是肾功能衰竭病情最危重的阶段，内环境严重紊乱。患病动物可出现少尿或无尿、尿比重低（1.010～1.020）、尿钠高、血尿、蛋白尿、管型尿等。严重者可出现水中毒、高钾血症（常为此期致死原因）、代谢性酸中毒（可促进高钾血症的发生）及氮质血症［（进一步加重可出现尿毒症和口腔溃疡（图 26-3）］等，危及动物生命。此期持续几天到几周，患病动物逐渐消瘦，贫血，持续愈久，预后愈差（图 26-4）。

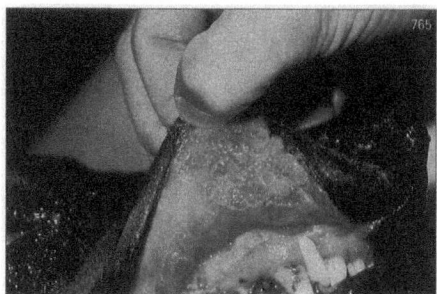

图 26-3　慢性肾衰竭患犬的口腔黏膜溃疡

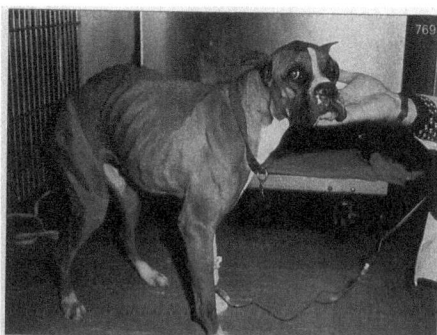

图 26-4　患有慢性肾衰竭的拳师犬（被毛枯燥、消瘦、鼻孔流出呕吐物）

（2）多尿期

患病动物少尿期后尿量逐渐增加，即进入多尿期。在多尿期初始，尿量虽增多，但肾脏清除率仍低，体内代谢产物的蓄积仍存在。4～5d 后，血清尿素氮、肌酐等随尿量增多而逐渐下降，尿毒症症状也随之好转。钾、钠、氯等电解质从尿中大量排出可导致患病动物电解质紊乱或脱水。应注意肾功能衰竭在少尿期的高峰阶段可能转变为低钾血症。此期持续 1～2 周。

（3）恢复期

患病动物尿量逐渐恢复正常，3～12 个月肾功能逐渐复原，大部分患病动物肾功能可恢复到正常水平，少数患病动物转为慢性肾功能衰竭。

3. 检查

（1）血常规检查

血常规检查可见明显贫血，为正常细胞性贫血，白细胞数正常或增高，血小板降低，红细胞沉降率加快。

（2）尿常规检查

尿常规检查结果随原发病不同而有所差异，其共同点如下。

1）尿渗透压降低。尿比重低，多在 1.018 以下，严重时固定在 1.010～1.012，做尿浓缩稀释试验时夜尿量大于日尿量，各次尿比重均超过 1.020，最高和最低的尿比重差小于 0.008。

2）尿量减少。

3）尿蛋白增加。肾功能衰竭晚期，肾小球绝大部分已被损伤，尿蛋白增加。

4）尿沉渣检查可见多少不等的红细胞、白细胞、上皮细胞、颗粒管型和蜡样管型。

（3）肾功能检查

肌酐、尿素氮、无机磷等指标均提示肾功能减退。

（4）血生化检查

血浆中白蛋白减少，血钙偏低，血磷增高，血钾和血钠随病情而定。

（5）其他检查

X线尿路平片和造影、肾扫描、肾穿刺活组织检查等，对于诊断病因有帮助。

4. 犬、猫肾脏病和肾衰竭分级

一级：无氮质血症。出现肾性蛋白尿，肾脏形态异常，肌酐渐进性升高，尿浓缩下降。

二级：轻度氮质血症。

三级：中度氮质血症。

四级：重度氮质血症。

分级不同，治疗方案不同。犬、猫肾脏病和肾衰竭分级如表26-1所示。

表 26-1　犬、猫肾脏病和肾衰竭分级

分级	猫	犬	残余肾功能/%
一级	Cre（血肌酐）<140	Cre<125	100
二级	140<Cre<250	125<Cre<180	33
三级	250<Cre<440	180<Cre<440	25
四级	Cre>440	Cre>440	<10

二、治疗方法

1. 病因治疗

治疗肾功能衰竭的病因如血液供应不足或有失血情况时，应给患病动物补充失去的体液及水分；若有感染，则应进行抗感染治疗。

2. 肾脏功能治疗

因为肾脏已失去功能，所以应暂时利用透析治疗的方式（即俗称的洗肾），协助患病动物排出体内毒素及废物；若患急性肾功能衰竭的动物未获得适当的治疗而让疾病演变成慢性肾功能衰竭，则必须终生透析。

透析是指通过过滤，有选择地排出血液中的某些物质。也就是说，通过人工途径将患病动物在肾功能衰竭后体内堆积的有毒废物、水和盐分排出,使患病动物的身体状况恢复到健康状态。目前采用的透析形式有两种:血液透析和腹膜透析。血液透析是用一种特殊的用机器代替肾脏发挥功能的排出体内毒素的方法。腹膜透析是用腹膜充当过滤器,排出体内毒素。

3. 饮食治疗

患肾功能衰竭的动物肾功能受到破坏,将食物吃进体内后,所产生的毒素及废物无法正常地排出体外,因此在饮食上必须特别注意,避免造成身体负担。

项目小结

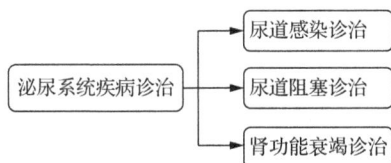

泌尿系统疾病诊治 → 尿道感染诊治
　　　　　　　　→ 尿道阻塞诊治
　　　　　　　　→ 肾功能衰竭诊治

复习思考题

1. 名词解释

氮质血症;尿毒症;肾前性肾衰;肾性肾衰;肾后性肾衰;腹膜透析;血液透析

2. 简答题

1)泌尿系统疾病对机体的危害有哪些?

2)肾炎的发病原因有哪些?急性肾小球肾炎有哪些临床症状?

3)肾炎的治疗原则是什么?如何选择和使用治疗肾炎的药物?

4)膀胱容易发生哪些疾病?如何诊断和预防膀胱疾病?

3. 论述题

1)比较腹膜透析与血液透析的异同点。

2)如何鉴别诊断肾前性肾衰、肾性肾衰、肾后性肾衰?

神经系统疾病诊治

项目简介

当动物机体受到强烈的外在因素和内在因素刺激时,尤其是受到对神经系统有直接危害的致病因素侵害时,神经系统的正常反射或运动机能会受到影响或破坏,从而引起病理学变化。本项目主要介绍几种神经系统疾病的诊断要点及治疗方法。

知识目标

了解动物神经系统疾病的发生、发展规律及致病因素;熟悉一般脑症状和局部脑症状的概念;掌握脑膜脑炎的病因、症状特征、诊断要点与治疗方法。

技能目标

掌握诊断和治疗常见神经系统疾病的能力和技术,会诊断和治疗动物脑膜脑炎。

素质目标

神经系统疾病是动物的常发病。随着动物养殖量的增多,神经系统疾病在临床上开始增多,如癫痫、日射病及热射病等;此外,交通事故或管理不当导致的神经系统疾病也逐渐增多,因此研究常见的神经系统疾病的诊断要点及防治有重要意义。虽然容易发现神经系统疾病,但不容易查清其病因,治疗时间长,且很难治愈,甚至给动物留下后遗症。基于这种状况,兽医需要耐心细致、循序渐进地开展救治工作,不能急促冒进,否则欲速则不达。治疗神经系统疾病常用肌松解痉药、镇静安定药或兴奋中枢药,在用药时切忌一次性过量或用药时间过久,否则可能引起动物中毒和死亡。

项目导入

神经系统疾病的综合征有:精神状态异常(精神兴奋或精神抑制)、运动机能异常(转圈运动、盲目运动、暴进及暴退、滚转运动、共济失调、痉挛、瘫痪)、感觉机能异常(浅感觉异常如皮肤的触觉、痛觉、温觉和对电刺激的感觉增高或减弱;深感觉异常如肌肉、关节、骨骼、肌腱和韧带等的感觉异常;感觉器官异常如眼视觉、耳听觉、鼻嗅觉功能出现障碍)、反射机能增强、减弱或消失(浅部反射如耳反射、鬐甲反射、腹壁反射和提睾反射、会阴反射、肛门反射、角膜反射、咳嗽反射;深部反射如膝跳反射、跟腱反射)。

神经系统疾病病因大多很复杂。单纯性神经系统疾病可由脑、脊髓疾病引起,如脑膜脑炎、中暑、脑肿瘤、脑溢血。继发性脑膜脑炎可由传染病(如狂犬病、伪狂犬病)、中毒病(如破伤风毒素、蛇毒、重金属中毒或植物中毒)、寄生虫病(如脑包虫病)等引起。神经系统疾病的临床检查多采用问诊、视诊、触诊、叩诊等方法,确诊则需要 CT(computed tomography,电子计算机断层扫描)或 MRI(magnetic resonance imaging,磁共振成像)等高端设备的辅助,甚至还要进行脊髓造影。

治疗神经系统疾病常用中西医结合疗法。西医治疗用抗生素,如磺胺类药物(首选复方磺胺嘧啶钠)、头孢类、青霉素类、甲硝唑、异烟肼等;消除脑水肿用 20%甘露醇溶液、高渗葡萄糖静脉注射;当动物兴奋不安时,可选用盐酸氯丙嗪、苯巴比妥钠、硫酸镁注射液;当动物神经抑制,如发生瘫痪时,可用神经兴奋剂,如硝酸士的宁皮下注射或在患部周围穴位注射。中医治疗包括中药煎服、穴位注射、针灸疗法、电针疗法、拔罐疗法等,代表性药方有镇心散、白虎汤、血府逐瘀汤、通窍活血汤等。

任务一　脑膜脑炎诊治

脑膜脑炎主要是指软脑膜及整个蛛网腔下腔受到传染性或中毒性因素的侵害，发生炎性变化，继而通过血液和淋巴途径侵害到脑，引起脑实质的炎性反应，或者脑膜与脑实质同时发炎。脑膜脑炎在临床上以高热症状、一般脑症状和局部脑症状为特征，是一种伴发严重的脑机能障碍的疾病。本病在牛、马中多发，在猪和其他家畜中也有发生。

脑膜脑炎
案例分析

一、诊断要点

根据脑膜刺激症状、一般脑症状和局部脑症状，结合病史调查及病情发展过程可做出诊断。

（一）病因

非化脓性脑膜脑炎通常由传染病引起，如犬在犬瘟热发病过程中或恢复后发生非化脓性脑膜脑炎较多，也可由细菌毒素或某些化学物质（如铅等）中毒引起。

化脓性脑膜脑炎多由创伤后细菌感染或邻近部位化脓灶波及引起；也可由脓毒败血症及血栓引起（但不多见）；有时由寄生的幼虫迷路误入脑内引起。

（二）临床症状

脑膜脑炎与病灶的部位、大小及动物性格有密切的关系。颅内压的变化和血液循环障碍会导致脑症状的出现，进而使动物出现呼吸系统、循环系统、消化系统及运动系统等的变化。神经症状从兴奋期开始向沉郁期发展。随病情发展，患病动物发生意识障碍，不认识主人，抚摸身体时鸣叫或咬人，行为异常明显。此外，患病动物瞳孔缩小，结膜充血，步态不稳（图 27-1），有时呈现癫痫样发作及转圈运动（图 27-2），视力逐渐减退，进而失明，进入昏睡状态。

图 27-1　患牛步态不稳　　　　图 27-2　患牛转圈运动

化脓性脑膜脑炎伴随高热特征，非化脓性脑膜脑炎通常无热。犬瘟热性脑膜脑炎在使动物出现运动障碍的同时，还伴有膝反射亢进、斜视等特征，波及呼吸中枢神经时，会使动物出现呼吸困难。病情好转，动物全身的痉挛会消失，但多留有头侧偏抽搐症状，病愈后也可能有后躯麻痹后遗症。

若病程发展，临床特征不十分明显，则可进行脑脊液检查。脑膜脑炎病例的脑脊液中嗜中性粒细胞数和蛋白含量增加。必要时可进行脑组织切片检查。但在临床实践中，有些病例属于脑功能紊乱，特别是某些传染病或中毒性疾病所引起的脑功能障碍，与本病容易误诊，须注意鉴别。

二、治疗方法

无论哪种原因引起的脑膜脑炎，一般死亡率高，动物偶尔恢复也多有后遗症。对犬瘟热性脑膜脑炎，没有直接有效的药物。

（一）抗菌剂

对细菌性或继发感染者，可用容易透过血脑屏障的药物（如磺胺类药物、氨苄青霉素、庆大霉素）进行治疗。磺胺类药物首选复方磺胺嘧啶钠。

（二）镇静剂

必要时可使用镇静剂，如苯巴比妥或氯丙嗪肌内注射。

（三）脱水剂

为减轻脑水肿和消炎，可用泼尼松龙肌内注射，或 20%甘露醇静脉注射。

任务二　日射病和热射病诊治

日射病是动物在炎热季节中，头部因受到强烈的日光持续直射而引起脑及脑膜充血和脑实质的急性病变，导致中枢神经系统机能严重障碍的疾病。在炎热季节潮湿闷热的环境中，动物新陈代谢旺盛，产热多，散热少，体内积热，引起严重的中枢神经系统功能紊乱，通常被称为热射病。在临床上将日射病、热射病统称为中暑。本病在炎热的夏季多见，病情发展急剧，可导致动物迅速死亡。各种动物均可发病，牛、马、犬及家禽多发本病。

中暑案例分析

一、诊断要点

可根据发病季节、病史调查、体温急剧升高、心肺机能障碍和倒地昏迷等临床特征进行诊断。

（一）病因

动物在高温天气和强烈阳光下被使役和奔跑时常常引发日射病和热射病。厩舍拥挤、通风不良或在闷热（温度高、湿度大）的环境中使役繁重，用密闭而闷热的车、船运输等也是引起日射病和热射病的常见原因。另外，饲养管理不当，长期休闲，缺乏运动，体质衰弱，心脏功能、呼吸功能不全，代谢机能紊乱，动物皮肤卫生不良，出汗过多，饮水不足，缺乏食盐及在炎热天气将家畜从北方运往南方等都易引发日射病和热射病。

（二）症状

日射病常突然发生，在患病初期，动物精神沉郁，有时眩晕，四肢无力，步态不稳，共济失调，突然倒地，四肢做游泳样运动，目光狰恶，眼球突出，神情恐惧，有时全身出汗。随着病情急剧发展，患病动物体温略有升高，呈现呼吸中枢、血管运动中枢机能紊乱甚至麻痹症状。患病动物心力衰竭，静脉怒张，脉微弱，呼吸急促而节律失调，结膜发绀，瞳孔散大，皮肤干燥，皮肤、角膜、肛门反射减退或消失，腱反射亢进，因常发生剧烈的痉挛或抽搐而迅速死亡，或因呼吸麻痹而死亡。

热射病症状与日射病相似。

二、治疗方法

1. 患畜护理

应立即停止使役，将患畜置于阴凉通风处，若患畜卧地不起，则可就地搭起阴棚，保持安静。

2. 患畜降温

不断用冷水浇洒患畜全身，或用冷水灌肠，让患畜口服1%冷盐水，可于其头部放置冰袋，也可用乙醇擦拭其体表。对体质较好者可泻血，同时静脉注射等量生理盐水，以促进机体散热。为了促进体温放散，可以用2.5%盐酸氯丙嗪溶液肌内注射。

3. 对症治疗

对心脏功能不全者，可皮下注射20%咖啡碱等强心剂。在患畜心力衰竭、循环虚脱时，宜用25%尼可刹米溶液皮下或静脉注射。或用0.1%肾上腺素溶液静脉注射，升高血压，增强心脏机能，改善血液循环。为防止肺水肿，可静脉注射地塞米松。当患畜烦躁不安和出现痉挛时，可口服或直肠灌注水合氯醛黏浆剂或肌内注射2.5%氯丙嗪。若确诊病畜已出现酸中毒，则可静脉注射5%碳酸氢钠。

任务三 癫痫诊治

癫痫是一种暂时性大脑皮层机能异常的神经机能性疾病。癫痫在临床上以短暂反复发作、暂时性意识丧失、感觉障碍、肢体抽搐、意识丧失、行为障碍或植物性神经机能异常等为特征，俗称"羊癫疯"。各种动物均可发生本病，但多见于猪、羊、犬和犊牛。在临床诊断中，本病主要以先天性癫痫为主。

癫痫病犬录像

一、诊断要点

根据动物的临床症状和发病特点结合病史调查可诊断癫痫。

（一）病因

1. 原发性癫痫

原发性癫痫是由先天性或遗传性因素造成的，一般被认为是因患病动物脑机能不稳定，脑组织代谢障碍，大脑皮层及皮层下中枢受到过度的刺激，以致兴奋与抑制相互关系紊乱，加之体内外的环境改变而诱发。

2. 继发性癫痫

继发性癫痫多见于患脑部疾病和引起脑组织代谢障碍的一些全身性疾病的动物，常继发于以下疾病。

1）颅脑疾病，如脑膜脑炎、颅脑损伤、脑血管疾病、脑水肿、脑肿瘤或结核性赘生物。

2）传染性疾病和寄生虫疾病，如传染性牛鼻气管炎、伪狂犬病、犬瘟热、狂犬病、猫传染性腹膜炎、脑囊虫病及脑包虫病等。

3）某些营养缺乏病，如维生素 A 缺乏、B 族维生素缺乏、低血钙、低血糖、缺磷和缺硒等。

4）中毒，如铅、汞等重金属中毒及有机磷、有机氯等农药中毒。

5）诱因，如惊吓、过劳、超强刺激、恐惧、甲状腺机能减退、应激和肝肾衰竭等。

（二）临床症状

癫痫按病程可分为 4 个时期，即癫痫先兆期、前驱症状期、发作期和发作后期。

1. 癫痫先兆期

癫痫先兆期即行为和情绪异常期，可见于癫痫发作前数天或数小时，患畜不安、焦虑，表情或行为改变。

2. 前驱症状期

患畜开始出现癫痫，表现为神经症状异常，知觉丧失，肌肉震颤，流涎，精神恍惚，烦躁不安。

3. 发作期

发作期即癫痫期，患畜表现癫痫特有的症状，出现严重的行为异常，一般可持续 45s 到 3min。可见患畜全身肌肉紧张度增加，突然倒地，角弓反张，全身阵挛性惊厥，四肢乱蹬，呈游泳状，粪尿失禁，多涎，瞳孔散大，眼球外突，呼吸急促等。

4. 发作后期

患畜知觉恢复，但由于神经系统功能不健全，出现共济失调，步态不稳，意识模糊，失明，耳聋，过度采食和饮水，极度疲劳，抑郁或其他症状。此期可持续数分钟、数小时甚至数天。

二、治疗方法

可使用苯巴比妥，也可单独或联合使用扑癫酮和苯妥英钠治疗，效果较好。对多数患畜可以使用苯巴比妥或苯巴比妥和溴化钾结合控制病情，只有在癫痫难以控制的情况下才能使用溴化钾。扑癫酮可在肝脏中代谢为苯巴比妥，长期使用可造成肝损伤。安定无论是注射还是口服给药，都对治疗持续癫痫和簇状癫痫效果良好，在患畜癫痫发作时静脉注射，一次无效可重复注射。用苯妥英钠、谷维素、维生素 B_1 混合灌服，对治疗犬癫痫疗效良好。

任务四　脊髓震荡与挫伤诊治

脊髓遭受强烈震荡后立即发生迟缓性瘫痪，使损伤平面以下的感觉、运动、反射及括约肌功能全部丧失。因为在组织形态学上并没有病理变化发生，只是暂时性功能抑制，所以可以在数分钟或数小时内完全恢复。

一、诊断要点

1. 感觉障碍

损伤平面以下的痛觉、温度觉、触觉及本体觉减弱或消失。

2. 不完全性脊髓损伤

损伤平面远侧脊髓运动或感觉仍有部分保存，被称为不完全性脊髓损伤，在临床上有以下几种：脊髓前部损伤、脊髓中央性损伤、脊髓半侧损伤、脊髓后部损伤。

3. 运动障碍

在脊髓休克期，脊髓损伤节段以下表现为软瘫、反射消失。休克期过后，若脊髓横断伤，则出现上运动神经元性瘫痪，肌张力增高，腱反射亢进，出现髌阵挛、踝阵挛及病理反射。

4. 括约肌功能障碍

括约肌功能障碍在脊髓休克期表现为尿潴留，由膀胱逼尿肌麻痹形成无张力性膀胱所致。休克期过后，若脊髓损伤在骶髓平面以上，则可形成自动反射膀胱，残余尿少于100mL，但不能随意排尿。若脊髓损伤平面在圆锥部骶髓或骶神经根部，则出现尿失禁，排空膀胱需增加腹压（用手挤压腹部）或用导尿管。大便也同样出现便秘和失禁。

5. 疾病确诊

需要做脊髓造影、CT或MRI检查（图27-3）。

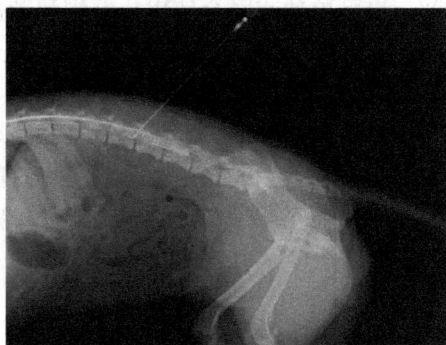

图27-3 脊髓造影技术（X射线检查）

二、治疗方法

1. 运动疗法

运动疗法是应用各种运动治疗肢体功能障碍，促进运动、感觉等功能恢复的治疗方法，为现代康复的重要治疗手段，能促进运动功能有效恢复。

2. 物理疗法

物理疗法包括按摩疗法与电针疗法。

3. 饮食治疗

让患病动物多吃高纤维食物，如豆类、糙米、全麦、蔬菜与水果，同时每天多喝水。这样可以使粪便柔软、易于排出。不要让患病动物特别是肥胖的动物吃太多高热量的食物，如肥肉、碳水化合物等。

——项目小结——

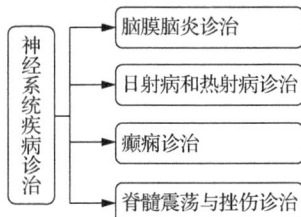

——复习思考题——

1．名词解释

日射病；热射病；脑膜脑炎；癫痫；脑震荡与脑挫伤

2．简答题

1）如何评价治疗动物神经系统疾病的意义？

2）动物神经损伤性疾病的治疗措施有哪些？

3）脑膜脑炎的发病原因有哪些？临床有哪些表现？如何对其进行诊断和治疗？

4）如何预防热射病和日射病？

3．论述题

论述神经系统疾病的综合征候群及其影像学检查（DR、CT、MRI）的诊断意义。

项目 二十八

营养代谢性疾病诊治

项目简介

营养代谢性疾病是营养紊乱性疾病和代谢障碍性疾病的总称。本项目主要介绍动物各种营养紊乱性疾病和代谢障碍性疾病的诊断要点和治疗方法。

知识目标

掌握营养代谢性疾病的相关概念、发病特点、发病原因、诊断方法和防治措施；掌握糖、脂肪和蛋白质代谢障碍，维生素代谢障碍，常量元素代谢障碍，微量元素代谢障碍性疾病的发病规律、临床症状及防治方法。

技能目标

会诊断和治疗奶牛酮病、猫脂肪肝综合征、维生素缺乏症及钙、磷代谢障碍性疾病。

素质目标

作为临床兽医，面对的是不同地区、不同年龄、不同饲养管理的动物，因此要有广阔的视野、丰富的知识储备，掌握各种营养代谢性疾病的共性特征，能具体问题具体分析，探究不同个体、不同病情的个性特点。营养代谢性疾病的诊治需要兽医有很强的综合分析和思辨能力。

项目导入

营养代谢性疾病与炎性疾病不同，不会出现体温升高症状。如果动物严重营养不良、消瘦贫血、生长不良，则会出现体温偏低症状。在现代规模化、集约化、工厂化的饲养条件下，该类疾病具有群发性，发病率高，但季节性不明显。有些营养代谢性疾病的发生呈地方流行性，临床共性特点有发病缓慢、病程一般较长。患病动物多表现出生长发育不良、皮毛粗乱无光泽、贫血营养不良、腹泻脱水消瘦、生产性能和繁殖性能下降等症状。有些营养代谢性疾病具有特定的临床症状和病理变化。如禽痛风引发尿酸血症，在关节囊、关节软骨、内脏器官中有尿酸盐沉积。

营养素种类很多，实验室确诊营养代谢性疾病很困难，而且动物有可能同时缺乏多种营养，或者相拮抗的某种营养素过多。因此，针对此类疾病我们往往根据临床经验采取群防群控的综合治疗方式，如果动物缺乏某种B族维生素，我们就使用复合维生素B、水溶性维生素进行补充；如果动物缺乏维生素A，我们就在饲粮中添加AD3E粉；同样，如果怀孕母畜缺乏矿物质，我们就可用矿物质添加剂、微量元素片（粉）给动物口服或拌料。

任务一　奶牛酮病诊治

奶牛酮病是指高产奶牛因碳水化合物和挥发性脂肪酸代谢紊乱所引起的一种全身性功能失调的代谢性疾病,在临床上以血液、尿、乳中的酮体含量增高,血糖浓度下降,奶牛体重减轻,产奶量下降,血、尿、乳、汗和呼气中有特殊的酮味,部分奶牛伴发神经症状为特征。

各胎次的奶牛均可发病,以怀3～6胎的奶牛发病最多,多发于产后第一个月内,大多出现于泌乳开始增加的第三周内,两个月后发病极少。冬夏两季发病多于春秋两季,高产奶牛发病多于低产奶牛。在高产奶牛群中,临床酮病的发病率为2%～20%,亚临床酮病的发病率为10%～30%。

奶牛酮病
案例分析

一、诊断要点

根据病史调查、临床症状和实验室检查可诊断奶牛酮病。

(一)病史调查

1. 饲料因素

饲喂大量青贮饲料、饲料质量低下、突然换料会降低奶牛干物质采食量,导致酮病的发生。此外,青贮饲料中富含丁酸,这是一种生酮先质,奶牛大量采食可直接导致酮病的发生。饲料中钴、碘、磷等矿物质的缺乏也可使酮病的发生率升高。

2. 营养素缺乏

维生素 A、维生素 B_{12} 和微量元素钴、铜、锌、锰、碘等缺乏会提高酮病的发生率。特别是钴,它是维生素 B_{12} 的成分,参与丙酸的生糖作用。

3. 继发于其他疾病

在泌乳早期,任何可影响食欲的疾病都可以引发继发性酮病,其中真胃变位和创伤性网胃炎与继发性酮病的关系最为密切。

(二)临床症状

酮病的临床症状常在奶牛分娩后几天至几周内出现,临床上表现为两种类型,即消耗型酮病和神经型酮病。消耗型酮病占85%左右,但有些患牛同时发生消耗型酮病和神经型酮病。

1. 消耗型酮病

奶牛食欲减少、体况逐渐下降和渐进性消瘦是消耗型酮病最常见的症状。最初的几天,患牛食欲下降,拒食精料和青贮饲料,仅采食少量干草,产奶量明显下降且乳汁容易形成泡沫，精神倦怠，不愿运动。患牛体重下降，通常体温、呼吸、心跳等表现正常，瘤胃蠕动减弱。患牛随病程延长而消瘦时，体温略有下降（37℃左右），心率加快（100 次/min），心音模糊，脉搏细弱。粪便稍干、量少，粪便上有黏液；尿量也减少，呈淡黄色水样，易形成泡沫。食欲逐渐减退者产奶量也逐渐下降，食欲废绝者产奶量迅速下降或停止，乳汁类似初乳状，易形成泡沫。患牛呈弓背姿势表示轻度腹痛。

酮病的特有症状如下：呼气、乳汁、尿液、汗液中散发有特殊的丙酮气味（烂水果味），对其加热时气味更浓。

2. 神经型酮病

神经型酮病通常很少见，典型病例症状明显。患牛常在消耗型酮病的基础上突然发病，初期表现兴奋，精神高度紧张、不安，大量流涎，磨牙空口咀嚼；吃草与反刍停止；视力下降，走路不稳，横冲直撞。个别病例全身肌肉紧张，四肢叉开或相互交叉，震颤，吼叫，感觉过敏，通常持续1～2h。这种兴奋过程一般持续 1～2d 后转入抑制期，患牛反应迟钝，精神高度沉郁，严重者处于昏迷状态。少数轻症患牛仅表现精神沉郁，头低耳聋，对外界刺激的反应下降。

（三）实验室检查

血清酮体含量在 34.4mmol/L（200mg/L）以上。

二、治疗方法

（一）补糖和糖原性物质

采用 50%葡萄糖长时间静脉输入。将丙酸钠分两次加水内投，将丙二醇或甘油加水投服。

（二）激素疗法

给患畜肌内注射促肾上腺皮质激素（adrenocorticotropic hormone，ACTH），不需要同时给予葡萄糖，单独注射 1 次后约 48h 即能促进糖原异生。静脉注射氢化可的松或肌内注射醋酸可的松或口服甲基泼尼松龙均能奏效。肌内注射地塞米松也能奏效，其作用比泼尼松强 15 倍，几乎没有钠的贮留。

（三）纠正酸中毒

内服碳酸氢钠（小苏打）或静脉注射 5%碳酸氢钠溶液。

（四）其他疗法

对有神经症状的患牛，适当使用镇静剂如安溴、氯丙嗪等，能健胃助消化，补充维生素、辅酶A或半胱氨酸、葡萄糖酸钙、B 族维生素、维生素 C、维生素 E。

任务二　猫脂肪肝综合征诊治

猫脂肪肝综合征是指猫特有的由脂肪代谢障碍引起肝脏肿大的一种营养代谢病。各种年龄和品种的猫均可发病，雌性发病率高于雄性，多见于老年猫。

一、诊断要点

根据病史调查结合临床症状可诊断猫脂肪肝综合征。

（一）病史调查

变更日粮食物、运动不足、饥饿，以及抗脂肪肝物质不足等可引发脂肪肝。猫的脂肪肝主要是由营养、机体代谢异常及毒素对肝脏造成损伤引发的。

（二）临床症状

绝大多数脂肪肝患猫体态肥胖、腹围较大，早期可见精神沉郁，嗜睡，全身无力，行动迟缓，食欲下降或突然废绝，体重增加（通常超过体重的25%），脱水。患猫体温略有升高，尿色发暗或发黄，并且常见间断性呕吐。患病后期患猫可视黏膜、皮肤、内耳和齿龈黄染。在少数情况下，有的患猫会出现肝性脑病，神经异常。

二、治疗方法

（一）提供高蛋白食品

治疗猫脂肪肝主要依靠积极的营养支持，换句话说，就是必须通过提供高蛋白食品来扭转患猫身体的代谢性饥饿状态。若能够做好这点，则患猫康复率能达到90%。

（二）强制喂食

严重厌食的猫根本不会主动进食，因此，我们只能通过被动的方式来为它提供食物，如通过鼻饲管喂食。

（三）防脱水和酸中毒

对严重脱水、半休克、严重水盐代谢、酸碱平衡失调的患猫，必须补充5%葡萄糖盐水和5%碳酸氢钠溶液，进行营养调整和能量支持。

任务三　家禽痛风诊治

家禽痛风是指家禽体内蛋白质代谢障碍使尿酸生成过多和尿酸排泄障碍，引起尿酸盐代谢障碍，以高尿酸血症，尿酸盐沉积在关节囊、关节软骨、内脏、肾小管及输尿管和其他间质组织中为病理特征，以厌食、衰竭、排白色稀粪、腿翅关节肿胀、运动迟缓为临床特征的一种营养代谢疾病。本病除了肉鸡多发，还可发生于其他动物如犬、猫。

禽痛风
案例分析

一、诊断要点

根据病史及特征性尿酸盐沉积的病变可做出诊断。

（一）病因

家禽患痛风的原因较为复杂，归纳起来可分为两类：一是体内尿酸生成过多；二是机体尿酸排泄障碍，这是尿酸盐沉着的主要原因。

体内尿酸生成过多的因素有以下几个方面。

1. 大量饲喂富含核蛋白和嘌呤碱的蛋白质饲料

这些饲料包括动物内脏（肝、肾、胸腺、胰腺）、肉屑、鱼粉、大豆、豌豆等。鱼粉用量超过 8%，或尿素含量达 13% 以上，或饲料中粗蛋白含量超过 28% 时，核酸和嘌呤的代谢终产物——尿酸生成过多，会引起尿酸血症。

2. 极度饥饿或重度消耗性疾病

当家禽极度饥饿又得不到能量补充或家禽患有重度消耗性疾病（如淋巴性白血病、单核细胞增多症等）时，体蛋白迅速大量分解，体内尿酸盐生成增多。

3. 机体尿酸排泄障碍

机体尿酸排泄障碍包括所有引起家禽肾功能不全（肾炎、肾病等）的因素。

（二）临床症状

家禽痛风以内脏型痛风为主，关节型痛风较少见。两种类型疾病的发病率、临床表现有较大的差异。

1. 内脏型痛风

患禽多为慢性经过，表现为食欲下降、精神不振、逐渐消瘦、生长缓慢、鸡冠泛白、贫血、羽毛松乱、脱羽。患禽粪便呈白色稀水样，泄殖腔周围有凝固白色粪便或发炎，产蛋量下降，蛋的孵化率降低，多因肾功能衰竭而零星或成批死亡。家禽痛风的致病原因不同，原发性症状也不一样。在剖检时可见内脏浆膜如心包膜、胸膜、腹膜、肠系膜及心、肝、脾、肺、肾表面覆盖一层白色、絮状或粉屑状石灰样的尿酸盐沉淀物，肾肿大、色苍白、表面呈雪花样花纹。切开肾脏可见有尿酸盐，甚至发生肾结石。输尿管增粗，内有尿酸盐结晶。将尿酸盐沉淀物刮下来镜检，可见有尿酸盐结晶（图 28-1～图 28-3）。

2. 关节型痛风

患禽腿、翅关节肿胀，尤其是趾跖关节。患禽运动迟缓，跛行，关节疼痛，不能站立。患病关节有膏状白色黏稠液体流出，在关节面和关节周围软组织及整个腿部肌肉组织中，都可见到白色尿酸盐沉着，有的关节面发生糜烂、溃疡及关节囊坏死，有的呈结石样的沉积垢（即痛风石或痛风瘤）（图 28-4、图 28-5）。

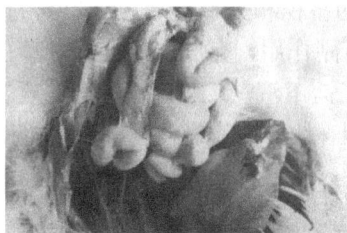

图 28-1　患鸡肠道表面有白色石灰样物质附着

图 28-2　患鸡的肾脏、心脏、脾脏都有白色石灰样物质附着，输尿管变粗，内有白色尿酸盐

图 28-3　患鸡心脏及肝脏表面沉积有大量白色尿酸盐

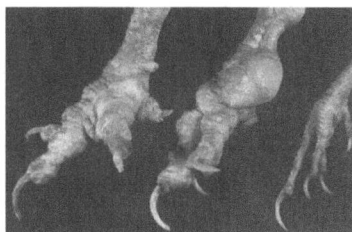

图 28-4　患鸡趾部肿胀、变形

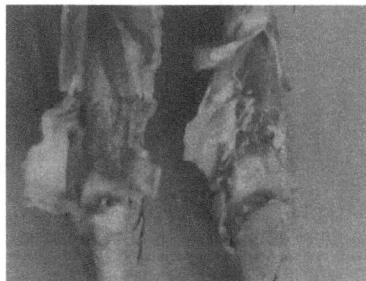

图 28-5　患鸡关节面和肌腱上关节面及肌腱上沉积白色尿酸盐，左侧为正常

（三）实验室检查

可通过检查粪便中的尿酸盐来诊断本病，具体方法如下：将粪便烤干，不形成粉末，置于瓷皿中，加 10%硝酸 2～3 滴，待蒸发干涸，呈橙红色，滴加氨水后，生成紫尿酸铵呈紫红色阳性反应。用显微镜观察可见细针状尿酸钠结晶或放射状尿酸钠结晶。

二、治疗方法

（一）调整日粮

降低日粮中蛋白质（特别是动物性蛋白）的含量，增加维生素 A 等复合维生素的含量，供给患禽充足的饮水。

（二）药物治疗

为了增强尿酸的排泄及减少体内尿酸的蓄积和关节疼痛，可试用阿托方（苯基喹啉羟酸）口服；但长期应用者有副作用，有肝、肾疾病时禁止使用。可给鸡饮 1%碳酸氢钠液、0.5%人工盐溶液、0.25%乌洛托品液。也可用嘌呤醇口服，此药与黄嘌呤结构相似，是黄嘌呤氧化酶的竞争抑制剂，可抑制黄嘌呤的氧化，减少尿酸的形成；但用药期间可导致急性痛风发作，给予秋水仙碱能使症状缓解。

任务四　脂溶性维生素缺乏症诊治

子任务一　维生素 A 缺乏症诊治

维生素 A 缺乏症是由动物体内维生素 A 或胡萝卜素不足或缺乏导致皮肤、黏膜上皮角化、变性，使动物生长发育受阻并以干眼症和夜盲症为特征的一种营养代谢病。

一、诊断要点

维生素 A 缺乏
案例分析

通常根据病史调查和临床症状可做出初步诊断。

（一）病因

1）饲料中维生素 A 及胡萝卜素缺乏或不足。

2）饲料中维生素 A 和胡萝卜素被破坏，如储存时间过长、发霉变质、雨淋、暴晒，可使饲料中胡萝卜素损失 70%～80%。

3）肝脏疾患和慢性消化道疾病。例如，维生素 A 和胡萝卜素吸收障碍（肝为储存和转化维生素 A 的主要器官），妊娠母畜维生素 A 缺乏会导

致仔畜先天性缺乏维生素 A。

4）日粮中蛋白质、中性脂肪、维生素 E 缺乏及胃肠道酸度过大，会影响动物机体对维生素 A 的吸收。

（二）临床症状

因为各种动物的组织器官对维生素 A 缺乏的反应有异，所以表现出不同的症状，但也有相似的综合症状呈现。

1. 夜盲症

夜盲症是所有动物尤其是犊牛表现出的最早的维生素 A 缺乏临床症状之一。患病动物表现为在黎明、黄昏或月光等暗光环境下视力障碍，盲目前进，行动迟缓或碰撞障碍物，看不清物体。

2. 眼球干燥

畜类眼球干燥表现为角膜增厚及混浊不清，从眼中流出稀薄的浆液性或黏液性分泌物，随后出现角膜角质化、增厚、云雾状，晦暗不清，甚至出现溃疡和畏光。禽类眼球干燥表现为流泪，眼内流出水样或乳样渗出物，眼睑内有干酪样物质积聚，常将上下眼睑粘在一起，角膜混浊不透明，严重者角膜软化或穿孔，半失明或完全失明。眼球干燥可以继发结膜炎、角膜炎、角膜溃疡和穿孔。

3. 皮肤病变

皮肤病变可见牛皮肤有大量沉积的糠麸样皮垢，马属动物分布有大量干燥的纵向裂纹的鳞状蹄，猪的被毛粗糙、干燥、蓬松、杂乱、竖立、鬃毛尖爆裂。也可观察到猪因维生素 A 缺乏的脂溢性皮炎。禽类口腔和食道黏膜分布有许多黄白色小结节或覆盖一层白色的豆腐渣样的薄膜，剥离后黏膜完整并无出血溃疡现象。

4. 繁殖性能下降

雄性动物虽然可保持性欲，但生精小管的生精上皮细胞变性退化，正常的有活力的精子生成减少，如小公羊睾丸明显小于正常。雌性动物受精、怀孕通常不受干扰，但胎盘退化会导致流产、产死胎或产弱仔、胎儿畸形，易发生胎衣滞留。

5. 神经症状

神经症状包括由外周神经根损伤导致的骨骼肌麻痹或瘫痪、由颅内压增加导致的惊厥或痉挛和由视神经管受压导致的失明。除马外，所有患本病的动物均已观察到这些症状。

6. 体重下降

维生素 A 缺乏导致动物严重缺乏蛋白和能量，从而表现出瘦弱、体重下降等症状。

7. 抵抗力下降

维生素 A 缺乏引起动物黏膜上皮完整性受损，使腺体萎缩，易发生鼻炎、支气管炎、肺炎、胃肠炎、犊牛腹泻等疾病。

（三）早期诊断

视神经乳头水肿和夜盲症的检查是早期诊断反刍动物维生素 A 缺乏的有效方法。共济失调、瘫痪和惊厥是猪发生维生素 A 缺乏的早期症状。脊髓液压力升高是猪和犊牛维生素 A 缺乏的最早变化。

二、治疗方法

发病后首先要消除致病的因素，必须立即使用维生素 A 进行治疗；要对动物增喂胡萝卜、青苜蓿，增补动物肝脏，也可使动物内服鱼肝油，与此同时可增加复合维生素的喂量，改善饲养管理条件。

动物发生维生素 A 缺乏时，应立即使用 10~20 倍于日维持量的维生素 A 来治疗。据此推算，维生素 A 的治疗量应是 440 IU/kg 体重。对大群发病鸡，可按 2000~5000 IU/kg 饲料的量使用维生素 A，或以 1200IU/kg 体重的治疗量进行皮下注射。常用维生素 A 的水溶性注射剂，油剂少用。此法对急性病例疗效迅速而完全，但对慢性病例疗效不能肯定，应视病情而定。对脊髓液压力增高所致的牛犊惊厥抽搐型维生素 A 缺乏症，经治疗后 48h 动物通常可恢复正常；而对牛眼疾型维生素 A 缺乏症，治疗效果差，为了减少经济损失，建议屠宰患病动物，尽早淘汰。

子任务二 维生素 D 缺乏症诊治

维生素 D 缺乏症是指由机体维生素 D 摄入或生成不足引起的钙、磷吸收和代谢障碍，以食欲不振、生长阻滞，骨骼病变、幼年动物发生佝偻病、成年动物发生骨软病和纤维性骨营养不良为主要临床特征的一种营养代谢病。各种动物均可发生本病，但幼年动物较多发。

一、诊断要点

根据动物年龄、饲养管理条件、病史和临床症状，可以做出初步诊断。测定血清钙磷水平、碱性磷酸酶活性、维生素 D 及其活性代谢产物的含量，结合骨的 X 线检查结果，可以达到早期确诊或监测预防的目的。

（一）病因

动物长期舍饲，皮肤缺乏太阳紫外线照射，同时饲料中形成维生素 D

的前体物质缺乏，是引起动物机体维生素 D 缺乏的根本原因。

1. 饲料维生素 D 缺乏

如果动物常用的鱼粉、血粉、谷物、油饼、糠麸等饲料中维生素 D 的含量很少，则易发生维生素 D 缺乏症。

2. 缺乏紫外线照射

阳光不足，如多云的天空、烟雾萦绕的大气和漫长的冬季，会导致动物紫外线照射的缺乏。

3. 钙、磷比例失调

钙、磷最适比例为（1～2）∶1，禽为 2∶1，产蛋期为（5～6）∶1。当饲料中钙磷比例不适宜时，如钙过量或磷不足，或脂肪酸和草酸含量过多，或饲料中锰、锌、铁等矿物质过高，会抑制钙的吸收。

4. 维生素 D 的需要量增加

幼年动物生长发育阶段，母畜妊娠、泌乳阶段，蛋鸡产蛋高峰等，均会增加维生素 D 的需要量，若补充不足，则容易导致维生素 D 缺乏。

5. 其他疾病的影响

当动物发生胃肠道疾病、长期胃肠功能紊乱、消化吸收功能障碍时，可影响脂溶性维生素 D 的吸收，造成维生素 D 缺乏症；肝和肾是羟化维生素 D 的器官，其有病时可影响维生素 D 的羟化过程，也可影响钙、磷的吸收和利用。

（二）临床症状

本病病程一般缓慢，经 1～3 个月才出现明显症状。

1. 幼年动物

幼年动物表现为佝偻病的症状，患病初期表现为发育迟滞，精神不振，消化不良，消瘦，严重异食，喜卧而不愿站立，强行站立时肢体交叉，弯腕或向外展开，跛行，甚至呻吟痛苦；仔猪有嗜睡、步态蹒跚、突然卧地和短时间的痉挛等神经症状。随着病情的发展，幼年动物管骨和扁平骨逐渐变形，关节肿胀，骨端粗厚，尤以肋骨和肋软骨的连接处明显，出现佝偻性念珠状物。幼年动物骨膨隆部初有痛感，四肢管骨因松软而负重，两前肢腕关节向外侧凸出呈内弧圈状弯曲（O 形）或两后肢跗关节内收呈"八"字形分开（X 形）的站立姿势，以前肢症状最为显著（图 28-6）。

(a) O形腿   (b)"八"字形腿

图 28-6　幼犬维生素 D 缺乏症症状

2. 成年动物

成年动物表现为骨软症的症状，患病初期表现为消化紊乱，异嗜，消瘦，被毛粗乱无光；继而出现跛行，运步强直，运步时后肢松弛无力，步态拖拉，脊柱上凸或腰荐处下凹，腰腿僵硬，或四肢交替站立，四肢集于腹下，肢蹄着地小心，后肢呈 X 形，肘外展，肩关节、跗关节疼痛，喜卧，不愿起立；肋骨与肋软骨结合处肿胀，尾椎弯软，椎体萎缩，最后几个椎体消失，易骨折，额骨穿刺呈阳性，肌腱附着部易被撕脱。

3. 雏禽

雏禽最早在 10 日龄时出现明显的症状，通常在 2～3 周龄发病。除了生长迟缓、羽毛生长不良，还呈现以骨骼极度软弱为特征的佝偻病。雏禽喙、腿骨与爪变软易曲，变脆易骨折，肋骨也变软，脊椎骨与肋骨连接处肿大，两腿无力，步态不稳或不能站立，躯体向两边摇摆，不稳定地移行几步后即以跗关节蹲伏。

二、治疗方法

（一）查明病因

增加富含维生素 D 的饲料，增加患病动物的舍外运动及阳光照射时间，积极治疗原发病。

（二）药物治疗

给动物内服鱼肝油，可保证动物 3～6 个月内不发生维生素 D 缺乏。也可肌内注射维丁胶性钙注射液。

对幼禽和青年禽，可增加日粮中骨粉或脱氟磷酸氢钙的量，使其量比正常增加 0.5～1 倍，且比例合适，并增加维生素 A、维生素 D、维生素 C 等复合维生素的量，连续饲喂 2 周以上。有条件的可让动物多晒太阳。对产蛋禽还得补充石粉等钙质。对腿软站立困难、尚无骨骼变形的患禽，在以上日粮的基础上，可肌内注射维生素 D_3 或维生素 AD 注射液。

注意不可长期大剂量使用维生素 D，在生产实践中要根据动物种类、年龄及发病的实际情况，灵活掌握维生素 D 用量及时间，以免造成中毒。另外，当机体已经处于维生素 A 过多或中毒状态时，不能使用维生素 AD 制剂，应使用单独的维生素 D 制剂。

子任务三　硒和维生素 E 缺乏症诊治

硒和维生素 E 缺乏症是因硒、维生素 E 缺乏而使机体的抗氧化机能障碍，从而导致骨骼肌、心肌、肝脏、血液、脑、胰腺病变和生长发育、繁殖等功能障碍的综合征，在临床上以白肌病、鸡脑软化症、黄脂病、仔猪肝营养不良、桑葚心和小鸡渗出性素质病为特征。

一、诊断要点

根据发病原因，结合临床症状（运动障碍、心脏衰竭、渗出性素质、神经机能紊乱）、特征性病理变化，参考病史可以做出初步诊断。

（一）病因

本病病因十分复杂，许多问题尚未解决，就现有资料来看，与下列因素有关。

1）日粮中缺乏含维生素 E 的饲料或饲料保存、加工不当，维生素 E 被破坏，或硫氨基酸缺乏，容易使动物发生维生素 E 缺乏症。

2）球虫病及其他慢性胃、肠道疾病，可使维生素 E 的吸收利用率降低，导致本病发生。

3）本病在我国的陕西、甘肃、山西、四川、黑龙江等缺硒地带发生较多，常呈地方性发生。各种动物均可发病，以幼畜、幼禽为主，多发生于缺乏青饲料的冬末、春初。

（二）临床症状

1. 猪

猪的硒或维生素 E 缺乏症主要表现为肌营养不良（又称白肌病）、营养性肝病（肝营养不良）、桑葚心和渗出性素质病等类型。母猪的产后无乳、不孕、跛行、皮肤粗糙和新生仔猪体弱，都可能与硒和维生素 E 缺乏症有关。

2. 家禽

雏禽维生素 E 缺乏症在临床上主要表现为渗出性素质病、脑软化和白肌病。

3. 羊

羊主要表现为营养不良、健康不佳和繁殖率降低。

4. 牛

牛主要表现为营养性肌不良、胎衣不下。

二、治疗方法

维生素 E 在新鲜的青绿饲料和青干草中含量较多，在籽实的胚芽和植物油中含量丰富。家禽的日粮中有一定比例的谷实类及油饼类饲料和充足的青饲料时，一般不会发生维生素 E 缺乏症。但这种维生素易被碱破坏，因此，多喂些青绿饲料、谷类可预防本病发生；在低硒地区，还应在饲料中添加亚硒酸钠。

用亚硒酸钠维生素 E 进行治疗效果好，当前使用的 0.1%亚硒酸钠维生素 E 注射液剂量为 10mL，含维生素 E 500mg、硒 10mg。

子任务四　维生素 K 缺乏症诊治

维生素 K 缺乏症又称获得性凝血酶原减低症，是指维生素 K 缺乏导致维生素 K 依赖凝血因子活性低下，并能被维生素 K 所纠正的，以维生素 K 缺乏的基础疾病、出血倾向、维生素 K 依赖性凝血因子缺乏或减少为特征的疾病。

一、诊断要点

（一）病因

1. 摄入不足

食物特别是绿色蔬菜富含维生素 K，且肠道细菌可以纤维素为主要原料合成内源性维生素 K。下列条件可致维生素 K 摄取不足：①动物长期进食过少或不能进食；②动物长期低脂饮食，维生素 K 为脂溶性，其吸收有赖于适量脂质；③动物患有胆道疾病，如阻塞性黄疸、胆道术后引流或瘘管形成等，缺乏胆盐导致维生素 K 吸收不良；④肠瘘、广泛小肠切除、慢性腹泻等引起的吸收不良综合征；⑤动物长期使用（口服）抗生素，导致肠道菌群失调，内源性维生素 K 合成减少。

2. 肝脏疾病

重症肝炎、失代偿性肝硬化及晚期肝癌等疾病使肝功能受损，加之维生素 K 的摄取、吸收、代谢及利用出现障碍，造成肝不能合成正常量的维生素 K 依赖性凝血因子。

3. 口服维生素 K 拮抗剂

例如，香豆素类有维生素 K 类似的结构却无其功能，通过竞争性抑制干扰维生素 K 依赖性凝血因子的合成。

4. 新生仔畜

出生后 2～7d 的新生仔畜可因体内维生素 K 储存消耗、摄入不足及内生障碍等，发生维生素 K 缺乏而引起出血。

（二）临床症状

除原发病的症状、体征外，本病的主要症状为出血。
1）皮肤、黏膜出血，如皮肤紫癜、淤斑、鼻出血、牙龈出血等。
2）内脏出血，如呕血、黑粪、血尿等，严重者可致颅内出血。
3）外伤或手术后创口出血。
4）新生仔畜出血症多发生于仔畜出生后 2～3d，常表现为脐带出血、消化道出血等。本病出血一般较轻，罕有肌肉、关节及其他深部组织出血的发生。

（三）诊断参考标准

1）存在引起维生素 K 缺乏的基础疾病。
2）皮肤、黏膜及内脏轻、中度出血。
3）PT（prothrombin time，凝血酶原时间）、APTT（activated partial thromboplastin time，活化部分凝血活酶时间）延长，凝血因子Ⅹ、凝血因子Ⅸ、凝血因子Ⅶ及凝血酶原抗原和活性降低。
4）维生素 K 治疗有效。

二、治疗方法

1）治疗相关基础疾病。
2）饮食治疗。多食富含维生素 K 的食物，如新鲜蔬菜等绿色食品。
3）补充维生素 K。具体方法包括：①对出血较轻者，分次口服维生素 K_1，持续半个月以上；②对出血严重或有胆道疾病者，在维生素 K_1 中加入葡萄糖溶液静脉滴注。
4）凝血因子补充。本病如果出血严重，补充维生素 K 难以快速止血，则可用冷沉淀物静脉滴注，也可输注新鲜冷冻血浆。

任务五　水溶性维生素缺乏症诊治

子任务一　B 族维生素缺乏症诊治

一、维生素 B₁ 缺乏症诊治

维生素 B_1 缺乏症是指由动物体内硫胺素缺乏或不足引起的大量丙酮酸蓄积，造成神经机能障碍，以角弓反张和脚趾屈肌麻痹为主要临床特征的一种营养代谢病，也被称为多发性神经炎或硫胺素缺乏症。雏禽、仔猪、犊牛和羔羊等幼畜、幼禽多发本病。

维生素 B_1 缺乏
案例分析

（一）诊断要点

根据饲养管理情况、发病日龄、流行病学特点、多发性外周神经炎的特征症状和病理变化可做出初步诊断。应用诊断性的治疗，即给予动物足够量的维生素 B_1 后，可见到明显的疗效。测定血液中丙酮酸、乳酸和硫胺素的浓度，脑脊液中细胞数，有助于确诊。

1. 病因

（1）饲料硫胺素缺乏

饲料中缺乏青绿饲料、酵母、麸皮、米糠及发芽的种子，也未添加维生素 B_1，或单一饲喂大米等谷类精料易引发本病。如果仅仅给小鸡饲以精白大米，则会出现多发性神经炎。

（2）饲料硫胺素遭破坏

硫胺素属水溶性且不耐高温，因此，如果饲料被蒸煮加热、碱化处理、用水浸泡，则能破坏或丢失硫胺素。

（3）发酵饲料及蛋白性饲料不足

糖类过剩、胃肠机能紊乱、长期慢性腹泻、大量使用抗生素等，都可致使大肠微生物区系紊乱，造成维生素 B_1 合成障碍，引起发病。

2. 临床症状

维生素 B_1 缺乏的症状基本相同，主要表现为食欲下降，生长受阻，患多发性神经炎等，雏鸡易发病，且症状明显，病情严重，死亡率高。本病症状因患病动物的种类和年龄不同而有一定差异。

（1）鸡

雏鸡对硫胺素缺乏十分敏感，在日粮中维生素 B_1 缺乏 10d 左右即可出现明显临床症状，主要呈多发性神经炎症状。雏鸡突然发病，双腿痉挛缩于腹下，趾爪伸直，躯体压在腿上，头颈后仰呈特异的"观星姿势"，头向背后极度弯曲呈角弓反张状，由于腿麻痹不能站立和行走，以跗关节和尾部着地，坐在地面或倒地侧卧，最后倒地不起。倒地以后，雏鸡头部仍然向后仰，严重的因功能衰竭而死亡。成年鸡发病缓慢，在硫胺素缺乏约 3 周后才出现临诊症状。患病初期，患鸡食欲减退，生长缓慢，羽毛松乱无光泽，腿软无力和步态不稳，鸡冠常呈蓝紫色。随后患鸡神经症状逐渐明显，开始是脚趾的屈肌麻痹，然后向上发展，腿、翅膀和颈部的伸肌明显出现麻痹。有些患鸡出现贫血和拉稀症状，体温下降至 35.5℃，呼吸呈进行性减少，最后因功能衰竭而死亡。

（2）鸭

患鸭常出现头歪向一侧或仰头转圈等阵发性神经症状。随着病情发展，患鸭发作次数增多，并逐渐严重，全身抽搐或呈角弓反张而死亡。

（3）猪

患猪多因食用蕨类植物或生鱼或在海滩上放牧而发病，表现为呕吐，腹泻，呼吸困难，心力衰竭，黏膜发绀，后肢跛行，四肢肌肉萎缩，运步不稳，严重时引起痉挛、抽搐甚至瘫痪，最后陷于麻痹状态直至死亡。

（4）猫、犬

猫多因吃生鱼而发生本病，犬因食熟肉而发生本病。猫对硫胺素的需要量比犬多。主要表现为厌食，平衡失调，惊厥，头向腹侧弯，知觉过敏，瞳孔扩大，运动神经麻痹，四肢呈进行性瘫痪，最后呈半昏迷状，四肢强直死亡。

（5）反刍动物

成年反刍动物因瘤胃可合成硫胺素而不易发生本病，犊牛和羔羊主要因母源性维生素 B_1 缺乏或瘤胃机能不健全而发生本病。患畜因脑灰质软化而呈现神经症状，起初表现为兴奋，转圈，无目的奔跑，厌食，共济失调，站立不稳，严重腹泻和脱水；进而痉挛，四肢抽搐呈惊厥状，倒地后牙关紧闭，眼球震颤，角弓反张；最后呈强直性痉挛，直至昏迷死亡。

（二）治疗方法

1. 改善饲养管理，调整日粮组成

若为原发性 B 族维生素缺乏症，则应对反刍动物提供富含维生素 B_1 的优质青草、发芽谷物、麸皮、米糠或饲料酵母等，对犬、猫应增加肝、肉、乳的供给，对幼畜和雏鸡应在日粮中添加维生素 B_1。若饲料中含有磺胺或抗球虫药安丙嘧啶，则应多添加维生素 B_1 以防颉颃作用。目前普遍采用复合维生素 B 防治本病。

2. 重症病例可注射硫胺素

B 族维生素严重缺乏时，一般采用盐酸硫胺素注射液，皮下或肌内注射；一般不建议采用静脉注射的方式给予维生素 B_1。一旦大剂量使用维

生素 B_1，就会使动物出现呼吸困难、酥软、昏迷的中毒症状，如果发生此情况，则应及早使用扑尔敏、咖啡碱和糖盐水抢救。

二、维生素 B_2 缺乏症诊治

维生素 B_2 缺乏症是动物体内核黄素缺乏或不足造成黄素酶形成减少所引起的生物氧化机能障碍，在临床上以生长缓慢、皮炎、胃肠道及眼损伤、被毛粗乱、趾爪蜷缩、因飞节着地而使坐骨神经肿大为主要特征的一种营养代谢病，又称核黄素缺乏症。本病多发生于禽类、貂和猪。反刍动物和野生动物偶尔也可发生本病，且常与其他 B 族维生素缺乏症相伴发生。

（一）诊断要点

根据饲养管理情况、发病经过、临床症状可做出初步诊断。测定血液和尿液中维生素 B_2 含量有助确诊。发病时，动物全血中维生素 B_2 含量低于 $0.0399\mu mol/L$，红细胞内维生素 B_2 下降。

1. 病因

（1）日粮中维生素 B_2 贫乏

各种青绿植物和动物蛋白富含核黄素，但常用的禾谷类饲料中核黄素特别贫乏，不足 2mg/kg。因此，对肠道比较缺乏微生物的动物，如果单纯饲喂稻谷类饲料，且不注意添加核黄素，则易发生维生素 B_2 缺乏症。

（2）日粮中维生素 B_2 遭破坏

饲料加工和储存不当，饲料霉变或经热、碱、重金属、紫外线的作用，特别是在日光下长时间暴晒，易使大量维生素 B_2 遭到破坏。

（3）长期添加抗生素

长期大量使用广谱抗生素会抑制消化道微生物的生长，造成维生素 B_2 合成减少。

（4）对核黄素的需要量增加

在妊娠或哺乳期的母畜、生长发育期的幼龄动物、育肥期的青年动物、应激、环境温度忽高忽低等特定条件下，动物对核黄素的消耗增多，对核黄素的需要量增加。

2. 临床症状

（1）禽

雏鸡发病后，临床经过急且症状明显。本病通常见于 2～4 周龄的雏鸡，最早可见于一周龄的雏鸡。主要临床表现如下：羽毛蓬乱、绒毛稀少、腹泻、生长缓慢、消瘦衰弱。其特征性的症状是患鸡趾爪向内蜷曲，不能站立，以跗关节着地，身体移动困难，开展翅膀以维持身体的平衡，两腿瘫痪，腿部肌肉萎缩和松弛，皮肤干而粗糙。患鸡虽食欲尚好，但因采食受限，常因饥饿衰弱而死。

育成鸡维生素 B_2 缺乏时，本身症状不明显，但患病后期，腿叉开而卧，瘫痪。母鸡产蛋量下降，蛋白稀薄，蛋孵化率降低。种蛋和出壳雏鸡的核黄素含量低，核黄素是胚胎正常发育和孵化所必需的物质，孵化蛋内的核黄素用完，鸡胚就会死亡。胚胎死亡率升高，死胚呈现皮肤结节状绒毛，颈部弯曲，躯体短小，关节变形、水肿，贫血和肾脏变性等病理变化。有时也能孵出雏鸡，但雏鸡出壳时瘦小，水肿，脚爪弯曲，蜷缩成钩状，羽发育受损，出现"结节状绒毛"，这是由绒毛不能撑破羽毛鞘引起的。

（2）猪

仔猪主要症状为生长缓慢，腹泻，皮肤粗糙呈鳞状脱屑或脂溢性皮炎，被毛粗乱无光，鬃毛脱落，眼结膜损伤，眼睑肿胀，白内障，失明，跛行，步态不稳，严重者四肢轻瘫。妊娠期母猪流产或早产，所产仔猪不久死亡或体弱，皮肤秃毛，患皮炎、结膜炎，腹泻，前肢水肿变形，运步不稳，多卧地不起。

（3）反刍动物

幼畜瘤胃微生物区系尚未形成，如果日粮中核黄素缺乏，则易发本病。犊牛可见厌食，生长不良，腹泻，脱毛，口角、唇、颊、舌黏膜发炎，流涎，流泪，有时呈现全身性痉挛等神经症状；成年牛很少自然发病。

（4）犬

犬主要表现为食欲不振，生长缓慢，消化不良，腹泻，消瘦，神经过敏，胸、后肢和腹部有鳞屑性皮炎，皮肤红斑、水肿，皮屑增多，脱毛，患结膜炎及角膜混浊，眼有脓性分泌物；后肢肌肉萎缩无力，贫血，有的患犬发生痉挛和虚脱，严重者甚至死亡。妊娠期母犬发病，会使胎儿发育异常，出现并指（趾）、短肢、腭裂等先天性畸形。

（5）猫

猫的症状为食欲下降，体重减轻，头部脱毛，有时出现白内障。

（二）治疗方法

调整日粮配方，增加富含维生素 B_2 的饲料，或补给复合维生素 B 添加剂。动物发病后，可将维生素 B_2 混于饲料中。应用复合维生素 B 制剂，使动物每日一次口服，也可喂给饲用酵母。控制抗生素大剂量长时间应用。不宜把饲料过度蒸煮，以免破坏维生素 B_2；饲料中应配以含较高维生素 B_2 的蔬菜、酵母粉、鱼粉、肉粉等，必要时可补充复合维生素 B 制剂。

子任务二　维生素 C 缺乏症诊治

维生素 C 缺乏症也被称为坏血病，因此维生素 C 也被称为抗坏血酸。在新鲜蔬菜和水果中，维生素 C 的含量较多，但是经过储存、加热后很容易被破坏。本病多见于缺乏青绿饲料的动物，尤其是处在快速生长发育阶段的幼年动物。在患急慢性疾病，如腹泻、痢疾、肺炎、肺结核时，动物也容易缺乏维生素 C。

一、诊断要点

（一）病因

1）哺乳期母畜长期缺乏维生素 C 时，幼畜易患本病。

2）吸收障碍。慢性消化功能紊乱、长期腹泻等可致维生素 C 吸收减少。

3）需要量增加。幼畜生长发育快，对维生素 C 需要量增多；动物患感染性疾病、严重创伤时，对维生素 C 消耗增多，需要量亦增加，若不及时补充，则易引起本病。

（二）临床症状

1. 一般症状

维生素 C 缺乏需 3～4 个月才出现症状。患病动物早期表现为易激惹、厌食、体重不增、面色苍白、倦怠无力，可伴低热、呕吐、腹泻等，易被感染或创口不易愈合。

2. 出血症状

出血症状常见于动物长骨骨膜下、皮肤及黏膜出血，齿龈肿胀出血，继发感染局部可坏死，鼻衄、眼眶骨膜下出血可引起眼球突出，严重时可见消化道出血、血尿、关节腔内出血甚至颅内出血。

3. 骨骼症状

长骨骨膜下出血或骨干骺端脱位可引起患肢疼痛。患肢沿长骨干肿胀、压痛明显，微热而不发红。

二、治疗方法

对轻症可口服维生素 C，每次 10～150mg，3 次/d。对重症静脉注射维生素 C，每天一次 500mg，待症状减轻后改为口服。同时应供给动物含维生素 C 丰富的水果或蔬菜，如橘汁、西红柿汁等。对有骨骼病变的动物应固定患肢。维生素 C 对本病疗效明显，治疗后 24～48h，症状会有所改善，一周后症状消失，一年后骨结构恢复正常，治愈后一般不遗留畸形。如果本病合并贫血，则可加大维生素 C 剂量，并视情况补充铁剂或叶酸。

孕畜及哺乳母畜应多食富含维生素 C 的食物，如新鲜水果、蔬菜，提倡母乳喂养，对出生 2～3 个月的仔畜，须添加含维生素 C 丰富的食物。

任务六　钙、磷缺乏症诊治

子任务一　佝偻病诊治

佝偻病是生长发育快的仔畜和雏禽维生素 D 缺乏及钙、磷代谢障碍引起的骨营养不良，其病理特征是成骨细胞钙化不足、持久性软骨细胞肥大及骨骺增大的暂时钙化不全。本病临床特征是消化紊乱、异食癖、跛行及骨骼变形。本病常见于犊牛、羔羊、仔猪和幼犬。

佝偻病
案例分析

一、诊断要点

根据动物的年龄、饲养管理条件、慢性经过、生长迟缓、异食癖、运动困难及牙齿和骨骼的变形等特征，很容易做出诊断。根据骨的 X 线检查及骨的组织学检查，可以做出确诊。

（一）病因

1. 日粮维生素 D 缺乏

断乳后饲料中维生素 D 供应不足，或长期采食未经太阳晒过的饲草，或母乳中维生素 D 不足，或用代乳品饲喂，或母禽产蛋期维生素 D 缺乏导致钙、磷吸收障碍，都会引发先天性佝偻病或后天性佝偻病。

2. 光照不足

母畜和仔畜长期舍饲，或在漫长的冬季，或毛皮较厚的动物如绵羊等，都可能因光照不足、缺乏紫外线照射而使仔畜发生本病。

3. 钙、磷不足或比例不当

饲料中存在钙、磷比例不平衡现象［比例高于或低于（1∶1）～（2∶1）］，就会引发佝偻病。

4. 断奶过早或胃肠疾病

仔畜断奶过早发生消化紊乱或长期腹泻等胃肠疾病，会影响机体对维生素 D 的吸收，从而引起佝偻病。

5. 缺乏运动

动物长期舍饲、缺乏运动、骨骼的钙化作用降低、骨质硬度下降也会引发本病。

（二）临床症状

1. 仔畜

仔畜在发病时呈现食欲减退，消化不良，精神沉郁，出现异食癖；仔畜卧地，发育停滞，下颌骨增厚和变软，出牙期延长，齿形不规则，齿质钙化不足，排列不整齐，齿面易磨损、不平整；严重时，口腔不能闭合，舌突出，流涎，吃食困难；关节肿大，骨端增大，弓背，长骨畸形，跛行，步态僵硬，甚至卧地不起；四肢骨骼有变形，呈现 O 形腿、"八"字形腿或 X 形腿，骨质松软，易骨折；肋骨与肋软骨结合处有串珠状肿大。仔畜常伴有咳嗽、腹泻、呼吸困难、贫血或神经过敏、痉挛、抽搐等症状（图28-7）。

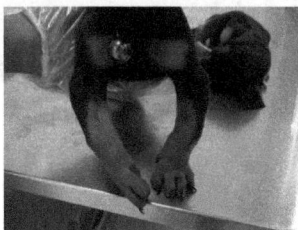

(a) O 形腿 　　　　　　(b) "八"字形腿

图28-7　幼犬佝偻病症状

2. 雏禽

雏禽发病症状为喙变形，易弯曲，俗称橡皮喙；胫、跗骨易弯曲，胸骨脊（龙骨）弯曲呈 S 状，肋骨与肋软骨结合处及肋骨与胸椎连接处呈球形膨大，排列成串珠状；腿软无力，常以飞节着地，关节增大，严重者瘫痪。

（三）X 线检查

X 线检查，可见长骨骨端变为扁平或呈杯状凹陷，骨骺增宽且形状不规则，骨皮质变薄，密度降低，长骨末端呈毛刷状或绒毛样外观。

二、治疗方法

（一）在日粮中添加足够的维生素 D

防治佝偻病的关键是保证机体能够获得充足的维生素 D，可在日粮中按维生素 D 的需要量给予合理补充。

（二）足够的日光照射

保证动物得到足够的日光照射或在畜舍中安装紫外线灯定时照射，让家畜吃经过太阳晒过的青干草。

（三）饲喂全价饲料

日粮应由全价饲料来组成，尤其注意钙、磷的平衡问题，维持钙、磷比例为（1.2∶1）～（2∶1）。可选用维丁胶性钙、葡萄糖酸钙、磷酸二氢钠等，在饲料中添加乳酸钙、磷酸钙、氧化钙、磷酸钠、骨粉、鱼粉等。

（四）补充维生素 D 制剂

有效的治疗是补充维生素 D 制剂，如鱼肝油、浓缩维生素 D 油、维生素 AD 注射液、维生素 D_3 注射液等。

子任务二　骨软症诊治

骨软症是成年家畜在软骨内骨化作用完成后发生的一种骨营养不良疾病，因饲料中钙或磷缺乏或二者的比例不当或维生素 D 缺乏而发生。本病病理特征是骨质的进行性脱钙，呈现骨质疏松及形成过剩的未钙化的骨基质。在家畜中，主要因磷缺乏而发病；在猪中，主要因钙缺乏而发病。本病多发于牛和绵羊，偶见于猪。

一、诊断要点

根据日粮的矿物质含量、配合方法，饲料来源和地区自然条件，患病动物的年龄、性别、妊娠和泌乳情况等病史调查，临床特征和治疗效果，很容易做出诊断。

骨软症案例分析

（一）病因

饲料和饮水中的钙、磷、维生素 D 缺乏或钙、磷比例不当是引起本病的主要原因，但动物种类不同，在致病因素上也有一定的差异。

1. 牧草磷缺乏

家畜的骨软症通常因牧草中磷含量不足导致钙、磷比例不平衡而发生。全球缺磷的土壤远远多于缺钙的土壤，多种植物茎叶中的钙含量高于磷含量，许多牧草的磷含量较低，大多低于 0.15%。长期干旱，土壤中矿物质尤其是磷不能溶解，会使植物对磷的吸收利用减少。山地、高地、土壤偏酸、黄黏土、岗岭土等因素，都可影响植物的含磷量。

2. 日粮钙缺乏

在饲喂精饲料的育肥牛、高产奶牛及圈养的猪、禽中，骨软病一般由日粮缺乏钙所致。

3. 钙磷和维生素 D 缺乏或钙磷比例不当

成年动物骨骼中的总矿物质含量约占 26%，其中钙占 38%，磷占 17%，钙与磷的比例约为 2∶1，因此要求饲料中的钙与磷的比例要与骨骼中相

适应。日粮中钙、磷缺乏，比例不当，维生素 D 缺乏，光照不足等均可导致骨骼钙磷吸收不良。

犬、猫常长期饲喂动物肝脏或肉（其中钙少而磷多）且在室内饲养，缺乏阳光照射，是其发生骨软病的主要原因之一。

4. 钙、磷拮抗因子

牧草中大量的草酸盐是家畜缺钙的主要因素。锶等矿物质过多，电解铝厂、钢铁厂、水泥厂等周围的牧草和饮水含氟量高，对钙的吸收也有拮抗作用。土壤中铁、钙和铝的含量过高，也会影响植物对磷的吸收。

（二）临床症状

本病临床症状主要为动物消化紊乱、异食癖、跛行和骨骼系统严重变化等，与佝偻病和马纤维性骨营养不良基本类似。

发病后动物出现消化紊乱，并呈现明显的异食癖，之后呈现跛行，关节疼痛，肢体僵直，走路后躯摇摆，经常卧地不愿起立。动物四肢外形异常，后肢呈 X 形，肘头外展，站立时前肢向前伸，后肢向后拉得很远，呈特殊"拉弓射箭"姿势；后蹄壁龟裂，角质变松肿大；肋骨变软，胸廓扁平，弓背、凹腰；尾椎排列移位、变形，重者尾椎骨变软、椎体萎缩，人为卷曲时，动物无疼痛反应，严重者，最后 1~2 尾椎骨愈合或椎体因被吸收而消失。

二、治疗方法

（一）早期病例

患病早期动物出现异食癖时，单纯补充骨粉即可痊愈，对牛、羊给予骨粉 250g/d，5~7d 为一疗程，可以不药而愈。对猪使用鱼粉或杂骨汤也有很好效果。

（二）严重病畜

除从饲料中补充骨粉和脱氟磷酸氢钙外，如果是高钙低磷饲料引起发病，则同时配合无机磷酸盐进行治疗，如对牛用 20%磷酸二氢钠溶液或3%次磷酸钙溶液静脉注射；如果是低钙高磷饲料引起发病，则静脉注射氯化钙或葡萄糖酸钙。可以配合肌内注射维生素 D 或维生素 AD 注射液，或给动物内服鱼肝油。

在发病地区，对妊娠母牛、高产奶牛，重点应放在预防上，如注意饲料搭配，调整钙、磷比例和维生素 D 含量，补饲骨粉等。有条件的可让动物户外晒太阳和适当运动。

任务七　微量元素代谢障碍性疾病诊治

我们把体内含量在 $1\mu g/kg$ 以下的元素称为微量元素。研究证实，动物体内微量元素常作为酶的组成成分或激活剂，如锌与上百种酶有关，铁与数十种酶有关，锰和铜亦与数十种酶有关等；微量元素是体内重要的载体及电子传递系统，如铁参与组成血红蛋白，肌红蛋白负责运输和储存氧，铁构成的细胞色素系统是重要的电子传递物质，铁硫蛋白是呼吸链中的电子传递体。微量元素也参与激素和维生素的合成，如钴组成维生素 B_{12}，碘构成甲状腺激素 T_3、T_4，因此微量元素与代谢的调控有密切关系。另外，微量元素影响免疫系统的功能，影响生长及发育，如锌影响动物生长发育，能增强免疫功能；硒能刺激抗体的生成，增强机体的抵抗力。

一、诊断要点

根据发病原因及不同微量元素缺乏所表现的症状可诊断微量元素代谢障碍性疾病。

（一）病因

1. 饲料或饮水中一种或几种微量元素的不足

饲料或饮水中一种或几种微量元素的不足是引起微量元素代谢障碍性疾病的主要原发性因素。微量元素不像糖、脂肪、蛋白质及部分维生素那样可在动物体内合成或转化，获得它们的唯一途径是体外摄取。

2. 动物需要量的增加

母畜妊娠或幼畜生长发育对某种（些）微量元素的需要量增加，如果供应不足，则会发生疾病。例如，仔猪缺铁性贫血是因仔猪在生长发育过程中对铁的需要量增加却得不到满足而造成的。

3. 拮抗元素作用

某种微量元素的含量正常，但由于摄入其拮抗元素过多，影响了这种微量元素的吸收和利用。例如，江西许多地区的饮水受钼污染，当地的牛饮了含钼过多的水就会引起继发性铜缺乏症。

4. 疾病因素

动物患某种疾病时对微量元素的吸收和排泄发生改变。例如，慢性肾病能使肾脏储存微量元素的机能减退，致使这些元素大量流失；慢性腹泻和消化不良会影响微量元素的吸收，从而继发微量元素缺乏症。

（二）临床症状

1. 铜缺乏症

铜参与血液形成、成骨过程、毛发及羽毛的色素沉着和角质化过程，为细胞色素氧化酶等十几种酶的组成成分。缺乏铜时，动物出现贫血，生长发育受阻，有时出现腹泻、毛发褪色、骨骼形成受阻等症状。

维生素 E 缺乏案例分析

2. 铁缺乏症

铁是机体的必需元素，其化合物血红蛋白、肌红蛋白、细胞色素等在体内具有氧化功能。缺乏铁时，动物会发生小红细胞低色素性贫血，生长受阻。

3. 锌缺乏症

锌影响动物生长发育和繁殖功能，影响骨骼和血液的形成及核酸、蛋白质和碳水化合物的代谢。在这些过程中，锌主要与酶结合，作为酶必不可少的组成成分或激活剂。锌维持核糖核酸具有一定的构型，从而间接影响蛋白质的生物合成和遗传信息的传递。缺乏锌时，猪表现为皮肤角化不全、生长受阻、痂状皮炎；鸡表现为羽毛蓬乱、肢端受损、皮肤角化不全和性成熟推迟。

4. 钴缺乏症

钴主要参与维生素 B_{12} 的合成，参与造血过程，激活精氨酸酶等十多种酶。缺乏钴时，动物表现为贫血、消瘦等。

5. 锰缺乏症

锰参与氧化还原反应、组织呼吸和骨骼形成，影响动物生长、繁殖，影响血液形成和内分泌器官的功能。缺乏锰时，动物表现为骨骼发育异常和繁殖障碍。

6. 碘缺乏症

碘主要参与甲状腺激素的合成。甲状腺激素可调节基础代谢、碳水化合物、蛋白质和脂肪的消耗；调节热的形成过程；影响动物的生长、发育和繁殖。缺乏碘时，动物表现为甲状腺肿、死弱胎；初生仔猪皮肤粗糙、掉毛；马驹瘦弱；母牛卵巢功能受损、垂体黄体生成素分泌受影响。

二、治疗方法

（一）铜缺乏症

口服硫酸铜，犊牛 4g，成年牛 8g，羊 1.5g，视病情轻重增减剂量，1 次/周，连用 3～5 周。也可用甘氨酸铜，皮下注射，牛 120mg，羊 45mg，或将硫酸铜按 0.5%比例混于食盐中，使动物舔食，或用硫酸铜对牧草进行喷雾。

（二）铁缺乏症

内服铁铜合剂、铁钴铜合剂或硫酸亚铁片。注射铁钴针、牲血素或在猪圈四角撒深层红土，使猪自由拱食。

（三）锌缺乏症

使用硫酸锌（或碳酸锌）进行治疗，1～2mg/kg，肌内注射或内服，1次/d，连用10d。也可在饲料中添加碳酸锌200g/t。

（四）钴缺乏症

口服硫酸钴，成年羊1mg/kg，连服7d，间隔一周后重复用药；同时配合维生素B_{12}肌内注射，疗效更好。预防本病最简单的方法是在饲料中直接添加硫酸钴或氯化钴等。

（五）锰缺乏症

在鸡饲料中添加硫酸锰0.1～0.2g/kg，或用1/3000的高锰酸钾溶液饮水。猪和牛按每千克饲料20～30mg添加硫酸锰。

（六）碘缺乏症

内服碘化钾或碘化钠，牛、马2～10g，猪、羊0.5～2.0g，犬0.2～1.0g，1次/d，饲喂碘盐（在1kg食盐中加碘化钾200mg）。也可用含碘的盐砖让动物自由舔食，或者在饲料中掺入海藻、海带等海产品。

——项目小结——

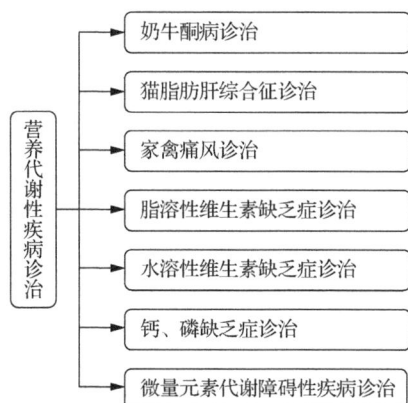

——复习思考题——

1. 名词解释

奶牛酮病；家禽痛风；骨软症；佝偻病

2. 简答题

1）如何治疗家禽痛风？

2）脂肪肝出血综合征的病原有哪些？如何预防？

3）动物维生素 A 缺乏的危害有哪些？

4）患硒和维生素 E 缺乏症时动物的临床症状特征有哪些？

3. 论述题

1）怎样鉴别诊断家禽维生素 B_1 缺乏症与维生素 B_2 缺乏症？

2）佝偻病与骨软症有何不同？

3）有哪些营养代谢病易发生运动障碍和骨骼变形？怎样对其进行鉴别诊断？

中毒性疾病诊治

项目简介

中毒性疾病是有毒物质作用于动物机体而引起的疾病。本项目主要介绍动物常见中毒性疾病的诊断要点及治疗方法。

知识目标

了解中毒性疾病的发生、发展规律；熟悉常见中毒性疾病的诊疗要点；掌握动物中毒性疾病的发生原因、发病机制、临床症状、治疗方法及预防措施。

技能目标

能正确诊断和治疗动物常见的各种中毒性疾病。

素质目标

从调查入手，切实掌握中毒性疾病的发生、发展动态及其规律，以便制订切实有效的防治方案并贯彻执行。中毒性疾病的发生及其防治，同动物饲养管理、农业生产、植物保护、医疗卫生、毒物检验、工矿企业及粮食仓库和加工厂等有直接联系。许多中毒性疾病是人畜共患疾病，为了进行彻底的防治，必须统筹兼顾，分工协作，全面地采取有效措施。宣传和普及有关中毒性疾病及其防治知识，发动群众进行检毒防毒活动是大牧场或地区性防治中毒性疾病的有效措施。应加强对公共环境卫生的研究，贯彻执行环境保护法规，及时处理工业"三废"，禁止生产、销售和使用高毒、残效期长的农药，防止滥用农药对饲料造成污染。

项目导入

在畜禽生产中，畜禽中毒病种类繁多，病因错综复杂，追查起来很困难。尤其是兽医门诊，单凭简单的问诊很难了解病情发生的来龙去脉。因此详细地问诊和病史调查是很重要的，也是必不可少的。临床上针对动物急性中毒病例，尤其是贵重家畜或宠物，应先采取抢救措施以保住动物性命，然后在病情缓和后进行深入调查和确诊毒物的种类，进行必要的毒物检验。目前对多数毒物尚无特效的解毒药物，因此采取一般治疗措施，首先应采取一系列排毒处理（催吐、洗胃、下泻、灌肠、导尿），然后采取保肝解毒、利尿排毒、输液强心等措施，以降低动物死亡概率，维持生命体征，从而使动物获得康复。对有特效解毒药的毒物中毒，应遵循"早、足、静、反"4字方针，尽早、足量、静注、反复使用特效解毒药，并结合补糖、补水、补充电解质、增强肝解毒功能，保护心肺机能和胃肠黏膜等措施进行治疗。

常用的特效解毒药有亚甲蓝、甲苯胺蓝（用于亚硝酸盐中毒），亚硝酸钠、硫代硫酸钠（用于氰化物中毒），阿托品、解磷定、双解磷、双复磷（用于有机磷中毒），解氟灵（乙酰胺）（用于有机氟中毒）。抗胆碱药（如阿托品）中毒可用拟胆碱药（如新斯的明）解毒，反之亦然。对强酸（如盐酸、硝酸、硫酸、高氯酸）中毒可用弱碱（如5%碳酸氢钠、小苏打）解毒；对强碱（如氢氧化钠、氢氧化钾、氢氧化钙）中毒可用弱酸（硼酸、乙酸、食醋）解毒；对重金属（如铅、砷、汞、锑）等中毒可用二巯基丙醇、二巯基丙磺酸钠解毒；对抗凝血类杀鼠药（如敌鼠钠盐、溴敌隆、杀鼠灵）中毒可用维生素 K_1 加维生素 K_3 解毒。

通用的解毒药有毒物吸附剂（如活性炭、蒙脱石散、白陶土等）、胃肠黏膜保护剂（如鞣酸蛋白、浓豆浆、鸡蛋清、浓茶汁、淀粉糊）、保肝解毒药（高渗葡萄糖、维生素 C、谷胱甘肽、甘草酸单铵、甘草酸双铵、葡萄糖醛酸内酯）、利尿排毒剂（呋塞米、双氢克尿噻）。常用的中药解毒剂是甘草绿豆汤。

任务一　中毒性疾病基本知识认知

一、概述

毒物是指在一定条件下以较小剂量进入生物体后，能与生物体之间发生化学作用并导致生物体器官组织功能和（或）形态结构损害性变化的化学物。绝大多数毒物就其性质来说是化学物，包括天然的或合成的，无机的或有机的，单体的或化合物的，但也可能是动植物、细菌、真菌等产生的生物毒素。

中毒是有毒物质作用于动物机体而引起的疾病。毒物和非毒物并不是绝对的，如食盐、鱼粉并不是毒物，但如果调剂不当或喂量不当，就可变为有毒物质。相反，有些化学药品虽然毒性很强，但如果应用得当就不会引起中毒。防止中毒性疾病的发生，必须综合全面考虑。

二、特点

中毒原因很多，其临床症状表现也多种多样，但它们的共同特点是：在神经系统上的表现是失神、昏睡、麻痹等；在循环系统上的表现是心跳加快、心衰；在消化系统上的表现是减食、绝食，流涎、腹痛、腹泻，腹泻物等有黏液或血液；在泌尿系统上的表现是少尿、血尿和尿闭等。这些症状往往突然发生，变化急剧。

三、诊断

中毒性疾病大多是有毒物质随饲料进入机体而造成的不良反应，因此重点是检查饲料，调查饲料来源、成分、是否拌入有毒物质及饲料的保存状况。还要观察动物的临床症状，对病死者进行病理剖检等，以作为重要的诊断依据。有些难以确诊的中毒病例，须送有条件的部门进行化验方可确诊。

四、急救

一般中毒性疾病多呈突然急性发作，目前对多数毒物尚无特效的解毒药物，因此，采取一般治疗措施对于缓解中毒症状、维持生命、使动物获得康复，具有极其重要的意义。

（一）排出消化道内毒物

1. 催吐

经口食入毒物若不超过 2h，毒物未被吸收或吸收不多，则应用催吐，使动物将毒物连同胃内容物吐出体外。可选用阿朴吗啡、1%硫酸锌溶液、3%过氧化氢溶液（犬、猫）、2%碘酊、隆朋等药物。当毒物食入已久，并进入十二指肠已被吸收时，催吐治疗无效。此外，误食强酸、强碱、腐蚀性毒物时，不宜催吐，以防对食道和口腔黏膜造成损伤或使胃壁破裂。

2. 洗胃

经口食入毒物不久尚未被吸收时，可采取洗胃措施。

3. 吸附毒物

经口食入毒物已超过 2h，虽进入肠道但尚未被完全吸收时，可服用活性炭吸附毒物，以减少肠道吸收，30min 后再灌服缓泻剂。

4. 灌肠

促进肠道内有毒物质排出可选用灌肠法。选用温热（38～39℃）自来水、1%～2%小苏打水或肥皂水、0.1%高锰酸钾溶液等灌肠。

5. 导泻

可加速肠道内容物排出体外，以减少肠道对毒物的吸收。一般多用盐类泻药或选用润滑性泻药。但对脂溶性毒物不宜使用植物油（会促进毒物吸收）。

（二）清除皮肤和黏膜上的毒物

对皮肤和黏膜上的毒物，应及时用温水洗涤，洗涤愈早愈彻底愈好。
对不宜用水洗涤的毒物，可酌情使用乙醇或油类物质迅速擦洗，并且边擦洗边用干毛巾擦净。对已知毒物，应选用具有中和或对抗作用的药物来清洗体表或黏膜的有毒物质。但注意选用洗涤药物时，不能使被清洗的毒物增加毒性，如敌百虫中毒时，严禁用碱性溶液清洗。乐果和马拉硫磷中毒时，不能用 0.1%高锰酸钾溶液清洗。

（三）加速毒物从体内排出

多数毒物通过肝脏代谢由肾脏排出，有的毒物通过肺或粪便等途径排出。保护肝脏，可给予动物葡萄糖、维生素 C、复方甘草酸单铵、复方甘草酸双铵、葡萄糖醛酸内酯、甘肽类保肝解毒药。猫的肝脏与犬不同，缺乏葡萄糖醛酸转移酶，使某些化学物质不能及时与葡萄糖醛酸结合由肾排出，因此不宜对猫应用葡萄糖。

对动物给予利尿剂，增加排尿量，以加速排毒。但必须在动物机体肾功能正常情况下方可给予利尿剂，如呋塞米或甘露醇。此外，改变尿液pH，可促使某些毒物排出。当中毒动物发生少尿或无尿，甚至肾功能衰竭时，可进行腹膜透析，从而使其体内代谢产物或某些毒物通过透析液排出体外。

任务二 黄曲霉毒素中毒诊治

黄曲霉毒素中毒是人、畜共患并具有严重危害性的真菌毒素中毒性疾病，主要侵害肝脏，以出血、消化机能障碍和神经症状为特征，具有致癌作用。

一、诊断要点

从病史调查入手，并对现场饲料样品进行检查，结合临床症状和病理变化等情况进行综合性分析，可做出初步诊断。

（一）病因

黄曲霉毒素目前已发现的有 20 种，其中以黄曲霉毒素 B_1、B_2、G_1 和 G_2 毒性更强，尤其是黄曲霉毒素 B_1 毒性最强，黄曲霉毒素 B_2 的致癌有效剂量要比黄曲霉毒素 B_1 大 100 倍以上，因此，黄曲霉毒素均指黄曲霉毒素 B_1。黄曲霉毒素致癌的靶器官是肝脏，同时，对其他器官也可致癌，如肾癌、胃癌、直肠癌及乳腺、卵巢等肿瘤。经气管滴入该毒素可致气管鳞状细胞癌，皮下注射该毒素可发生局部皮下肉瘤。

本病发生原因多半是动物采食或被饲喂了被产毒真菌污染的玉米、花生（图 29-1）及花生饼、豆类、麦类及其加工副产品，如酒糟、油粕、酱油渣等。在中毒动物中，急性病例比慢性病例少。

图 29-1 霉变的玉米、花生

（二）临床症状

成年牛发生黄曲霉毒素中毒的较少，偶有发生的也多为慢性。犊牛发病后生长发育缓慢，营养不良，被毛粗刚、逆立、多无光泽，鼻镜干裂，病初食欲不振，后期食欲废绝，反刍停止。患牛耳尖颤搐，磨牙，呻吟，有腹痛表现，无目的地徘徊、不安，角膜混浊，出现一侧或两侧眼睛失明，可伴发中度间歇性腹泻，排泄混有血液凝块的黏液样软便，里急后重。严重的常导致脱肛，甚至因昏迷而死亡。成年牛的症状远较犊牛为轻。奶牛除泌乳性能降低或停止外，还间或发生早产或流产，个别患牛还出现神经症状，如惊恐、转圈运动等。若肉牛（6～8 月龄）日粮中黄曲霉毒素 B_1 含量超过 0.7mg/kg，则其吃后较快地出现生长发育迟缓，饲料报酬明显降低。

猪于误食毒物后 1～2 周内发病，急性症状为突然倒地死亡；亚急性症状为体温升高（1～1.5℃），食欲减退或消失，粪呈干球状，附有血液，贫血，后肢无力，严重者卧地不起，常在 2～3d 内死亡，偶见神经症状；慢性症状为可视黏膜黄染。

血液检查：红细胞上升，白细胞下降，碱性磷酸酶活性上升，凝血酶原活性上升。

肝功能：谷丙转氨酶、谷草转氨酶活性上升。

家禽、仔畜对黄曲霉素最为敏感，以肝脏坏死和胆管增生为主要特征，同时可伴有神经症状。

幼鸡：食欲不振，生长发育不良，衰弱，贫血，排血色稀粪。

幼鸭：食欲废绝，脱毛，鸣叫，步态不稳，严重跛行，呈角弓反张而死，死亡率极高。

慢性中毒者可诱发肝细胞凋亡和肝癌。

（三）剖检变化

大网膜肠系膜黄染、胃肠道出血、肝肾肿大并有霉菌结节、心肺淤血出血（图 29-2）。

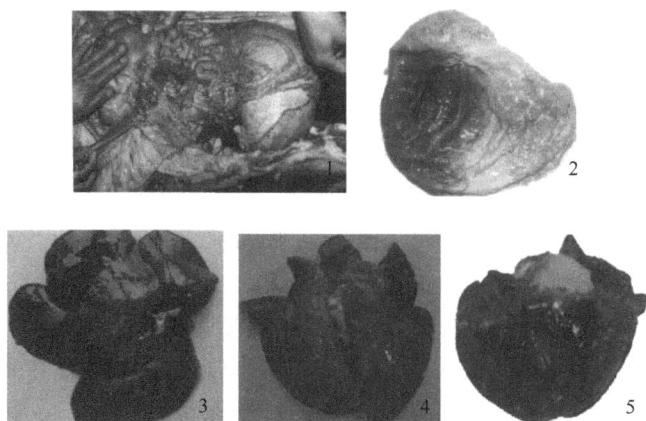

1—大网膜、肠系膜黄染；2—胃黏膜弥漫性出血；3—肝肾肿大且表面有灰白色区域；
4—心肺淤血出血，有灰白色区域；5—心内膜出血。

图 29-2　猪霉菌毒素中毒的剖检变化

（四）实验室检查

为了确定致病性真菌，必须对饲料样品做真菌培养，分离和鉴定产毒真菌，对饲料样品进行毒素检验。

血液生化检验可见血清转氨酶、碱性磷酸酶和苹果酸脱氢酶活性升高；乳酸脱氢酶活性降低，异柠檬酸脱氢酶活性接近正常。血尿素氮、白蛋白，以及总蛋白含量降低。

二、防治方法

（一）防霉

饲料防霉的根本措施是改变霉败的因素，如温度和相对湿度等。在谷物收割和脱粒过程中，勿遭雨淋，并防止其在晒场上发热发霉，做到充分通风、晾晒，使之迅速干燥（达到谷粒 13%、玉米 12.5%、花生仁 8% 以下的安全水分含量），便可防止其发霉并产毒。为了防止谷类饲料在贮藏过程中霉变，可试用化学熏蒸法。熏蒸剂可应用福尔马林、环氧乙烷、过氧乙酸、二氯乙烷和溴甲烷等。若饲料已被黄曲霉毒素等轻度污染，则宜用福尔马林熏蒸（每立方米用福尔马林 25mL、高锰酸钾 25g，加水 12.5 L 混合），或用过氧乙酸喷雾法（每立方米用 5% 过氧乙酸液 2.5mL 喷雾），均有抑制霉菌生长作用。通常在温度和相对湿度适宜的条件下，黄曲霉毒素在 48h 内即可产毒。

（二）去毒

目前对有毒饲料的去毒方法较多，其中首选为碱炼法，如用 0.1% 漂白粉水溶液浸泡，使其毒素结构中的内酯环被破坏，形成香豆素钠盐（不呈现蓝紫色荧光即无毒素存在），可溶于水，再用水冲洗除掉。

任务三　磺胺类药物中毒诊治

磺胺类药物是用化学方法合成的一类药物，具有抗菌谱广、疗效确切、价格便宜等优点，常用于鸡球虫病、禽霍乱、鸡白痢等疾病的防治，如复方敌菌净、磺胺脒等。磺胺类药物的治疗量接近中毒量，且鸡对此类药较敏感，因此，使用剂量过大或连续用药时间过长很容易引起中毒。

一、诊断要点

可根据渐进性贫血的临床症状，结合长期性饲喂磺胺类药物的病史，参考剖检时广泛性出血、肾及输尿管大量尿酸盐沉积的病理变化做出初步诊断。有条件时可进行血液的重氮反应试验，或尿液显微结晶对应。

（一）病因

磺胺类药物是防治家禽传染病和某些寄生虫病的常用合成化学药物。用药剂量过大或连续使用超过 7d 即可造成中毒。磺胺药物的治疗剂量与中毒量接近，用药时间过长，就会造成中毒。给鸡饲喂含 0.5%SM2 或 SM1 的饲料 8d，可引起鸡脾出血性梗死和肿胀，饲喂至第十一天即开始死亡。复方敌菌净在饲料中添加至 0.036%，第六天即引起死亡。维生素 K 缺乏可以促进本病的发生。复方新诺明混饲用量超过 3 倍，即可造成雏鸡严重的肾脓肿。

（二）临床症状

急性中毒主要表现为动物兴奋、拒食、腹泻、痉挛或麻痹等症状。

慢性中毒的病例，常见于连续用药超过一周的鸡群。患鸡一般表现为精神沉郁，食欲下降或完全消失，渴欲增加，贫血，黄疸，羽毛松乱，头部肿大呈蓝紫色，翅下出现皮疹，出现便秘或腹泻，粪便呈酱油色。成年鸡可见产蛋量下降或产软壳蛋症状。

二、防治方法

（一）立即停药

发生磺胺类药物中毒时，应立即停药。

（二）多饮水

可让患病动物饮用 5%葡萄糖溶液或 0.5%～1%碳酸氢钠溶液。

（三）饲料中添加维生素

可在饲料中添加维生素 K_3 或将日粮中维生素含量提高 1 倍。

（四）肌内注射维生素

对中毒严重的动物可肌内注射维生素 B_{12} 或叶酸，同时提高患病动物的抵抗力。

（五）合理使用磺胺类药物

对磺胺类药物应严格掌握用量及其适应证、剂量、配伍等，不能单纯认为量越大越好。

任务四　抗球虫药物中毒诊治

抗球虫药物中毒是对动物用抗球虫药物（如氯苯胍、氨丙啉、马杜拉霉素、氯羟吡啶等）剂量过大或连续用药时间过长导致的药物性中毒疾病。

一、诊断要点

根据病史调查，结合临床症状可诊断抗球虫药物中毒。

（一）病因

球虫病是所有饲养畜禽尤其是在鸡、兔中存在的一种寄生虫病。可以说，只要养鸡、养兔，就有球虫存在。雏鸡和青年鸡及幼兔的感染率很高，急性球虫病暴发时，往往造成巨大的损失。药物防治一直是防治球虫病的主要手段。然而，因为球虫会对药物产生抗药性，加之医生未能完全掌握药物的理化性质和代谢性能，所以在应用抗球虫药物上具有一定的盲目性，有的医生误认为用药越多越好，往往造成动物中毒。

（二）临床症状

家禽中毒后轻则食欲减少，沉郁，互相啄羽，重则呈神经症状，行走摇摆，脚软，伏地或侧卧，两脚后伸；有的家禽兴奋转圈，共济失调，排黄色或绿色水样粪便，消瘦脱水死亡。剖检可见肝脏肿大、质脆，有出血斑点，心脏有出血，肠道黏膜肿胀出血。

二、治疗方法

给动物饮用 5%～10% 糖水或葡萄糖盐水，经 30min 至 24h 可解毒。

对马杜拉霉素中毒的动物，可采用 10% 葡萄糖液配合电解多维素或速补多维素饮水，对重症家禽可肌内注射维生素 C。

必须严格控制连续用药时间和用药剂量，熟悉抗球虫药物的商品名和药物含量，避免造成重复用药。同时用药拌料要均匀，发现中毒立即停药。

预防抗球虫药中毒的有效办法是严格按照说明书用量或遵医嘱，切不可擅自加大用量，即使怀疑预混品中有有效成分含量，也应先经少数治疗试验，取得经验，再推广到大群中。

任务五　左旋咪唑中毒诊治

左旋咪唑是咪唑类药物，为广谱高效驱虫药。左旋咪唑中毒是使用本品剂量过大而引起的以烟碱样和毒蕈碱样症状为特征的中毒性疾病，各种动物均可发生，常见于猪、牛和犬。

一、诊断要点

根据使用左旋咪唑的病史，结合烟碱样和毒蕈碱样症状，可做出初步诊断。必要时检测饲料、胃内容物和组织中左旋咪唑的含量。若口服左旋

咪唑已有 24h，则脂肪、肌肉和血液中的左旋咪唑含量已不能检出，72h
后肝脏已无残留。

（一）病因

左旋咪唑中毒多由动物主人或一些医生超剂量给动物服用或动物误
食左旋咪唑等而导致。已有苏格兰牧羊犬（可能因该品种的血脑屏障与其
他犬不同，而对左旋咪唑较敏感）及其他品种的犬因超量服用左旋咪唑而
中毒的病例。

左旋咪唑的中毒与抑制胆碱酯酶活性有关，从而引发乙酰胆碱的毒蕈
碱样作用，如瞳孔缩小、支气管收缩、消化道蠕动增强、心率减慢及其他
拟胆碱神经系统兴奋等现象。

（二）临床症状

本病主要表现为动物流涎，摇头，呕吐，肌肉震颤，运动失调，不安，
感觉过敏，排粪、排尿次数增多，应激性增高。中毒后期，动物出现阵发
性惊厥，中枢神经系统抑制，呼吸急促或困难，虚脱，甚至因呼吸衰竭而
死亡。动物品种不同，其症状有一定差异。

牛、羊一般在 15min 出现症状，30min 达高峰，1～6h 逐渐恢复。牛
还可在鼻镜上形成大量泡沫，舔唇。对猪皮下注射过量左旋咪唑可在 5～
60min 内造成其死亡。

犬表现为呕吐，流涎，腹泻，呻吟，起卧不安，站立不稳，运动失调，
兴奋，全身肌肉震颤，心律失常，呼吸困难，肺水肿，痉挛，甚至因呼吸
衰竭而死亡。有的犬重复用药可发生溶血性贫血。

二、防治方法

（一）治疗

本病尚无特效解毒药，口服左旋咪唑 1h 内可催吐，然后灌服活性炭
和盐类泻剂。主要采取对症和支持治疗，阿托品作为拮抗剂可缓解症状，
但不能降低死亡率；镇静可用安定或巴比妥类，同时应强心、补液和兴奋
呼吸。

（二）预防

在临床上应严格按照剂量使用本药，严禁随意增加剂量。除肺线虫病
外，应选择内服给药。因为本药可通过乳房屏障，所以对泌乳期动物（特
别是奶牛）禁用。

任务六　阿维菌素中毒诊治

阿维菌素类药物是一种高效、低毒、安全、广谱的新型驱虫药，对动物体内线虫及疥螨、蜱、血虱等大多数体外寄生虫都有很强的驱杀效果。但如果使用方式错误，则可能会引起中毒。

一、诊断要点

根据超量使用阿维菌素病史，结合发病症状及病变可做出诊断。

（一）病因

因动物主人用药时的疏忽大意，主要是不注意看产品使用说明书（说明书中明确指出柯利犬慎用或禁用本药）及擅自加大用药剂量等而导致药物中毒的事例时有发生。

（二）临床症状

1. 牛

患牛精神沉郁或委顿，低头流涎或流泡沫，四肢乏力，共济失调，步态摇晃，站立不稳或摔倒，被毛湿润。重则倒地不起，瘤胃臌气，昏迷死亡，体温下降至36.0～36.5℃，食欲废绝或反刍停止，心跳50～60次/min；轻则食欲稍有减少，反刍次数减少。大部分患牛便秘，少部分患牛出现黄色水样腹泻。患牛心跳减弱，呼吸缓慢乏力。

2. 猪、羊

中毒猪、羊的主要症状为步态不稳，流涎，严重时卧地不起，全身肌肉震颤，倒地后四肢呈游泳状划动。患病猪、羊心率加快，心音亢进，甚至头向后仰，颈和四肢痉挛，舌麻痹，伸出口外，呼吸加快。

3. 犬

患犬主要表现为呼吸抑制及中枢神经抑制症状（超量使用阿维菌素还可能引起孕犬流产），先期表现为呻吟，流涎，步态蹒跚，继而出现全身震颤性痉挛，头向后仰，脖颈与四肢痉挛，舌麻痹伸出口外，舌面干裂，眼球完全被第三眼睑覆盖；后期呼吸快而浅表，心音弱而心率缓慢，血压及体温下降，四肢及耳端变冷，听觉、痛觉、关节反射及肠蠕动音消失，最后死亡。

二、治疗方法

对阿维菌素中毒没有特效解毒药，治疗主要以催吐、泻下、吸附或利尿为主，以减少药物的吸收和加速药物的排泄。

（一）强心利尿

肌内注射强尔心、尼可刹米、呋塞米。

（二）支持疗法

用 5%糖盐水、50%葡萄糖注射液、维生素 C、腺嘌呤核苷三磷酸、辅酶 A、肌苷、复合维生素 B 等配合静脉滴注。

（三）肌内注射强力解毒敏

强力解毒敏是阿维菌素中毒解救有效药物之一，它的主要成分是甘草酸铵，肌内注射后动物中毒症状可以很快缓解。

（四）灌肠通便

用口服补液盐溶液灌肠。一般经过 3～5d 的治疗，动物可以脱离危险恢复正常。

任务七　犬洋葱中毒诊治

洋葱属于百合科，葱属，对人类无害，但犬、猫采食后易引起中毒，主要表现为绯红色或红棕色尿液，犬发病较多，猫少见发病。

一、诊断要点

根据饲喂洋葱或葱汁熟食的病史和典型的血红蛋白尿的症状，结合实验室检查可确诊。

（一）病因

洋葱含有辛香味挥发油——N-丙基二硫化物或硫化丙烯，此类物质不易被蒸煮、烘干等加热破坏。越老的洋葱或大葱，其 N-丙基二硫化物或硫化丙烯的含量越多。N-丙基二硫化物或硫化丙烯能降低红细胞内葡萄糖-6-磷酸脱氢酶的活性。葡萄糖-6-磷酸脱氢酶能保护红细胞内血红蛋白免受氧化变性破坏，如果葡萄糖-6-磷酸脱氢酶活性减弱，则氧化剂能使血红蛋白变性凝固，从而使红细胞快速溶解和海恩茨小体形成。老龄红细胞含葡萄糖-6-磷酸脱氢酶少，中毒后比幼龄红细胞更易氧化变性溶解，体弱动物红细胞也易溶解。红细胞溶解后，从尿中排出血红蛋白，使尿液变红，严重溶血时，尿液呈红棕色。

（二）临床症状

犬采食洋葱 1～2d 后，特征性表现为绯红色或红棕色的尿液。中毒轻者症状不明显，有时精神欠佳，食欲差，排浅红色尿液。中毒重者表现为精神沉郁，食欲减弱或废绝，走路蹒跚，不愿活动，喜欢卧着，眼结膜或口腔黏膜发黄，心搏增快，喘气，虚弱，排深红色尿液，体温正常或降低。严重中毒可导致犬死亡。

（三）剖检变化

剖检可见尸体消瘦，可视黏膜苍白，血液稀薄、色淡且凝固不良，有淡黄色腹水，肝肿大呈土黄色，胆囊肥大 1 倍充满胆汁，脾脏肿大出血，心肌扩张，肺水肿，胃、小肠及膀胱黏膜充血水肿。

（四）实验室检查

血液检查发现，血液随中毒程度轻重，逐渐变得稀薄，红细胞数、血细胞比容和血红蛋白减少，白细胞数增多，红细胞内或边缘上有海恩茨小体。尿液检查发现，尿液颜色呈红色或红棕色，尿血红蛋白检验呈阳性，尿沉渣中红细胞少见或没有。

二、治疗方法

一旦发现犬采食洋葱中毒，就应立即停喂含洋葱或大葱等葱属植物的食物。

轻度中毒的犬，停止采食洋葱后，不经治疗可自然康复。对中毒较重的犬须做进一步治疗，可用大剂量的抗氧化剂维生素 E 保护血红蛋白，防止红细胞破裂溶血，延长红细胞寿命，阻止海恩茨小体形成；同时采取支持疗法输液、补充营养，可静脉滴注葡萄糖溶液、林格液、维生素 C、腺嘌呤核苷三磷酸、辅酶 A 等，也可适当给予犬抗生素防止继发感染；给予适量利尿剂如呋塞米注射液肌内注射，促进体内变性血红蛋白随尿排出；在洋葱中毒时犬的肝脏和肾脏均受到一定影响，因此应该注意肝、肾的保护和治疗；多数情况下，经过停止饲喂洋葱和药物治疗，3d 左右犬临床症状即可消失。对溶血引起严重贫血的患犬，可考虑进行输血治疗，静脉输血可获得较好的疗效。

任务八　尿素中毒诊治

尿素可以作为反刍动物蛋白质饲料的补充来源，尿素的饲喂量一般为成年牛每天 150～200g。当饲喂量过大或误食过量尿素，以及饲料中的尿素混合不均匀，或将尿素拌入饲料后长时间堆放时，牛食入后可能引起尿素中毒。这是因过量的尿素在胃肠道内释放大量的氨，引起高氨血症而使动物中毒。

一、诊断要点

根据发病前饲喂大量尿素的饲喂史和突然发病，结合典型的中毒症状可确诊。

（一）病因

尿素和许多非蛋白氮化合物是较好的蛋白质替代品，常用作饲料添加剂，如尿素、双缩脲和双铵磷酸盐等。但饲喂过多或方法不当时，能产生大量的氨，氨对于动物机体是一种侵害神经系统的物质，可导致中毒。

（二）临床症状

尿素中毒一般为急性中毒，发病急，致死也快。动物表现为流涎，磨牙，腹痛，踢腹，尿频呕吐，抽搐，肌肉震颤，运动失调，强直性痉挛，呻吟，心率加快，呼吸困难，全身出汗，瘤胃臌胀并有明显的静脉搏动，死前体温升高。患牛表现为不安，呻吟，反刍停止，瘤胃臌气，肌肉震颤和步态不稳，继而反复发作痉挛，呼吸困难，口、鼻流出泡沫状液体，心搏动亢进，脉搏数增至 100 次/min 以上。患病后期患牛出汗，瞳孔散大，肛门松弛。慢性中毒时，患牛后躯不全麻痹，四肢发僵，卧地不起。

二、治疗方法

发现尿素中毒后，立即对动物洗胃，而后灌服大量食醋或稀醋酸等弱酸溶液，如1%醋酸溶液、糖混合自来水内服，或采用食醋、自来水内服。静脉注射 10%葡萄糖酸钙溶液以缓解痉挛和肺水肿。同时应用利尿剂和高渗葡萄糖及其他等渗液体，以利于稀释血中氨的浓度并促进尿液和氨的排出。

任务九　亚硝酸盐中毒诊治

亚硝酸盐中毒是动物摄入富含硝酸盐、亚硝酸盐过多的饲料或饮水，引起高铁血红蛋白症，导致组织缺氧的一种急性、亚急性中毒性疾病，多见于猪、牛、羊。

一、诊断要点

（一）病因

油菜、白菜、甜菜、野菜、萝卜、马铃薯等青绿饲料或块根饲料富含

亚硝酸盐中毒
案例分析

硝酸盐。使用硝酸铵、硝酸钠、除草剂、植物生长剂的饲料和饲草，其硝酸盐的含量增高。硝酸盐还原菌广泛分布于自然界，在温度及湿度适宜时可大量繁殖。当饲料慢火焖煮、霉烂变质、枯萎时，硝酸盐可被硝酸盐还原菌还原为亚硝酸盐，使动物中毒。

亚硝酸盐的毒性比硝酸盐强 15 倍。亚硝酸盐亦可在猪体内形成，在一般情况下，硝酸盐转化为亚硝酸盐的能力很弱，但当胃肠道机能紊乱时，如动物患肠道寄生虫病或胃酸浓度降低，可使胃肠道内的硝酸盐还原菌大量繁殖，此时若动物大量采食含硝酸盐的饲草饲料，则可在胃肠道内大量产生亚硝酸盐并被吸收而引起中毒。

食盐中毒
案例分析

（二）临床症状

急性中毒的猪常在采食后 10~15min 发病，慢性中毒的猪可在数小时内发病。一般体格健壮、食欲旺盛的猪因采食量大而发病严重。患猪严重呼吸困难，多尿，可视黏膜发绀。刺破其耳尖、尾尖等，流出少量酱油色血液。患猪体温正常或偏低，全身末梢部位发凉，因刺激胃肠道而出现胃肠炎症状，如流涎、呕吐、腹泻等。患猪共济失调，痉挛，挣扎，盲目运动，心跳微弱，临死前角弓反张，抽搐，倒地而死。

二、治疗方法

（一）治疗

迅速使用特效解毒药，如亚甲蓝或甲苯胺蓝。对动物静脉注射 1%亚甲蓝，1mL/kg，也可深部肌内注射 1%的亚甲蓝；甲苯胺蓝 5mg/kg，可内服或配成 5%溶液静脉注射、肌内注射或腹腔注射。在使用特效解毒药时，配合使用高渗葡萄糖 300~500mL，以及 10~20mg/kg 维生素 C。

动物呼吸急促时，可用尼克刹米、山梗菜碱等兴奋呼吸的药物。对心脏衰弱者，注射 0.1%盐酸肾上腺素溶液 0.2~0.6mL，或注射 10%咖啡碱以强心。

（二）预防

改善饲养管理，对青绿饲料宜生喂，饲料堆积发热腐烂时不要饲喂。不宜堆放或蒸煮饲料，要烧煮时，应迅速煮熟，揭开锅盖且不断搅拌，勿闷于锅里过夜。烧煮饲料时可加入适量醋，以杀菌和分解亚硝酸盐。对接近收割的青绿饲料不应施用硝酸盐化肥。

氢氰酸中毒
案例分析

任务十　氰化物中毒诊治

动物因多食了含氰苷的植物（如木薯、玉米苗、高粱苗、亚麻籽饼、桃、李、梅、杏的核仁及叶子等）而引起氰化物中毒。

一、诊断要点

本病以发病快、张口伸颈、瞳孔散大、流涎、黏膜鲜红、呼出气有苦杏仁味、兴奋等为特征。

二、治疗方法

氰化物中毒的解毒药如下。

1）亚硝酸钠 0.1～0.2g，注射用水 5mL。用法：一次静脉注射。

2）硫代硫酸钠 1～3g，注射用水 10～20mL。用法：一次静脉注射。

3）绿豆 50g，蔗糖 30g，鲜鸡蛋 3 枚。用法：将绿豆水煎后加蔗糖、鸡蛋，混合一次投服。

任务十一　发芽马铃薯中毒诊治

发芽马铃薯中毒是动物因大量采食发芽、腐烂的马铃薯块根、马铃薯开花或结果前期的茎叶而引起的一种中毒病，以出血性胃肠炎和神经损害为特征。

一、诊断要点

（一）病因

马铃薯含有生物薯素（龙葵碱），茎叶中含有硝酸盐（可达 4.7%），腐烂变质的块根含有腐败素。马铃薯储存时间过长、发芽、腐烂后，龙葵碱及硝酸盐含量显著增加，开花期前马铃薯青绿茎叶中龙葵碱含量较高。如果龙葵素被胃肠道吸收，则可刺激胃肠道黏膜，引起胃肠炎；若被吸收入血液，则引起红细胞溶解，作用于中枢神经系统，导致感觉神经和运动神经麻痹。

（二）临床症状

动物食后 4～7d 出现中毒症状，可根据症状分为神经型中毒、胃肠型中毒和皮疹型中毒。严重中毒动物呈现神经症状；轻度中毒动物出现胃肠炎症状，如呕吐、腹痛、食欲减退或废绝、流涎、腹泻、粪便混有血液，剧烈持续腹泻可致机体脱水。动物中毒初期兴奋不安，走路摇摆，后肢麻痹，随后呼吸困难，心脏衰弱，全身痉挛，体温正常或偏低，最后昏迷。动物下腹部皮肤有疹块，眼睑、头、颈部发生水肿。

二、治疗方法

治疗宜排毒、护胃。

1）硫酸镁 30～60g，菜油 6～150mL。用法：加水 300mL，调匀一次灌服。

2）1%鞣酸溶液 100～200mL。用法：一次内服。

3）根据病情配合强心、镇静、补液等治疗。

任务十二　黑斑病甘薯（烂番薯）中毒诊治

黑斑病甘薯中毒是指甘薯发生黑斑病以后，病部干硬，表层形成黄褐色或黑色斑块，味苦，可使采食的绵羊、山羊、猪、牛等发生中毒。

一、诊断要点

（一）病因

黑斑病甘薯含有甘薯酮、甘薯醇、甘薯宁等有毒物质，动物吃了大量的这种有毒物质，即可发生中毒。甘薯酮（苦味质）及其衍生物能耐受高温，煮、蒸、发酵都不能破坏其毒性。

（二）临床症状

绵羊中毒时体温升高，呼吸、脉搏加快，有时呼吸困难，发出吭声，粪便变软，常有黏液，尿量减少。中毒严重时，绵羊精神不振，脉搏无力，打战，7～10d 死亡。绵羊死后口鼻流出白色泡沫。

山羊中毒时，脉搏可高达 170 次/min，呼吸可增加到 120 次/min，腹部发胀，喘息，呼气长度可为吸气长度的 4～5 倍，有臭味；咳嗽带吭音，有渴欲，尿量减少；四肢集于腹下，拱背站立，鼻流少量水样液体；粪便带黏液、血丝，甚至带有脓块，死前发出长声哀叫。

依据吃烂红薯病史，临床上发病突然，呼吸、脉搏加快，尤其是有显著的呼吸困难，即可做出初步诊断。如果要确诊，则需要结合病理剖检变化和人工发病试验。

二、治疗方法

治疗方法包括排出毒物、解毒、缓解呼吸困难、中药疗法。

1）排出毒物。中毒早期可用氧化剂及泻剂。内服 1%高锰酸钾 100～200mL；用 1%～2%过氧化氢洗胃；灌服硫酸钠 60～80g 或硫酸镁 60～80g，氧化镁 10～15g 混合灌服；用大量温水反复多次灌肠，排出有毒物质；静脉放血 50～100mL，然后输入糖盐水或生理盐水 200～300mL。

2）解毒。用 20%～40%葡萄糖溶液 100mL、5%小苏打水溶液 100mL，静脉注射；用复方氯化钠注射液或生理盐水 250～500mL，静脉注射，2～3 次/d。

3）缓解呼吸困难。静脉注射 5%～10%硫代硫酸钠溶液 150～200mL，加维生素 C 注射液 500mg。动物呼吸困难时，可对其皮下输氧，进行抢救。

4）中药疗法。用白矾、贝母、白芷、郁金、黄芩、大黄、葶苈、甘草、石苇、黄连、龙胆各 6～9g，蜂蜜 30g，水煎，调蜜灌服。

任务十三　有毒植物中毒诊治

子任务一　青冈树叶中毒诊治

青冈树叶中毒又称栎树叶或橡树叶中毒，在临床上以便秘或下痢、皮下水肿和肾脏损伤为特征。

有毒植物照片

一、诊断要点

（一）病因

若开春家畜在林区食入青冈树叶，则其发病多在清明节前后，立夏后一般无此病发生。青冈树叶所含栎单宁进入胃肠道后，经过生物降解作用，形成毒性较大的酚类化合物（如没食子酸、邻苯二酚、联苯三酚等），破坏氮的平衡。

（二）临床症状

动物食欲反常（不爱吃青草，只吃干草），不安，腹痛，便秘，正常时排分层粪，中毒时粪便先为粪球，呈念珠状，后拉稀，呈糊状，腹围增大（由于腹水增多）；尿频，后发展为尿少、无尿，尿中游离酚含量升高。尿检时可见鞣酸含量升高，而正常时无鞣酸。动物局部皮下水肿为本病典型症状。

二、治疗方法

1）让牛、羊群禁食柞树叶等有害植物，避免在生长有害植物的牧区放牧等。

2）促进胃肠内有毒物的排出，可用 3%食盐水注射瓣胃或灌服豆油或菜籽油（禁用石蜡油），也可灌服鸡蛋清。

3）解毒。用硫代硫酸钠制作成 5%～10%水溶液，肌内或静脉注射，1 次/d，连用 2～3d。

4）对症疗法。对全身衰弱、呼吸次数减少、心力衰竭的动物，可使用 10%糖盐水、咖啡碱及抗生素药物防继发感染等。

5）洗胃、泻下。尽量少用盐类泻药，以免破坏微生物环境。

6）消肿（呋塞米、双氢克尿噻），减少渗出，注射 5%碳酸氢钠。

子任务二　蕨类植物中毒诊治

蕨又名蕨菜，系蕨科蕨属植物。春季萌发的"蕨基苔"或"蕨菜"经沸水烫洗后可供食用。现已从蕨类植物中分离出多种中毒因子，主要包括硫胺素酶、异槲皮苷、紫云英苷、蕨素、蕨苷、原蕨苷。

一、诊断要点

（一）病因

开春蕨萌芽，若动物大量食用，则会中毒，诱发膀胱肿瘤、胸腔转移瘤。蕨类含有硫胺素酶、再生障碍贫血因子、血尿因子、致癌物（友丁烯二酸）、生氰甘元。

（二）临床症状

1）肠型。多发生于成年牛，患畜表现为厌食、下痢，血尿，粪便有时带血，腹痛。孕畜出现异常胎动、流产。

2）喉型。犊牛口鼻有大量黏液性分泌物，喉头水肿，体温升高，呼吸困难。

3）血尿型。偏于慢性，多发于成年牛，使役时牛出现血尿，不使役时则无，血尿颜色由浅到鲜红色，患病后期尿中有血块。患病初期排尿无力，频频排尿，患病后期转为尿淋漓、尿闭。

二、治疗方法

注射维生素 B_{12} 刺激骨髓造血机能，施行对症疗法。

子任务三　毒芹中毒诊治

毒芹又名走马芹、野芹菜，为伞形科毒芹属多年生草本植物，多生长在河边、水沟旁、低洼潮湿草地，在我国东北、华北、西北等地区均有分布，尤以黑龙江省最多。

一、诊断要点

（一）病因

毒芹全草有毒，主要有毒成分为毒芹素、挥发油（毒芹醛、伞花烃），毒芹根茎部有毒芹碱等多种生物碱，晒晒并不能使毒芹丧失毒性。

毒芹素被吸收入血液后，兴奋动物延髓和脊髓，引起强直性痉挛，导致呼吸、血液循环和内脏器官功能障碍，继而抑制运动神经，使骨骼肌麻痹，使动物因呼吸中枢麻痹而死亡。

（二）临床症状

牛、羊采食毒芹一般在 1.5～3h 后出现中毒症状。动物患病初期表现为兴奋不安，狂跑吼叫，跳跃，瘤胃臌气，出现阵发性或强直性痉挛；患病中期表现突然倒地，头颈后仰，四肢强直，牙关紧闭，瞳孔散大；患病后期，体温下降，步态不稳，或卧地不起，四肢不断做游泳样动作，直觉消失，末梢厥冷，多于 1～2h 内死亡。

二、治疗方法

对患病动物应立即用 0.5%～1%鞣酸溶液或 5%～10%药用炭水溶液洗胃或灌服碘溶液（碘片 1g，碘化钾 2g，溶于 1500mL 水中）以沉淀生物碱，牛 200～500mL，羊 100～200mL，间隔 2～3h 再灌服 1 次。对于病情严重的牛、羊，应尽快实施瘤胃切开术，取出含有毒芹的胃内容物。当瘤胃内容物被清除后，为防止继续吸收残余毒素，可应用吸附剂、黏浆剂或缓泻剂，配合强心、补液、解痉镇静、兴奋呼吸中枢等对症治疗。

子任务四　夹竹桃中毒诊治

夹竹桃又名柳叶桃、半年红，属双子叶植物纲，龙胆目，夹竹桃科，属于常绿灌木。夹竹桃四季常青，花卉色泽鲜艳且具有吸收有害气体及吸附尘埃等环保作用，是人们喜爱的净化空气的观赏性树种，我国南方地区多将其作为绿化美化植物来栽培。常见的夹竹桃有红花、黄花、白花 3 种，红花夹竹桃毒性最强，引起中毒的均为红花夹竹桃叶，此种植物内含大量的强心苷，其中毒量为牛体重的 0.005%，一般致死量为 32g。

一、诊断要点

（一）病因

放牧时牛、羊偷吃绿化带的夹竹桃，结合临床上有腹痛、心律失常、出血性下痢等症状，剖检死亡动物发现其瘤胃内容物中含有夹竹桃叶残片，可初步诊断为夹竹桃中毒。

（二）临床症状

患病动物表现为精神沉郁，食欲废绝。耳、鼻及肢端发凉，眼结膜发绀，呼吸困难，鼻翼扇动，鼻镜湿润但不成珠；肩胛部、肘部肌肉震颤；有腹痛症状，拱背、起卧不宁，后肢踢腹。下痢，粪便稀薄、混有黏液和血液，腥臭难闻。患病动物瘤胃轻度臌气，反刍停止，体温正常。对其肺部听诊肺泡音粗厉，心脏听诊表现为心音减弱、心音混浊、心律失常，其心脏搏动先快后慢。

二、治疗方法

1）清理胃肠，促进毒物排出。对患牛用 0.1%高锰酸钾溶液 2000mL 灌服，以破坏毒物，1h 后再灌服植物油 800mL，仅第一天灌服。

2）调节心脏机能。对患牛用 10%氯化钾注射溶液 100mL、维生素 K_3 注射液 20mL 与 5%葡萄糖注射液 1500mL 混合后静脉滴注，2 次/d，连续滴注 2d。

3）镇痛止血。用安乃近 30mL/头和安络血 20mL/头，分别进行肌内注射，1 次/d，连注 2d。

4）肠道消炎。用磺胺二甲氧嘧啶，首次 0.2g/kg，第二次改为 0.1g/kg 体重，兑温开水灌服，2 次/d，连用 3d。

5）中药治疗。对患牛用绿豆 300g、茶叶 140g、金银花 55g、连翘 58g、豆蔻 55g、淡竹叶 100g、甘草 110g 煎水灌服，1 剂/d，连用 3d。

子任务五　闹羊花中毒诊治

一、诊断要点

闹羊花也叫黄杜鹃，属杜鹃花科落叶灌木。闹羊花呈黄色或金黄色，极易被识别，花含有毒成分浸木毒素、杜鹃花素和石楠素；叶含有毒成分黄酮类、杜鹃花素、煤地衣酸甲酯。在冬、春季节，由于青饲料缺乏，羊在放牧过程中易因采食过量闹羊花而中毒。

（一）病因

闹羊花的叶和花中所含有毒成分为闹羊花毒素（羊踯躅毒素），是一种神经毒素，易溶于水，对家畜有强烈的毒性。

（二）临床症状

动物中毒后症状很似醉酒，以先兴奋后抑制为特点。本病多发于绵羊、山羊、马及牛，猪也有发生。牛、羊采食后 4～6h 发病，呕吐，流涎，口吐白沫，四肢叉开站立，步态不稳，形似醉酒，后躯摇摆。严重的患病动物四肢麻痹，呈喷射状呕吐，出现腹痛及胃肠炎症状。患病动物心律失常，脉弱而不齐，呼吸促迫，倒地不起，呈昏迷状态；体温下降，因呼吸麻痹而死亡。猪患本病时似醉酒，严重的全身痉挛，后躯瘫痪，叫声嘶哑，结膜苍白，体温正常或稍高，甚至因呼吸麻痹而死亡。

二、治疗方法

1）为预防本病，在闹羊花多的山区不要放牧牛、羊。饲草内严防混入闹羊花。采摘闹羊花晒制杀虫药时，严防家畜偷食。

2）发病时可用 1%硫酸阿托品溶液治疗，牛、马 1.5～4mL，羊、猪

0.5～1mL，皮下注射，1～2 次/d。

3）配合应用 10%樟脑磺酸钠注射液，牛、马 15～20mL，羊、猪 5～6mL。对严重病例，可配合输液和静脉注射氯化钙，提高疗效。

4）民间验方：鲜鸡蛋数枚，韭菜 250g，榨汁加水一同灌服，可供试用。

子任务六　白苏中毒诊治

白苏为唇形科紫苏属植物，是一年生草本植物，有一定的毒性。白苏的叶、嫩枝、主茎（苏梗）和果实（白苏子或玉苏子）可以入药。白苏的挥发油及叶提取物主要成分有紫苏醛、紫苏酮等，具有散寒解表、理气宽中的功效。白苏可用于治疗风寒感冒、头痛、咳嗽、胸腹胀满。猪、牛、羊在饥饿时采食过多的白苏茎、叶会发生中毒现象。

一、诊断要点

（一）病因

白苏的茎叶含有一种挥发油，其主要化学成分为紫苏酮、去氧香薷酮及三甲氧基苯丙烯等物质。这些物质毒性很强，在夏天湿度大、闷热条件下，水牛采食白苏后即服重役，很易发生中毒。

（二）临床症状

动物患白苏中毒时主要发生肺水肿，病初精神萎靡，食欲减退，皱鼻和闷呛，呼吸促迫，流涎。继而呈现显著的呼吸困难，呼吸数达 50～60 次，两侧鼻孔流白色泡沫状鼻液，眼球突出，静脉怒张，结膜发绀，惊恐不安。动物脉搏增数达 70～100 次/min，胸部听诊呈肺水肿症状。病程短急，动物因窒息和心脏衰竭而死亡。

二、治疗方法

1）在炎热季节禁止家畜采食白苏，以防止中毒。在潮湿闷热的夏季，发现水牛闷呛、皱鼻、神情异常时，应立即将牛置于通风良好的阴凉地方，并采取救治措施。

2）将患牛置于阴凉通风处，避免其因刺激而兴奋，并在其头部浇冷水。

3）用安溴注射液 100～150mL 静脉注射后，应用 0.1%高锰酸钾液或 1%鞣酸液、1%～2%碳酸氢钠液等内服解毒。

4）应用盐类泻剂清理胃肠。病初可对动物施行泻血 2000mL，之后静脉注射 5%葡萄糖 2000～3000mL、20%咖啡碱 10～20mL。

5）动物颅内压升高，呼吸极度困难时，宜用 20%甘露醇静脉注射，用量为 500mL。兴奋呼吸中枢，可用 25%尼可刹米液 10～20mL，皮下注射。

子任务七　苦楝子中毒诊治

苦楝子是楝科落叶乔木苦楝树的成熟果实，在临床上可用作驱虫药，有毒成分为苦楝素和苦楝萜酮内酯，其果实含有脂肪油。

一、诊断要点

（一）病因

猪喜吃成熟落地的苦楝子，因一时食入过多或驱虫用量过大而中毒。

（二）临床症状

猪中毒时表现为精神沉郁，食欲减退或废绝，口吐白沫，呕吐，腹痛，痉挛，肌肉震颤，四肢发抖，步态不稳，站立困难，很快出现前肢反应迟钝，后肢无力及四肢麻痹，卧地不起；心跳及呼吸增速，濒死前呈昏迷状态，反射消失，体温常降至 35～36℃。如果查到有用苦楝子驱虫或吃食苦楝子的情况，则应及时抢救。

二、治疗方法

1）猪场周围不宜栽种苦楝树。
2）用楝树根、皮或苦楝子驱虫时，应严格掌握剂量，以防中毒。
3）对本病无特效疗法，仅可对症紧急救治。常用的方法是用咖啡碱、肾上腺素、葡萄糖等进行强心保肝；可使用鞣酸、稀碘液、高锰酸钾液等药物口服。如果在发病早期发现，则可采用催吐、泻下等措施。

子任务八　棘豆草中毒诊治

棘豆草俗称醉马豆、马绊草，为豆科棘豆属草本植物，在我国西北地区及内蒙古、四川、西藏等地区的牧区广为分布。已查明能引起家畜中毒的有小花棘豆、黄花棘豆、甘肃棘豆，其有毒成分可能为生物碱。

一、诊断要点

（一）病因

家畜春季放牧时因饥饿采食棘豆草而中毒。放牧的马、牛、羊均可中毒，以马最敏感，且症状比较严重。

（二）临床症状

棘豆草中毒一般呈慢性经过，初期采食棘豆草的动物上膘较快，中毒后嗜食棘豆草，到一定时期（多在秋季），营养下降，出现神经症状，贫血浮肿，厌食，视力障碍或失明。患病动物易惊恐，对外界刺激反应敏感，四肢无力，步态蹒跚。中毒后孕畜常流产。本病病程可持续 4～5 个月，后期患病动物饮食废绝，因高度虚弱而死亡。

二、治疗方法

为预防该病，可于每年 5～6 月以 2.4-D 丁酯化学除草剂灭除毒草。患病初期给动物内服盐类泻剂以排出毒物。可静脉注射 25%葡萄糖液 500～1000mL、15%硫代硫酸钠液 40mL，并可皮下注射硝酸毛果芸香碱，马、牛剂量为 40～80mg。

子任务九　醉马草中毒诊治

一、诊断要点

一般家畜采食后 30～60min 即可出现症状。轻度中毒患畜精神沉郁，食欲减退，口吐白沫。较严重的中毒患畜头低耳聋，颈部僵硬，步态不稳，形同醉酒样，有时表现狂躁，知觉过敏，起卧不安，有时倒地不起，呈昏睡状态，黏膜发绀，心跳加快，呼吸迫促。严重中毒的患畜，除上述症状外，还可见腹痛、臌气、鼻出血和急性胃肠炎症状。醉马草芒刺刺伤家畜角膜时，可致失明。皮肤刺伤处，出现血斑、浮肿、硬结或形成小脓肿。根据临床症状，结合有无采食醉马草的病史调查可以确诊。

二、治疗方法

1）主要应用酸性药物治疗，如果发现家畜中毒，则立即给予其醋酸 30～50mL 或乳酸 20～30mL 或稀盐酸 15～25mL，加水适量灌服；也可给服食醋或酸奶 500～1000g。

2）对严重病例，应配合输液、补液、强心等对症措施。

3）对本病的预防应加强对醉马草的识别，于其开花前后割除，尽量减少其繁殖生长，实行轮牧或禁止在大量生长该毒草的牧地放牧。

子任务十　有毒紫云英中毒诊治

紫云英分两种：有毒紫云英和无毒紫云英。有毒紫云英可使各种家畜中毒。马多发本病。

一、诊断要点

（一）病因

一般本地牲畜对紫云英有辨别能力，但在过于饥饿时可能采食。如果家畜大量采食紫云英，则可引起急性中毒；长期少量采食，会出现慢性中毒。

（二）临床症状

1）急性中毒多突然发生，使动物数天内死亡；慢性中毒可拖延数月。

2）马中毒后行为改变，患病初期精神沉郁，呆立不动。以后转为兴奋，表现惊恐，有时甚至咬人，采食饮水很不自如，后肢无力，步态不稳，不避障碍，无目的地跟跄奔走，有时后肢麻痹，突然倒地。

3）牛中毒时，症状大致与马相同，多表现为狂暴不安。本病常致怀孕母牛流产。

4）羊中毒多为急性，表现为全身衰竭，步态蹒跚，视力、听力障碍，严重时卧地不能起立，一般5～6d死亡。中毒母羊多数流产或产出畸形胎儿。

二、治疗方法

1）铲除紫云英的时间应在种子尚未成熟的5～6月，必须每年铲除2～3次，连年进行。

2）马匹中毒后，可让其内服亚砷酸钾溶液，1次/d，2mL/次。

3）牛中毒时，应对其皮下注射硝酸士的宁0.07～0.10g，1次/d，连续使用3d。

任务十四　有机磷农药中毒诊治

有机磷农药是我国使用广泛、用量最大的杀虫剂，主要包括敌敌畏、对硫磷、甲拌磷、内吸磷、乐果、敌百虫、马拉硫磷等。

一、诊断要点

有机磷中毒
案例分析

（一）病因

有机磷农药进入机体的主要途径有3个：经口进入——误食被有机磷农药污染的食物或饮水；经皮肤及黏膜进入——多见于热天给动物体表驱虫，喷洒有机磷到皮肤上，因为皮肤出汗及毛孔扩张，加之有机磷农药多为脂溶性，所以容易通过皮肤及黏膜吸收进入体内；经呼吸道进入——空气中的有机磷随呼吸进入体内。动物口服毒物后多在10min至2h内发病。经皮肤吸收发生的中毒，一般在接触有机磷农药后数小时至6d内发病。

（二）临床症状

1）轻度中毒。有头晕、头痛、恶心、呕吐、多汗、胸闷、视力模糊、无力、瞳孔缩小等症状。胆碱酯酶活力一般在50%～70%。

2）中度中毒。除上述症状外，还出现肌纤维颤动、瞳孔明显缩小、轻度呼吸困难、流涎、腹痛、步态蹒跚，意识清楚。胆碱酯酶活力一般在

30%～50%。

3）重度中毒。除上述症状外，还出现昏迷、肺水肿、呼吸麻痹、脑水肿。胆碱酯酶活力一般在 30%以下。

二、治疗方法

1. 现场急救

尽快清除毒物是挽救患畜生命的关键。对皮肤染毒的患畜，应在现场用大量清水反复冲洗；对经消化道摄入毒物的患畜，应立即在现场反复实施催吐。可灌服 1%硫酸铜溶液（猪）、3%过氧化氢溶液（犬、猫），不能不做任何处理就直接拉患畜去医院，否则会因增加毒物的吸收而加重病情。

2. 清除体内毒物

1）洗胃。彻底洗胃是切断毒物继续吸收的有效方法，对经口误食中毒者用清水、2%碳酸氢钠溶液（敌百虫忌用）或 1∶5000 高锰酸钾溶液（对硫磷、乐果忌用）反复洗胃，直至洗清为止。由于毒物不易排净，应保留胃管，定时反复洗胃。

2）灌肠。有机磷农药重度中毒患畜呼吸受到抑制时，不能用硫酸镁导泻，避免镁离子大量吸收加重呼吸抑制，也不能用植物油，但可以用芒硝（硫酸钠）。

3）吸附剂。洗胃后给患畜口服或通过胃管注入活性炭。活性炭在胃肠道内不会被分解和吸收，可减少毒物吸收，并能降低毒物的代谢半衰期，增加其排泄率。

4）血液净化。血液净化在治疗重度中毒患畜方面具有显著效果，如适度放血后，输入同等剂量的葡萄糖盐水，提高治愈率。

3. 联合应用解毒剂和复能剂

1）阿托品。使用原则是及时、足量、重复给药，直至达到阿托品化。应立即给予患畜阿托品，静脉注射，后根据病情每 10～20min 给予一次。有条件时应采用微量泵持续静脉注射阿托品，可避免间断静脉给药血药浓度的峰、谷现象。

2）阿托品化。患畜瞳孔较前逐渐扩大、不再缩小，但对光反应存在，流涎、流涕停止或明显减少，面颊潮红，皮肤干燥，心率加快而有力，肺部啰音明显减少或消失。达到阿托品化后，应逐渐减少药量或延长用药间隔时间，防止阿托品中毒或病情反复。如果患畜出现瞳孔扩大、神志模糊、狂躁不安、抽搐、昏迷和尿潴留等症状，提示阿托品中毒，则应停用阿托品。

3）解磷定。对重度中毒患畜肌内注射解磷定，每 4～6h 1 次。

4）盐酸戊乙奎醚注射液（长托宁）是新型安全、高效、低毒的长效抗胆碱药物，其量按中毒程度来定。30min 后可按首剂的半量应用本药。中毒后期或胆碱酯酶老化后，可用长托宁维持阿托品化，每次间隔 8～12h。本药治疗有机磷农药中毒在许多方面优于阿托品，是阿托品的理想取代剂，是救治重度有机磷农药中毒或合并阿托品中毒患畜的首选剂。

4. 其他治疗

保持患畜呼吸道通畅，给氧或应用人工呼吸器。对休克患畜可用升压药。对脑水肿患畜，应用脱水剂和肾上腺糖皮质激素。对局部和全身的肌肉震颤及抽搐的患畜，可用巴比妥。对呼吸衰竭患畜，除使用呼吸机外，可应用纳洛酮、尼可刹米。对危重患畜，可采用输血和换血疗法。

注意：在中毒早期不宜输入大量葡萄糖、辅酶 A、腺嘌呤核苷三磷酸，因它们能使乙酰胆碱合成增加而影响胆碱酯酶活力。维生素 C 注射液不利于毒物分解，会影响胆碱酯酶活力的上升，早期不宜用。口服 50%硫酸镁、利胆药后可刺激十二指肠黏膜，引起胆囊反射性收缩，促进胆囊内潴留的有机磷农药随胆汁排出，可能引起 2 次中毒。胃复安、西沙必利、吗啡、冬眠灵、喹诺酮类、胞二磷胆碱、维生素 B_5、氨茶碱、利血平都可使中毒症状加重，应禁用。

任务十五　重金属农药中毒诊治

子任务一　汞中毒诊治

汞为银白色的液态金属，在常温中即可蒸发。汞中毒以慢性为多见，主要发生在生产活动中，由长期吸入汞蒸气和汞化合物粉尘所致，以精神—神经异常、齿龈炎、震颤为主要症状。大剂量汞蒸气吸入或汞化合物摄入即发生急性汞中毒。汞过敏者即使局部涂抹汞油基质制剂，也可发生中毒。

一、诊断要点

（一）病因

汞富于流动性，且易在常温下蒸发，因此汞中毒是常见的职业中毒，主要发生在长期吸入汞蒸气或汞化合物粉尘的生产中。生产性中毒见于汞矿开采，汞合金冶炼，金、银提取，真空汞、照明灯、仪表、温度计、补牙、雷汞，颜料、制药、核反应堆冷却剂和防原子辐射材料等生产的工人中。

短时间吸入高浓度汞蒸气（>1.0mg/m³）及口服大量无机汞可致急性汞中毒；服用或涂抹含汞偏方可致亚急性汞中毒；职业接触汞蒸气常引起慢性汞中毒。

家畜主要因误食或吸入含汞农药或长期饮食被含汞农药或含汞企业"三废"污染的青绿饲料或饮水等而中毒。

（二）临床症状

汞中毒临床表现与机体内汞的形态、途径、剂量、时间密切相关。

1. 急性汞中毒

1）全身症状：动物口内有金属味、头痛、头晕、恶心、呕吐、腹痛、腹泻、乏力、全身酸痛、寒战、发热，严重者烦躁不安、失眠甚至抽搐、昏迷或精神失常。

2）呼吸道表现：动物出现咳嗽、咳痰、胸痛、呼吸困难、发绀等症状，听诊可于两肺闻及不同程度干湿啰音或呼吸音减弱。

3）消化道表现：动物齿龈肿痛、糜烂、出血，口腔黏膜溃烂，牙齿松动，流涎，有"汞线"[①]，唇及颊黏膜溃疡，肝功能异常及肝脏肿大。患病动物可出现腹痛、腹泻、排黏液或血性便。严重者可因胃肠穿孔导致泛发性腹膜炎，可因失水等而出现休克，个别病例出现肝脏损伤。

4）中毒性肾病：由于肾小管上皮细胞坏死，一般患病动物口服汞盐数小时、吸入高浓度汞蒸气 2～3d 出现水肿、无尿、氮质血症、高钾血症、酸中毒、尿毒症等，直至急性肾衰竭并危及生命。对汞过敏者可出现血尿、嗜酸性粒细胞尿，伴随全身过敏症状，部分患病动物可出现急性肾小球肾炎，严重者有血尿、蛋白尿、高血压及急性肾衰竭。

5）皮肤表现：多于中毒后 2～3d 出现，为红色斑丘疹。患病早期于四肢及头面部出现，进而在全身出现，可融合成片状斑丘疹或溃疡，感染伴随全身淋巴结肿大。严重者可出现剥脱性皮炎。

2. 亚急性汞中毒

亚急性汞中毒常见于口服及涂抹含汞偏方及吸入汞蒸气浓度不甚高（0.5～1.0mg/m^3）的病例，常于接触汞 1～4 周后发病。亚急性汞中毒临床表现与急性汞中毒相似，程度较轻，但可见脱发、失眠、多梦、三颤（眼睑、舌、指）等表现。患病动物一般脱离接触汞及治疗数周后可治愈。

3. 慢性汞中毒

1）神经精神症状。动物有头晕、头痛、失眠、多梦、健忘、乏力、食欲缺乏等精神衰弱表现，经常心悸、多汗、性欲减退，进而出现情绪与性格变化，出现易激动、喜怒无常、烦躁、胆怯、抑郁、孤僻、猜疑、注意力不集中、幻觉、妄想等精神症状。

2）口腔炎。动物早期齿龈肿胀、酸痛、易出血，口腔黏膜溃疡，唾液腺肥大，唾液增多，口臭，继而齿龈萎缩，牙齿松动、脱落。口腔卫生不良者可有"汞线"。

3）震颤。动物起初前肢颤，逐渐向四肢发展，叫声异常，安静时震颤相对减轻。经肌电图检查可发现周围神经损伤。

4）肾脏表现。一般症状不明显，少数动物可出现腰痛、蛋白尿症状。在临床上出现肾小管肾炎、肾小球肾炎、肾病综合征的病例较少。患病动物一般脱离接触汞经治疗后可恢复。部分患病动物可出现肝脏肿大、肝功能异常。

---

① 经唾液腺分泌的汞与口腔残渣腐败产生的硫化氢结合生成硫化汞，沉积于齿龈黏膜下而形成的约 1mm 的蓝黑色线。

4. 检查方法

1）尿汞和血汞测定。尿汞和血汞在一定程度上反映动物体内汞的吸收量，但常与汞中毒的临床症状和严重程度无平行关系。

2）检查慢性汞中毒患者。患病动物脑电图波幅和节律电活动改变，周围神经传导速度减慢，血中$\alpha2$球蛋白和还原型谷胱甘肽增高，以及血中溶酶体酶、红细胞胆碱酯酶和血清巯基等降低。

3）X线拍胸片。用X线拍胸片可见两肺广泛不规则阴影，多则融合成点、片状影，或呈毛玻璃样间质改变。

二、治疗方法

1. 急救处理

对口服汞及其化合物中毒动物，应立即用碳酸氢钠或温水洗胃催吐，然后让其口服生蛋清、牛奶或豆浆，吸附毒物，再用硫酸镁导泻。对吸入汞中毒者，应立即使其撤离现场。

2. 驱汞治疗

对急性汞中毒动物，可用5%二巯基丙磺酸钠溶液，肌内注射；以后每4～6h一次，1～2d后，每天一次，一般治疗一周左右。也可选用二巯基丁二酸钠或二巯基丙醇。在治疗过程中，若患病动物出现急性肾功能衰竭，则应暂缓驱汞，以肾衰抢救为主；或在血液透析配合下做小剂量驱汞治疗。慢性汞中毒驱汞治疗常用药物为5%二巯基丙磺酸钠溶液，肌内注射，每天一次，连用3d，停药4d为一疗程。根据病情及驱汞情况决定疗程数。

3. 对症支持治疗

对患病动物补液，纠正水、电解质紊乱，进行口腔护理，并应用糖皮质激素改善病情。发生接触性皮炎时，可用3%硼酸湿敷治疗。

有机汞接触史一旦确定，无论有无症状都应对动物进行驱汞治疗；对口服汞中毒者应及时洗胃。采用对症支持疗法对有机汞中毒的治疗尤为重要，主要用以保护各重要器官，特别是神经系统，单纯驱汞并不能阻止神经精神症状的发展。

子任务二　铅中毒诊治

铅中毒是一种由铅导致的中毒现象。铅是广泛存在的工业污染物，能够影响人和动物机体神经系统、心血管系统、骨骼系统、生殖系统和免疫系统的功能，引起胃肠道、肝肾和脑的疾病。预防铅中毒的主要方法是切断污染源、远离污染区和改善膳食结构，治疗铅中毒的方法是使用金属螯合剂促进铅的排泄。

一、诊断要点

（一）病因

有长期与铅及铅化物接触史。

（二）临床症状

1. 对造血系统的影响

铅中毒可导致动物贫血，能影响血红蛋白的合成并引起溶血。

2. 对神经系统的影响

铅容易通过胎盘，也容易通过血脑屏障，因此对动物发育中的中枢神经系统的损害尤其明显，会影响脑的发育。

3. 对消化系统的影响

患慢性中度、重度铅中毒的动物初期表现为浅表性胃炎，3年后有91%转化为萎缩性胃炎。

4. 对肾脏的影响

铅可影响肾小管上皮细胞线粒体的功能，抑制钠钾泵等的活性，引起肾小管功能障碍甚至损伤。

5. 对心脏的影响

动物长期接触铅可导致血压升高、中毒性心肌炎和心肌损害等。

二、治疗方法

治疗铅中毒的基本方法是使用金属螯合剂促进铅的排泄，尽管这样能降低血铅的含量，但是它的安全性和有效性不高，且会反弹。二巯基丙醇能对50%的病例产生副作用，常见的问题有发热、心跳过速、恶心、呕吐、盗汗，可能引起组胺的释放。使用 $EDTA-CaNa_2$ 进行治疗容易造成肾脏疾病。新型的治疗方法是单独使用抗氧化剂，或抗氧化剂与螯合剂一起使用，有些抗氧化剂也具有螯合剂的作用，因此，单独使用合适的抗氧化剂对铅中毒有良好的疗效。需要特别注意的是，对铅中毒的诊断和治疗要在医生的指导下进行，不可随意用药。

子任务三　砷中毒诊治

砷中毒主要由砷化合物引起，三价砷化合物的毒性较五价砷强，其中多见毒性较大的三氧化二砷（俗称砒霜）中毒，口服0.01~0.05g即可发生中毒，致死量为60~200mg（0.76~1.95mg/kg）。二硫化砷（雄黄）、三硫化二砷（雌黄）及砷化氢等砷中毒也较常见。

一、诊断要点

（一）病因

本病因用含砷药物剂量过大或长期服用而发生，也可因误食含砷的毒鼠、灭螺、杀虫药，以及被此类杀虫药刚喷洒过的瓜果和蔬菜，毒死的禽、畜、肉类等而发生。三氧化二砷在我国北方农村常用于拌种，其纯品外观和食盐、糖、面粉、石膏等相似，可因误食、误用而中毒，也有因饮食被三氧化二砷污染的井水和食物而发生中毒者。母畜中毒可导致胎儿及仔畜中毒。职业性砷化物中毒见于熔烧含砷矿石，制造合金、玻璃、陶瓷、含砷医药和农药及印染生产。

（二）临床症状

1. 急性砷中毒

急性砷中毒多为误服可溶性砷化合物引起。口服后 10min 至 1.5h 即可出现中毒症状。

1）急性胃肠炎表现：食管有烧灼感，口内有金属异味，出现恶心、呕吐、腹痛、腹泻，排出米泔样粪便（有时带血），水、电解质紊乱，肾前性肾功能不全甚至循环衰竭等。

2）神经系统表现：有头痛、头昏、乏力、口周围麻木、全身酸痛等症状。重症动物烦躁不安，妄想，四肢肌肉痉挛，意识模糊，呼吸中枢麻痹。急性中毒后 3d 至 3 周，动物可出现多发性周围神经炎和神经根炎，表现为肌肉疼痛、四肢麻木、针刺样感觉、上下肢无力，有肢体远端向近端呈对称性发展的特点，感觉减退或消失。重症动物出现垂足、垂腕，肌肉萎缩，跟腱反射消失。

3）其他器官损害：包括中毒性肝炎（肝大、肝功能异常、黄疸等）、心肌损害、肾损害、贫血等。

急性吸入砷化物中毒主要表现为眼与呼吸道的刺激症状和神经系统症状，有眼刺痛、流泪、结膜充血、咳嗽、喷嚏、胸痛、呼吸困难及头痛、眩晕等，严重者可因咽喉、喉头水肿而窒息，或发生昏迷、休克。消化道症状发生相对较晚且较轻。

皮肤接触部位可有局部瘙痒和皮疹，一周后出现糠秕样脱屑，继而局部色素沉着、过度角化。急性中毒 40～60d，几乎所有患病动物的指甲、趾甲上都有白色横纹，随生长移向趾尖，约 5 个月后消失。

4）砷化氢中毒表现：临床表现主要是急性溶血。

2. 慢性砷中毒

慢性砷中毒除神经衰弱症状外，突出表现为多样性皮肤损害和多发性神经炎。砷化合物粉尘可引起刺激性皮炎，好发在胸背部、皮肤皱褶和湿润处，如口角、腋窝、阴囊、腹股沟等。患病动物皮肤干燥，粗糙处可见丘疹、疱疹、脓疱，少数有剥脱性皮炎，皮肤出现黑色或棕黑色的散在色素沉着斑。患病动物毛发脱落，手和脚掌出现角化过度或蜕皮，典型的表现是手掌的尺侧缘、手指的根部有许多小的、角样或谷粒状角化隆起，俗称砒疔或砷疔，其可融合成疣状物或坏死，继发感染，形成经久不愈的溃疡，可转变为皮肤原位癌。黏膜受刺激可引起鼻咽部干燥、鼻炎、鼻出血，甚至鼻中隔穿孔；还可引起结膜炎、齿龈炎、口腔炎和结肠炎等；同时可发生中毒性肝炎（极少数发展成肝硬化），骨髓造血再生不良，四肢麻木、感觉减退等周围神经损害。

3. 检查方法

1）尿砷测定。急性砷中毒者尿砷于中毒数小时后明显增高，程度与中毒严重程度成正比。尿砷排泄很快，停止接触 2d，即可下降 19%～42%。一次摄入砷化物后，尿砷升高约持续 7d。

2）血砷测定。血砷在急性砷中毒时可升高，可作为慢性砷接触指标，高于 $1\mu g/g$ 视为异常。

二、治疗方法

对经口急性砷中毒者应及早催吐，或用温水、生理盐水或 1%碳酸氢钠溶液洗胃，随后立即口服新配制的氢氧化铁（12%硫酸亚铁溶液与 20%氧化镁混悬液，在用前等量混合配制，用时摇匀），使其与砷形成不溶性的砷酸铁，再给予硫酸钠或硫酸镁导泻。也可洗胃后灌入活性炭 30g、氧化镁 20～40g 或蛋白水（4 只鸡蛋清加水约 200mL 搅匀）。

急性砷中毒有特效解毒药。用二巯基丙磺酸钠 5mg/kg，肌内注射或静脉注射；二巯基丁二酸钠首剂 2g，溶入生理盐水 10～20mL，静脉注射，疗程 3～5d。青霉胺也有一定的驱砷作用，应尽早应用（使用剂量、方法等遵医嘱）。

对症与支持处理如下：对腹痛严重者可肌内注射阿托品或加哌替啶；肌肉痉挛性疼痛时，可用葡萄糖酸钙静脉缓注。补充维生素 B、维生素 C、维生素 K，注意防治和纠正脱水、电解质紊乱及休克。对重症患者应尽早血液透析，可有效清除血中砷，并防治急性肾衰竭。

对砷化氢中毒者可采用氢化可的松 400～600mg 或甲泼尼龙 10～20mg 静脉滴注，以抑制溶血反应。若血红蛋白过低，则应予以输血。

对慢性砷中毒者可用 10%硫代硫酸钠静脉注射，以辅助肾排泄。若皮肤或黏膜病损，则可用 2.5%二巯基丙醇油膏或地塞米松软膏外涂。出现多发性周围神经病变时，应予以对症处理。

子任务四　铊中毒诊治

铊中毒是机体摄入含铊化合物后产生的中毒反应。铊对哺乳动物的毒性高于铅、汞等金属元素，与砷相当，其对成人的最小致死剂量为12mg/kg，对儿童的最小致死剂量为8.8～15mg/kg。铊中毒表现为下肢麻木或疼痛、腰痛、脱发、头痛、精神不安、肌肉痛、手足颤动、走路不稳等。铊中毒一般具有较为典型的神经系统、消化系统及毛发脱落、皮肤损伤等症状。但铊中毒较为罕见，因此常被忽略，导致误诊。

一、诊断要点

（一）病因

铊的毒性高于铅和汞，是用途广泛的工业原料。铊中毒大多由内服铊盐或外用含铊软膏治疗发癣（我国现已不用）引起，少数病例由误服含铊的杀鼠剂、杀虫剂、灭蚊药所致。因此，日常接触、摄入是导致铊中毒的重要因素。铊化合物可以经由完整皮肤吸收，或通过遍布体表的毛囊、呼吸道黏膜等部位吸收。有病例显示，暴露于含铊粉尘中2h，便可能导致急性铊中毒。

此外，矿山开采等造成的土壤和饮用水污染，也有可能导致居民、动物饮食、摄入含铊化合物，产生急性或慢性铊中毒。

（二）临床症状

内服大量铊盐的急性中毒者常在数小时到24h内出现症状，如恶心、呕吐、口炎、腹痛、腹泻，可有出血性胃肠炎（或有便秘），皮肤、黏膜出血，心动过速及心律失常，血压升高，肝、肾损害，脱发，多发性神经炎等症状。部分患病动物发生急性铊脑炎，出现头痛、嗜睡、精神错乱、幻觉、惊厥、震颤、昏迷等。重症患者合并有肺水肿、呼吸困难、呼吸衰竭、休克等，可于数日内死亡。若因长期应用铊盐治疗发癣而中毒，则其症状发作缓慢，患病动物可有神经系统症状（如抑郁、失眠、激动、感觉异常、痴呆等）、眼部症状（如眼睑下垂及斜视、瞳孔散大、球后视神经炎、视神经萎缩、失明等）、消化系统症状（如恶心、呕吐等）、全身症状（疲乏、肌肉无力、贫血、肝肾损害、糖尿病等）及其他局部症状（如脱发、肢端疼痛、手指震颤、齿龈炎及齿龈蓝线、指甲及趾甲显现苍白痕或脱落、各种皮疹及表皮角化、皮肤有瘀斑或瘀点、甲状腺功能不全、面肌强直等）。

二、治疗方法

临床上常用金属络合剂、含硫化合物、利尿药等治疗本病。对铊中毒基本的治疗方法是脱离接触，阻断吸收，加速排泄。对急性铊中毒患病动物要尽快移出污染场所，用清水清洗受到污染的皮肤，对经口服接触的患病动物须催吐，并用1%碘化钠溶液洗胃，然后让其饮用大量牛奶以帮助消化道内的铊尽快排出。

普鲁士蓝（六环高铁酸铁钾）、二巯基丙磺酸钠、双硫腙、硫代硫酸钠等药物可以与体内的铊发生络合，含硫化合物则与之发生共价结合，结合后的铊能够被更快速地经肾排出体外。因此，上述药物是目前治疗铊中毒的首选药物。这些药物一般通过口服或静脉注射给药，通常与利尿药同时使用，以提高排铊的效率。此外，口服氯化钾溶液可以加速铊的排泄。除了药物治疗，还可以通过血液透析协助排铊。

任务十六　氟中毒诊治

氟中毒是由氟化物进入人体内引起的中毒。氟化物分为有机氟与无机氟两大类，有机氟主要有氟乙酰胺、氟乙酸钠等；无机氟主要有氟化氢、氟化钠、氟化钙、氢氟酸等。氟化物近年来较多地用于农业杀虫及杀鼠剂。动物多因误食氟化物而发生中毒。氟化物对胃肠有刺激性，在体内能干扰多种酶活性，影响代谢，使钙磷代谢紊乱，引起低钙血症和骨损害，还可直接损害神经系统、心脏和肾脏。

一、诊断要点

（一）病因

本病主要由动物长期采食无机氟含量高或被有机氟污染的草料、饮水等引起。

（二）临床症状

1）无机氟中毒以动物生长缓慢，骨骼变脆、变形，出现氟斑牙为特征。

2）有机氟中毒以动物易惊、不安、抽搐、呈角弓反张等为特征。

二、治疗方法

1. 处方一

1）10%葡萄糖酸钙或10%氯化钙注射液50～100mL，维生素C注射液5～10mL。

用法：一次静脉注射，1次/d，连用7～10d。

说明：也可每天用磷酸氢钙或乳酸钙3～8g拌料饲喂，连用20～30d。

2）维生素D_3注射液50万～80万IU，维生素B_1注射液5～10mL。

用法：分别肌内注射，1次/d，连用5～7d。

说明：主要用于慢性无机氟中毒。

2. 处方二

1）1：5000 高锰酸钾溶液适量。

用法：洗胃。

说明：洗胃后投服蛋清或氢氧化铝胶以保护胃肠黏膜，用硫酸钠或硫酸镁导泻。

2）解氟灵（乙酰胺）5g。

用法：一次肌内注射，按每天 0.1g/kg 用药。首次用药量要达到日用药量的一半，每天注射 3～4 次，至抽搐、震颤现象消失为止。再出现震颤时，可重复用药。

说明：如果与半胱氨酸合用，则效果更佳。用于治疗有机氟中毒。

3. 处方三

乙二醇乙酸酯（又名醋精）100mL。

用法：溶于适量水中内服，或肌内注射，按 0.125mL/kg 用药。

说明：也可用 5% 乙醇和 5%醋酸按 2mL/kg 混合口服，1 次/d；或 95%乙醇 100～200mL，加水投服，1 次/d。用于治疗有机氟中毒。

任务十七　杀鼠药中毒诊治

茚满二酮类中毒，主要包括杀鼠酮、氯鼠酮、氟鼠酮、敌鼠钠中毒，特效解毒药是维生素 K_1 和维生素 K_3。

香豆素类中毒，主要包括杀鼠灵、杀鼠醚、鼠得克、克灭鼠、溴敌隆、大隆中毒，特效解毒药是维生素 K_1 和维生素 K_3。

硫脲类中毒，主要包括灭鼠特、氯灭鼠、捕灭鼠、安妥中毒。

有机氮类中毒，主要包括毒鼠强中毒。

子任务一　抗凝血类杀鼠药中毒诊治

茚满二酮类中毒和香豆素类中毒，二者毒理相似，临床症状类似，主要通过干扰肝脏对维生素 K 的利用，降低血液的凝固性，使凝血时间延长。此外，敌鼠钠可直接损伤毛细血管壁，发生血管破裂造成内出血。

一、诊断要点

（一）病因

动物往往因误食杀鼠药或被杀鼠药污染的食物而发生中毒，犬、猫主要因误食死鼠而发生二次中毒。

（二）临床症状

动物中毒后，立即呕吐，特别是犬科动物，猫的反应也敏感。动物中毒后食欲不振或废绝，皮肤发绀，便血，尿血，腹痛，血液凝固不良，可因心力衰竭而死亡。

二、治疗方法

及时应用维生素 K_3、维生素 K_1，剂量为 12mg/kg，加入 10%葡萄糖溶液中静脉注射。

子任务二　安妥中毒诊治

安妥是一种对鼠类毒性大、对人类毒性较低的杀鼠剂，但如果动物大量口服，则可导致中毒。安妥中毒时，毒物主要分布在肺、肝、肾和神经系统，可造成肺毛细血管渗透性增加，引起肺水肿、胸腔积液、肺出血，也可引起肝肾脂肪变性的坏死。此外，安妥对胃黏膜有刺激作用。

一、诊断要点

（一）病因

动物误服毒物。

（二）临床症状

动物食后数小时口部发热、头昏、呕吐。严重者可出现肺水肿、呼吸困难、两肺湿啰音、全身痉挛、躁动、昏迷、休克等。

二、治疗方法

治疗本病主要采用对症治疗，没有特效解毒药。
1）立即用 1：5000 高锰酸钾溶液洗胃，用硫酸镁导泻。
2）积极防治肺水肿。让动物保持斜坡卧位，必要时对其给氧。
3）忌食脂肪类及碱性食物，以减少毒物吸收。
4）试用半胱氨酸 100mg/kg，以降低安妥的毒性。

子任务三　毒鼠强中毒诊治

四亚甲基二砜四胺俗名毒鼠强，是一种神经毒素，是 20 世纪中期研发的急性杀鼠药，对各类动物包括人类的毒性都极高。毒鼠强性质稳定，不易被分解，容易造成积累，有二次中毒的可能。中国明令禁止生产、使用毒鼠强。

一、诊断要点

（一）病因

毒鼠强作为一种神经毒素能引起致命性的抽搐，效果与印防己毒素相似，是最危险的杀鼠剂之一。毒鼠强的毒性比氰化钾强 100 倍，它是比士的宁更强烈的痉挛剂。它是一种 γ-氨基丁酸的拮抗物，与神经元受体形成不可逆转的结合，使氯通道和神经元丧失功能，且尚未有确认的解毒剂。

毒鼠强对人类的致命剂量是 7～10mg。

（二）临床症状

动物中毒后兴奋跳动、惊叫、痉挛，四肢僵直，多数中毒案例为口服中毒。轻度中毒动物表现为头痛、头晕、乏力、恶心、呕吐、口唇麻木、有酒醉感。重度中毒动物表现为突然晕倒，癫痫样大发作，发作时全身抽搐、口吐白沫、小便失禁、意识丧失。

诊断本病使用气相层析。

二、治疗方法

毒鼠强中毒没有特效解毒药，其治疗主要是支持性质的，使用大剂量的苯二氮䓬类药物和吡哆醇。

对口服中毒者应立即对其催吐、洗胃、导泻。

对生产性中毒应立即使动物脱离现场。

抽搐时应用苯巴比妥、安定等止痉挛。

任务十八　蛇毒中毒诊治

毒蛇生有毒牙，并有毒腺通过牙沟或牙管与牙相通，当动物被咬时，蛇的毒腺就排出毒液通过注入动物机体。

蛇毒进入机体后的散布方式有两种。

1）随血液散布。这种方式极为危险，极少量的毒液也可很快散布全身。

2）随淋巴循环散布。这是毒液散布的主要方式，散布速度缓慢。及时急救处理，可将大部分毒液吸出。

牛、羊被毒蛇咬伤，多发于跗关节或球关节附近，而猎犬多在四肢和鼻端。咬伤部位越接近中枢神经（如头、面部）及血管丰富的部位，其症状越严重。猪由于皮下脂肪丰富，毒素吸收缓慢，其中毒症状出现也慢。

毒蛇的季节活动规律：从春暖以后直到晚秋是蛇的活动季节，特别是

7~9 月，气候炎热、雨量多，蛇特别活跃，有民谚"七横八吊九缠树"，即 7 月蛇喜欢横卧在路上，8 月蛇喜欢吊在树上，9 月蛇喜欢缠绕在树干上。

一天之内毒蛇的活动规律：眼镜蛇、眼镜王蛇以白天活动为主；蝮蛇、五步蛇、竹叶青在白天、晚上都有活动，但它们在闷热天气出来更多；有些毒蛇如五步蛇喜欢在雷雨前后出来活动；有些毒蛇白天不活动，晚上非常活跃，如金环蛇。

有毒蛇与无毒蛇的鉴别：从蛇的外形看，毒蛇的头部较大，呈三角形，颈部较细，身体较粗短，尾部也短，且自泄殖孔后骤然变细，瞳孔是裂孔状。无毒蛇头部较小，呈椭圆形，与颈部无明显界限，体较细长，尾部也长，自泄殖孔后逐渐变细，瞳孔大都为圆形。

以上这些外形上的特征只能作为一般性野外鉴别的依据，区分毒蛇与无毒蛇最可靠的方法是看其有无毒牙和毒腺。也就是说，所有的毒蛇都有毒牙和毒腺，所有的无毒蛇都无毒牙和毒腺。

根据伤处齿痕来辨别是否被毒蛇咬伤比较确切，因为毒蛇有较大的毒牙和无毒的小牙，所以伤处有大小不同的齿痕，无毒蛇咬伤一般只有小齿痕。另外，根据受伤动物的症状也能做出鉴别。

一、诊断要点

（一）病因

蛇毒中毒是由动物被毒蛇咬伤，毒素通过创口进入机体而引起的。兽医在出诊过程中，特别是山区兽医深夜出诊，应注意自身的防护，特别是对手脚的保护，在行走时可以打草惊蛇或打树惊蛇。

蛇毒是一种特异性毒蛋白，具有强烈溶血及麻痹心脏的作用。毒液对毒蛇本身是有助于消化的物质。

（二）临床症状

根据蛇毒的各种类型，大体上可将其分为神经毒（风毒）、血循毒（火毒）、混合毒。

1）神经毒：如金环蛇、银环蛇、海蛇的蛇毒，一般被这类毒蛇咬伤后，创口局部症状不明显，而全身中毒症状突出。全身中毒症状为发热、四肢麻痹无力、呼吸困难、吞咽障碍、瞳孔散大、全身抽搐、血压下降、休克甚至昏迷。

2）血循毒：主要包括竹叶青、龟壳花蛇、蝰蛇、五步蛇等的蛇毒。被这类蛇咬伤后，创口局部可很快出现红肿热痛症状，出血多，并可发生淤血坏死，继而全身战栗、发热、心动过速，因呼吸困难而死。

3）混合毒：如蝮蛇、眼镜蛇、眼睛玉蛇、蕲蛇等的蛇毒。这类蛇毒中既含神经毒，又含血循毒，因此可呈现两个方面的症状。

二、治疗方法

1. 防止蛇毒扩散

进行早期结扎，就地取材用绳子、野藤、手帕或将衣服撕下一条，扎在伤口的上方，尽可能扎紧，结扎后每隔 10～20min 必须放松 2～3min，以免阻止血液循环，造成局部组织坏死。经排毒和服蛇药后，结扎方可解除。

2. 冲洗伤口

用清水、冷开水、盐水、肥皂水、5%过氧化氢溶液、1%高锰酸钾溶液、5%漂白粉溶液、0.5%呋喃西林溶液等冲洗伤口。对响尾蛇、龟壳花蛇、竹叶青、蝰蛇的咬伤，应洗创排毒，用乙二胺四乙酸冲洗。

3. 扩创排毒

避开血管，经冲洗后用清洁的小刀、刀片或三枝针按毒牙痕纵向切开或做十字形切开深达皮下组织（注意扩创时刀或针应从无毒端切向有毒端，以防毒液随刀或针蔓延）。扩创后，可用手用力挤压排毒，用拔火罐或吸乳器吸毒。注意：对已超过 12h 或创口已坏死、流血不止者不宜切开。

4. 局部封闭

在扩创的同时向创内或其周围局部点状注入 1%高锰酸钾溶液、胃蛋白酶或 0.5%普鲁卡因溶液局部封闭，也可用 5%碘酒涂擦。可用冰块局部降温，使中毒的化学反应减慢，还能使血管收缩，阻滞蛇毒扩散，并将受伤动物和被打死的毒蛇一同送医院。

5. 解毒

采用中西医结合综合疗法。

（1）西医疗法

1）注射抗蛇毒血清：单价——只能治疗某种毒蛇咬伤；多价——能治疗多种毒蛇咬伤。

2）普鲁卡因封闭疗法。

全身治疗：高锰酸钾 0.5g 加 500mL 温生理盐水静脉注射，同时皮下注射咖啡因、樟脑水或尼可刹米。

局部治疗：针刺排毒后，用 1%高锰酸钾溶液多处点状注射，用 5%碘酒涂擦。

（2）中医疗法

1）中成药：剂型有片剂、针剂、冲剂、散剂、酒剂等多种，如南通蛇药、湛江蛇药、上海蛇药、广西医学院蛇药、季德胜蛇药。

2）中草药：有七叶一枝花、万年青、半边莲、鬼针草、望江南等。

项目小结

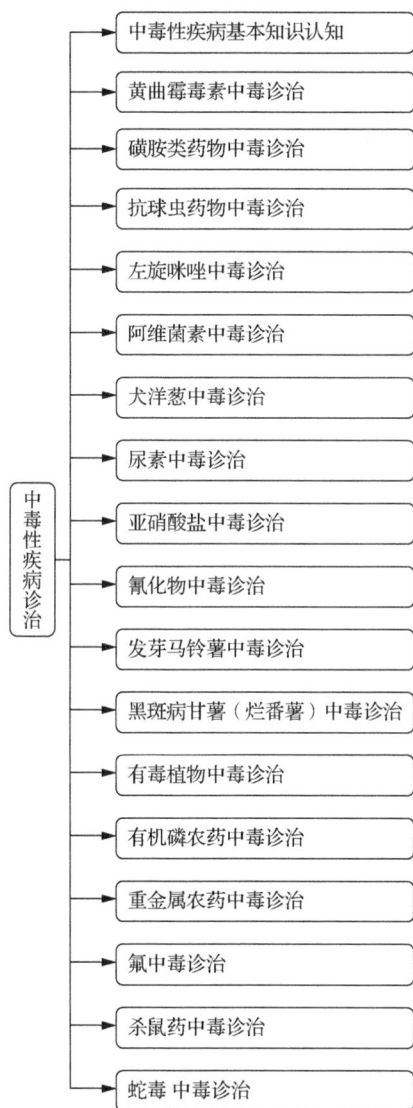

中毒性疾病诊治

- 中毒性疾病基本知识认知
- 黄曲霉毒素中毒诊治
- 磺胺类药物中毒诊治
- 抗球虫药物中毒诊治
- 左旋咪唑中毒诊治
- 阿维菌素中毒诊治
- 犬洋葱中毒诊治
- 尿素中毒诊治
- 亚硝酸盐中毒诊治
- 氰化物中毒诊治
- 发芽马铃薯中毒诊治
- 黑斑病甘薯（烂番薯）中毒诊治
- 有毒植物中毒诊治
- 有机磷农药中毒诊治
- 重金属农药中毒诊治
- 氟中毒诊治
- 杀鼠药中毒诊治
- 蛇毒 中毒诊治

复习思考题

1. 名词解释

毒物；中毒病；排毒；特效解毒药；通用解毒药

2. 简答题

1）中毒性疾病的常见原因是什么？

2）临床上如何判断动物发生的是中毒性疾病？

3）如果中毒性疾病没有特效解毒药，则应采取哪些措施治疗？

4）如何预防尿素中毒？

5）如何治疗犬的洋葱中毒？

6）鸡药物中毒的共同原因有哪些？应怎样预防？

7）结合目前畜、禽用药现状，应如何防止药物中毒？

8）黄曲霉毒素中毒的主要临床特点和病理变化是什么？

9）动物有机磷农药中毒时，应怎样进行急救？

3. 论述题

1）亚硝酸盐中毒与氢氰酸中毒的原因是什么？临床上应如何区别？特效解毒药物及其用量是什么？

2）棉籽饼、菜籽饼的主要毒性成分分别有哪些？中毒的主要表现有哪些？如何预防动物发生中毒？

3）如何鉴别有机氟中毒与有机磷农药中毒？

4）霉玉米 T－2 毒素和 F－2 毒素中毒的机制是什么？

其他内科病诊治

项目简介

近年来，胃肠道激素的生理与临床应用、微循环与休克中枢神经递质及其重要的生理功能、内分泌活动与应激反应、遗传性疾病非特异性防御、免疫性疾病及变态反应性疾病等，都赋予动物普通病学突出的、崭新的内容，不仅具有学术理论上的价值，还具有重大的实践意义。本项目主要介绍其他内科疾病的病因、发病机制及其防治方案，并提出治疗思路。

知识目标

掌握应激综合征的发生原因、临床症状、病理变化、治疗方法和预防措施；掌握过敏性休克的发生原因、临床症状、病理变化、治疗方法和预防措施；了解动物荨麻疹、变应性皮炎的发病原因、临床症状和防治方法；掌握变应性皮炎的诊断要点和治疗方法。

技能目标

了解过敏性休克的抢救方法；掌握动物免疫性疾病的临床用药技术。

素质目标

作为临床兽医，在平时门诊或出诊过程中往往积累了足够的经验，但是也会遇到多年不见甚至从未遇见的疑难杂症。时代在变，我们的理念也要跟上时代的步伐，要不断学习进修，不断更新知识，不断尝试使用新仪器、新方法、新药物，只有这样，才不会被时代所淘汰。

项目导入

某些动物普通病以前一直被人们所忽视，随着科学技术的进步和兽医临床工作者的不懈努力，这些疾病的病理、免疫机制逐渐被人们发现和重视，如过敏性皮肤病中的湿疹、荨麻疹、皮肤瘙痒症；免疫性疾病中的过敏性休克、系统性红斑狼疮、自身免疫溶血性贫血、天疱疮；还有应激性疾病（如仔猪断奶应激综合征、创伤疼痛应激、长途运输应激、饲料突变应激、高温热应激、冬春冷应激等）。

任务一　应激综合征诊治

应激，通俗地讲，就是动物机体对各种紧张刺激产生的适应性反应。应激综合征是指动物对体内外的非常刺激所产生的非特异性应答反应的总和，它是一种应激反应，而不是一种独立的疾病。在生产实践中，应激往往对畜禽生产力和健康造成不良影响。本病在家禽和猪中常见。牛、羊、马等均可发生本病。

一、诊断要点

根据病因、临床症状、病理变化，以及应激因素的存在，不难做出诊断。

（一）病因

引起应激反应的因素很多，归纳起来大致有以下几种。

1. 生理性应激

生理性应激，如饲料的突然改变、遗传育种、营养代谢、配种繁殖、分娩泌乳、生长发育、肌肉运动、强化培育等。

2. 心理性应激

心理性应激，如神情紧张、惊恐、追捕、驱赶、关闭饲养、地震感应、预防注射、环境的突变、离群、手术保定等。

3. 物理性应激

物理性应激，如气候过冷、过热或气温骤变，噪声、电的刺激，暴力鞭打等。

4. 躯体性应激

躯体性应激，如烧伤、烫伤、感染、斗架、拥挤等。

（二）临床症状

动物应激综合征的临床症状多种多样，但根据应激的性质、程度和持续时间、呈现的各种特异的症状和病理变化，可以将其归纳为以下几种类型。

1. 猝死性应激综合征

猝死性应激综合征又称突毙综合征，是指受强烈应激原的刺激时，动物无任何临床症状而突然死亡。例如，配种时公畜因过度兴奋而猝死；被追赶时动物过于惊恐，或在车船的运输时过度拥挤或恐慌等，都可能因神经过于紧张，交感-肾上腺髓质系统受到剧烈刺激，而引起休克或循环虚脱，造成动物猝死。

2. 急性应激综合征

急性应激综合征主要包括运输应激、热应激和拥挤等。例如，运送途中的动物多发生大叶性肺炎，表现为全身颤抖、呼吸困难、黏膜发绀、皮肤潮红或呈现紫斑、肌肉僵硬、体温增高，直至死亡。

3. 全身适应性综合征

全身适应性综合征是指动物受到饥饿、惊恐、严寒、中毒及预防注射等因素刺激，引起应激系统的复杂反应，表现为警戒反应的休克相、精神沉郁、肌肉弛缓、血压下降、体温降低。与此同时，患猪可交错出现体温升高、血糖和血压上升等抗休克相。

4. 慢性应激综合征

慢性应激综合征的应激原强度不大，但持续或间断反复引起轻微反应，容易被人们所忽视。动物不断地做出适应性反应，形成不良的累积效应，致使动物生产性能降低，防卫机能减弱，容易继发感染，引起各种疾病。这类疾病在营养、感染与免疫应答的相互作用中比较常见。慢性应激综合征的主要表现为仔畜、雏禽的生长发育受阻或停滞，贫血，被毛粗乱无光泽，易受惊；奶牛的产奶量减少，奶质下降；鸡的产蛋量下降，畸形蛋增多，出现胃溃疡等。

二、治疗方法

对于轻度的应激，消除应激原后，动物一般可自行恢复。对于表现严重的病例，可采取以下措施进行治疗。

（一）消除应激原

消除一切可能引起应激的因素，如拥挤、突然断奶、换料、忽冷忽热、噪声和骚扰等。

（二）镇静

采用氯丙嗪肌内注射，也可选用巴比妥、盐酸苯海拉明等镇静药。

（三）解除酸中毒

在动物发生应激反应时，肌糖原迅速分解，血中乳酸浓度升高，pH下降，导致机体酸中毒。可以使用5%的碳酸氢钠溶液，纠正酸中毒。

三、预防方法

应根据应激原及应激综合征的性质选用具体的防治措施。

（一）注意选育繁殖工作

胆小、神经质、难于管理、容易惊恐、皮肤易起红斑、体温升高、外观丰满的猪，多为应激敏感型，不宜选作种用。必要时，检测全血或血清肌酸磷酸激酶及进行氟烷筛选试验，从种群中将这类动物淘汰。

（二）通过改进饲养管理，减少或消除应激

1）畜舍要通风良好，防止拥挤。
2）注意畜群组合，避免任意组群，防止破坏原有群体关系。
3）注意保持安静，避免惊恐不安，防止噪声和骚扰。
4）注意气候变化，防止忽冷忽热，保持舍内温度的恒定。
5）出栏前 12~24h 不饲喂或减饲，避免出栏过程中动物发生应激现象。
6）注意车船运输或陆路驱逐时，避免过分刺激动物，防止应激反应发生。
7）在出栏运输前，对应激敏感型猪，可用氯丙嗪进行预防注射或应用抗应激药物及抗应激添加剂，以防止发生应激现象。

任务二　过敏性休克诊治

过敏性休克是外界某些抗原性物质进入已致敏的机体后，通过免疫机制在短时间内发生的一种强烈的多脏器累及症群。本病的表现与程度，因机体反应性、抗原进入量及途径等不同而有很大差别。通常突然发生且剧烈，若不及时处理，则可危及动物生命。

一、诊断要点

根据发病原因，结合临床症状不难做出诊断。

（一）病因

可引起本病的抗原性物质有以下几种。

1. 异种（性）蛋白

内泌素（胰岛素、加压素）、酶（糜蛋白酶、青霉素酶）、花粉浸液（花、树、草）、食物（蛋清、牛奶、硬壳果、海味、巧克力）、生物制品（如疫苗、血清、免疫球蛋白、抗淋巴细胞血清或抗淋巴细胞丙种球蛋白）、蜂类毒素等。

2. 多糖类

葡聚糖铁等。

3. 许多常用药物

抗生素（青霉素、头孢霉素、两性霉素 B、硝基呋喃妥因）、局部麻醉药（普鲁卡因、利多卡因）、维生素（维生素 B_1、叶酸）等。

（二）临床症状

本病大都突然发生，有两大特点：一是有休克表现，即血压急剧下降，动物出现意识障碍，轻则朦胧，重则昏迷；二是在休克出现之前或同时，常有一些与过敏相关的症状。归纳如下。

1. 皮肤黏膜表现

这往往是过敏性休克最早且最常出现的征兆，包括皮肤潮红、瘙痒，继以广泛的荨麻疹和（或）血管神经性水肿；还可出现打喷嚏、水样鼻涕、音哑、影响呼吸等症状。

2. 呼吸道阻塞

呼吸道阻塞是本病最常见的表现，也是最主要的致死原因。由于气道水肿、分泌物增加，加上喉和（或）支气管痉挛，患病动物出现喉头堵塞感、胸闷、气急、喘鸣、憋气、发绀等症状，以致因窒息而死亡。

3. 循环衰竭

患病动物先有心悸、出汗、可视黏膜苍白、脉搏速而弱等症状；然后发展为肢冷、发绀、血压迅速下降、脉搏消失，最终心脏停搏。

4. 意识障碍

患病动物往往先出现恐惧感、烦躁不安等症状；随着脑缺氧和脑水肿加剧，可发生意识不清或完全丧失；还可发生抽搐、肢体强直等。

5. 其他症状

比较常见的症状有刺激性咳嗽、连续打喷嚏、恶心、呕吐、腹痛、腹泻、大小便失禁。

二、治疗方法

必须当机立断地积极处理，可采用以下措施。

（一）消除过敏原

立即消除可疑的过敏原或停止使用可疑的致敏药物。

（二）立即给予 0.1%肾上腺素

先皮下注射肾上腺素，然后做静脉穿刺注入肾上腺素。如果症状没有得到缓解，则 30min 后重复肌内注射或静脉注射肾上腺素，直至动物脱离危险。继以 5%葡萄糖液滴注，维持静脉给药畅通。同时给予血管活性药物，并及时补充血容量。牛首剂补液 500mL，可快速滴入。

（三）抗过敏

可选用扑尔敏注射液，肌内注射。

（四）对症处理

对于呼吸困难的动物，应及时让其吸入氧气，同时用尼可刹米皮下注射、肌内注射或静脉注射。

任务三　荨麻疹诊治

荨麻疹俗称风疹块，又称遍身黄，是动物机体受到不良因素的刺激而引起的一种过敏性疾病，主要特征是皮肤黏膜的小血管扩张，血浆渗出形成局部水肿，在动物的体表发生许多圆形或扁平的疹块。本病发展快，消失也快，并伴有皮肤瘙痒。各种家畜均可发生本病，如马、牛、猪、羊，但马最常发本病。

一、诊断要点

根据皮肤迅速出现丘疹，有时伴有瘙痒，发病急、消失快等特点，结合相关病因可做出诊断。

（一）病因

荨麻疹的病因复杂，尤其是慢性荨麻疹不易找到病因，除和各种致敏原有关外，与动物个体的敏感性素质及遗传因素等也有密切的关系。常见的病因如下。

1. 外源性因素

1）蚊虫叮咬。虱、跳蚤、蜱虫叮咬皮肤及黄蜂、蜜蜂、毛虫的毒刺刺入皮肤，可引起变态反应。

2）药物刺激。青霉素、痢特灵、血清、疫苗等可引起变态反应，另一些药物如吗啡、阿托品、阿司匹林等为组胺释放剂，可直接刺激肥大细胞释放组胺，引起荨麻疹。

3）化学因素。苯酚、松节油、二氧化硫、汽油和煤油。

2. 内源性因素

动物吸入或采食过敏性物质可引起本病，如花粉、动物皮屑、羽毛、灰尘、某些气体及真菌孢子等。处于发情期的母犬也可发生本病。青年马、犬和猪的肠道寄生虫也可引起本病。血管神经性水肿是致命性病理变化，它是荨麻疹的一种类型，特征为皮下水肿，常发生在头、四肢或会阴部。

（二）临床症状

本病一般无先兆。动物接触病因后数分钟或数小时内发病，先出现皮肤瘙痒，很快出现大小不等、形态不一、鲜红色或黄白色斑块或环状疹块。这种疹块往往又互相融合，形成较大的疹块。有的于疹块的顶端发生浆液性水泡，并逐渐破溃，以致结痂。严重的病例在皮肤突起前有发热症状。

在患病初期，荨麻疹多发生于头部、颈部两侧肩背、胸背和臀部，随后发生于四肢下端及乳房等处。患病动物因皮肤剧痒而摩擦、啃咬，常有擦破和脱毛现象。疹块发展迅速，但消失也快，1～2d 内完全消失，也有复发者，往往伴有口炎、鼻炎、结膜炎及颌下淋巴结肿大等。

有的病例在发生荨麻疹的同时，出现体温升高、精神沉郁、食欲下降、消化不良等症状。

二、治疗方法

急性荨麻疹一般自然消退，可不必治疗。

（一）消除病因

排出能引起荨麻疹的各种因素，如蚊虫叮咬、饲料霉变等。

（二）脱敏

采用 0.1%肾上腺素，皮下注射或肌内注射；对犬、猫和马还可以用地塞米松，静脉注射。

（三）止痒

可用 0.5%普鲁卡因或安溴注射液静脉注射，也可用异丙嗪注射液或扑尔敏注射液肌内注射。

（四）降低血管通透性

可使用维生素 C 静脉注射或 10%氯化钙静脉注射。

（五）局部疗法

可用冷水洗涤皮肤，用 1%醋酸溶液和 2%乙醇涂擦；也可用水杨酸钠乙醇合剂或止痒合剂（薄荷 1g、苯酚 2mL、水杨酸 2g、甘油 5mL、70%乙醇，加至 100mL）。

任务四　变应性皮炎诊治

变应性皮炎是指已致敏个体再次接触变应原后引起的皮肤黏膜炎症性反应及在接触部位所发生的急性炎症，表现为红斑、肿胀、丘疹、水疱、大疱。

一、诊断要点

根据接触史，在接触部位或机体暴露部位突发边界清楚的急性皮炎等特点，可做出诊断。

（一）病因

能引起变应性皮炎的因素主要分为动物性、植物性、化学性3种，以化学性因素引起的变应性皮炎最为常见、最为重要。

1. 化学性因素

化学性因素常见的有对苯二胺、芳香化合物、防腐剂、色素等；外用药物中的红汞、碘酊、清凉油、磺胺及抗生素外用制剂等；化工原料及制品中的添加剂、染料、合成树脂等；重金属如镍盐、铬盐等。

2. 动物性因素

动物性因素包括动物的皮、毛，昆虫的分泌物等。

3. 植物性因素

植物性因素包括荨麻、除虫菊、生漆等。

（二）临床症状

由于接触物的性质、浓度、接触方式及个体的反应性不同，发生的皮炎的形态、范围及严重程度也不同。轻者仅有红斑、丘疹，重者有明显红肿，上有密集丘疹、水疱甚至大疱，水疱破后糜烂、渗出、结痂。大多数动物患本病表现为瘙痒，部分有疼痛感，皮肤损伤严重而广泛者可有全身反应，如发热、全身不适等。皮炎发生的部位及范围与接触物一致。当机体高度敏感时，皮炎蔓延而范围广泛。

二、治疗方法

寻找病因，去除病因，一旦确诊，就应避免动物再次接触致敏原及其结构类似物。彻底清洗动物接触致敏原部位，避免热水、肥皂、搔抓等刺激。

（一）局部治疗

根据皮肤炎症情况选择适当外用药物及剂型。

1. 急性期皮损

无渗出液时，用炉甘石洗剂 3 次/d 清洗患处。有渗液时，用 2%～3% 硼酸溶液或生理盐水对患处做冷湿敷。如果皮损继发感染，则可选用 0.05%小檗碱溶液等做冷湿敷。每次湿敷 30～60min，2～4 次/d。

2. 慢性期皮损

选用皮质类固醇软膏或霜剂外用，1 次/d。

（二）全身治疗

1. 皮质类固醇

对皮疹严重或泛发者，可选用氢化可的松静脉滴注；或选用地塞米松，静脉注射或肌内注射。待炎症控制后逐渐减量。

2. 非特异性脱敏

采用 10%葡萄糖酸钙静脉注射。

3. 抗菌消炎

对继发感染者，可同时选择适当有效抗生素进行全身或局部外用治疗。

项目小结

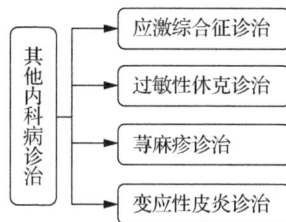

复习思考题

1. 名词解释

荨麻疹；应激综合征；过敏性休克；变应性皮炎

2. 简答题

1）应激综合征的主要病因有哪些？如何进行治疗？
2）过敏性休克的主要临床表现有哪些？
3）在生产实践中应如何预防动物的应激综合征？
4）荨麻疹的临床症状有哪些？
5）变应性皮炎主要的临床症状有哪些？

主要参考文献

曹志，何生虎，2011. 奶牛乳房炎防治技术研究进展[J]. 农业科学研究，32（1）：76-82.

陈灏珠，2003. 实用内科学[M]. 北京：人民卫生出版社.

成勇，2000. 家畜外产科学[M]. 南京：东南大学出版社.

丁明星，2009. 兽医外科学[M]. 北京：科学出版社.

董轶，林中天，2014. 小动物眼科学[M]. 北京：中国农业出版社.

弗雷萨，1997. 默克兽医手册[M]. 韩谦，等译. 7版. 北京：中国农业大学出版社.

高啟贤，王立斌，2016. 动物外产科病[M]. 北京：中国农业大学出版社.

高作信，2003. 兽医学[M]. 3版. 北京：中国农业出版社.

郭定宗，2016. 兽医内科学[M]. 3版. 北京：高等教育出版社.

韩旭，武瑞，孙东波，2012. 奶牛乳房炎主要病原菌基因检测技术研究进展[J]. 中国畜牧兽医，39（3）：230-232.

贺普霄，2002. 家畜营养代谢病[M]. 北京：中国农业出版社.

李国江，2008. 动物普通病[M]. 2版. 北京：中国农业出版社.

李铁拴，2010. 家畜普通病防治[M]. 北京：金盾出版社.

李亚林，2011. 家畜普通病防治[M]. 北京：中国农业大学出版社.

李志强，2006. 奶牛生产瘫痪发病机理与防治[J]. 中国奶牛（2）：33-35.

林德贵，2004. 动物医院临床技术[M]. 北京：中国农业大学出版社.

林德贵，2004. 兽医外科手术学[M]. 4版. 北京：中国农业出版社.

刘俊栋，赖晓云，2012. 动物外科与产科[M]. 北京：中国农业科学技术出版社.

刘莹，庄瑞丰，2009. 裂隙灯显微镜直视下摘除角膜金属异物的临床分析[J]. 河北医药，31（13）：1635.

马仲华，2006. 家畜解剖学及组织胚胎学[M]. 3版. 北京：中国农业出版社.

彭广能，2009. 兽医外科与外科手术学[M]. 北京：中国农业出版社.

石冬梅，何海健，2016. 动物内科病[M]. 2版. 北京：化学工业出版社.

石冬梅，周德忠，2017. 动物普通病防治[M]. 3版. 北京：中国农业大学出版社.

孙维平，刘小宝，何海健，2016. 宠物疾病诊治[M]. 2版. 北京：化学工业出版社.

唐兆新，2002. 兽医临床治疗学[M]. 北京：中国农业出版社.

王洪斌，2002. 家畜外科学[M]. 4版. 北京：中国农业出版社.

王建华，2003. 家畜内科学[M]. 北京：中国农业出版社.

王九峰，2013. 小动物内科学[M]. 北京：中国农业出版社.

王小龙，2004. 家畜内科学[M]. 北京：中国农业大学出版社.

吴敏秋，李国江，2006. 动物外科与产科[M]. 北京：中国农业出版社.

邢玉娟，贺生中，2014. 动物普通病[M]. 北京：中国农业大学出版社.

张磊，石冬梅，2018. 宠物内科病[M]. 北京：化学工业出版社.

赵兴绪，2017. 兽医产科学[M]. 5版. 北京：中国农业出版社.

郑继昌，凌丁，2015. 动物外产科技术[M]. 2版. 北京：中国农业出版社.

周帮会，王凤霞，2008. 奶牛胎衣不下发病机理研究进展[J]. 动物医学进展，29（6）：83-86.

实训项目与指导

实训一　消毒与灭菌

（一）实训目的

1）学生通过独立操作，能正确掌握各种常用的消毒与灭菌方法及注意事项。

2）树立严格的无菌操作观念，为兽医临床工作打下良好基础。

（二）实训内容

1）器械物品的消毒。

2）敷料的制备与消毒。

3）手术部位的消毒。

4）手术人员的准备与施术者手臂的消毒。

5）手术室的准备与消毒。

（三）设备与材料

1）煮沸消毒器 6 具、高压灭菌器 1～2 具、电热恒温干燥箱 1～2 个、手术常规器械 6 套、各种注射器各 6 具。

2）敷料剪 6 把、纱布 2 袋、手术巾 6 块、脱脂棉 2 包、无菌缝合线 6 组、贮槽 6 个、搪瓷盘 6 套、75%乙醇、5%碘酊、带盖瓷杯 6 个。

3）实习动物 6 头、喷雾器 3 具、清扫工具、术部常规处理器械 6 套、5%苯酚、3%来苏尔溶液等防腐消毒药。

4）泡手桶 1～3 个、洗手盆 12 个、指甲刷 6 个、手术衣、帽子、口罩、毛巾等。

（四）方法与步骤

教师首先向学生阐明实训内容、实训目的、具体步骤及注意事项，然后将学生分为 6 组，让各组按下列顺序进行独立操作。

1）手术器械和物品种类较多、性质各异。在施术时可根据消毒的对象、器械、物品的种类及用途来选用。

2）根据具体外科手术要求准备手术器械，整理后装入手术器械包，（压力达到 126kPa/h，计时 30min）。用医用脱脂纱布制成止血纱布，止血纱布的大小依使用方便而定，没有特殊的规定，制作者可以自行决定（大的 40cm×40cm，小的 15cm×20cm），每个学生制作止血纱布 2 块，再将若干块止血纱布用纯棉的小方巾包成小包，对手术巾（创巾）、手术衣、手术器械包等放入高压灭菌器灭菌。将玻璃器皿用纸包扎后，采用电热恒温干燥箱进行干燥灭菌（170~180℃，计时 2h）。

3）每组准备酒精棉与碘酊棉球各 1 瓶。

4）动物手术局部剃毛后用碘酊与酒精棉消毒处理，消毒由内向外，施行圆形或直线路径消毒处理。

5）手术人员按要求剪短指甲，剔除甲缘下的污垢，清洗与消毒手臂，重点训练与掌握手术衣、帽、口罩与手套的穿戴顺序与方法。

6）选择一个外科手术室，大小在 25~40m^2，高度在 2.8~3m，采光良好，并放置必要的器具、物品，如手术台、保定栏、器械台、无影灯、输液架及保定用具等。先对手术室进行清扫，再用消毒液（5%苯酚或 3%来苏尔溶液）进行喷洒消毒，消毒后通风换气，以排出刺激性气味。同时采用紫外光灯照射消毒。

7）教师总结实训过程中存在的问题，以及各组在实训过程中的优缺点。

（五）实训报告

按照实训操作顺序撰写实训报告，并说明消毒与灭菌在外科手术及外科疾病治疗中的意义。

实训二 麻 醉

（一）实训目的

1）掌握犬全身麻醉方法、用药剂量及麻醉现象与麻醉后的护理。
2）掌握牛浸润麻醉、传导麻醉、硬膜外麻醉的操作技术。

（二）实训内容

1）犬全身麻醉方法。
2）牛局部麻醉方法。

（三）设备与材料

实训用牛、犬各 3 头，静脉输入器 6 套，金属注射器 6 支，一次性注射器 6 支，局部消毒药品及用具 6 套，846 合剂，0.5%盐酸普鲁卡因，2%~

3%利多卡因，3%～5%盐酸普鲁卡因溶液等。

（四）方法与步骤

教师首先向学生阐明实训内容、实训目的、具体步骤及注意事项，然后将学生分为6组，让各组按下列顺序进行独立操作。

1）犬全身麻醉。按 0.08mL/kg 肌内注射 846 合剂，观察其麻醉效果（846 合剂由保定宁、双氢埃托啡、氟哌啶醇复合而成，是一种新的复合麻醉药，其麻醉效果良好）。

2）牛局部麻醉。浸润麻醉是将局部麻醉药液注射到局部的各层组织中，以麻醉局部的神经末梢的方法。采用直线、菱形、扇形、分层等注射方法将 50～100mL 0.5%盐酸普鲁卡因注射在牛腹臂局部，每间隔几分钟用针刺法观察其麻醉效果。传导麻醉是在神经干周围注射局部麻醉剂，使所支配的区域失去痛觉的方法。在每条神经干中注射 10mL 2%～3%利多卡因溶液或 3%～5%普鲁卡因溶液。每间隔几分钟用针刺法观察其麻醉效果。脊髓内麻醉是将局部麻醉药物注于椎管内硬膜外腔或蛛网膜下腔内，从而使脊髓神经被阻滞的方法。将 2%～3%利多卡因或 3%～5%普鲁卡因溶液 10mL 注射在腰椎与荐椎的间隙进行麻醉。每间隔几分钟用针刺法观察其麻醉效果。

3）教师总结实训过程中存在的问题，以及各组在实训过程中的优缺点。

（五）实训报告

按照实训操作顺序，撰写实训报告，分析实训过程中出现的问题及注意事项，并说明麻醉在外科手术及外科疾病治疗中的意义。

实训三　组织分离与止血

（一）实训目的

1）了解动物解剖结构，了解不同止血方法的原理。
2）掌握组织切开与止血的操作技术，并体会操作中应注意的问题。

（二）实训内容

1）组织分离。
2）止血法。

（三）设备与材料

1）手术常规器械 4 套、缝合器材 4 套、洗手盆及泡手桶 4 个、注射器 4 套。
2）消毒药品、碘酊棉、乙醇棉、2%～3%盐酸普鲁卡因溶液等。

3）实训用动物4头（马、牛、猪、羊均可）或带皮肌肉组织8块。

（四）方法与步骤

教师先向学生说明实训内容、实训目的、具体步骤及注意事项，然后进行组织分离与止血示教。示教结束后，让学生按下列顺序分组重点进行技能操作训练。

1. 皮肤锐性切开

施术者用拇指和食指将皮肤向切口两侧撑紧或与助手用手共同固定在预定切口线两侧的皮肤，先用刀尖在切口上角做垂直刺透皮肤，然后将刀刃倾斜约45°，按预定方向、大小，一刀切透皮肤直至切口下角，最后将刀刃与皮肤垂直提出。

2. 肌肉钝性分离

沿肌纤维方向做钝性分离，先做一个沿纤维方向的小切口，然后用止血钳、刀柄等做钝性分离至所需要的长度，但在紧急情况下或肌肉较厚并含有大量腱质时，可切开分离。对横过切口的血管可用止血钳钳夹或用细缝线从两端结扎后，从中间将血管切断。

3. 手术过程中止血

手术过程中的止血方法有多种，在上述组织分离时根据出血实际情况练习相应止血方法。皮肤锐性切开后用纱布或泡沫塑料压迫出血的部位，在毛细血管渗血和小血管出血时，压迫片刻，出血即可自行停止。纱布压迫止血仍出血不止时，利用止血钳最前端夹住血管的断端来止血。做较大血管出血的止血时，用丝线绕过止血钳所夹住的血管及少量组织进行结扎止血。

4. 教师总结

教师总结实训过程中存在的问题，以及各组在实训过程中的优缺点，延伸讲授其他组织分离及止血方法。

（五）实训报告

按照实训操作顺序，撰写实训报告，说明组织分离和止血方法在外科手术及外科疾病治疗中的意义。

实训四　缝　　合

（一）实训目的

1）能够识别与使用外科器械及材料。

2）熟练掌握各种缝合与打结方法。

（二）实训内容

1）识别与使用缝合用外科器械及材料。

2）外科打结法。

3）缝合的操作技术。

（三）设备与材料

1）常用外科器械6套，按器械分类陈列在搪瓷盘中。

2）每人一条40cm长的线绳，止血钳、镊子、持针器及手术剪每人1把。

3）各种型号缝合针与缝线，每组模拟缝合用材料2块，各种缝合标本挂图等。

（四）方法与步骤

教师首先向学生阐明实训内容、实训目的、具体步骤及注意事项，然后将学生分为6组，让各组按下列顺序进行独立操作。

1. 识别与使用缝合用外科器械及材料

逐个记录器械的名称、规格、用途及使用方法和持械要领。

2. 外科打结

先练习单手打结，根据个人习惯练习左手或右手打结，再练习双手打结，重点练习器械打结（用持针钳或止血钳打结）。把持针钳或止血钳放在缝线的较长端与结扎之间，用长线头端缝线环绕血管钳一圈后，再打结即可完成第一结，打第二结时用相反方向环绕血管钳一圈后拉紧，使其成为方结。

3. 缝合

分别练习不同类型的方法。单纯间断缝合（结节缝合）操作方法如下：将缝针于创缘一侧垂直刺入，于对侧相应的部位穿出打结，每缝一针，打一次结；使创缘密切对合，根据缝合的皮肤厚度来决定缝线距创缘的距离，在切口一侧打结，防止压迫切口。单纯连续缝合是用一条长的缝线自始至终连续地缝合一个创口，最后打结。伦勃特氏缝合是胃肠手术的传统缝合方法。间断伦勃特氏缝合是缝线分别穿过切口两侧浆膜层、浆肌层进行打结，使部分浆膜内翻对合。连续伦勃特氏缝合是于切口一端开始先做一浆膜肌层间断内翻缝合，再用同一缝线做浆膜层、浆肌层连续缝合至切口另一端。康乃尔缝合法与连续水平褥式内翻缝合法相同，在缝合时要贯穿全层组织，将缝线拉紧时，使肠管切面翻向肠腔。荷包缝合是做环状的浆膜层、浆肌层连续缝合。

4. 剪线

施术者将双线尾略提起，由助手用稍张开的剪刀尖沿着拉紧的结扎线滑至结扣处，再将剪刀稍倾斜，最后剪断。倾斜的角度取决于要留线头的长短。

5. 教师总结

教师总结实训过程中存在的问题，以及各组在实训过程中的优缺点，检查学生打结的熟练度。

（五）实训报告

按照实训操作顺序，撰写实训报告，总结与体会打结、缝合训练心得。

实训五　绷带包扎

（一）实训目的

正确掌握常用几种绷带的包扎技术及应注意的问题。

（二）实训内容

卷轴绷带、帕绷带、覆绷带、结系绷带、夹板绷带及石膏绷带的装着方法。

（三）设备与材料

实训用犬 4 只、不同规格的纱布绷带、棉布绷带、弹力绷带、胶带、覆绷带标本（预先用布制好）、纱布、卷绷带机 1 架、夹板材料、石膏粉、石膏绷带卷、脱脂棉、搪瓷盘、脸盆、石膏绷带器械 1 套等。

（四）方法与步骤

教师首先向学生阐明实训内容、实训目的、具体步骤及注意事项，然后将学生分为 6 组，让各组按下列顺序进行独立操作。

1. 掌（跖）部绷带包扎

将绷带的起始部留出约 20cm 作为缠绕的支点，在腕（跗）骨部做环形包扎数圈后，将绷带缠绕至指（趾）骨游离端爪部分扭缠，以反方向缠绕至腕（跗）骨部，与游离端绷带打结固定于腕（跗）骨部。

2. 尾绷带包扎

先在尾根做环形包扎，然后将部分尾毛折转向上做尾的环形包扎后，将折转的尾毛放下，做环形包扎，目的是防止包扎滑脱。如此反复多次，用绷带做螺旋形缠绕至尾尖时，将尾毛全部折转做数周环形包扎后，将绷带末端通过尾毛折转至所形成的圈内。

3. 耳绷带包扎

先用纱布或材料做成圆柱形支撑物填塞于两耳郭内，再分别用短胶布条从耳根背侧向内缠绕，将每条胶布断端相交于耳内侧支撑上，依次向上贴紧。最后用胶带"8"字形包扎，将两耳拉紧竖直。

4. 结系绷带包扎

结系绷带是用缝线代替绷带固定敷料的一种保护手术创口或减轻创口张力的绷带。结系绷带可装着在身体的任何部位，具体方法是在圆枕缝合的基础上利用游离的线尾，将若干层灭菌纱布固定在圆枕之间和创口之上。

5. 夹板绷带包扎

先将患部皮肤刷净，包上较厚的棉花、纱布棉花垫等衬垫，用蛇形或螺旋形包扎法加以固定，使衬垫材料的长度超过夹板的长度，避免夹板两端损伤皮肤，然后用绷带螺旋包扎固定夹板。

6. 石膏绷带包扎

根据操作时的速度逐个将石膏绷带卷轻轻地横放到盛 30～35℃温水的桶中，使整个绷带卷被淹没。待气泡出完后，用两手握住石膏绷带圈的两端取出，用两手掌轻轻对挤除去多余水分。从患肢的下端先做环形包扎，后做螺旋包扎向上缠绕，直至预定的部位。每缠一圈绷带，都必须均匀地涂抹石膏泥，使绷带紧密结合。在骨的突起部，应放置棉花垫加以保护。石膏绷带上下端不能超过衬垫物，并且松紧要适宜。根据患肢重力和肌肉牵引力的不同，可缠绕 2～4 层。在包扎最后一层时，必须将上下衬垫外翻转，包住石膏绷带的边缘，最后在表面涂石膏泥，待数分钟后即可成型。

7. 教师总结

教师总结实训过程中存在的问题，以及各组在实训过程中的优缺点。

（五）实训报告

按照实训操作顺序，撰写实训报告，小结绷带包扎训练心得。

实训六 创 伤 治 疗

（一）实训目的

通过观察创伤治疗，掌握创伤治疗的基本技能与各种外伤防腐剂的使用方法。

（二）实训内容

1）观察新鲜创、化脓创、肉芽创的临床特征。
2）观察新鲜创、化脓创、肉芽创的治疗。
3）熟悉外伤防腐剂及使用方法。

（三）设备与材料

1）患新鲜创、化脓创、肉芽创的患畜各1例，或在实训动物身上人工造成各种创伤。

2）外科手术器械包括剪毛剪2把、手术剪2把、手术刀1把、探针1个、大镊子1把、小镊子2把，器械包及敷料等实训课前消毒与灭菌；器械盘1个、贮槽1个、洗手盆1个、毛巾、毛刷等。

3）药物包括水溶性防腐剂、油膏防腐剂、粉末防腐剂，酒精棉、碘酊棉、煤酚皂、生理盐水等。

（四）方法与步骤

教师首先向学生阐明实训内容、实训目的、具体步骤及注意事项，然后将学生分为6组，让各组按下列顺序进行独立操作。

1）将患新鲜创、化脓创、肉芽创的患畜各1例，保定在保定栏内或保定架上。

2）教师按新鲜创、化脓创、肉芽创的顺序进行观察其临床特征与治疗步骤的示教。在操作过程中，边提问学生边进行操作，让一部分学生参与助手工作。

新鲜创是发生于8～12h内尚未有明显感染的创伤，或受伤时被细菌污染而未发生感染症状的创伤。新鲜创临床特征是出血、疼痛、创口裂开等。化脓创创口出现明显的化脓性炎症，创内大量组织细胞分解、化脓和坏死，形成浓液，从创内流出，由于其发展过程中的情况不同，分为化脓期和肉芽期两个不同阶段。化脓期创内有大量混浊渗出物，不断从创内流出。肉芽期随着化脓性炎症消退，创伤面出现新生肉芽组织。学生要注意鉴别是健康肉芽还是赘生肉芽。

3）教师总结实训过程中存在的问题，总结各组在实训过程中的优缺点。

（五）实训报告

按照观察或操作顺序，撰写实训报告，总结不同性质的创伤治疗方法。

实训七　仔猪阉割术

（一）实训目的

1）了解仔猪生殖系统解剖结构。
2）掌握小公猪阉割术和小母猪卵巢摘除术操作要领及注意事项。

（二）实训内容

1）小母猪卵巢摘除术。
2）小公猪阉割术。

（三）设备和材料

1）阉割器械 6 套、柳叶刀 6 把、手术剪 6 把、镊子 6 把、止血钳 12 把、手术刀 6 把、洗手盆、常规消毒药品、缝线、纱布块等。
2）实训用小公猪 30 头、小母猪 20 头。

（四）方法步骤

教师首先向学生阐明实训内容、实训目的、具体步骤及注意事项，然后将学生分为 6 组，让各组按下列顺序进行独立操作。

1. 小母猪卵巢摘除

施术者用右脚踏小母猪左侧颈部，用左脚踏小母猪左后肢中、下段，取半侧卧保定小母猪。用 3% 碘酊棉球涂术部。于骨盆腔入口之左前方，倒数第二奶头外侧方，用左手拇指压住，用左手中指顶住髋结节，拇指与中指相对抵压，用阉割刀刺穿皮肤、肌肉、腹膜即止，切口大小适中，使子宫冒出腹外，施术者用左右手连续交叉拧住子宫及卵巢牵拉至断。倒提小母猪，用手捏一下创口周围，让所有内脏回归原位即可。

2. 小公猪阉割

使小公猪左侧卧，施术者左脚踏其右侧颈部，用右脚踩仔猪尾根部。在小公猪双侧阴囊中部切口，暴露出睾丸，锐性切分固有韧带，钝性分离精索即可。

3. 教师总结

教师总结实训过程中存在的问题，以及各组在实训过程中的优缺点。

（五）实训报告

按照实训操作顺序，撰写实训报告，小结小公猪阉割术操作要领及注意事项。

实训八　瘤胃切开术

（一）实训目的

1）了解反刍动物消化系统解剖结构。
2）掌握瘤胃切开术操作要领及注意事项。

（二）实训内容

瘤胃切开术。

（三）设备和材料

1）术部常规处理器械 6 套、开腹术（腹腔污染切开）常规器械 6 套。常规消毒药品及敷料、橡皮洞布等。将器械包及敷料等于实训课前消毒与灭菌。
2）实训用牛 6 头。

（四）方法步骤

教师首先向学生阐明实训内容、实训目的、具体步骤及注意事项，然后将学生分为 6 组，让各组按下列顺序进行独立操作。

1. 瘤胃切开术

在柱栏旁站立保定牛，采用二甲苯胺噻唑或 846 合剂进行全身浅麻醉，配合腰旁神经干传导麻醉和局部浸润麻醉。在牛左侧最后肋骨与髋结节中间，自腰椎横突向下 4cm 左右处，垂直向下做 20cm 左右长切口。钝性分离肌肉，锐性切开腹膜显露瘤胃，将瘤胃的一部分拉出于腹壁切口之外，于胃壁切口的四角用 10 号丝线穿上 4 条牵引线，以固定胃壁切口。在胃壁周围垫上大块浸有生理盐水的纱布，在牵引线中央做 15cm 长切口，一次切开胃壁。用舌钳夹持外翻固定胃壁切口。将橡皮洞布置入胃壁切口之内，将切口外的创巾展平固定于创布上。施术者将手伸入瘤胃内，取出异物、瘤胃内容物或进行瘤胃网胃探查等。取下橡皮洞巾用温生理盐水冲洗胃壁创缘，施术者重新消毒手臂，用 10 号丝线自切口上端向下螺旋缝合法缝合胃壁全层，再用 10 号丝线做第二道瘤胃壁内翻缝合。将瘤胃还纳于腹腔闭合腹壁创口。术后，各组由施术者和第一助手负责术后护理和治疗。

2. 教师总结

教师总结实训过程中存在的问题，以及各组在实训过程中的优缺点。

（五）实训报告

按照实训操作顺序，撰写实训报告，小结瘤胃切开术操作要领及注意事项。

实训九　直肠脱整复术

（一）实训目的

1）掌握诊断直肠脱是否套叠的方法。
2）初步掌握肠管手术操作要领和步骤，以及术中应注意的问题。

（二）实训内容

1）直肠脱的诊断。
2）直肠脱的治疗。

（三）设备材料

实训用马 1 匹或羊 6 只、手术常规器械 6 套、肠钳 24 把、术部常规器械 6 套、常规消毒药品、麻醉药及手术常用器材等。将器械包及敷料等于实训课前消毒与灭菌。

（四）方法步骤

教师结合挂图、标本、幻灯片讲解手术的方法、步骤、目的、要求及手术中的注意事项，然后将学生分为 6 组，让各组按下列顺序进行独立操作。

1. 诊断直肠脱是否套叠

触压早期脱出的肠管，单纯性直肠脱空虚，套叠性直肠脱坚实；整复脱出直肠后进行腹部触诊，单纯性直肠脱腹腔松弛，套叠性直肠脱可触及一段坚实、无弹性的香肠状肠管。必要时进行消化道灌服硫酸钡 X 线造影，对肠套叠做出准确诊断。

2. 直肠脱治疗

对动物全身镇静或麻醉，将其后肢抬高保定。先用 0.1% 新洁尔灭或高锰酸钾溶液清洗脱出的直肠，然后用清洁纱布包裹并逐渐送入其肛门，确认肠管完全复位后，选择粗细适宜的缝线对肛门做烟包缝合。针对脱出时间过长的直肠脱，可在针刺肠壁后用纱布包裹肠管挤出水肿液后整复。在距肛缘 1.5～2cm 处于左、右、背侧 3 点各注入含 0.5%普鲁卡因的 95%乙醇 2mL，注射深度为 3～5cm，提高直肠壁肌肉的紧张度，增强直肠壁的收缩力。对手术动物加强监护并做详细记录。

3. 讨论总结

手术结束后，各组学生对本次手术进行讨论总结。教师总结实训过程中存在的问题，以及各组在实训过程中的优缺点。

（五）实训报告

按照实训操作顺序，撰写实训报告，小结外科手术治疗直肠脱操作要领及注意事项。

实训十　疝　整　复　术

（一）实训目的

1）了解疝病诊断的要领，掌握各种疝气的诊断方法，并能判断疝是否可复等。
2）掌握疝病的外科手术治疗措施及注意事项。

（二）实训内容

1）猪脐疝或阴囊疝的诊断及手术步骤、方法及术后护理。
2）犬会阴疝的诊断及手术步骤、方法及术后护理。

（三）设备与材料

1）患脐疝或阴囊疝的猪各 3 例，患会阴疝的犬 1 例。
2）手术器械包括剪毛剪 4 把、手术剪 4 把、组织钳 8 把、止血钳 16 把、缝合器材 4 套、器械盘 4 个、毛刷 4 个、洗手盆 4 个、镊子 8 个。消毒药、酒精棉、碘酊棉、3%盐酸普鲁卡因溶液、真空吸引器、麻醉药、2%碘酊、75%乙醇等。将器械包及敷料等于实训课前消毒与灭菌。

（四）方法步骤

在教师指导下，学生通过对猪脐疝或阴囊疝、犬会阴疝进行诊断，区别体表肿瘤、脓肿、血肿等肿胀，鉴别疝气是否为可复性疝、难复性疝、嵌闭性疝，掌握疝诊断的要领，提出手术治疗措施。将学生分为 6 组，让各组按下列顺序进行独立操作。

1. 猪脐疝

将猪仰卧保定，对剑状软骨到耻骨前缘剪毛、消毒，覆盖创布。横跨疝囊，从腹中线切开皮肤，切开脐环的 2 倍长度，仔细分离皮肤与疝囊，以防损伤疝内容物。观察疝内容物有无粘连并仔细地分离。对非嵌顿性疝，将疝内容物直接还纳腹腔；对嵌顿性疝，首先要找到未粘连部位切开疝囊，然后钝性分离疝囊与疝内容物粘连部位，将疝内容物还纳腹腔。对小的脐疝用褥式缝合法闭合疝环，对大的脐疝采用重叠式缝合。最后切除多余的皮肤，以结节缝合法缝合皮肤，用碘酊消毒。

2. 猪腹股沟疝

将猪仰卧保定，使其臀部稍稍抬高。对股部大范围剪毛、消毒，覆盖无菌创布。与腹皱褶平行在肿胀的中间切开皮肤，钝性分离，暴露疝囊，向腹腔挤压疝内容物，或提起疝囊扭转迫使内容物通过腹股沟管整复到腹腔。如果不易整复，则可切开疝囊扩大腹股沟管。对坏死疝内容物进行切除也是通过这一径路进行的。在疝囊基部用剪刀剪除疝囊或先结扎疝囊颈，再切除疝囊。结节缝合切开的腹股沟外环和腹壁。患外伤性腹股沟疝者，其腹股沟外环组织脆弱。为使疝闭锁，可在其腹股沟韧带、腹直肌和腹内斜肌进行缝合。最后闭合皮下组织和皮肤。

3. 犬会阴疝

对犬禁食 24h。采用全身麻醉和胸卧位保定，将其头部略低于后躯，使其两后肢悬垂于手术台后端。在股前方与手术台间置一垫子以防压迫股神经。将其尾巴向前转折固定，对尾部及会阴部皮肤剪毛、消毒。从尾根外侧至坐骨结节内侧，绕过疝囊在肛门旁做一切口。钝性分离打开疝囊，避免损伤疝内容物。确认疝内容物，并进行分离，可用湿纱布抵住脏器使其复位。先在尾肌和肛外括约肌及从闭孔内肌至尾肌处分别缝合 1～2 针。除去纱布后从其背侧或腹侧逐个抽紧缝线，打结。最后缝合皮下组织和皮肤。

4. 教师总结

教师总结实训过程中存在的问题、外科手术治疗疝病时的注意事项，以及各组在实训过程中的优缺点。

（五）实训报告

按照实训操作顺序，撰写实训报告，小结外科手术治疗疝病操作要领及注意事项。

实训十一　跛行诊断

（一）实训目的

1）通过对支跛、悬跛、混跛病例的观察，了解跛行种类的特征、步幅的变化。

2）初步掌握四肢病诊断的顺序和判定患肢、患部的要领及实际操作技能。

（二）实训内容

1）观察健康动物的步幅。

2）观察患支跛、悬跛、混跛动物的步幅变化，辨明前方短与后方短的特点，确定跛行种类及程度。

3）观察患跛行动物的站立状态、运动检查要领及局部检查的操作技能。

4）观察患畜点头运动及臀部升降运动。

（三）设备与材料

1）正常家畜，患支跛、悬跛、混跛患畜各1头（利用实习动物可人工造成跛行：支跛可试用钉子刺入动物蹄底，悬跛可试用乙醇 20～50mL 于实训前 1～2h 注入动物肢体上部肌肉内，混跛可于动物上部关节部打击或注入乙醇）。

2）检蹄器4个、蹄刀4把、蹄迹步幅挂图。

3）跛行诊断场地，如上下坡路、软硬地等。

（四）方法步骤

在教师指导下，学生先观察健康动物静立与步幅的特点，然后比较患畜静立与活动时步幅的不同，必要时通过软硬地运动、圆圈运动、急转弯运动、上下跛行运动等促使患畜跛行加重后再比较观察病畜步幅的特点。教师首先向学生阐明实训内容、实训目的、具体步骤及注意事项，然后将学生分为6组，让各组按下列顺序进行独立操作。

1. 静立视诊

让动物安静站立，观察体重有无转移的情况，如一个肢负重是否比别的肢少，关节有无屈曲等。观察动物四肢各部的肌肉有无萎缩，观察时要特别注意动物肩部和股部肌肉的状态。观察要与对侧同一部位反复比较。必要时可以配合触摸进行诊断。

2. 运步视诊

如果在走步时没有发现运步视诊问题，就改用快步检查。注意限制动物运动速度并反复观察和比较。动物后肢跛行时，步迈不出去，头稍下低，以减轻后肢的负重。动物髋部有病时，体重转移到前肢，骨盆比正常更垂直。如果跛行是单侧的，则动物骨盆向一侧倾斜，运动时可看到其向健侧有摆动运动。如果髋部两侧有病，则从后面观察，可见其骨盆从一侧向另一侧摆动。当一侧髋关节有病时，动物健肢比患肢向前伸得快，以使患肢少负重并减轻疼痛。

视诊时注意观察各关节角度改变。某个关节活动减少，是该关节有疼痛症状的表现。视诊时要注意动物爪着地的状态，一般是掌（跖）枕先于指（趾）枕着地，如果是相反的着地状态，则说明患畜不愿以该爪负重。悬跛最基本的特征是"抬不高"和"迈不远"。患肢前进运动时，其步伐速度比健肢慢。因为患肢抬不高，所以观察两肢腕跗关节抬举的高度，患肢常常比较低下，常拖拉前进。悬跛和支跛是跛行的基本类型，是相对的分类，事实上有机体是一个统一的整体，每条腿的活动是在中枢神经的支配下，通过条件反射和非条件反射，各部组织共同配合完成的一个动作。动物四肢的每个动作都包含着复杂的运动，有协调动作，也有拮抗运动。在某部分的机能发生障碍时，很可能影响另外部分的机能。如果某部分组织或器官在悬垂阶段发生运动机能障碍，则在支柱阶段也可能出现异常。更多的病例是混合跛行。

3. 教师总结

教师总结实训过程中存在的问题，以及各组在实训过程中的优缺点。

（五）实训报告

按照实训操作顺序，撰写实训报告。总结各种跛行的特点，小结与体会跛行诊断。

实训十二　难　产　救　助

（一）实训目的

1）正确认识各种家畜的胎膜构造、特点及其与胎儿的相互关系，为家畜难产的助产打下良好基础。
2）识别产科器械的种类及使用方法。
3）掌握常见的胎儿异常引起难产的助产方法。

（二）实训内容

1）观察胎膜的构造。
2）识别产科器械。
3）掌握胎儿异常引起难产的助产方法。

（三）设备与材料

1）牛、羊、猪的胎膜各 3 个，挂图各 3 套。
2）产科器械 4 套，包括线绳、产钳、开室器、止血钳等。
3）牛或马的正常骨盆标本 4 个，将其固定在木架上，将骨盆前缘用透明的塑料纸围成后躯的腹腔，其中用铁丝或塑料制成子宫模型放在其中，下部用模板托起，制成一个骨盆腔模型。
4）牛、羊、猪怀孕足月的胎儿标本 4 个，或用布制成胎儿标本。
5）胎儿性难产病例 1 例。无病例时可结合各种胎儿姿势不正确的挂图或幻灯片学习。

（四）方法步骤

教师结合标本模型、幻灯片或挂图讲解观察胎膜、骨盆成胎儿，了解胎儿姿势异常引起难产的助产方法，具体步骤及注意事项，然后将学生分为 4 组，让各组按下列顺序进行独立操作。

1. 识别器械

识别产科器械，记录其名称，掌握持夹持方法及应用范围。

2. 难产的诊断与助产处理

模拟问诊调查预产期，记录母畜年龄、胎次、分娩过程、有否助产情况及特殊病史等。全身检查母畜状况，观察阴门及尾根两旁的荐坐韧带后缘是否松软等产前预兆。检查胎儿的胎向、胎势、大小、位置、死活等，必要时配合 B 超检查准确判断。助产时使母畜前低后高站立或侧卧保定，消毒与润滑手、器械及母畜阴部，用手术助产器械正确助产。

3. 讨论总结

教师术后组织讨论，总结实训主要内容，归纳总结难产原因、诊断及助产时的注意事项等。

（五）实训报告

按照实训操作顺序，撰写实训报告，小结难产原因、诊断及助产时的注意事项等。

实训十三 药物催产及剖宫产

（一）实训目的

1）了解动物分娩前的基本征兆、药物催产和剖宫产适应范围等。
2）掌握剖宫产手术的步骤和操作要领。

（二）实训内容

1）药物催产术。
2）剖宫产术。

（三）设备与材料

怀孕犬 3 只或临床难产病例 3 例、手术部常规处理器械 3 套、手术常规器械 3 套，将器械包及敷料等于实训课前消毒与灭菌；术部消毒药品及其他手术用具 3 套、止血药、产科用药、输液药品等。

（四）方法与步骤

教师首先向学生阐明实训内容、实训目的、具体步骤及注意事项，然后将学生分为 3 组，让各组按下列顺序进行独立操作。

1. 药物催产术

对阵缩及努责无力、子宫颈全部开张、胎儿姿势正常、产道无狭窄的母畜，应选用药物催产。对其肌内注射催产素等，适时采用助产方法促进胎儿娩出。对软产道开张不全、胎儿情况良好的母犬，可先注射氯前列腺素，使其软产道充分开张后，再采用药物催产或手术助产。

2. 剖宫产术

对产力微弱且药物催产无效或不能做药物催产的母畜，或产道狭窄，或胎儿过大，或胎势异常整复无效的母畜，应尽早实施剖宫产术。
1）采取侧卧或仰卧位保定母畜。
2）速眠新 0.08～0.10mg/kg 肌内注射，配合 0.5%盐酸普鲁卡因局部麻醉。
3）侧腹壁切口在犬的左或右胁部的中下部（肋骨弓的后下方）；腹白线切口在距犬耻骨前缘约 2cm 处的腹白线上向前做长 10～15cm 的纵向切口。
4）对术部常规剪毛、消毒，依次切开皮肤，纯性剥离皮下组织和肌肉，剪开腹膜。施术者将手伸入犬的腹腔将子宫拉出创口外，在子宫及腹壁切口之间用湿纱布隔离避免腹腔肠管及其他脏器脱出，在子宫角大弯靠近子宫体处，避开血管及胎盘做透子宫壁长 6～10cm 的切口。施术者将手指伸入子宫内拉出胎儿，迅速撕破胎膜并擦净胎儿鼻孔内及口腔内的黏液，结扎脐带后放入干燥温暖处；然后在子宫外壁向切口方向推挤胎儿，依次取出全部胎儿。用人造可吸收缝线做全层连续缝合，用乙醇消毒后再做内翻缝合。用生理盐水冲洗后将子宫还纳腹腔。再连续缝合腹膜，连续或结节缝合肌层，结节缝合皮肤。整理创缘后对切口涂 3%碘酊消毒，装置创巾以防创口污染。

3. 监护记录

让部分学生进行监护，观察并做好手术记录。

4. 教师总结

教师术后组织讨论，总结各组实训过程中的优缺点。

（五）实训报告

按照实训操作顺序，撰写实训报告，小结剖宫产手术操作要领及注意事项。

实训十四　牛乳房炎化学诊断法

（一）实训目的

掌握奶牛乳房炎常用的实验室检验方法。

（二）实训内容

1）过氧化氢玻片法。
2）氢氧化钠凝乳检验法。
3）溴麝香草酚蓝检验法。

（三）设备与材料

健康牛、乳房炎患牛的新鲜奶样（每份 100mL）、10mL 试管、滴管、载玻片、5mL 移液管或移液枪、1mL 移液管或移液枪、乳白色玻璃皿、过氧化氢、氢氧化钠等。

（四）方法与步骤

教师首先向学生阐明实训内容、实训目的、具体步骤及注意事项，然后将学生分为 6 组，让各组按下列顺序进行独立操作。

1. 过氧化氢玻片法

将载玻片置于白色衬垫物上,滴被检乳 3 滴后滴加过氧化氢试剂 1 滴,混合均匀,静置 2min 后观察。判定标准如附表 1 所示。

附表 1　过氧化氢玻片法判定标准

被检乳	反应	判定结果
正常乳	液面中心无气泡或有小如针尖的气泡聚积	阴性
可疑乳	液面中心有少量大如粟粒的气泡聚积	可疑
感染乳	液面中心有大量粟粒状的气泡聚积	阳性

2. 氢氧化钠凝乳检验法

将载玻片置于黑色衬垫物上,滴被检乳 5 滴后加氢氧化钠 2 滴。转动玻片使乳样和试剂充分混合,倾斜使液面滑动并观察凝乳反应。判定标准如附表 2 所示。

附表 2　氢氧化钠凝乳检验法判定标准

被检乳	反应	推算细胞总数/mL
阴性乳	液体均匀一致,无凝乳现象	50 万以下
可疑乳	出现细小凝乳块	50 万~100 万
弱阳性乳	有少量凝乳块	100 万~200 万
阳性乳	乳凝块大,全乳略呈水样透明	200 万以上
强阳性乳	大凝块,有时全部形成凝块	500 万~600 万

3. 溴麝香草酚蓝检验法

将载玻片置于白色衬垫物上,滴被检乳 1 滴后加溴麝香酚蓝试剂 1 滴,混合观察。判定标准如附表 3 所示。

附表 3　溴麝香草酚蓝检验法判定标准

被检乳	颜色反应	pH	判定结果
正常乳	黄绿色	6~6.5	阴性
可疑乳	绿色	6.6	可疑
感染乳	蓝绿色至青绿色	6.6 以上	阳性

4. 教师总结

教师总结各组实训过程中的优缺点。

（五）实训报告

按照实训操作顺序,撰写实训报告,将各种检验方法的检验结果列表填写于实验报告中,小结牛乳房炎的诊断方法。

实训十五　犬胃肠疾病诊治

（一）实训目的

1）熟悉犬胃肠疾病临床检查方法，识别犬胃肠疾病的各种症状。

2）能正确收集犬胃肠疾病的临床症状，并建立诊断。

3）能提出犬胃肠疾病的治疗措施，并能实施治疗。

（二）实训内容

1）犬胃肠炎病临床诊断。

2）犬胃肠炎病实验室诊断。

3）犬胃肠炎病治疗。

（三）设备与材料

听诊器、体温计、叩诊槌、叩诊板、酒精棉、注射器、血细胞分析仪、采血用具及常用的保定用具、病例记录表、处方笺、临床胃肠炎患犬1例。

（四）方法与步骤

教师结合临床病例实际（病毒或细菌性胃肠炎等）讲授犬胃肠炎临床症状、血象变化和诊治方法等，并让学生按顺序独立操作。

1）学生对患犬进行病史调查和临诊检查，重点检查消化系统，记录各项检查结果。

2）学生对患犬采血并进行血液常规检查，记录各项检查结果。

3）学生分组讨论本例临床犬胃肠炎特点，分析临床检查和血象变化的临床意义，根据患犬实际情况制定治疗措施。

4）各组派出代表进行全班交流、讨论。教师总结各组治疗措施的优缺点，指导学生制订治疗方案。

5）学生实施治疗。

6）教师总结各组实训过程中的优缺点。

（五）实训报告

按照实训操作顺序报告实训内容，小结体会犬胃肠疾病诊治方法。

实训十六　动　物　输　血

（一）实训目的

1）了解动物配血的意义。

2）掌握动物配血与输血方法，并能合理处理输血反应。

（二）实训内容

1）动物配血。

2）动物输血。

（三）设备与材料

1. 器材

采血器、采血袋、试管、玻片、3.8%枸橼酸钠、生理盐水、5%葡萄糖、5%碳酸氢钠、0.1%盐酸肾上腺素、苯海拉明、低速离心机、酒精棉、注射器、输液器及常用的保定用具等。

2. 实验动物

实验犬4只（20kg以上）。每组1只犬，既做供血犬又做受血犬。

（四）方法与步骤

教师先讲解动物配血的意义、各种配血方法的优缺点及输血方法等，然后将学生分为4组，让各组按下列顺序进行独立操作。

1. 3滴试验配血

用移液枪移取3.8%枸橼酸钠1滴于玻片上，再滴供血犬与受血犬血液各1滴于3.8%枸橼酸钠中，搅匀后观察有无凝血反应。无凝血反应为血液相配，有血凝反应为血液不相配。

2. 交叉配血试验

分别采供、受血犬血液5mL制备血清。再分别采供、受血犬抗凝血2mL，离心或沉降取压积红细胞2滴后加生理盐水适量制成红细胞悬液。取受血犬血清与供血犬红细胞悬液各2滴于玻片上混匀（主侧），观察有无凝血现象；取供血犬血清与受血犬红细胞悬液各2滴于玻片上混匀（次侧），观察有无凝血现象。如果主、次侧无凝血现象，则血液相配可以输血；如果主侧无凝血而次侧有凝血现象，则只有在紧急情况下才可考虑输血；如果主、次侧均凝血，则血型不配，不可以输血。

3. 采血

将实验犬侧卧保定，对颈静脉沟处剪毛、消毒，切开皮肤后钝性分离肌膜，分离出颈总动脉并拉出创口。用止血钳钳夹两端，将采血器插入颈动脉，松开近心端止血钳即可采血，用 3.8% 枸橼酸钠按 1∶9 与血液混匀后保存。采血量严格控制在全血量的 20% 以内。

4. 输血

将抗凝血缓慢静脉滴注，观察输血反应。如果受血犬出现呼吸急促、皮肤荨麻疹块等过敏反应，则立即停止输血后肌内注射苯海拉明等抗组胺药。如果受血犬出现血红蛋白尿、可视黏膜发绀或休克等溶血反应，则立即停止输血后静脉注射 5% 葡萄糖和 5% 碳酸氢钠，皮下注射 0.1% 盐酸肾上腺素，强心利尿等。

5. 教师总结

教师总结各组实训过程中的优缺点。

（五）实训报告

按照实训操作顺序报告实训内容，小结会犬的输血。

实训十七　猪亚硝酸盐中毒及解救

（一）实训目的

1）了解猪亚硝酸盐中毒与解毒原理。
2）掌握猪亚硝酸盐中毒的主要临床症状。
3）能提出猪亚硝酸盐中毒的治疗措施，并能实施治疗。

（二）实训内容

1）猪亚硝酸盐中毒临床诊断。
2）猪亚硝酸盐中毒治疗。

（三）设备与材料

听诊器、体温计、叩诊槌、叩诊板、酒精棉、注射器、1% 亚甲蓝溶液、常用的保定用具、病例记录表、处方笺、猪亚硝酸盐中毒病例 4 例。

（四）方法与步骤

教师先讲解猪亚硝酸盐中毒及解毒的机理、复制病例方案及复制病例临床症状、诊治方法等，然后将学生分为 4 组，让各组按下列顺序进行独立操作。

1）教师指导学生按 3%硝酸钠 2mL/kg 人工复制亚硝酸盐中毒患猪 4 例。

2）学生分组对患猪进行临诊检查，重点检查呼吸变化、眼结膜及皮肤颜色变化，并记录各项检查结果。

3）学生分组讨论本组猪亚硝酸盐中毒的特点，分析检查结果的临床意义，根据实际情况制定治疗措施。

4）各组派出代表进行全班交流、讨论，教师总结各组治疗措施的优缺点。

5）学生修正治疗方案并实施治疗。

6）教师总结各组实训过程中的优缺点。

（五）实训报告

按照实训操作顺序报告实训内容，根据治疗结果小结体会猪亚硝酸盐中毒诊治。

实训十八　兔有机磷中毒及解救

（一）实训目的

1）了解兔有机磷中毒的发病机制与解毒原理。

2）掌握兔有机磷中毒的主要症状及诊断要点。

3）能提出兔有机磷中毒治疗方案，并比较阿托品与碘解磷定的解毒效果。

（二）实训内容

1）兔有机磷中毒临床诊断。

2）兔有机磷中毒治疗。

（三）设备与材料

1）听诊器、体温计、叩诊槌、叩诊板、酒精棉、注射器、台秤、0.1%碘解磷定注射液、2.5%氯磷定、硫酸阿托品、常用的保定用具、病例记录表、处方笺、兔有机磷中毒病例 6 例。

（四）方法与步骤

教师先讲解兔有机磷中毒及解毒的机理、复制病例方案及复制病例临床症状、诊治方法等，然后将学生分为 6 组，让各组按下列顺序进行独立操作。

1）教师指导学生按 0.5mL/kg 肌内注射 1%敌敌畏方法复制兔有机磷中毒病例，也可以按 1.5mL/kg 静脉注射 10%敌百虫方法复制兔有机磷中毒病例。

2）学生分组对患兔进行临诊检查，重点检查消化系统和神经系统，观察并记录患兔呼吸频率与节律、瞳孔大小变化、唾液分泌、大小便、肌张力及肌震颤等。

3）学生分组讨论本组兔有机磷中毒特点，分析临床检查结果的临床意义，根据实际制订治疗措施。

4）各组派出代表进行全班交流、讨论，教师总结各组治疗措施的优缺点。

5）学生修正治疗方案并实施治疗。

6）教师总结各组实训中的优缺点。

（五）实训报告

按照实训操作顺序报告实训内容，根据治疗结果分析兔有机磷中毒的病理和阿托品、氯磷定的解毒原理，小结与体会阿托品与解磷定救治兔有机磷中毒的作用机制和各自的特点。